与本书配套的数字课程
资源使用说明

高等教育理工易课程网

与本书配套的数字课程资源发布在高等教育出版社易课程网站，请登录网站后开始课程学习。

一、网站登录

1. 访问http://abook.hep.com.cn/1248562/，点击"注册"。在注册页面输入用户名、密码及常用的邮箱进行注册。已注册的用户直接输入用户名和密码登录即可进入"我的课程"界面。

2. 点击"我的课程"页面右上方"绑定课程"，按网站提示输入教材封底防伪标签上的数字，点击"确定"完成课程绑定。

3. 在"正在学习"列表中选择已绑定的课程，点击"进入课程"即可浏览或下载与本书配套的课程资源。刚绑定的课程请在"申请学习"列表中选择相应课程并点击"进入课程"。

4. 开始课程学习。

账号自登录之日起一年内有效，过期作废。

http://abook.hep.com.cn/1248562/

"十二五"普通高等教育本科国家级规划教材

PUTONG WULIXUE

下 册

普 通 物 理 学

（第七版）

程守洙　江之永　主编
胡盘新　汤毓骏　钟季康
胡其图　钟宏杰　　　修订

高等教育出版社·北京

内容提要

本书是在程守洙、江之永主编的《普通物理学》(第六版)的基础上，参照教育部高等学校物理基础课程教学指导分委员会编制的《理工科类大学物理课程教学基本要求》(2010年版)修订而成的。书中内容涵盖了基本要求中所有的核心内容，并精选了相当数量的拓展内容，供不同专业选用。本书在修订过程中继承了原书的特色，体系未有大的变化，尽量做到选材精当，论述严谨，行文简明。修订中对经典物理内容进行了精简和深化，以增强现代的观点和信息，对近代物理内容进行了精选和通俗化，以加强学习新知识的基础，并适当介绍了现代工程技术的新发展和新动态。

本书分为上、下两册，上册包括力学、热学、电场和磁场，下册包括振动、波动、光学和量子物理。本书可作为高等学校理工科非物理类专业的教材，也可供相关专业选用和社会读者阅读。

图书在版编目（C I P）数据

普通物理学 . 下册 / 程守洙，江之永主编 . -- 7 版
. -- 北京 ：高等教育出版社，2016.7(2020.11重印)
ISBN 978-7-04-043797-3

Ⅰ. ①普… Ⅱ. ①程… ②江… Ⅲ . ①普通物理学－高等学校－教材 Ⅳ. ①O4

中国版本图书馆CIP数据核字(2015)第214744号

策划编辑	程福平	责任编辑	程福平	封面设计	王 鹏	版式设计	王艳红
插图绘制	杜晓丹	责任校对	李大鹏	责任印制	耿 轩		

出版发行	高等教育出版社	咨询电话	400-810-0598	
社　　址	北京市西城区德外大街4号	网　　址	http://www.hep.edu.cn	
邮政编码	100120		http://www.hep.com.cn	
印　　刷	北京信彩瑞禾印刷厂	网上订购	http://www.landraco.com	
			http://www.landraco.com.cn	
开　　本	787mm×960mm　1/16	版　　次	1961 年 8 月第 1 版	
印　　张	22.75		2016 年 7 月第 7 版	
字　　数	420千字	印　　次	2020 年 11 月第 11 次印刷	
购书热线	010-58581118	定　　价	37.80元	

目录 ///

第十章
机械振动和电磁振荡

▶

不登高山,不知天之高也;
不临深溪,不知地之厚也.

——荀子

　　物体在一定位置附近所作的来回往复的运动称为机械振动.这种振动现象在自然界是广泛存在的.例如,摆的运动,一切发声体的运动,机器开动时各部分的微小颤动等都是机械振动.在电路中,电流、电压、电荷量、电场强度或磁场强度在某一定值附近随时间作周期性变化,也称为振动,即电磁振荡.电磁振荡与机械振动有相似的规律.广义地说,任何一个物理量在某个定值附近反复变化都可称为振动.

　　按振动系统的受力或能量转换情况,振动可分为自由振动和受迫振动.自由振动又可分为无阻尼自由振动和阻尼振动.振动也可分为线性振动和非线性振动.在不同的振动现象中,最简单、最基本的振动是谐振动,它是某些实际振动的近似,它也是一种理想化的模型.任何复杂的振动都可看作由若干个谐振动的叠加.

　　本章主要讨论谐振动的特征、描述和规律,进而讨论谐振动的合成和分解.并用力电类比的方法讨论了电磁振荡,以突出振动的共性.最后简单地介绍阻尼振动、受迫振动以及非线性振动.

§10-1　谐振动 》》

　　物体运动时,如果离开平衡位置的位移(或角位移)按余弦函数(或正弦函数)的规律随时间变化,这种运动称为简谐振动(simple harmonic motion,缩写为SHM),又称谐振动.在忽略阻力的情况下,弹簧振子的小幅度振动以及单摆的小角度振动都是作自由谐振动.下面以弹簧振子为例讨论谐振动的特征及其运动规律.

一、谐振动的特征及其表达式

　　质量为 m 的物体系于一端固定的轻弹簧(弹簧的质量相对于物体质量可以忽略不计)的自由端,弹簧和物体构成的系统就称为弹簧振子.如将弹簧振子放在水平桌面上,当弹簧为原长时,物体所受的合力为零,处于平衡状态,此时物体所在的位置就是平衡位置,如果把物体略加移动后释放,这时由于弹簧被拉长或被压缩,便有指向平衡位置的弹性力作用在物体上,迫使物体返回平衡位置.这样,在弹性力的作用下,物体就在其平衡位置附近作往复运动(图10-1).

　　取物体的平衡位置为坐标原点,取物体的运动轨迹为 Ox 轴,向右为正向.在小幅度振动情况,按照胡克定律,物体所受的弹性力 F 与弹簧的伸长即物体相对平衡位置的位移 x 成正比,即

$$F = -kx$$

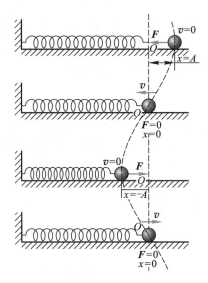

图 10-1　弹簧振子的振动

式中 k 是弹簧的劲度系数,负号表示力和位移的方向相反.

根据牛顿第二定律,物体的加速度为

$$\frac{\mathrm{d}^2 x}{\mathrm{d}t^2} = \frac{F}{m} = -\frac{k}{m}x$$

对于一个给定的弹簧振子,k 和 m 都是正值常量,我们令

$$\frac{k}{m} = \omega^2 \tag{10-1}$$

代入上式得

$$\frac{\mathrm{d}^2 x}{\mathrm{d}t^2} = -\omega^2 x \tag{10-2a}$$

或

$$\frac{\mathrm{d}^2 x}{\mathrm{d}t^2} + \omega^2 x = 0 \tag{10-2b}$$

这一微分方程的解为

$$x = A\cos(\omega t + \phi_0) \tag{10-3a}$$

因为 $\cos(\omega t + \phi_0) = \sin\left(\omega t + \phi_0 + \dfrac{\pi}{2}\right)$，可令 $\phi_0' = \phi_0 + \dfrac{\pi}{2}$，于是有

$$x = A\sin(\omega t + \phi_0')$$

(10-3b)

也是微分方程(10-2b)的解，式中 A 和 ϕ_0(或 ϕ_0')为积分常量，它们的物理意义和确定方法将在后面讨论.由上可见，弹簧振子运动时，物体相对平衡位置的位移是按余弦(或正弦)函数关系随时间变化的，这种运动叫做谐振动.

由弹簧振子的振动可知，如果物体受到的力的大小总是与物体对其平衡位置的位移成正比而方向相反，那么，该物体的运动就是谐振动.这种性质的力称为线性回复力.这是物体作谐振动的动力学特征，式(10-2b)就叫做谐振动的运动方程，这种形式的运动微分方程也就是谐振动的特征式.从式(10-2a)还可以看出，作谐振动物体的加速度大小总是与其位移大小成正比而方向相反，这一结论通常作为谐振动的运动学特征.式(10-3)常称为谐振动的表达式或运动学方程.

谐振动表达式也可以用复指数形式表示，

$$x = A\mathrm{e}^{\mathrm{i}(\omega t + \phi_0)}$$

(10-4)

式(10-3a)和式(10-3b)实际上就是上式的实数部分和虚数部分，用复指数形式表示振动，其优点是运算比较方便.在研究交流电时常用这种形式.

应该指出，在上述弹簧振子的例子中，如果振动幅度过大，回复力不再遵从胡克定律，回复力(或加速度)与位移就没有简单的线性正比关系，显然，这时弹簧振子的运动将是非线性振动.

根据速度和加速度的定义，我们可以得到物体作谐振动时的速度和加速度：

$$v = \frac{\mathrm{d}x}{\mathrm{d}t} = -\omega A\sin(\omega t + \phi_0) = -v_{\mathrm{m}}\sin(\omega t + \phi_0)$$

(10-5)

$$a = \frac{\mathrm{d}^2 x}{\mathrm{d}t^2} = -\omega^2 A\cos(\omega t + \phi_0) = -a_{\mathrm{m}}\cos(\omega t + \phi_0)$$

(10-6)

式中 $v_{\mathrm{m}} = \omega A$ 和 $a_{\mathrm{m}} = \omega^2 A$ 称为速度幅值和加速度幅值.由此可见，物体作谐振动时，其速度和加速度也随时间做周期性的变化.图10-2画出了谐振动的位移、速度、加速度与时间的关系.

如果在振动的起始时刻，即在 $t = 0$ 时，物体的初位移为 x_0、初速度为 v_0，代入式(10-3a)和式(10-5)，得

$$\left.\begin{array}{l} x_0 = A\cos\phi_0 \\ v_0 = -\omega A\sin\phi_0 \end{array}\right\}$$

(10-7)

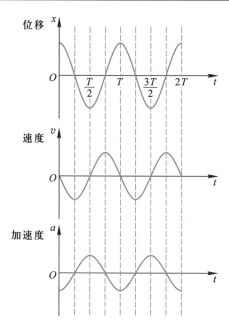

图 10-2　谐振动中的位移、速度、加速度与时间的关系

由此两式可求得两个积分常量

$$
\left.
\begin{aligned}
A &= \sqrt{x_0^2 + \frac{v_0^2}{\omega^2}} \\
\phi_0 &= \arctan\left(-\frac{v_0}{\omega x_0}\right)
\end{aligned}
\right\}
\tag{10-8}
$$

振动物体在 $t=0$ 时的位移 x_0 和速度 v_0 常称为振动的初始条件.由初始条件可以确定谐振动表达式的两个积分常量.因为在 $-\pi$ 和 $+\pi$ 之间有两个 ϕ_0 值的正切函数值相同,所以由式(10-8)得到的 ϕ_0 值,还须代回式(10-7)中或用旋转矢量法以判定取舍(参看下面的例题).

二、描述谐振动的特征量

1. 振幅

在谐振动表达式中,因余弦(或正弦)函数的绝对值不能大于1,所以物体的振动范围在 $+A$ 和 $-A$ 之间,我们把作谐振动的物体离开平衡位置的最大位移的绝对值 A 叫做振幅(amplitude).

2. 周期和频率

振动的主要特征是运动具有周期性,我们把完成一次完整振动所经历的时

间称为周期(period),用 T 来表示.因此,每隔一个周期,振动状态就完全重复一次,即

$$x = A\cos[\omega(t+T)+\phi_0] = A\cos(\omega t+\phi_0)$$

满足上述方程的 T 的最小值应为 $\omega T = 2\pi$,所以

$$T = \frac{2\pi}{\omega} \tag{10-9}$$

单位时间内物体所作的完全振动的次数称为振动频率(frequency),用 ν 或 f 表示,它的单位名称是赫[兹],符号是 Hz.显然,频率与周期的关系为

$$\nu = \frac{1}{T} = \frac{\omega}{2\pi}$$

或

$$\omega = 2\pi\nu \tag{10-10}$$

所以 ω 表示物体在 2π 秒时间内所作的完全振动次数,称为振动的角频率(angular frequency),也称圆频率(circular frequency),它的单位是 rad/s.

对于弹簧振子,$\omega = \sqrt{\dfrac{k}{m}}$,所以弹簧振子的周期和频率为

$$T = 2\pi\sqrt{\frac{m}{k}}$$

$$\nu = \frac{1}{2\pi}\sqrt{\frac{k}{m}}$$

由于弹簧振子的质量 m 和劲度系数 k 是其本身固有的性质,所以周期和频率完全决定于振动系统本身的性质,因此常称之为固有周期和固有频率.

利用 T 和 ν,谐振动的运动学方程可改写为

$$x = A\cos\left(\frac{2\pi}{T}t+\phi_0\right)$$

$$x = A\cos(2\pi\nu t+\phi_0)$$

3. 相位和初相

在角频率 ω 和振幅 A 已知的谐振动中,由式(10-3a)和式(10-5)两式可知,振动物体在任一时刻 t 的运动状态(指位置和速度)都由 $(\omega t+\phi_0)$ 决定.$(\omega t+\phi_0)$ 是决定谐振动运动状态的物理量,称为振动的相位(phase).显然,ϕ_0 是 $t=0$ 时的相位,称为初相位(initial phase),简称初相."相"是"相貌"的意思,如月相等,

即相位决定了谐振动的"相貌".物体的振动,在一个周期之内,每一时刻的运动状态都不相同,这相当于相位经历着从 0 到 2π 的变化.例如,在用余弦函数表示的谐振动中,若某时刻$(\omega t+\phi_0)=0$,即相位为零,则可决定该时刻 $x=A,v=0$,表示物体在正位移最大处而速度为零;当 $\omega t+\phi_0=\dfrac{\pi}{2}$ 时,即相位为 $\dfrac{\pi}{2}$,则 $x=0,v=$ $-\omega A$,表示物体在平衡位置并以最大速率向 Ox 轴负方向运动;当 $\omega t+\phi_0=\dfrac{3\pi}{2}$ 时,$x=0,v=\omega A$,这时物体也在平衡位置,但以最大速率向 Ox 轴正方向运动.可见,不同的相位表示不同的运动状态.凡是位移和速度都相同的运动状态,它们所对应的相位相差为 0 或 2π 的整数倍.由此可见,相位是反映周期性特点,用以描述运动状态的重要物理量.

　　相位概念的重要性还在于比较两个谐振动之间在"步调"上的差异.设有两个同频率的谐振动,它们的运动学方程分别为

$$x_1=A_1\cos(\omega t+\phi_{01})$$
$$x_2=A_2\cos(\omega t+\phi_{02})$$

它们的相位差为

$$\Delta\phi=(\omega t+\phi_{02})-(\omega t+\phi_{01})=\phi_{02}-\phi_{01}$$

即它们在任意时刻的相位差都等于它们的初相位差.当 $\Delta\phi$ 等于 0 或 2π 的整数倍时,这时两振动物体将同时到达各自同方向的位移的最大值,同时通过平衡位置而且向同方向运动,它们的步调完全相同,我们称这样的两个振动为同相(same phase).当 $\Delta\phi$ 等于 π 或者 π 的奇数倍时,则一个物体到达正的最大位移时,另一个物体到达负的最大位移处,它们同时通过平衡位置但向相反方向运动,即两个振动的步调完全相反.我们称这样的两个振动为反相(opposite phase).

　　当 $\Delta\phi$ 为其他值时,如果 $\phi_{02}-\phi_{01}>0$,我们称第二个谐振动超前第一个振动 $\Delta\phi$,或者说第一个振动落后于第二个振动 $\Delta\phi$.图 10-3 画出了两个同频率同振幅不同初相的谐振动的位移时间曲线.谐振动(2)和(1)具有恒定的相位差 $\phi_{02}-\phi_{01}$,它们的变化在步调上相差一段时间 $\Delta t=\dfrac{\phi_{02}-\phi_{01}}{\omega}$.图 10-3(b)、(c)、(d) 表示几种具有不同相位差的谐振动.在图(b)中,振动(2)比振动(1)超前 $\dfrac{3}{2}\pi$,也可以说,振动(2)比振动(1)落后 $\dfrac{\pi}{2}$.

　　相位不但用来比较谐振动相同物理量变化的步调,也可以比较不同物理量

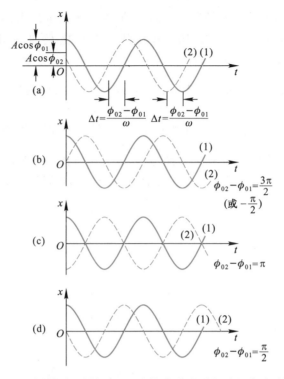

图 10-3 两个同振幅、同频率而不同初相位的谐振动的位移时间曲线

变化的步调.例如,比较物体作谐振动时的速度、加速度和位移变化的步调,如果我们把速度和加速度的表达式(10-5)和式(10-6)改写为

$$v = -v_{\mathrm{m}} \sin(\omega t + \phi_0) = v_{\mathrm{m}} \cos\left(\omega t + \phi_0 + \frac{\pi}{2}\right)$$

$$a = -a_{\mathrm{m}} \cos(\omega t + \phi_0) = a_{\mathrm{m}} \cos(\omega t + \phi_0 \pm \pi)$$

可以看出,除它们的幅值不同外,速度的相位比位移的相位超前 $\frac{\pi}{2}$,加速度的相位比位移的相位超前 π,或者说落后 π,也就是两者是反相的.速度的相位比加速度的相位落后 $\frac{\pi}{2}$.

三、谐振动的旋转矢量图示法

为了直观地领会谐振动表式中 A、ω 和 ϕ_0 三个物理量的意义,并为后面讨论谐振动的叠加提供简捷的方法,我们介绍谐振动的旋转矢量图示法,这种图示法的依据是充分利用匀速圆周运动是周期性运动的特性.

如图 10-4 所示, 在图平面内画坐标轴 Ox, 由原点 O 作一个矢量 $\overrightarrow{OM}$, 矢量的长度等于振幅 A, 以数值等于角频率 ω 的角速度在图平面内绕 O 点作逆时针方向的匀速转动, 这个矢量称为振幅矢量, 以 A 表示. 设在 $t=0$ 时, 振幅矢量 A 与 Ox 轴之间的夹角为 ϕ_0, 等于谐振动的初相. 经过时间 t, 振幅矢量 A 转过角度 ωt, 与 Ox 轴之间的夹角变为 $(\omega t + \phi_0)$, 等于谐振动在该时刻的相位. 这时矢量 A 的末端在 Ox 轴上的投影点 P 的位移是

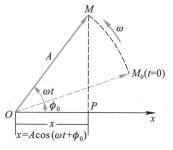

图 10-4 谐振动的矢量图示法

$$x = A\cos(\omega t + \phi_0)$$

这正是谐振动的表达式. 可见, 作匀速转动的矢量 A, 其端点 M 在 Ox 轴上的投影点 P 的运动是谐振动. 在矢量 A 的转动过程中, M 点作匀速圆周运动, 通常把这个圆称为参考圆 (circle of reference). 矢量 A 转一周所需的时间就是谐振动的周期.

由此可见, 谐振动的旋转矢量表示法把描写谐振动的三个特征量非常直观地表示出来了. 矢量的长度即振动的振幅, 矢量旋转的角速度就是振动的角频率, 矢量与 Ox 轴的夹角就是振动的相位, 而 $t=0$ 时矢量与 Ox 轴的夹角就是初相位.

利用旋转矢量图, 可以很容易地表示两个谐振动的相位差. 我们把图 10-3 中描述的不同初相位的谐振动用旋转矢量表示出来, 如图 10-5 所示. 可以看出, 它们的相位差就是两个旋转矢量之间的夹角.

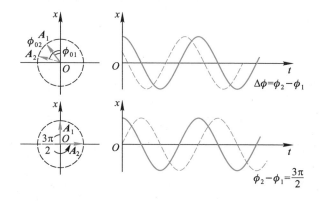

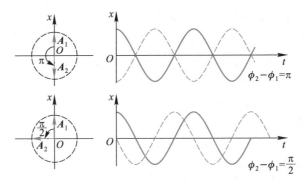

图 10-5 用旋转矢量表示两个谐振动的相位差

例题 10-1

一物体沿 Ox 轴作谐振动,振幅 $A=0.12$ m,周期 $T=2$ s.当 $t=0$ 时,物体的位移 $x=0.06$ m,且向 Ox 轴正方向运动.求:(1) 此谐振动的表达式;(2) $t=T/4$ 时物体的位置、速度和加速度;(3) 物体从 $x=-0.06$ m 处向 Ox 轴负方向运动,第一次回到平衡位置所需的时间.

解 (1) 设这一谐振动的表达式为

$$x=A\cos(\omega t+\phi_0)$$

现在 $A=0.12$ m,$T=2$ s,$\omega=\dfrac{2\pi}{T}=\pi\ \text{s}^{-1}$.由初始条件:$t=0$ 时,$x_0=0.06$ m,可得

$$0.06=0.12\cos\phi_0 \quad \text{或} \quad \cos\phi_0=\frac{1}{2}, \quad \phi_0=\pm\frac{\pi}{3}$$

根据初始速度条件 $v_0=-\omega A\sin\phi_0$,取舍 ϕ_0 值.因为 $t=0$ 时,物体向 Ox 轴正方向运动,即 $v_0>0$,所以

$$\phi_0=-\frac{\pi}{3}$$

这样,此谐振动的表达式为

$$x=0.12\cos\left(\pi t-\frac{\pi}{3}\right)\ \text{m}$$

利用旋转矢量法来求解 ϕ_0 是很直观方便的.根据初始条件就可画出振幅矢量的初始位置,如图 10-6 所示.从而得 $\phi_0=-\dfrac{\pi}{3}$.

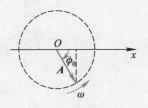

图 10-6

（2）由（1）中谐振动表达式得

$$v = \frac{\mathrm{d}x}{\mathrm{d}t} = -0.12\pi \sin\left(\pi t - \frac{\pi}{3}\right) \text{ m/s}$$

$$a = \frac{\mathrm{d}v}{\mathrm{d}t} = -0.12\pi^2 \cos\left(\pi t - \frac{\pi}{3}\right) \text{ m/s}^2$$

在 $t = \dfrac{T}{4} = 0.5$ s 时，从上列各式求得

$$x = 0.12 \times \cos\left(\pi \times 0.5 - \frac{\pi}{3}\right) \text{ m} = 6\sqrt{3} \times 10^{-2} \text{ m} = 0.10 \text{ m}$$

$$v = -0.12 \times \pi \sin\left(\pi \times 0.5 - \frac{\pi}{3}\right) \text{ m/s} = -0.06\pi \text{ m/s} = -0.18 \text{ m/s}$$

$$a = -0.12 \times \pi^2 \cos\left(\pi \times 0.5 - \frac{\pi}{3}\right) \text{ m/s}^2 = -6\sqrt{3}\pi^2 \text{ m/s}^2 = -1.03 \text{ m/s}^2$$

（3）由振幅旋转矢量图 10-7 可知，从 $x = -0.06$ m 处向 Ox 轴负方向运动，第一次回到平衡位置时，振幅矢量转过的角度为 $\dfrac{3\pi}{2} - \dfrac{2\pi}{3} = \dfrac{5\pi}{6}$，这就是两者的相位差

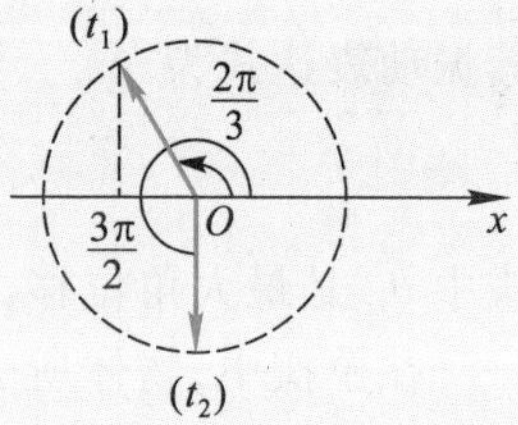

$$\Delta\phi = (\omega t_2 + \phi_0) - (\omega t_1 + \phi_0) = \omega(t_2 - t_1) = \frac{5\pi}{6}$$

由此可得到所需的时间

$$\Delta t = t_2 - t_1 = \frac{\Delta\phi}{\omega} = \frac{\frac{5\pi}{6}}{\omega} = 0.83 \text{ s}$$

图 10-7

四、几种常见的谐振动

1. 单摆

一根不会伸缩的细线，上端固定（或一根刚性轻杆，上端与无摩擦的铰链相连），下端悬挂一个很小的重物，把重物略加移动后就可在竖直平面内来回摆动，这种装置称为单摆（simple pendulum）（图 10-8）。当摆线竖直时，重物在其平衡位置 O 处。当摆线与竖直方向成 θ 角时，重物受到重力 $\boldsymbol{G}$ 和线的拉力 $\boldsymbol{F}$ 两个不共线力作用（忽略摩擦力）。重力的切向分量为 $mg\sin\theta$，它决定重物沿圆周的切向运动。设摆线长为 l，则重物的切向加速度为 $a_\mathrm{t} = l\dfrac{\mathrm{d}^2\theta}{\mathrm{d}t^2}$，考虑到角位移 θ 是从竖直位置算起，并规定沿逆时针方向为

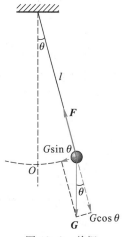

图 10-8　单摆

正,则重力的切向分力 $mg\sin\theta$ 与 θ 反向,根据牛顿运动定律得

$$-mg\sin\theta = ml\frac{\mathrm{d}^2\theta}{\mathrm{d}t^2}$$

当 θ 很小时,$\sin\theta \approx \theta$,所以

$$\frac{\mathrm{d}^2\theta}{\mathrm{d}t^2} = -\frac{g}{l}\theta = -\omega^2\theta$$

式中 $\omega^2 = \frac{g}{l}$.与式(10-2)相比较可知,单摆在摆角很小时,在平衡位置附近作角谐振动(angular harmonic motion),其周期为

$$T = \frac{2\pi}{\omega} = 2\pi\sqrt{\frac{l}{g}} \qquad (10-11)$$

其振动表达式为

$$\theta = \theta_\mathrm{m}\cos(\omega t + \phi_0)$$

式中 θ_m 是最大角位移,即角振幅,ϕ_0 为初相位,它们均由初始条件决定.

在单摆中,物体所受的回复力不是弹性力,而是重力 $\boldsymbol{G}$ 和线的拉力 $\boldsymbol{F}$ 的合力.在 θ 很小时,此力与角位移 θ 成正比,方向指向平衡位置,虽然本质上不是弹性力,但其作用完全和弹性力一样,所以是一种准弹性力(quasi-elastic force).

当 θ 角不是很小时,物体所受的回复力与 $\sin\theta$ 成正比,物体不再作谐振动.由于 $\sin\theta$ 总是小于 θ,所以,当摆动幅角较大时,单摆的振动周期将增大,单摆的周期 T 与角振幅 θ_m 的关系为

$$T = T_0\left(1 + \frac{1}{2^2}\sin^2\frac{\theta_\mathrm{m}}{2} + \frac{1}{2^2}\frac{3^2}{4^2}\sin^4\frac{\theta_\mathrm{m}}{2} + \cdots\right) \qquad (10-12)$$

其中 T_0 为 θ_m 很小时的周期.式中含有 θ_m 的各项逐项变得越来越小,因此只要在上述级数中取足够的项数就可以将周期计算到所要求的任何精确度.例如 $\theta_\mathrm{m} = 15°$ 时,实际的周期 T 比 T_0 相差不超过 0.5 %.

单摆的振动周期完全决定于振动系统本身的性质.即决定于重力加速度 g 和摆长 l,而与摆球的质量无关.在小摆角的情况下,单摆的周期又与振幅无关,所以单摆可用来计时.单摆也为测量重力加速度 g 提供了一种简便方法.

2. 复摆

一个可绕固定轴 O 摆动的刚体称为复摆(compound pendulum),也称物理摆(physical pendulum)(图10-9).平衡时,摆的重心 C 在轴的正下方.摆动时,重心与轴的连线 OC 偏离平衡时的竖直位置.设在任一时刻 t,其间的夹角为 θ,我们

规定偏离平衡位置沿逆时针方向转过的角位移为正.这时复摆受到对于 O 轴的力矩为

$$M = -mgh\sin\theta$$

式中的负号表明力矩 M 的转向与角位移 θ 的转向相反.

当摆角很小时,$\sin\theta \approx \theta$,则

$$M = -mgh\theta$$

设复摆绕 O 轴的转动惯量为 J,根据转动定律得

$$J\frac{\mathrm{d}^2\theta}{\mathrm{d}t^2} = -mgh\theta$$

或

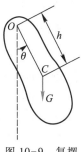

图 10-9 复摆

$$\frac{\mathrm{d}^2\theta}{\mathrm{d}t^2} = -\frac{mgh}{J}\theta = -\omega^2\theta$$

与式(10-2)相比较,可知复摆在摆角很小时也在其平衡位置附近作谐振动,其周期为

$$T = \frac{2\pi}{\omega} = 2\pi\sqrt{\frac{J}{mgh}} \tag{10-13}$$

上式表明复摆的周期也完全决定于振动系统本身的性质.由复摆的振动周期公式可知,如果测出摆的质量,重心到转轴的距离,以及摆的周期,就可以求得此物体绕该轴的转动惯量.有些形状复杂物体的转动惯量,用数学方法进行计算比较困难,有时甚至是不可能的,但用振动方法可以测定.

船舶在静水中的摇摆,也相当于一个复摆(图 10-10).设 C 为船舶的重心,B 为浮力的作用点,称为浮心.当船舶平正时,重心和浮心位于同一竖直线上.当船

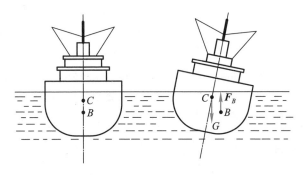

图 10-10 船舶的摇摆

舶倾斜时,浮心 B 的位置向一侧偏离,重力 G 和浮力 F_B 就构成一力偶,对船舶施一力矩,使船舶回复到原来的平正位置上,这样船舶就左右摇摆,其摆动周期可用复摆的周期公式求出.由此可见,船舶的转动惯量愈大,重心愈高(h 愈短),则摆动的周期就愈长,频率就愈低,摇摆就愈缓和.但是,使重心升高,对船的稳定性不利.因此,在设计船舶时必须适当考虑稳定性和摇摆特性.

例题 10-2

一质量为 m 的平底船,其平均水平截面积为 S,吃水深度为 h,如不计水的阻力,求此船在竖直方向的振动周期.设水的密度为 ρ.

解　此船静浮时,所受的浮力和重力平衡,即

$$\rho h S g = mg, \qquad m = \rho h S$$

当船在任一位置时,以水面处为坐标原点,取竖直向下的坐标轴为 Oy 轴(图 10-11),船的位置可用静浮时的水线 P 对水面的位移 y 来描述,此时船所受力的合力为

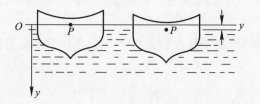

图 10-11　船舶在竖直方向的振动

$$F = -(h+y)\rho S g + mg = -(h+y)\rho S g + \rho h S g = -y\rho S g$$

因为力 F 的大小与位移 y 成正比,方向相反,所以船在竖直方向作谐振动,其角频率及周期分别为

$$\omega = \sqrt{\frac{\rho S g}{m}}, \qquad T = \frac{2\pi}{\omega} = 2\pi\sqrt{\frac{m}{\rho S g}}$$

将 m 代入得

$$T = 2\pi\sqrt{\frac{h}{g}}$$

假如吃水深度为 10 m,那么这种竖直振动的周期大约 6 s.然而,这种振动在船舶振动的总图像中,并不是主要的.波浪的作用,更易于激起左右摇摆及前后颠簸,但这些振动并不会使船舶的质心位置相对于水面发生什么重大的起落.

五、谐振动的能量

现在仍以水平弹簧振子为例来讨论作谐振动的系统的能量.此时系统除了

具有动能以外,还具有势能.振动物体的动能为

$$E_k = \frac{1}{2}mv^2$$

如果取物体在平衡位置的势能为零,则弹性势能为

$$E_p = \frac{1}{2}kx^2$$

用式(10-3a)和式(10-5)代入,则得

$$E_k = \frac{1}{2}m\omega^2 A^2 \sin^2(\omega t + \phi_0) \qquad (10-14)$$

$$E_p = \frac{1}{2}kA^2 \cos^2(\omega t + \phi_0) \qquad (10-15)$$

式(10-14)和式(10-15)说明物体作谐振动时,其动能和势能都是随时间 t 作周期性变化.位移最大时,势能达最大值,动能为零;物体通过平衡位置时,势能为零,动能达最大值.由于在运动过程中,弹簧振子不受外力和非保守内力的作用,其总能量守恒

$$E = E_k + E_p = \frac{1}{2}m\omega^2 A^2 \sin^2(\omega t + \phi_0) + \frac{1}{2}kA^2 \cos^2(\omega t + \phi_0)$$

考虑到 $\omega^2 = \dfrac{k}{m}$,则总能量为

$$E = \frac{1}{2}kA^2 \qquad (10-16)$$

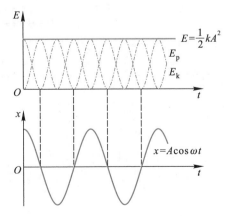

图 10-12 谐振子的动能、势能和总能量随时间的变化曲线

上式说明：谐振动系统在振动过程中的动能和势能虽然分别随时间而变化，但总的机械能在振动过程中却是常量.谐振动系统的总能量和振幅的平方成正比，这一结论对于任一谐振动系统都是正确的.

图 10-12 表示了弹簧振子的动能、势能随时间的变化（图中设 $\phi_0 = 0$），为了便于将这个变化与位移随时间的变化相比较，在下面画了 x-t 曲线，从图可见，动能和势能的变化频率是弹簧振子频率的两倍，总能量并不改变.

*六、用能量法解谐振动问题

由于谐振动系统的总能量是常量，反过来，我们可以用机械能守恒定律来导出谐振动的运动方程.仍以弹簧振子为例，在任一时刻，振子作谐振动的总机械能为

$$\frac{1}{2}mv^2 + \frac{1}{2}kx^2 = E$$

由于总机械能 E 不随时间而变，上式对时间 t 求导得

$$mv\frac{\mathrm{d}v}{\mathrm{d}t} + kx\frac{\mathrm{d}x}{\mathrm{d}t} = 0$$

将 $v = \dfrac{\mathrm{d}x}{\mathrm{d}t}$ 代入，整理后即得谐振动的运动方程

$$\frac{\mathrm{d}^2x}{\mathrm{d}t^2} + \frac{k}{m}x = 0$$

*例题 10-3

当考虑弹簧的质量时，试用能量法求解弹簧振子的周期，设弹簧的质量为 m'，但小于振动物体的质量.

解 设弹簧未变形时的长度为 L，在振动过程中任一时刻，物体的位移为 x，速度为 v，如图 10-13 所示.

由于弹簧的质量 m' 比振动物体的质量 m 小，我们可以认为弹簧在任一时刻各等长小段的变形相同，弹簧各截面处的位移是按线性规律变化的.在离

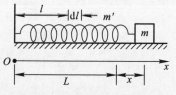

图 10-13　考虑弹簧质量的振子

弹簧固定端距离为 l 处取小段 $\mathrm{d}l$，质量为 $\dfrac{m'}{L}\mathrm{d}l$，位移为 $\dfrac{x}{L}l$，因而速度等于 $\dfrac{v}{L}l$，其动能为

$$\mathrm{d}E'_k = \frac{1}{2}\left(\frac{m'}{L}\mathrm{d}l\right)\left(\frac{l}{L}v\right)^2 = \frac{m'v^2}{2L^3}l^2\mathrm{d}l$$

整个弹簧的动能

$$E_k' = \int_0^L \frac{m'v^2}{2L^3} l^2 \, dl = \frac{1}{2} \frac{m'}{3} v^2$$

于是,弹簧振子的总机械能

$$E = \frac{1}{2} kx^2 + \frac{1}{2} mv^2 + \frac{1}{2} \frac{m'}{3} v^2$$

由于整个系统没有能量损耗,所以机械能守恒,即

$$\frac{1}{2} kx^2 + \frac{1}{2} mv^2 + \frac{1}{2} \frac{m'}{3} v^2 = \text{常量}$$

将此方程对时间 t 求导,经整理后得

$$\left(m + \frac{m'}{3} \right) \frac{d^2x}{dt^2} + kx = 0$$

或改写成

$$\frac{d^2x}{dt^2} + \omega^2 x = 0$$

其中

$$\omega^2 = \frac{k}{m + m'/3}$$

于是振动周期

$$T = \frac{2\pi}{\omega} = 2\pi \sqrt{\frac{m + m'/3}{k}} \qquad (10-17)$$

可见,考虑弹簧质量后,当弹簧质量较振动物体的质量为小时,弹簧振子的运动仍可认为作谐振动,但振动频率较不考虑弹簧质量时为小,在计算振动周期时,只需将弹簧质量的1/3加到振动物体的质量上,再按不考虑弹簧质量时的弹簧振子周期公式计算即可.

复习思考题 ▶▶▶

10-1-1　判断一个物体是否作谐振动有哪些方法?试说明下列运动是不是谐振动:

(1) 小球在地面上作完全弹性的上下跳动.(2) 小球在半径很大的光滑凹球面底部作小幅度的摆动.(3) 曲柄连杆机构使活塞作往复运动.(4) 小磁针在地磁的南北方向附近摆动.

10-1-2　谐振动的速度和加速度在什么情况下是同号的?在什么情况下是异号的?加速度为正值时,振动质点的速率是否一定增加?反之,加速度为负值时,速率是否一定在减小?

10-1-3　分析下列表述是否正确,为什么?

(1) 若物体受到一个总是指向平衡位置的合力,则物体必然作振动,但不一定是谐振动.

(2) 谐振动过程是能量守恒的过程,因此,凡是能量守恒的过程就是谐振动.

10-1-4 在单摆实验中,如把摆球从平衡位置拉开,使悬线与竖直方向成一小角 φ,然后放手任其摆动.若以放手之时为计时起点,试问此 φ 角是否就是振动的初相位?摆球绕悬点转动的角速度是否就是振动的角频率?

10-1-5 周期为 T、最大摆角为 θ_0 的单摆在 $t=0$ 时分别处于如图所示的状态.若以向右方向为正,写出它们作谐振动的表达式.

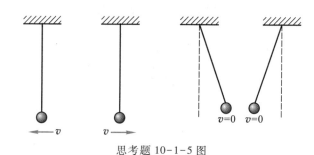

思考题 10-1-5 图

10-1-6 有两个摆长不同的单摆作谐振动,设 $l_A = 2l_B$.把这两单摆向右拉开一个相同的小角度 φ,然后释放任其自由摆动.(1) 这两单摆在刚释放时相位是否相同?(2) 当单摆 B 到达平衡位置并向左运动时,单摆 A 大致在什么位置和向什么方向运动? A 比 B 的相位超前还是落后?超前或落后多少?(3) 自释放后,A、B 经过多长时间后以相反的相位相遇? A、B 经过多长时间后以同相位相遇?

10-1-7 物体作谐振动的 x-t 图如图所示.分别写出这些谐振动的表达式.

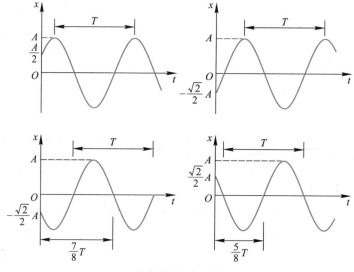

思考题 10-1-7 图

10-1-8　对于频率不同的两个谐振动,初相位相等,能否说这两个谐振动是同相位的? 如图中各图内的两条曲线表示两个谐振动,试说明其频率、振幅、初相位三个量中哪个相等, 哪个不相等.

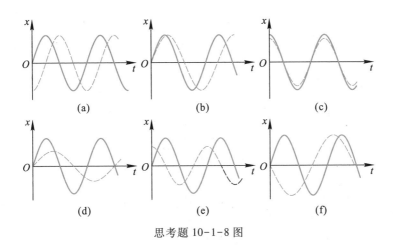

思考题 10-1-8 图

10-1-9　一劲度系数为 k 的弹簧和一质量为 m 的物体组成一振动系统,若弹簧本身的质量不计,弹簧的自然长度为 l_0,物体与平面以及斜面间的摩擦不计.在如图所示的三种情况中,振动周期是否相同.

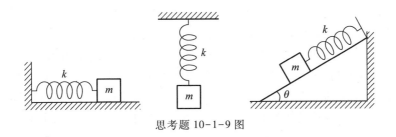

思考题 10-1-9 图

10-1-10　两个劲度系数均为 k 的相同弹簧,按图示的不同方式连接一质量为 m 的物体,组成一振动系统.试分析物体受到沿弹簧长度方向的初始扰动后是否作谐振动.如是谐振动,比较它们的周期.

10-1-11　三个完全相同的单摆,在下列各种情况,它们的周期是否相同? 如不相同,哪个大,哪个小?

(1) 第一个在教室里,第二个在匀速前进的火车上,第三个在匀加速水平前进的火车上.

(2) 第一个在匀速上升的升降机中,第二个在匀加速上升的升降机中,第三个在匀减速上升的升降机中.

(3) 第一个在地球上,第二个在绕地球的同步卫星上,第三个在月球上.

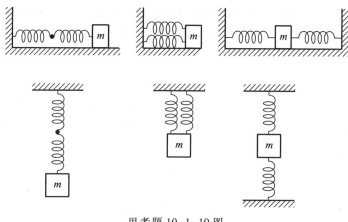

思考题 10-1-10 图

10-1-12 在上题中,如把单摆改为悬挂着的弹簧振子,其结果又如何?

10-1-13 在电梯中并排悬挂一弹簧振子和一单摆,在它们的振动过程中,电梯突然从静止开始自由下落.试分别讨论两个振动系统的运动情况.

§10-2 阻尼振动 》》

上面所讨论的谐振动,系统都是在没有阻力作用下振动的,振幅是不随时间而变化的,就是说,这种振动一经发生,就将永不停止地以不变的振幅振动下去.一个振动物体不受任何阻力的影响,只在回复力作用下所作的振动,称为无阻尼自由振动(undamped free vibration).这是一种理想的情况.实际上,振动物体总是要受到阻力作用的.以竖直悬挂的弹簧振子为例,由于受到空气阻力等的作用,它围绕平衡位置振动的振幅将逐渐减小,最后,终于停止下来.如果把弹簧振子浸在液体里,它在振动时受到的阻力就更大,这时可以看到它的振幅将急剧减小,振动几次以后,很快就会停止.当阻力足够大,振动物体甚至来不及完成一次振动就停止在平衡位置上了.在回复力和阻力作用下的振动称为阻尼振动(damped vibration).

在阻尼振动中,振动系统所具有的能量将在振动过程中逐渐减少.能量损失的原因通常有两种:一种是由于介质对振动物体的摩擦阻力使振动系统的能量逐渐转变为热运动的能量,这叫摩擦阻尼.另一种是由于振动物体引起邻近质点的振动,使系统的能量逐渐向四周辐射出去,转变为波动的能量,这叫辐射阻尼.例如音叉振动时,不仅因为摩擦而消耗能量,同时也因辐射声波而减少能量.在振动的研究中,常把辐射阻尼当作是某种等效的摩擦阻尼来处理.下面我们仅考虑摩擦阻尼这一种简单情况,在力学中我们曾经指出,流体对运动物体的阻力与物体的运动速度有关,在物体速度不太大时,阻力与速度大小成正比,方向总是和速度相反,即

$$F_f = -\gamma v = -\gamma \frac{\mathrm{d}x}{\mathrm{d}t}$$

式中的 γ 称为阻力系数(coefficient of friction),它的大小由物体的形状、大小和介质的性质来决定.

设振动物体的质量为 m,在弹性力(或准弹性力)和阻力作用下运动,则物体的运动方程为

$$m \frac{\mathrm{d}^2 x}{\mathrm{d}t^2} = -kx - \gamma \frac{\mathrm{d}x}{\mathrm{d}t}$$

令 $\dfrac{k}{m} = \omega_0^2, \dfrac{\gamma}{m} = 2\delta$,这里,$\omega_0$ 为无阻尼时振子的固有角频率,δ 称为阻尼系数(damping coefficient),代入上式后运动方程可改写成

$$\frac{\mathrm{d}^2 x}{\mathrm{d}t^2} + 2\delta \frac{\mathrm{d}x}{\mathrm{d}t} + \omega_0^2 x = 0 \tag{10-18}$$

在 $\delta < \omega_0$ 的条件下,即阻尼较小的情况,这个微分方程的解为

$$x = A_0 \mathrm{e}^{-\delta t} \cos(\omega' t + \phi_0') \tag{10-19}$$

式中

$$\omega' = \sqrt{\omega_0^2 - \delta^2} = \sqrt{\frac{k}{m} - \frac{\gamma^2}{4m^2}} \tag{10-20}$$

A_0 和 ϕ_0' 为积分常量,可由初始条件决定.式(10-19)说明阻尼振动的位移和时间的关系为两项的乘积,其中 $\cos(\omega' t + \phi_0')$ 反映了在弹性力和阻力作用下的周期运动;而 $A_0 \mathrm{e}^{-\delta t}$ 则反映了阻尼对振幅的影响.振幅随着时间的增加而减小,因此阻尼振动也叫减幅振动.

图 10-14(a)表示阻尼振动的位移时间曲线.从图中可以看到,在一个位移极大值之后,隔一段固定的时间,就出现下一个较小的极大值,因为位移不能在每一周期后恢复原值,所以严格说来,阻尼振动不是周期运动,我们常把阻尼振动叫做准周期性运动.

如果我们把振动物体相继两次通过极大(或极小)位置所经历的时间叫做

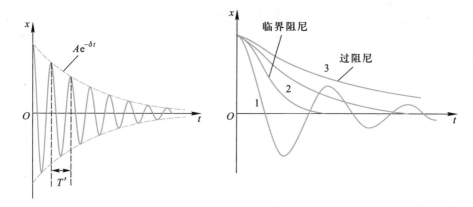

(a) 阻尼振动的位移与时间的关系　　　　(b) 不同阻尼下的阻尼振动和阻尼过大时的非周期运动

图 10-14　阻尼振动曲线

阻尼振动的周期 T'，那么

$$T'=\frac{2\pi}{\omega'}=\frac{2\pi}{\sqrt{\omega_0^2-\delta^2}} \qquad (10-21)$$

这就是说，由于阻尼，振动变慢了.

　　由阻尼振动的振幅 $A=A_0e^{-\delta t}$ 可知，阻尼越小，振幅减弱越慢，每个周期内损失的能量也越少，周期也越接近无阻尼自由振动的周期，运动越接近于谐振动；阻尼越大，振幅的减小越快，周期比无阻尼时长得越多.图 10-14(b) 中的曲线 1 就是阻尼较小，即 $\delta<\omega_0$ 的情况.若阻尼过大，即 $\delta>\omega_0$ 时，式(10-19) 不再是式 (10-18) 的解，此时物体以非周期运动的方式慢慢回到平衡位置，如图 10-14 (b) 中曲线 3 所示，这种情况称为过阻尼(overdamping).若阻尼作用满足 $\delta=\omega_0$ 时，则振动物体将刚好能平滑地回到平衡位置，这种情况称为临界阻尼(critical damping)，如图 10-14(b) 中曲线 2 所示.在过阻尼状态和减幅振动状态，振动物体从运动到静止都需要较长的时间，而在临界阻尼状态，振动物体从静止开始运动回复到平衡位置需要的时间却是最短的.因此当物体偏离平衡位置时，如果要它不发生振动的情况下，最快地恢复到平衡位置，常用施加临界阻尼的方法.

　　在生产实际中，可以根据不同的要求，用不同的方法来控制阻尼的大小.例如，各类机器，为了减振、防振，都要加大振动时的摩擦阻尼.各种声源、乐器，总希望它辐射足够大的声能，这就要加大它的辐射阻尼.各种弦乐器上的空气箱就能起到这种作用.有时还需要利用临界阻尼.在灵敏电流计等精密仪表中，为使人们能较快地和较准确地进行读数测量，常使电流计的偏转系统处在临界阻尼状态下工作.

复习思考题 >>>

10-2-1 阻尼的存在对谐振动有哪些影响？试以小阻尼情况讨论之.

10-2-2 两个机械振动系统作阻尼振动，问下列哪种情况下位移振幅衰减较快？
(1) 物体质量 m 不变，而阻尼系数 δ 增大；(2) 阻尼系数 δ 相同，而 m 增大.

§10-3 受迫振动 共振 >>>

一、受迫振动

摩擦阻尼总是客观存在的，只能减小而不能完全消除它.所以实际的振动物体如果没有能量的不断补充，振动最后总是要停止下来的.在实践中，为了获得稳定的振动，通常是对振动系统作用一周期性的外力.物体在周期性外力的持续作用下发生的振动称为受迫振动(forced vibration).这种周期性的外力称为驱动力(driving force).许多实际的振动属于受迫振动，例如，声波引起耳膜的振动、马达转动导致基座的振动等.

为简单起见，假设驱动力有如下的形式

$$F = F_0 \cos \omega_d t$$

式中 F_0 为驱动力的幅值，ω_d 为驱动力的角频率.物体在弹性力、阻力和驱动力的作用下，其运动方程为

$$m \frac{\mathrm{d}^2 x}{\mathrm{d} t^2} = -kx - \gamma \frac{\mathrm{d} x}{\mathrm{d} t} + F_0 \cos \omega_d t \tag{10-22}$$

仍令 $\dfrac{k}{m} = \omega_0^2$，$\dfrac{\gamma}{m} = 2\delta$，则上式可写成

$$\frac{\mathrm{d}^2 x}{\mathrm{d} t^2} + 2\delta \frac{\mathrm{d} x}{\mathrm{d} t} + \omega_0^2 x = \frac{F_0}{m} \cos \omega_d t$$

在阻尼较小的情况，上述方程的解为

$$x = A_0 \mathrm{e}^{-\delta t} \cos\left(\sqrt{\omega_0^2 - \delta^2}\, t + \phi_0'\right) + A\cos(\omega_d t + \phi) \tag{10-23}$$

此解表示，在驱动力开始作用的阶段，系统的振动是非常复杂的(图10-15)，可以看成是两个振动合成的，一个振动由式(10-23)中的第一项表示，它是一个减

幅的振动;另一个振动由式(10-23)中的第二项表示,它是一个振幅不变的振动.经过一段时间之后,第一项分振动将减弱到可以忽略不计,余下的就是受迫振动达到稳定状态后的等幅振动,其振动表达式为

$$x = A\cos(\omega_d t + \phi) \tag{10-24}$$

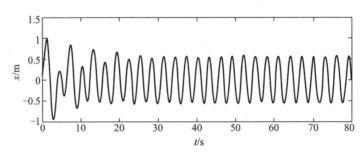

受迫振动的位移时间曲线($\delta = 0.1, \omega_0 = 1, \omega_d = 2.1, F_0/m = 2$)

图 10-15 受迫振动的位移时间曲线

应该指出,稳态时的受迫振动的表达式虽然和无阻尼自由振动的表达式相同,都是谐振动,但其实质已有所不同.(1) 受迫振动的角频率不是振子的固有角频率,而是驱动力的角频率;(2) 受迫振动的振幅不是决定于振子的初始状态,而是依赖于振子的性质、阻尼的大小和驱动力的特征.(3) 相位 ϕ 是稳态受迫振动的位移和驱动力的相位差,这也与初始条件无关.**根据理论计算可得**

$$A = \frac{F_0}{m\sqrt{(\omega_0^2 - \omega_d^2)^2 + 4\delta^2\omega_d^2}} \tag{10-25}$$

$$\tan\phi = -\frac{2\delta\omega_d}{\omega_0^2 - \omega_d^2} \tag{10-26}$$

在稳态时,振动物体的速度

$$v = \frac{dx}{dt} = v_m\cos\left(\omega_d t + \phi + \frac{\pi}{2}\right) \tag{10-27}$$

式中

$$v_m = \frac{\omega_d F_0}{m\sqrt{(\omega_0^2 - \omega_d^2)^2 + 4\delta^2\omega_d^2}} \tag{10-28}$$

从能量角度来看,在受迫振动中,振动物体因驱动力做功而获得能量(实际上在一个周期内驱动力有时做正功,有时做负功,但总效果还是做正功),同时

又因阻尼作用而消耗能量.受迫振动开始时,驱动力所做的功往往大于阻尼消耗的能量,所以总的趋势是能量逐渐增大.由于阻尼力一般随速度的增大而增大,当振动加强时,因阻尼而消耗的能量也要增多.在稳态振动的情况下,一个周期内,外力所做的功恰好补偿因阻尼而消耗的能量,因而系统维持等幅振动,如果撤去驱动力,振动能量又将逐渐减小而成为减幅振动.

二、共振

对于一定的振动系统,如果驱动力的幅值一定,则受迫振动稳态时的位移振幅随驱动力的频率而改变.按式(10-25)可以画出不同阻尼时位移振幅和外力频率之间的关系曲线(图10-16).从图中可以看出,当驱动力的角频率为某个特定值时,位移振幅达到最大值,我们把这种位移振幅达到最大值的现象叫做位移

视频:塔卡玛桥

共振(displacement resonance),如果将式(10-25)对 ω_d 求导数,并令 $\dfrac{\mathrm{d}A}{\mathrm{d}\omega_d}=0$,就可以得到共振角频率

$$\omega_{共振}=\sqrt{\omega_0^2-2\delta^2} \tag{10-29}$$

可见位移共振时,驱动力的角频率略小于系统的固有角频率 ω_0,阻尼愈小,$\omega_{共振}$愈接近 ω_0,共振位移振幅也就愈大.图10-17为玻璃杯受喇叭的声波产生共振而破碎的实况图.

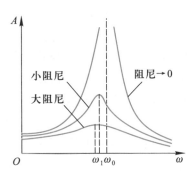

图 10-16　受迫振动的位移
振幅与外力频率的关系

图 10-17　玻璃杯受声波
共振而破碎

受迫振动的速度在一定的条件下也可以发生共振,这叫做速度共振(velocity resonance),如果将式(10-28)对 ω_d 求导数,并令 $\dfrac{\mathrm{d}v_m}{\mathrm{d}\omega_d}=0$,可求得共振

频率为

$$\omega_{共振} = \omega_0 \tag{10-30}$$

这表明,当驱动力的频率等于系统固有频率 ω_0 时,速度幅值达到最大值.在给定幅值的周期性外力作用下,振动时的阻尼愈小,速度幅值的极大值也越大,共振曲线越为尖锐(图 10-18).

由此可见,我们平常讲"驱动力的频率等于系统的固有频率时发生共振",严格地说这是指速度共振,但是在阻尼很小的情况,速度共振和位移共振可以不加区分.

共振现象极为普遍,在日常生活和科学技术领域中有广泛应用.共振现象有其有利的一面,如许多声学仪器就是应用共振原理设计的,核磁共振是研究固体性质和医疗检查的有力工具等.动物的耳朵也是一个共振器.但共振现象也可引起损害,例如各种机器

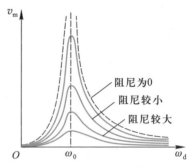

图 10-18　受迫振动的速度振幅值与外力频率的关系

的转动部分都不可能造得完全平衡,机器工作时要产生与转动同频率的周期性力,如果力的频率接近于机器某部分的固有频率,将引起机器部件产生共振,影响加工精度,甚至可能发生损坏事故,因此在不需要发生共振的地方,必须加以防止和隔离,这就是隔振的问题.某些精密机床或精密仪器的工作台,为了避免外来机械干扰所引起的振动,通常筑有较大的混凝土基础,以增大质量,并铺设弹性垫层,减小劲度系数,从而降低固有频率,使它远小于外来干扰力的频率,有效地避免了外来干扰的影响.这种情况既有弹性控制状态,又有质量控制效应.

从图 10-16 和图 10-18 的共振曲线可以看出,不同的阻尼共振振幅不同,要增强共振效果,应减小阻尼;要抑制共振效果,应增大阻尼.例如扬声器是一个振动系统,为了使声音中不同频率的振动都得到同等程度的重放,就要增大阻尼以抑制共振.这种情况叫做阻尼控制效应.

不同频率的振动可能激起人体不同部位的共振,对人体造成很大的危害.表 10-1 给出了频率和相应的人体的共振部位.

表 10-1　人体的共振频率

人体部位	共振频率/Hz
胸-腹	3~6
头-颈-肩	20~30
眼球	60~90
下颚-头盖骨	100~200

我国古代很早就对共振有认识.如在公元5世纪成书的《天中记》中记载着："中朝时,蜀人有畜铜澡盘,晨夕恒鸣如人扣.以白张华,华曰:'此盘与洛钟宫商相谐,宫中朝暮撞钟,故声相应.可镥令轻,则韵乖,鸣自止也.'依其言,即不复鸣."张华指出产生共振的条件是"宫商相谐",即周期性外力频率和物体的固有频率相接近.而防止的方法则是改变物体的大小和厚薄,实即改变物体的固有频率.在北宋,沈括还设计了一个利用纸人跳动的共振实验.在西方,到15世纪才由达·芬奇(L.da Vinci)开始做共振实验.直到17世纪,才出现和沈括相似的纸游码实验.

复习思考题 >>>>

10-3-1 弹簧振子的无阻尼自由振动是谐振动,同一弹簧振子在简谐驱动力持续作用下的稳态受迫振动也是谐振动,这两种谐振动有什么不同?

* 10-3-2 有人说:"稳态受迫振动 $x = A\cos(\omega_d t + \phi)$ 中 ϕ 就是振动的初相位.因为相位为 $(\omega_d t + \phi)$, $t = 0$ 时的相位即为起始时刻的相位,也就为初相位."这种说法对吗?

10-3-3 产生共振的条件是什么?在共振时,物体作什么性质的运动?

§10-4 电磁振荡 >>

电路中电压和电流的周期性变化称为 电磁振荡 (electromagnetic oscillation),电磁振荡与机械振动有类似的运动形式.产生电磁振荡的电路称为振荡电路.最简单的振荡电路是由一个电容器与一个自感线圈串联而成的,称为 LC 电路.

一、LC 电路的振荡

如图10-19所示的电路,先使电源给电容器充电,然后将电键接通 LC 回路,在振荡电路刚被接通的瞬间,电容器两极板上的电荷最多,板间的电场也最强,电场的能量全部集中在电容器的两极板间.

当电容器放电时,因自感的存在,电路中的电流将逐渐增大到最大值,两极板上的电荷也相应地逐渐减小到零.在此过程中,电流在自感线圈中激起磁场,到放电终了时,电容器两极板间的电场能量全部转化成线圈中的磁场能量.

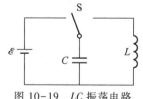

图 10-19 LC 振荡电路

在电容器放电完毕时,电路中的电流达到最大值.这时,就要对电容器作反方向的充电.由于线圈的自感作用,随着电流的逐渐减弱到零,电容器两极板上的电荷又相应地逐渐增加到最大值.同时,磁场能量又全部转化成电场能量.

然后,电容器又通过线圈放电,电路中的电流逐渐增大,不过这时电流的方向与前放电时相反,电场能量又转化成磁场能量.

此后,电容器又被充电,回复到原状态,完成了一个完全的振荡过程.

由上述可知,在 LC 电路中,电荷和电流都随时间做周期性的变化,相应地电容器中的电场强度和线圈中的磁感应强度以及电场能量和磁场能量也都随时间作周期性变化,而且不断地相互转化着.如果电路中没有任何能量损耗(如电阻的焦耳热、电磁辐射等),那么这种变化将在电路中一直持续下去,这种电磁振荡称为无阻尼自由振荡.

下面我们定量地研究无阻尼自由振荡,找出电容器极板上的电荷和电路中的电流随时间变化的规律.

设在某一时刻,电容器极板上的电荷量为 q,电路中的电流为 i,并取 LC 回路的顺时针方向为电流的正方向.线圈两端的电势差应和电容器两极板之间的电势差相等,即

$$-L\frac{\mathrm{d}i}{\mathrm{d}t}=\frac{q}{C}$$

考虑到电流 $i=\dfrac{\mathrm{d}q}{\mathrm{d}t}$ 代入得

$$\frac{\mathrm{d}^2q}{\mathrm{d}t^2}=-\frac{1}{LC}q \tag{10-31}$$

令 $\omega^2=\dfrac{1}{LC}$,得

$$\frac{\mathrm{d}^2q}{\mathrm{d}t^2}=-\omega^2q$$

显然,这和式(10-2)完全相似,此微分方程的解为

$$q=Q_0\cos(\omega t+\phi_0) \tag{10-32}$$

式中 Q_0 为极板上电荷量的最大值,称为电荷量振幅,ϕ_0 是振荡的初相位,Q_0 和 ϕ_0 的数值由初始条件决定.ω 是振荡的角频率.无阻尼自由振荡的频率和周期分别为

$$\nu=\frac{\omega}{2\pi}=\frac{1}{2\pi\sqrt{LC}},\qquad T=2\pi\sqrt{LC} \tag{10-33}$$

将式(10-32)对时间 t 求导数,可得电路中任一时刻的电流

$$i = \frac{\mathrm{d}q}{\mathrm{d}t} = -\omega Q_0 \sin(\omega t + \phi_0)$$

令 $\omega Q_0 = I_0$ 表示电流的最大值,称为电流振幅,则上式为

$$i = -I_0 \sin(\omega t + \phi_0) = I_0 \cos\left(\omega t + \phi_0 + \frac{\pi}{2}\right) \qquad (10\text{-}34)$$

式(10-32)和式(10-34)表明,在 LC 振荡电路中,电荷和电流都作谐振动,是等幅振荡,同时还告诉我们,电荷和电流的振荡频率相同,电流的相位比电荷的相位超前 $\frac{\pi}{2}$,如图 10-20 所示.

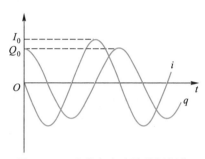

图 10-20 电荷与电流的等幅振荡

现在考虑 LC 振荡电路中的能量,在任一时刻 t,电容器极板上的电荷量为 q,相应的电场能量为

$$W_e = \frac{1}{2} \frac{q^2}{C} = \frac{Q_0^2}{2C} \cos^2(\omega t + \phi_0)$$

设此时的电流为 i,那么线圈内的磁场能量为

$$W_m = \frac{1}{2} Li^2 = \frac{L\omega^2 Q_0^2}{2} \sin^2(\omega t + \phi_0)$$

把上两式相加,并应用 $\omega^2 = \frac{1}{LC}$ 的关系,即得总能量

$$W = W_e + W_m = \frac{Q_0^2}{2C} \cos^2(\omega t + \phi_0) + \frac{Q_0^2}{2C} \sin^2(\omega t + \phi_0) = \frac{Q_0^2}{2C} \qquad (10\text{-}35)$$

上式说明,在无阻尼自由振荡电路中,尽管电能和磁能都随时间而变化,但总的电磁能量却保持不变.

从上面的分析可以知道,电磁振荡中的电荷量及电流对应机械振动中的位移和速度,自感对应于惯性,起着电流惯性作用.磁场能量对应于动能,电场能量对应于势能.

二、受迫振荡 电共振

当电路中有电阻存在时,由于能量的损耗,电荷和电流的振幅将逐渐减小.

如果在电路中加入一个电动势作周期性变化的电
源,如图 10-21 所示,可以连续不断地供给能量,
即可使电流振幅保持不变,这种在外加周期性电
动势持续作用下产生的振荡,称为受迫振荡.设电
源的电动势为 $\mathscr{E}=\mathscr{E}_0\cos\omega_\mathrm{d}t$,则受迫振荡的微分方
程可写成

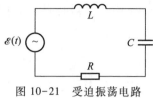

图 10-21   受迫振荡电路

$$L\frac{\mathrm{d}^2q}{\mathrm{d}t^2}+R\frac{\mathrm{d}q}{\mathrm{d}t}+\frac{q}{C}=\mathscr{E}_0\cos\omega_\mathrm{d}t \tag{10-36}$$

在稳定状态下其解为

$$q=Q_0\cos(\omega_\mathrm{d}t+\phi) \tag{10-37}$$

通常我们感兴趣的不是电荷而是电流的振荡,由上式得

$$i=\frac{\mathrm{d}q}{\mathrm{d}t}=-\omega Q_0\sin(\omega_\mathrm{d}t+\phi)$$

$$=\omega_\mathrm{d}Q_0\cos\left(\omega_\mathrm{d}t+\phi+\frac{\pi}{2}\right)$$

$$=I_0\cos(\omega_\mathrm{d}t+\phi')$$

式中

$$I_0=\frac{\mathscr{E}_0}{\sqrt{R^2+\left(\omega_\mathrm{d}L-\dfrac{1}{\omega_\mathrm{d}C}\right)^2}} \tag{10-38a}$$

$$\tan\phi'=\frac{\dfrac{1}{\omega_\mathrm{d}C}-\omega_\mathrm{d}L}{R} \tag{10-38b}$$

可以看到,电流 i 的振荡角频率与电动势的角频率相同,但两者的相位并不相同.
  由式(10-38a)不难看出,当电路满足条件

$$\omega_\mathrm{d}L=\frac{1}{\omega_\mathrm{d}C}$$

时,电流将有最大的振幅.由上述条件可得

$$\omega_\mathrm{d}=\sqrt{\frac{1}{LC}} \tag{10-39}$$

这就是说,当外加电动势的频率和自由振荡的频率相等时,电流的振幅为最大,其值等于$\frac{\mathscr{E}_0}{R}$,这时,电流与外加电动势之间的相位差 $\phi'=0$.这种在周期性电动势作用下,电流振幅达到最大值的现象称为电共振.收音机中的调谐,就是调节电容器的电容使电路与其某一种频率的无线电信号发生共振,以选取电台.

三、力电类比

从上面的讨论可以知道,电磁振荡和机械振动的规律非常相似,所以运用力电类比就可以把电磁振荡和机械振动对应起来,只要知道一种振动的解,就可以用类比方法得到另一种振动的解.虽然机械振动比较直观,但由于电学的迅速发展,人们对交变电路规律的熟悉程度已经超过机械振动.因此,在工程上,常常把复杂的机械振动问题用力电类比方法化成交变电路问题,然后通过计算或实验测定,找出它们的解.机械振动和电磁振荡对应的物理量列在表 10-2 中.

表 10-2 机械振动和电磁振荡对应的物理量

机械振动	电磁振荡(串联电路)
位移 x	电荷 q
速度 v	电流 i
质量 m	电感 L
劲度系数 k	电容的倒数 $\dfrac{1}{C}$
阻力系数 γ	电阻 R
驱动力 F	电动势 $\mathscr{E}$
弹性势能 $\dfrac{1}{2}kx^2$	电场能量 $\dfrac{1}{2}\dfrac{q^2}{C}$
动能 $\dfrac{1}{2}mv^2$	磁场能量 $\dfrac{1}{2}Li^2$

§10-5 一维谐振动的合成 ≫

在实际问题中,常会遇到一个质点同时参与几个振动的情况.例如,当两个声波同时传到某一点时,该点处的空气就同时参与两个振动.根据运动叠加原理,这时质点所作的运动实际上就是这两个振动的合成.一般的振动合成问题比较复杂,下面我们只研究几种简单情况.

一、同一直线上两个同频率的谐振动的合成

设一质点在一直线上同时参与两个独立的同频率(亦即角频率 ω 相同)的谐振动.如果取这一直线为 Ox 轴,以质点的平衡位置为原点,在任一时刻 t,这两个振动的位移分别为

$$x_1 = A_1 \cos(\omega t + \phi_{01})$$

$$x_2 = A_2 \cos(\omega t + \phi_{02})$$

式中 A_1、A_2 和 ϕ_{01}、ϕ_{02} 分别表示两个振动的振幅和初相位.既然 x_1 和 x_2 都是表示在同一直线方向上、距同一平衡位置的位移,所以合位移 x 仍在同一直线上,而为上述两个位移的代数和,即

$$x = x_1 + x_2 = A_1 \cos(\omega t + \phi_{01}) + A_2 \cos(\omega t + \phi_{02})$$

应用三角函数的等式关系将上式展开,可以化成

$$x = A \cos(\omega t + \phi_0) \tag{10-40a}$$

式中 A 和 ϕ_0 的值分别为

$$A = \sqrt{A_1^2 + A_2^2 + 2A_1 A_2 \cos(\phi_{02} - \phi_{01})} \tag{10-40b}$$

$$\tan\phi_0 = \frac{A_1 \sin\phi_{01} + A_2 \sin\phi_{02}}{A_1 \cos\phi_{01} + A_2 \cos\phi_{02}} \tag{10-40c}$$

这说明合振动仍是谐振动,其振动方向和频率都与原来的两个振动相同.

应用旋转振幅矢量图,可以很方便地得到上述两谐振动的合振动.如图 10-22 所示,用 $\boldsymbol{A}_1$ 和 $\boldsymbol{A}_2$ 代表两谐振动的振幅矢量,由于 $\boldsymbol{A}_1$ 和 $\boldsymbol{A}_2$ 以相同的角速度 ω 作逆时针方向转动,它们之间的夹角 $\phi_{02} - \phi_{01}$ 保持恒定,所以在旋转过程中,矢量合成的平行四边形的形状保持不变,因而合矢量 $\boldsymbol{A}$ 的长度保持不变,并以同一角速度 ω 匀速旋转.合矢量 $\boldsymbol{A}$ 就是相应的合振动的振幅矢量,而合振动的表达式可从合矢量 $\boldsymbol{A}$ 在 Ox 轴上的投影给出,A 和 ϕ_0 也可以由图简便地得到.

现在来讨论振动合成的结果.从式(10-40b)可以看出,合振动的振幅与原来的两个振动的相位差($\phi_{02} - \phi_{01}$)有关.下面讨论两个特例,将来在研究声、光等波动过程的干涉和衍射现象时,这两个特例常要用到.

(1)两振动同相,即相位差 $\phi_{02} - \phi_{01} = 2k\pi, k = 0, \pm 1, \pm 2, \cdots$

这时 $\cos(\phi_{02} - \phi_{01}) = 1$.按式(10-40b)得

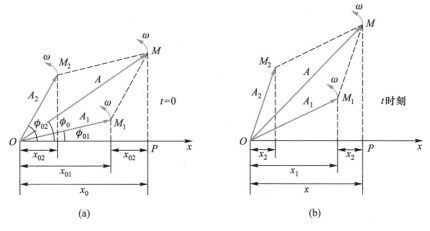

图 10-22 同一直线上两个同频率的谐振动合成的矢量图

$$A = \sqrt{A_1^2 + A_2^2 + 2A_1 A_2} = A_1 + A_2$$

即合振动的振幅等于原来两个振动的振幅之和,这是合振动振幅可能达到的最大值[图 10-23(a)].

(2)两振动反相,即相位差 $\phi_{02} - \phi_{01} = (2k+1)\pi, k = 0, \pm 1, \pm 2, \cdots$

这时 $\cos(\phi_{02} - \phi_{01}) = -1$.按式(10-40b)得

$$A = \sqrt{A_1^2 + A_2^2 - 2A_1 A_2} = |A_1 - A_2|$$

即合振动的振幅(振幅在性质上是正量,所以在上式中取绝对值)等于原来两个振动的振幅之差.这是合振动振幅可能达到的最小值[图 10-23(b)].如果 $A_1 = A_2$,则 $A = 0$,就是说振动合成的结果使质点处于静止状态.

在一般情形下,$\phi_{02} - \phi_{01}$ 是其他任意值时,合振动的振幅在 $A_1 + A_2$ 与 $|A_1 - A_2|$ 之间[图 10-23(c)].

上述结果说明,两个振动的相位差对合振动起着重要作用.

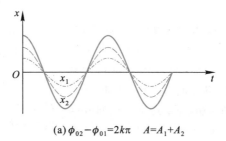

(a)$\phi_{02} - \phi_{01} = 2k\pi$ $A = A_1 + A_2$

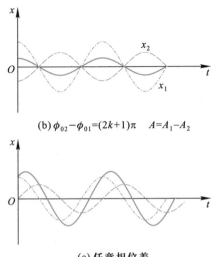

(b) $\phi_{02}-\phi_{01}=(2k+1)\pi$　　$A=A_1-A_2$

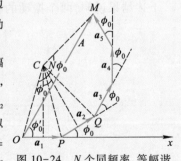

(c) 任意相位差

图 10-23　同一直线上不同初相位差的两个谐振动的合成

例题 10-4

同一方向上 N 个同频率的谐振动,它们的振幅相等,初相分别为 $0,\phi_0,2\phi_0,\cdots$,依次差一个恒量 ϕ_0,振动表达式可写成

$$x_1=a\cos\omega t$$

$$x_2=a\cos(\omega t+\phi_0)$$

$$x_3=a\cos(\omega t+2\phi_0)$$

$$\cdots\cdots\cdots\cdots$$

$$x_N=a\cos[\omega t+(N-1)\phi_0]$$

求它们的合振动的振幅和初相.

解　对这种情况,采用旋转矢量法,可以避免繁杂的三角函数运算,有极大的优越性.

按矢量合成法则,将每一谐振动在 $t=0$ 时刻的振幅矢量 $\boldsymbol{a}_1$、$\boldsymbol{a}_2$、$\boldsymbol{a}_3$、$\cdots$、$\boldsymbol{a}_N$ 首尾相接,而相邻矢量的夹角均为 ϕ_0(图 10-24).它们构成正多边形的一部分.可见合振动的振幅矢量 $\boldsymbol{A}$ 等于各分振动振幅矢量的矢量和.

下面我们采用几何方法较方便地求出合振动振幅矢量的大小和方向.在图中作 $\boldsymbol{a}_1$ 和 $\boldsymbol{a}_2$ 的垂直平分线,两者相交于 C 点,它们的夹角显然为 ϕ_0.而以 $\boldsymbol{a}_1$ 或 $\boldsymbol{a}_2$ 为底边,以 C 为顶点的三角形的顶角也等于 ϕ_0,所以 $\angle OCM=N\phi_0$.因 $OC=PC=QC$ 并令其等于 R,则 $OC=CM=R$.从等腰三角形 OCM,即可求得边长 OM,即合振幅矢量 $\boldsymbol{A}$ 的大小为

图 10-24　N 个同频率、等幅谐振动的合成(图中取 $N=5$)

$$A = 2R\sin\frac{N\phi_0}{2}$$

在 △OCP 中，

$$a = 2R\sin\frac{\phi_0}{2}$$

于是得到

$$A = a\,\frac{\sin\dfrac{N\phi_0}{2}}{\sin\dfrac{\phi_0}{2}}$$

又因为

$$\angle COM = \frac{1}{2}(\pi - N\phi_0)$$

$$\angle COP = \frac{1}{2}(\pi - \phi_0)$$

所以

$$\phi_0' = \angle COP - \angle COM = \frac{N-1}{2}\phi_0$$

式中 ϕ_0' 为 A 与 Ox 轴间的夹角，就是合振动的初相.

最后求得合振动的表达式为

$$x = A\cos(\omega t + \phi_0') = a\,\frac{\sin\dfrac{N\phi_0}{2}}{\sin\dfrac{\phi_0}{2}}\cos\left(\omega t + \frac{N-1}{2}\phi_0\right)$$

如果各分振动的初相相同，即 $\phi_0 = 0$，于是有

$$A = \lim_{\phi_0 \to 0} a\,\frac{\sin\dfrac{N\phi_0}{2}}{\sin\dfrac{\phi_0}{2}} = Na$$

$$\phi_0' = 0$$

这时合振幅为最大值.

二、同一直线上两个不同频率的谐振动的合成　拍

设一质点在一直线上同时参与两个不同频率的谐振动，其振动表达式为

$$x_1 = A_1\cos(\omega_1 t + \phi_{01})$$

$$x_2 = A_2\cos(\omega_2 t + \phi_{02})$$

根据叠加原理，合运动的位移为

$$x = x_1 + x_2 = A_1 \cos(\omega_1 t + \phi_{01}) + A_2 \cos(\omega_2 t + \phi_{02})$$

这个合运动一般是比较复杂的运动.现在讨论两个频率比较接近且 $|\omega_2 - \omega_1| \ll \omega_1$ 或 ω_2 这种具有实用意义的情况.为方便计算,设 $A_1 = A_2 = A$,$\phi_{01} = \phi_{02} = \phi_0$,则上式可化成

$$x = 2A\cos\left(\frac{\omega_2 - \omega_1}{2}t\right)\cos\left(\frac{\omega_2 + \omega_1}{2}t + \phi_0\right) \tag{10-41}$$

由于 $|\omega_2 - \omega_1|$ 远小于 ω_1 或 ω_2,式中第一项因子随时间作缓慢地变化,第二项因子是角频率近于 ω_1 或 ω_2 的简谐函数,因此合成运动可近似看成是角频率为 $\frac{\omega_1 + \omega_2}{2} \approx \omega_1 \approx \omega_2$、振幅为 $\left|2A\cos\dfrac{\omega_2 - \omega_1}{2}t\right|$ 的谐振动.这种两个频率较大且差值较小的谐振动合成时,其合振幅出现时强时弱周期性缓慢变化的现象叫做拍(beat).

图 10-25 画出两个分振动以及合振动的图形.从图中看出,在 t_1 时刻,两分振动的位相相同,合振幅最大;在 t_2 时刻,两分振动的位相相反,合振幅最小;在 t_3 时刻,振幅又最大,即合振动的振幅作缓慢的周期性变化.由于振幅总是正值,而余弦函数的绝对值以 π 为周期,因而振幅变化周期 τ 可由 $\left|\dfrac{\omega_2 - \omega_1}{2}\right|\tau = \pi$ 决定,故振幅变化的频率即拍频(beat frequency).

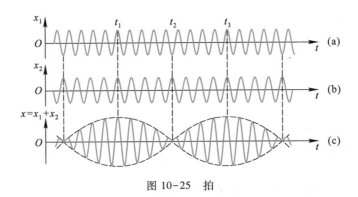

图 10-25　拍

$$\nu_{拍} = \frac{1}{\tau} = \left|\frac{\omega_2 - \omega_1}{2\pi}\right| = |\nu_2 - \nu_1| \tag{10-42}$$

拍频的数值等于两分振动频率之差.

拍现象也可以从谐振动的旋转矢量合成图示法得到说明.设 A_2 比 A_1 转得

快,单位时间内 A_2 比 A_1 多转 $\nu_2 - \nu_1$ 圈,即在单位时间内,两个矢量恰好"相重"(在相同方向)和"相背"(在相反方向)的次数都是 $\nu_2 - \nu_1$ 次,也就是合振动将加强或减弱 $\nu_2 - \nu_1$ 次,这样就形成了合振幅时而加强时而减弱的拍现象,拍频等于 $\nu_2 - \nu_1$.

我们可用演示实验来证实这种现象,取两支频率相同的音叉,在一个音叉上套上一个小铁圈,使它的频率有很小的变化.如图 10-26 所示,分别敲击这两支音叉,我们听到的声强是均匀的;如果同时敲击音叉,结果听到"嗡嗡嗡"……的声音,反映出合振动的振幅存在时强时弱的周期性变化,这就是拍的现象.

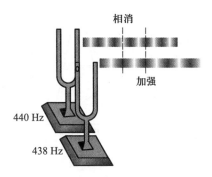

图 10-26 音叉的拍音实验

拍现象在技术上有重要应用.例如,管乐器中的双簧管就是利用两个簧片振动频率的微小差别产生颤动的拍音;调整乐器时,使它和标准音叉出现的拍音消失来校准乐器;拍现象常用于汽车速度监视器、地面卫星跟踪等.此外,在各种电子学测量仪器中,也常常用到拍现象.

* 例题 10-5

试画出频率比为 $1:3:5:\cdots$ 且振幅比为 $1:\dfrac{1}{3}:\dfrac{1}{5}:\cdots$ 的谐振动合成的图形及其表达式.

解 设各谐振动的表达式为

$$x_1 = A \sin 2\pi \nu t$$

$$x_2 = \frac{A}{3} \sin 2\pi (3\nu) t$$

$$x_3 = \frac{A}{5} \sin 2\pi (5\nu) t$$

$$\cdots\cdots\cdots\cdots$$

$$x_n = \frac{A}{2n-1} \sin 2\pi [(2n-1)\nu t]$$

其合运动为

$$x = x_1 + x_2 + x_3 + \cdots + x_n$$

如用解析法计算或用作图法直接画图,则比较困难.但用计算机运行 Matlab 程序(见附录1),可以很简捷地得到合成图形.图 10-27(a)是 x_1、x_2 及其合成的图线;图 10-27(b)是 x_1、x_2、x_3 及其合成的图线.读者按照这样的程序继续加上 7 倍、9 倍等频率的分量,最终可以得到如图 10-28 所示的方波形振动曲线,它不再是谐振动.它的振动表式为

$$x(t) = \begin{cases} x_m, & nT \leqslant t \leqslant (2n+1)\dfrac{T}{2} \\ -x_m, & (2n+1)\dfrac{T}{2} < t < (n+1)T \end{cases}$$

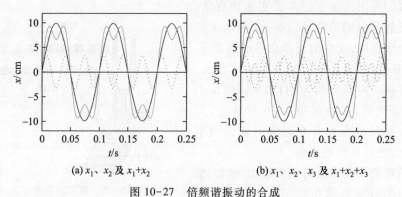

(a) x_1、x_2 及 x_1+x_2　　　　(b) x_1、x_2、x_3 及 $x_1+x_2+x_3$

图 10-27　倍频谐振动的合成

（黑实线是基频曲线,黑虚线是 3 倍频和 5 倍频振动曲线;蓝色线是合成振动曲线）

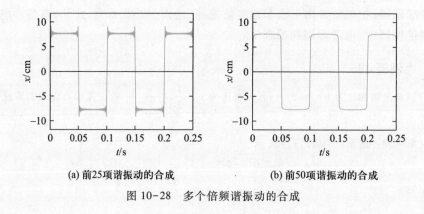

(a) 前25项谐振动的合成　　　　(b) 前50项振动的合成

图 10-28　多个倍频谐振动的合成

复习思考题 >>>

10-5-1　什么是拍现象? 产生拍的条件是什么? 如果两振动的振幅不等,即 $A_1 \neq A_2$,是否也有拍现象?

*　**10-5-2**　试分析手风琴、弦乐器、钢琴等乐器中所利用的拍现象及其作用.

*§10-6 二维谐振动的合成 》

当一质点同时参与两个不同方向的振动时,质点的位移是这两个振动的位移的矢量和.在一般情形下,质点将在平面上作曲线运动.质点的轨迹形状由两个振动的周期、振幅和相位差来决定.为简单起见,我们只讨论两个相互垂直的谐振动的合成.

一、相互垂直的两个同频率谐振动的合成

设两个谐振动分别在 Ox 轴和 Oy 轴上进行,振动表达式分别为

$$x = A_1 \cos(\omega t + \phi_{01})$$

$$y = A_2 \cos(\omega t + \phi_{02})$$

如果把参量 t 消去,就得到轨迹方程

$$\frac{x^2}{A_1^2} + \frac{y^2}{A_2^2} - 2\frac{xy}{A_1 A_2}\cos(\phi_{02} - \phi_{01}) = \sin^2(\phi_{02} - \phi_{01}) \tag{10-43}$$

一般地说,上述方程是椭圆方程.因为质点的位移 x 和 y 在有限范围内变动,所以椭圆轨迹不会超出以 $2A_1$ 和 $2A_2$ 为边的矩形范围.按这两个振动在不同时刻的对应点,例如图 10-29 中两轴上的 0、0;1、1;…,可以作出合运动的轨迹如图 10-29 所示.下面分析几种特殊情形.

(1) $\phi_{02} - \phi_{01} = 0$,即分振动同相.式(10-43)变为

$$\left(\frac{x}{A_1} - \frac{y}{A_2}\right)^2 = 0$$

亦即

$$\frac{x}{A_1} = \frac{y}{A_2}$$

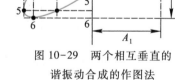

图 10-29 两个相互垂直的
谐振动合成的作图法

因此,质点的轨迹是一条直线.这直线通过坐标原点,斜率为这两个振动振幅之比 $\frac{A_2}{A_1}$.在任一时刻 t,质点离开平衡位置的位移

$$s = \sqrt{x^2 + y^2} = \sqrt{A_1^2 + A_2^2}\cos(\omega t + \phi_0)$$

所以合运动也是谐振动,周期等于原来的周期,振幅为

$$A = \sqrt{A_1^2 + A_2^2}$$

如果两个振动的相位差为 $(\phi_{02} - \phi_{01}) = \pi$,即两振动反相,那么质点在另一条直线 $\frac{y}{x} =$

$-\dfrac{A_2}{A_1}$ 上作同频率的谐振动其振幅也等于 $\sqrt{A_1^2+A_2^2}$.

（2）$\phi_{02}-\phi_{01}=\dfrac{\pi}{2}$，这时式（10-43）变为

$$\frac{x^2}{A_1^2}+\frac{y^2}{A_2^2}=1$$

即质点的轨迹是一椭圆.显然,质点的合运动不再是谐振动.用作图法可知质点沿椭圆顺时针方向的运动.

如果 $\phi_{02}-\phi_{01}=\dfrac{3\pi}{2}\left(\text{或}-\dfrac{\pi}{2}\right)$，这时运动方向与上例相反.

如两个振动的振幅相等（$A_2=A_1$），且相位差为 $\phi_{02}-\phi_{01}=\pm\dfrac{\pi}{2}$ 时,则椭圆将变为圆.

总之,两个相互垂直的同频率谐振动合成时,合运动的轨迹是椭圆.椭圆的性质视两个振动的相位差（$\phi_{02}-\phi_{01}$）而定.图 10-30 表示不同相位差的合成图形.

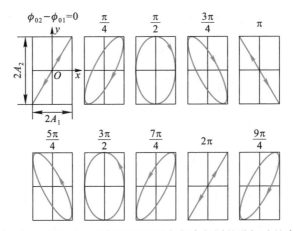

图 10-30　两个相互垂直的振幅不同、频率相同的谐振动的合成

二、相互垂直的两个不同频率谐振动的合成

如果两个振动的频率有很小差异,相位差就不是定值,合运动的轨迹将不断地按照图 10-30 所示的顺序在上述的矩形范围内由直线逐渐变成椭圆,又由椭圆逐渐变成直线,并重复进行.

如果两个振动的频率相差很大,但有简单的整数比值的关系时,也可得到稳定的封闭的合成运动轨迹.图 10-31 表示两个相互垂直、具有不同频率比（1∶1、2∶1、3∶1 和 3∶2）的谐振动的合成的几个简单例子.这些曲线叫做李萨如（J.A.Lissajous）图形.利用这些图形,可由一已知频率求得另一个振动的未知频率;若频率比已知,则可利用这种图形确定相位关系.

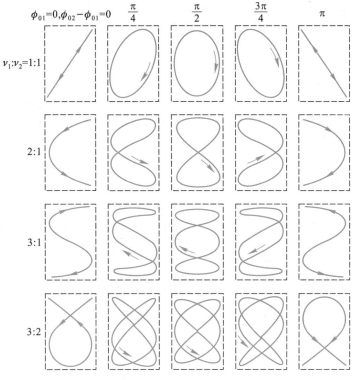

图 10-31 李萨如图形

复习思考题>>>

10-6-1 两个相互垂直的同频率谐振动合成的运动是否还是谐振动?

10-6-2 如何从李萨如图形来确定两谐振动的频率比.

*§10-7 振动的分解 频谱>>>

上面所讨论的都是谐振动,但实际的振动不一定是谐振动,而是比较复杂的振动.例题 10-5 给出了多个倍频谐振动合成的图形.与振动的合成相反,复杂振动可以分解为一系列不同频率的谐振动,这样分解的依据是傅里叶(J.Fourier)级数或傅里叶积分的理论,因此这种方法称为傅里叶分析.傅里叶指出:任一周期性函数都可以下列形式的谐函数表示:

$$f(t) = A_0 + \sum_{n=1}^{\infty} A_n \cos(n\omega t + \phi_n) \qquad (n = 1,2,3,\cdots) \tag{10-44}$$

式中 A_0、A_n 称为傅里叶系数.

利用傅里叶级数,任一周期振动可以分解成几个甚至无穷多个谐振动,它们的频率为原周期性振动频率的整数倍,$n=1$ 的谐振动称为基频振动;$n=2,3,\cdots$的谐振动分别称为 n 次谐频振动.

为了显示实际振动中所包含的各个谐振动的振动情况(振幅、相位),常用图线把它表示出来.若用横坐标表示各个谐频振动的频率,纵坐标表示对应的振幅,就得到谐频振动的振幅分布图,称为振动的频谱(frequency spectrum).不同的周期运动,具有不同的频谱,周期运动的各谐振成分的频率都是基频的整数倍,所以它的频谱是离散谱.图 10-32 画出了锯齿形和矩形振动的频谱.

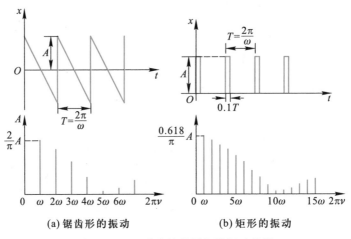

(a) 锯齿形的振动   (b) 矩形的振动

图 10-32   几种常见的周期性振动的谱

不同乐器奏出的同一音调的音色各不相同,就是由于各种乐器所包含的谐频振动的振幅不同所致.图 10-33 表示小提琴和钢琴同奏基频为 440 Hz(A 调)的振动曲线和相应

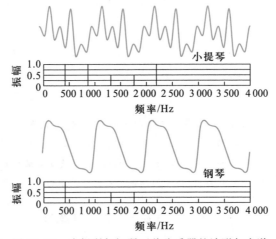

图 10-33   小提琴与钢琴两种弦乐器的波形与声谱

的频谱.

　　频谱分析是研究振动性质的重要方法之一.在工程上已用所谓快速傅里叶谱分析法（Fast Fourier Transformation,FFT）来寻找一个复杂振动是由哪些频率成分合成的.

*§10-8　非线性振动与混沌》》

　　我们知道,当单摆的摆角 θ 很小时,其运动方程 $\dfrac{d^2\theta}{dt^2}+\omega_0^2\sin\theta=0$ 可近似地写成

$$\frac{d^2\theta}{dt^2}+\omega_0^2\theta=0$$

这是一个线性微分方程,它的解为

$$\theta=\theta_0\cos(\omega_0 t+\phi_0)$$

表示单摆作谐振动,即作线性振动.如果摆角较大,因 $\sin\theta=\theta-\dfrac{\theta^3}{3!}+\dfrac{\theta^5}{5!}-\cdots$,单摆的运动方程可写成

$$\frac{d^2\theta}{dt^2}+\omega_0^2\left(\theta-\frac{\theta^3}{3!}+\frac{\theta^5}{5!}-\cdots\right)=0$$

式中包含了 θ 的高次项,这是一个非线性微分方程,它的解不再代表线性振动,而是非线性振动.

　　振动物体在非线性回复力作用下所作的振动为非线性振动,一般地说,工程技术和日常生活中的振动都是非线性振动,仅仅在一定条件下才可近似地认为是线性振动.

　　非线性振动方程的求解,除少数情况外,一般没有解析解,只能借助计算机按所需的精度求数值解.

　　下面以周期性外力作用下的阻尼单摆为例,来说明非线性振动的种种复杂现象.一般情况下,这个系统的振动方程为

$$\frac{d^2\theta}{dt^2}+2\delta\frac{d\theta}{dt}+\omega_0^2\sin\theta=f_0\cos(\omega_d t)$$

给定参量 $(\omega_0,\delta,f_0,\omega_d)$ 和初始条件 $\left(\theta_0,\left(\dfrac{d\theta}{dt}\right)_0\right)$ 用计算机作数值计算得到结果如下（有关数值解的程序见附录2）：

　　设所有参量和初始条件的取值如图 10-34 的标注所示,仅逐步增加驱动力的振幅,比较初始条件 $\theta_0=0$ 改变至 $\theta_0=0.001$ 两种情况的解.当 $f_0=0.699$ Hz 时,两种初始条件的解完全重合（蓝线完全覆盖了黑线）,与线性方程的周期解几乎没有区别[图 13-34（a）];当 f 分别为 1.068 8 和 1.09 时,呈现了双周期及三周期的振动解,不过,它们依然对初始条件的微小变化不很敏感[如图 10-34（b）、（c）];当 $f=1.174$ 时,非线性方程的解将会出现根本性的变化.如

图 10-34(d) 所示,摆动曲线不再表现为规则的周期性摆动.尤其是,初始条件仅改变了一点点,摆动曲线除在最初很短的时间里重合外,此后它们的差异越来越大(黑线与蓝线分别是不同初始条件的解),系统明显地表现出貌似随机运动状态.

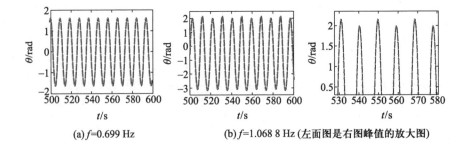

(a) f=0.699 Hz

(b) f=1.068 8 Hz (左面图是右图峰值的放大图)

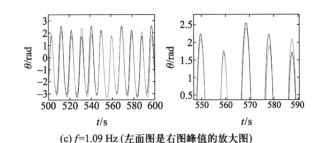

(c) f=1.09 Hz (左面图是右图峰值的放大图)

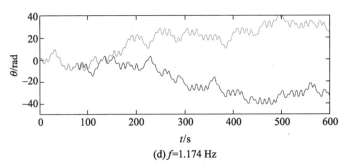

(d) f=1.174 Hz

图 10-34　非线性振动

$$\left[\omega=1, \delta=0.25, \omega_{p}=0.666\ 7. \text{黑线为初始条件 } \theta_0=0, \left(\frac{\mathrm{d}\theta}{\mathrm{d}t}\right)_0=0.2; \text{蓝线为 } \theta_0=0.001, \left(\frac{\mathrm{d}\theta}{\mathrm{d}t}\right)_0=0.2 \right]$$

从上述计算机求解的结果来看,我们可以得到如下一些结论:非线性方程的解取决于方程参量,可以是周期性的,也可以是貌似随机运动的非周期运动,特别是在后者情况下,表现出对初始条件的微小变化极为敏感,有"差之毫厘,谬以千里"的巨大影响.这种状态称为混沌运动(chaotic motion),或混沌(chaos).混沌是在一个非线性方程所描述的确定性系统中出现的貌似不规则的运动,其特征表现为对初始条件微小变化的敏感性和对未来的不可预见性.从物理学角度说,物理量的测量总是有误差的,即人们对初值的认识总是有误差的.而非线性系统在一定状态下对初值的敏感性,正反映了确定性系统可能出现的内在不确定性.

下面举一个初值敏感性的例子,描述力学系统运动的微分方程在进行数值计算时,常化为代数方程,进行迭代法(alternative method)计算.设一个非线性迭代方程为

$$x_{n+1} = \lambda x_n(1-x_n), \qquad x = 0, 1, 2, \cdots$$

参量 λ 取值范围为 $[0,4]$,变量 x_n 取值范围为 $[0,1]$.

现设 λ 取定值 $\lambda = 4$,给定不同的初值 x_0,进行迭代运算,所得的结果列表如表 10-3 所示.

表 10-3　初值敏感性

n	x_n	$x_{n+1} = 4x_n(1-x_n)$		
0	x_0	0.100 000 000 000 00	0.100 000 100 000 00	0.100 000 000 000 01
1	x_1	0.360 000 000 000 00	0.360 000 319 999 96	0.360 000 000 000 03
2	x_2	0.921 600 000 000 00	0.921 600 358 399 55	0.921 600 000 000 04
⋮	⋮	⋮	⋮	⋮
10	x_{10}	0.147 836 559 913 29	0.147 715 428 321 69	0.147 836 559 901 20
⋮	⋮	⋮	⋮	⋮
50	x_{50}	0.560 036 763 222 38	0.767 006 836 369 00	0.688 872 492 659 13
51	x_{51}	0.985 582 348 247 12	0.714 829 397 328 88	0.857 308 726 066 90
52	x_{52}	0.056 839 132 283 25	0.815 393 320 173 24	0.489 321 897 105 78
⋮	⋮	⋮	⋮	⋮

从表中可以看出,给定的三个初值 x_0 差别如此之小,仅在小数点后第七位和第十四位上有差异,前几次迭代结果看不出有什么差别.迭代至 10 次后所得的结果差别也不显著.但经 50 次迭代后,结果颇有惊人之处,第 52 次结果已不可思议,其值出现飘忽不定,似有随机性,真有"差之毫厘,谬以千里"之感.

首先发现混沌运动的是美国气象学家洛伦茨(E.Lorenz),1961 年冬的一天,他用真空管计算机计算大气对流对天气影响的非线性方程.已算得了一个解,他想知道此解的长期行为,为了避免等上几个小时,他不再从头算起,而把记录下来的中间数据当作初值输入(计算机的存储是六位小数 0.506 127,而打印出来只有三位小数 0.506,以此值作为初值输入),希望得到上次后半段的结果.但是,出乎预料,经过一段重复过程后,计算就偏离了原来的结果,如图 10-34 所示.洛伦茨很快就意识到这不是计算机出了毛病,问题出在他输入的数据上,他把这种天气对初值的高度敏感现象用一个很风趣的词——蝴蝶效应(butterfly effect)来表述.意思是说今天某地一只蝴蝶拍下翅膀(相当于微弱地改变了当天的气流,即初始条件),可能隔一段时间在另一地方引起一场意想不到的大风暴.

混沌现象非常普遍,如缭绕的青烟、飘浮的云彩,闪电的路径、血管的微观网络、宇宙中的星团乃至经济的波动和人口的增长等.因混沌的研究不仅涉及物理学、化学、生物学、气象学等自然科学范畴,还表现在经济学、人口学等社会科学中.混沌理论也较复杂,这里仅简单介绍混沌的一个主要特性.

在物理学的发展史上,由伽利略-牛顿所创立的经典力学是确定论描述的典范,到了 20 世纪初,量子力学、相对论的创立,微观粒子波粒二象性和不确定关系的发现,使人们认识到

客观世界是复杂的,自然界除了牛顿力学支配的确定论过程之外,还有大量的随机过程.从20世纪60年代起,由于计算机的应用,对非线性问题的研究有了突破性的进展,人们又认识到在确定性的非线性系统中有混沌现象,宣告了确定论思想的终结.以至于有科学家认为,20世纪以混沌现象为中心课题的非线性科学的基本概念会持久地影响自然科学进程,成为继相对论、量子力学之后又一次新的革命.我国著名科学家钱学森曾经这样评论:在一个层次的混沌是紧接着上一个层次有序的基础.所以没有混沌就死水一潭,不会出现结构的有序化,也就没有"生命".连一块石头都有原子、电子层次的混沌,石头有晶体的结构,这是有序;但这个结构有"活"的原子电子进进出出,这就是混沌!

习题 >>>

10-1 一小球与轻弹簧组成的系统,按

$$x = 0.05\cos\left(8\pi t + \frac{\pi}{3}\right)$$

的规律振动,式中 t 以 s 为单位, x 以 m 为单位.试求:(1) 振动的角频率、周期、振幅、初相、速度及加速度的最大值;(2) $t=1$ s、2 s、10 s 时刻的相位各为多少?(3) 分别画出位移、速度、加速度与时间的关系曲线.

10-2 有一个和轻弹簧相连的小球,沿 x 轴作振幅为 A 的谐振动,周期为 T.运动学方程用余弦函数表示.若 $t=0$ 时,球的运动状态为:(1) $x_0 = -A$;(2) 过平衡位置向 x 正方向运动;(3) 过 $x = \frac{A}{2}$ 处向 x 负方向运动;(4) 过 $x = \frac{A}{\sqrt{2}}$ 处向 x 正方向运动.试用矢量图示法确定相应的初相位的值,并写出振动表式.

10-3 一振动质点的振动曲线如习题 10-3 图所示,试求:

(1) 运动学方程;(2) 点 P 对应的相位;(3) 从振动开始到达点 P 相应位置所需的时间.

10-4 一质量为 10 g 的物体作谐振动,其振幅为 24 cm,周期为 4.0 s,当 $t=0$ 时,位移为 +24 cm.求:(1) $t=0.5$ s 时,物体所在位置;(2) $t=0.5$ s 时,物体所受力的大小与方向;(3) 由起始位置运动到 $x=12$ cm 处所需的最少时间;(4) 在 $x=12$ cm 处,物体的速度、动能以及系统的势能和总能量.

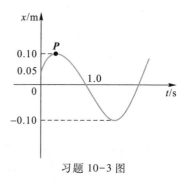

习题 10-3 图

10-5 在一平板上放质量为 $m=1.0$ kg 的物体,平板在竖直方向上下作谐振动,周期为 $T=0.5$ s,振幅 $A=0.02$ m.试求:(1) 在振动位移最大时物体对平板的正压力;(2) 平板应以多大振幅作振动才能使重物开始跳离平板.

10-6 如习题 10-6 图所示的提升运输设备,重物的质量为 1.5×10^4 kg,当重物以速度 $v=15$ m/min 匀速下降时,机器发生故障,钢丝绳突然被轧住.此时,钢丝绳相当于劲度系数 $k=5.78 \times 10^6$ N/m 的弹簧.求因重物的振动而引起钢丝绳内的最大张力.

10-7 一质量为 m' 的盘子刚性连接于竖直悬挂的轻弹簧下端,弹簧的劲度系数为 k,如习题 10-7 图所示.现有一质量为 m 的物体自离盘 h 高处自由落下掉在盘上,没有反弹,以物体掉在盘上的瞬时作为计时起点,求盘子的运动学方程.(取物体掉在盘子后的平衡位置为坐标原点,位移以向下为正.)

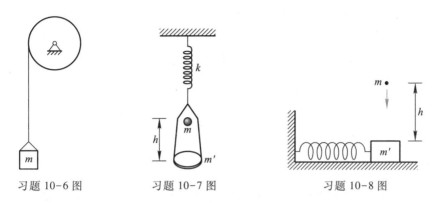

习题 10-6 图　　　　习题 10-7 图　　　　习题 10-8 图

10-8 一个光滑水平面上的弹簧振子,弹簧的劲度系数为 k,所系物体的质量为 m',振幅为 A.有一质量为 m 的小物体从高度 h 处自由下落,如习题 10-8 图所示.(1)当振子在最大位移处,物体正好落在 m' 上,并粘在一起,这时系统的振动周期、振幅和振动能量有何变化?(2)如果小物体是在振子到达平衡位置时落在 m' 上,这些量又怎样变化?

10-9 一弹簧振子作谐振动,振幅 $A = 0.20 \text{ m}$,如弹簧的劲度系数 $k = 2.0 \text{ N/m}$,所系物体的质量 $m = 0.50 \text{ kg}$,试求:(1)当动能和势能相等时,物体的位移是多少?(2)设 $t = 0$ 时,物体在正最大位移处,达到动能和势能相等处所需的时间是多少?(在一个周期内.)

10-10 如习题 10-10 图所示,两轮的轴互相平行,相距为 $2d$,其转速相同,转向相反.将质量为 m 的匀质木板放在两轮上,木板与两轮间的摩擦因数均为 μ.当木板偏离对称位置后,它将如何运动?如果是作谐振动,其周期是多少?若两轮均沿图示的相反方向旋转,木板将如何运动?

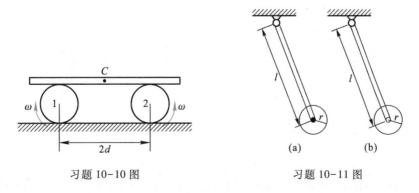

习题 10-10 图　　　　习题 10-11 图

10-11 由长为 l 的轻杆与半径为 r 的均质圆盘组成两个摆,其中一个摆的圆盘与杆固定连接如习题 10-11 图(a)所示;另一个摆的圆盘装在杆端的光滑转轴上,可相对地自由转动如图(b)所示,当两摆作微小振动时,试求它们的周期.

10-12   如习题 10-12 图所示的三个摆,其中图(a)是半径为 R 的均质圆环,悬挂在 O 点并且绕过此点垂直于纸面的轴摆动,C 为环心.图(b)和图(c)是同样圆环中对 OC 轴对称截取的一部分,分别悬挂在 O' 和 O'' 点,可各绕过 O' 和 O'' 点且垂直于纸面的轴线摆动,如悬线的质量不计,摆角都不大,比较它们的摆动周期.

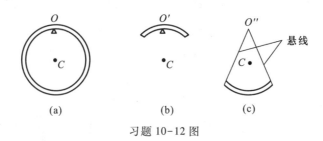

习题 10-12 图

10-13   如习题 10-13 图所示,绝热容器上端有一截面积为 S 的玻璃管,管内放有一质量为 m 的光滑小圆柱作为活塞.容器内储有体积为 V、压强为 p 的某种气体,设大气压强为 p_0.开始时将小圆柱稍向下移,然后放手,则小圆柱将上下振动.如果测出小圆柱作谐振动时的周期 T,就可以测定气体的比热容比 γ .试证明

$$\gamma = \frac{4\pi^2 mV}{pS^2 T^2}$$

(假定小圆柱在振动过程中,容器内气体进行的过程可看作准静态绝热过程).

* **10-14**   如习题 10-14 图所示,轻质弹簧的一端固定,另一端系一轻绳,轻绳绕过滑轮连接一质量为 m 的物体,绳在轮上不打滑,使物体上下自由振动.已知弹簧的劲度系数为 k,滑轮的半径为 R,转动惯量为 J.试用能量法:(1) 证明物体作谐振动;(2) 求物体的振动周期;(3) 设 $t=0$ 时,弹簧无伸缩,物体也无初速,写出物体的振动表达式,设向下为坐标轴正方向.

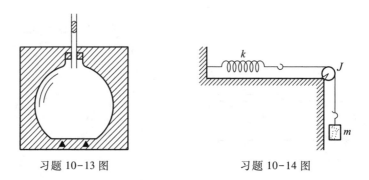

习题 10-13 图   习题 10-14 图

10-15   一台摆钟每天快 1 min 27 s,其等效摆长 $l = 0.995$ m,摆锤可上下移动以调节周期,假定将此摆当作质量集中在摆锤中心的单摆来考虑,则应将摆锤移动多少距离才能使钟走得准确?

10-16　质量为 $m = 5.88$ kg 的物体,挂在弹簧上,让它在竖直方向上作自由振动.在无阻尼情况下,其振动周期为 0.4π s;在阻力与物体运动速度成正比的某一介质中,它的振动周期为 0.5π s.求当速度为 0.01 m/s 时,物体在阻尼介质中所受的阻力.

10-17　一摆在空中振动,某时刻,振幅为 $A_0 = 0.03$ m,经 $t_1 = 10$ s 后,振幅变为 $A_1 = 0.01$ m.问:由振幅为 A_0 时起,经多长时间,其振幅减为 $A_2 = 0.003$ m?

10-18　火车在行驶,每当车轮经过两根铁轨的接缝时,车轮就受到一次冲击,从而使装在弹簧上的车厢发生上下振动.设每段铁轨长 12.6 m,如果车厢与载荷的总质量为 55 t,车厢下的减震弹簧每受 10 kN(即 1 t 质量的重力)的载荷将被压缩 0.8 mm.试问火车速率多大时,振动特别强?(这个速率称为火车的危险速率.)

10-19　把一个电感器接在一个电容器上,此电容器的电容可用旋转旋钮来改变.我们想使 LC 振荡的频率与旋钮旋转的角度作线性变化,如果旋钮旋转 $180°$ 角,振荡频率就自 $2.0×10^5$ Hz 变到 $4.0×10^5$ Hz.若 $L = 1.0×10^{-3}$ H,试求电容 C 的变化范围.

10-20　如习题 10-20 图所示,将开关 S 按下后,电容器即由电池充电,放手后,电容器即经由线圈 L 放电.

(1)　若 $L = 0.010$ H, $C = 1.0$ μF, $\mathscr{E} = 1.4$ V,求 L 中的最大电流(电阻极小,可略);(2)　当分布在电容和电感间的能量相等时,电容器上的电荷为多少?(3)　从放电开始到电荷第一次为上述数值时,经过了多少时间?

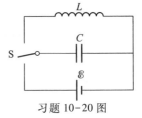

习题 10-20 图

10-21　由一个电容 $C = 4.0$ μF 的电容器和一个自感为 $L = 10$ mH 的线圈组成的 LC 电路,当电容器上电荷的最大值 $Q_0 = 6.0×10^{-5}$ C 时开始作无阻尼自由振荡.试求:(1)　电场能量和磁场能量的最大值;(2)　当电场能量和磁场能量相等时,电容器极板上的电荷量.

10-22　一个质点同时参与两个在同一直线上的谐振动:

$$x_1 = 0.04\cos\left(2t + \frac{\pi}{6}\right)$$

$$x_2 = 0.03\cos\left(2t - \frac{5}{6}\pi\right)$$

试求其合振动的运动学方程(式中 x 以 m 计,t 以 s 计).

10-23　一个质点同时参与两个同方向同频率的谐振动,其振动方程为

$$x_1 = 0.3\cos\left(0.5\pi t - \frac{5\pi}{6}\right) \text{ m}$$

$$x_2 = 0.4\cos(0.5\pi t + \varphi_{20}) \text{ m}$$

试问:(1)　φ_{20} 为何值时合振动的振幅最大?其值为多少?(2)　若合振动的初相 $\varphi_0 = \dfrac{\pi}{6}$,则 φ_{20} 为何值?

10-24　三个同方向、同频率的谐振动为

$$x_1 = 0.1\cos\left(10t + \frac{\pi}{6}\right)$$

$$x_2 = 0.1\cos\left(10t + \frac{\pi}{2}\right)$$

$$x_3 = 0.1\cos\left(10t + \frac{5\pi}{6}\right)$$

式中 x 的单位为 m, t 的单位为 s.试利用旋转矢量法求出合振动的表达式.

10-25 当两个同方向的谐振动合成为一个振动时,其振动表达式为

$$x = A\cos 2.1t\cos 50.0t$$

式中 t 以 s 为单位.求各分振动的角频率和合振动的拍的周期.

10-26 一架钢琴的"中音 C"有些不准.为了校准的需要,取一标准的 256 Hz 音叉一起弹响,在 1 min 内听到 24 拍.试求待校正钢琴此键音的频率.

* 10-27 设一质点的位移可用两个谐振动的叠加来表示:

$$x = A\sin \omega t + B\sin 2\omega t$$

(1)写出这质点的速度和加速度表达式;(2)这质点的运动是不是谐振动?(3)画出其 x-t 图线.

10-28 质量为 0.1 kg 的质点同时参与互相垂直的两个振动,其振动表达式分别为

$$x = 0.06\cos\left(\frac{\pi}{3}t + \frac{\pi}{3}\right) \text{ m}$$

$$y = 0.03\cos\left(\frac{\pi}{3}t - \frac{\pi}{6}\right) \text{ m}$$

求:(1)质点运动轨迹;(2)质点在任一位置所受的作用力.

10-29 在 20 cm×20 cm 的荧光屏上的李萨如图形,如习题 10-29 图所示.已知水平方向(x 方向)的振动频率为 50 Hz,t=0 时的光点位于左下角.试写出 x、y 方向的谐振动方程.

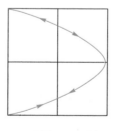

习题 10-29 图

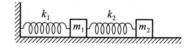

习题 10-30 图

10-30 在工程上常常用多个弹簧振子的串联来描述一个实际的力学系统(如习题 10-30 图所示),例如一列火车是多节车厢挂接在一起,每节车厢可看做是一个弹簧振子.分析由多个振子串联系统的运动是很有意义的工作.为简单起见,试对两个弹簧振子串联的振动作一描述.设两个振子的劲度系数相同均为 0.5 N/m,质量分别为 0.5 kg 和 1 kg,(1)写出两弹簧振子的运动方程;(2)编写一计算机程序,求解该运动方程组并画出两弹簧振子的位移曲线图;(3)从所得的结果是否可以判断两弹簧振子作什么性质的振动(周期振动或混沌)?

第十一章
机械波和电磁波

铁不用就会生锈,水不流就会发臭,人的智慧不用就会枯萎.

——达·芬奇

　　振动状态的传播就是波动,简称波(wave),波动是能量传递的一种形式.激发波动的振动系统称为波源,在日常生活中有很多波动的例子.通常将波动分为两大类:一类是机械振动在介质中的传播,称为机械波(mechanical wave).例如水波、声波都是机械波.另一类是变化电场和变化磁场在空间的传播,称为电磁波(electromagnetic wave).例如无线电波、光波、X射线、γ射线等都是电磁波.有的书把反映物质波动性的物质波也作为一类.机械波与电磁波在本质上虽然不同,但具有波动的共同特征.例如,机械波和电磁波都具有一定的传播速度,都伴随着能量的传播,都能产生反射、折射、干涉和衍射等现象.本章主要讨论简谐波的特征和基本规律,波动表达式的建立和意义,能量的特点,波的叠加等.简单介绍电磁波的发射和传播过程中的规律,最后介绍多普勒效应.

§11-1　机械波的产生和传播》

一、机械波产生的条件

　　机械波是机械振动在弹性介质中的传播.因此,机械波的产生首先要有作机械振动的物体,亦即波源;其次还要有能够传播这种振动的弹性介质.介质可以看成是大量质元的集合,各质元间有相互作用联系着.如果介质中有一个质元发生振动时,由于该质元与相邻质元之间的弹性力,使邻近质元跟着振动,邻近质元的振动又引起较远的质元振动,于是振动就以一定的速度由近及远地传播出去,形成波动.

二、机械波传播的特点

　　当机械波在弹性介质中传播时,介质中各质元都在各自的平衡位置附近振动,并不"随波逐流".这些质元的振动规律相同,但振动的步调即相位不同."下游"质元的振动总是滞后于"上游"质元的振动,某时刻某质元的振动状态将在较晚时间在"下游"某处出现.由于振动状态是由相位决定的,所以波动是振动状态的传播,也可以说是振动相位的传播.由于"下游"质元是由"上游"质元带动而开始振动,因此必有能量由"上游"质元传递给"下游"质元,所以波的传播也伴随着能量的传播.

　　按介质中质元的振动方向和波在介质中传播的方向之间的关系,可以把波分成横波和纵波两大类型.如果质元的振动方向和波的传播方向相互垂直,这种波称为横波(transvers wave).例如图11-1中所示,绳的一端固定,另一端用手不停地上下抖动,在绳上呈现一个接一个波形传播的横波.如果质元的振动方向和波的传播方向相互平行,这种波称为纵波(longitudinal wave).例如图 11-2 中所示,一根水平放置的长弹簧,用于左右推拉.在弹簧上呈现疏密相间的不均匀状态传播的纵波.在空气中传播的声波就是纵波.地震波既包含横波,也包含纵波.也有一些波既不是纯粹的横波,也不是纯粹的纵波,水面波就是一个例子.在水面上,当波通过时,水的质元的运动既有上下运动,也有前后运动,因此是横波和纵波的结合,每个质元形成椭圆轨迹(浅水中)或圆形轨迹(深水中),如图 11-3 所示.

视频:海啸

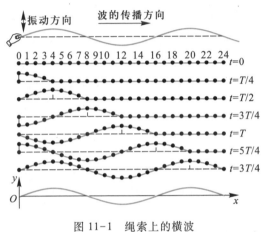

图 11-1 绳索上的横波

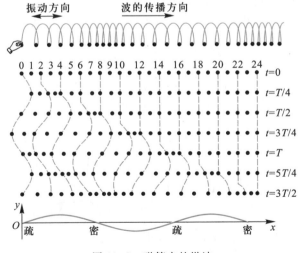

图 11-2 弹簧中的纵波

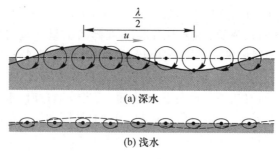

(a) 深水

(b) 浅水

图 11-3　水面波

一般地说,介质中各个质元的振动情况是很复杂的,由此产生的波动也很复杂.当波源作谐振动时,介质中各质元也作谐振动,这时的波动称为简谐波(simple harmonic wave)(余弦波或正弦波).简谐波是一种最简单而重要的波,本章中主要讨论简谐波.可以证明,其他复杂的波是由简谐波合成的结果.

三、波的几何描述

为了形象地描述波在空间的传播,常把某一时刻振动相位相同的点连成的面称为波阵面(wave front)或波面(wave surface),有时还把最前面的那个波面称为波前(wave front).由于波阵面上各点的相位相同,所以波阵面是同相面.

我们把波阵面是平面的波动称为平面波(plane wave)[图 11-4(a)],波阵面是球面的波动称为球面波(spherical wave)[图 11-4(b)].波的传播方向称为波线或波射线.在各向同性的介质中,波线总是与波阵面垂直,平面波的波线是垂直于波阵面的平行直线,球面波的波线是以波源为中心从中心向外的径向直线.关于波阵面推进的规律,我们在讨论惠更斯原理时再作介绍.

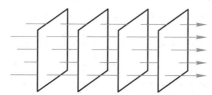

(a) 平面波的波阵面(带箭头的直线代表波线)

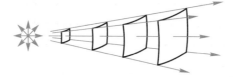

(b) 球面波的波阵面(图中只画出球面波阵面
的一部分, 波线从中心沿径向向外)
图 11-4　波阵面与波射线

四、描述波动的特征量

波动传播时,不但具有时间周期性,还具有空间周期性.时间周期性用周期、频率和角频率来描述,空间周期性则用波长来描述.

1. 波长

波传播时,在同一波线上两个相邻的、相位差为 2π 的质元之间的距离,叫做波长,用 λ 表示,它是波源作一次完全振动,波前进一个完整波的距离.

2. 周期、频率

波前进一个波长的时间叫做波的周期,用 T 表示.周期的倒数叫做频率,用 ν 表示.频率为单位时间内波前进距离中波的数目.波的频率由波源的振动频率决定.

3. 波速

单位时间内振动状态传播的距离,称为波速,用 u 表示,由于振动状态是由相位确定,所以波速就是波的相位的传播速度,因此又称相速.波速由介质的性质决定.固体介质能够产生线变、体变和切变(参看节后附录)等各种弹性形变.所以固体介质中既可以传播与切变有关的横波,又能传播与线变及体变有关的纵波;但液体和气体中只有线变和体变,所以只能传播纵波.

地震工作者根据地震纵波和横波的传播速度不同(纵波波速为 7~8 km/s,横波波速为 4~5 km/s),利用两波到达监测站的时间差,提前发出预警,可以减少生命和财产的损失.例如 2013 年 4 月 20 日的四川芦山 7.0 级强震,成都提前 28 s 收到预警,减小了损失.

波速与波长、周期和频率之间的关系为

$$u = \frac{\lambda}{T} = \nu\lambda \tag{11-1}$$

这是波的时间周期性与空间周期性以及它们和波速之间的关系,是一个很重要的关系式.它的物理意义是明显的.因为质元每完成一次完全振动,波就向前推进一个波长 λ 的距离.在 1 s 内质元振动了 ν 次,因而 1 s 内波向前推进了 ν 个波长,即 $\nu\lambda$ 这样一段距离,这就等于波的速度(图 11-5).

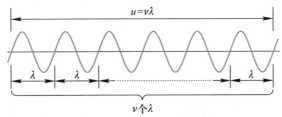

图 11-5　波长、频率和波速的关系

波在不同介质中传播时,频率保持不变,由于在不同介质中的波速不同,所以波长也是不同的.同一性质的波在相同的介质传播时,频率愈高、波长愈短.

下面列举一些机械波在不同介质中波速的公式及参考数据(关于波速公式的导出,参看 §11-3).

柔软绳索和弦线中横波的波速

$$u = \sqrt{\frac{F}{\rho_l}} \tag{11-2}$$

式中 F 为弦内张力,ρ_l 为弦的线密度(单位长度的质量).

固体内纵波的波速

$$u = \sqrt{\frac{E}{\rho}} \tag{11-3}$$

式中 E 为固体的弹性模量(杨氏模量),ρ 为固体的密度.

固体内横波的波速

$$u = \sqrt{\frac{G}{\rho}} \tag{11-4}$$

式中 G 为固体的切变模量,ρ 为固体的密度.

流体中纵波的波速

$$u = \sqrt{\frac{K}{\rho}} \tag{11-5}$$

式中 K 为流体的体积模量,ρ 为流体的密度.

理想气体中的声速

$$u = \sqrt{\frac{K}{\rho}} = \sqrt{\frac{\gamma p}{\rho}} = \sqrt{\frac{\gamma RT}{M}} \tag{11-6}$$

声波在气体中传播时可以视为绝热过程.式中 M 是气体的摩尔质量,γ 是气体的热容比,p 是气体的压强,T 是气体的温度,R 是摩尔气体常量.

由上可知,机械波的波速仅决定于介质的弹性和惯性.

表 11-1 给出了一些介质中机械波的波速.

表 11-1　一些介质中波速的数值　　　　　　　　　　单位:m/s

介　　质	棒中纵波	无限大介质中纵波	无限大介质中横波
低碳钢	5 200	5 960	3 235
电解铁	5 120	5 950	3 240
铜	3 750	5 010	2 270
铝	5 000	6 420	3 040
硼硅酸玻璃	5 170	5 640	3 280
海水(25 ℃)		1 531	
水(0 ℃)		1 483	
水蒸气		404.8	
空气(干燥 0 ℃)		331.45	
氢气(0 ℃)		1 269.5	

应该注意,在讨论弹性波的传播时,曾假设介质是连续的,其实连续与否是相对的,不是绝对的.当波长远大于介质分子之间的距离时,介质中一波长的距离内,

有无数个分子在陆续振动,宏观上看来介质就像是连续的.如果设想波长小到等于或小于分子间距离的数量级时,我们就不能再认为介质是连续的,这时介质也就不能传播弹性波了.频率极高时,波长极小,因此弹性波在给定介质中的传播,存在着一个频率上限.高度真空中分子间的距离极大,不能传播声波,就是这个原因.

例题 11-1

频率为 3 000 Hz 的声波,以 1 560 m/s 的传播速度沿一波线传播,经过波线上的 A 点后,再经 13 cm 而传至 B 点.求(1) B 点的振动比 A 点落后的时间.(2) 波在 A、B 两点振动时的相位差是多少?(3) 设波源作谐振动,振幅为 1 mm,求振动速度的幅值,是否与波的传播速度相等?

解 (1) 波的周期

$$T = \frac{1}{\nu} = \frac{1}{3\ 000}\ \text{s}$$

B 点比 A 点落后的时间为:

$$\Delta t = \frac{AB}{u} = \frac{0.13\ \text{m}}{1\ 560\ \text{m/s}} = \frac{1}{12\ 000}\ \text{s},\ \text{即} \frac{1}{4}T$$

(2) B 点比 A 点落后的相位差为

$$\Delta\phi = 2\pi \times \Delta t/T = 2\pi \times \frac{1}{4} = \frac{\pi}{2}$$

(3) 如果振幅 $A = 1$ mm,则振动速度的幅值为

$$v_m = A\omega = A \times 2\pi\nu = 1 \times 10^{-3} \times 2\pi \times 3\ 000\ \text{m/s} = 18.8\ \text{m/s}$$

振动速度是交变的,其幅值为 18.8 m/s,远小于波动的传播速度.

附录 介质的形变及其模量

1. 线变

设有一柱体,长为 l,横截面积为 S,两端受拉力(或压力)F 作用,伸长(或压缩)Δl [图 11-6(a)],这时柱体内任一横截面上产生一个恢复原状的弹性力,其大小也是 F,则量值 F/S 叫做正应力(normal stress),$\Delta l/l$ 叫做线应变(linear strain),实验表明,正应力与线应变成正比,即

$$\boxed{\frac{F}{S} = E\frac{\Delta l}{l}}$$

式中比例系数 E 称为弹性模量或杨氏模量(Young modulus)

2. 体变

设有一体积为 V 的物体(固体或流体),受到各个方向的压力,压强为 p.其体积改变了 ΔV,压强也改变了 Δp [图 11-6(b)].实验表明,压强的增量 Δp 与体积应变成正比,即

$$\boxed{\Delta p = -K\frac{\Delta V}{V}}$$

式中比例系数 K 称为体积模量(bulk modulus),负号表示压强增大(减小)时,体积缩小(增大).

3. 切变

设有一柱体,两底面受到一大小相等、方向相反的切向力 F 作用[图 11-6(c)].使柱体发生切变,切变中切应变常用 θ 角(以弧度为单位)表示,设柱体的底面积为 S.实验表明,切应力 F/S 与切应变 θ 成正比,即

$$\frac{F}{S} = G\theta$$

式中比例系数 G 称为切变模量(shear modulus).

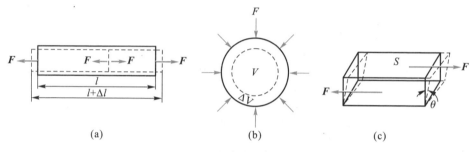

(a)   (b)   (c)

图 11-6 线变、体变和切变

复习思考题 ≫≫

11-1-1 设某一时刻的横波波形曲线如图所示,水平箭头表示该波的传播方向,试分别用矢号表明图中 A、B、C、D、E、F、G、H、I 等质元在该时刻的运动方向,并画出经过 $1/4T$ 后的波形曲线.

11-1-2 试判断下列几种关于波长的说法是否正确:

(1)在波传播方向上相邻两个位移相同点的距离;

(2)在波传播方向上相邻两个运动速度相同点的距离;

(3)在波传播方向上相邻两个振动相位相同点的距离.

思考题 11-1-1 图

11-1-3 根据波长、频率、波速的关系式 $u = \lambda\nu$,有人认为频率高的波传播速度大,你认为对否?

11-1-4 当波从一种介质透入另一介质时,波长、频率、波速、振幅各量中,哪些量会改变?哪些量不会改变?

11-1-5 波的传播是否介质质点"随波逐流"?"长江后浪推前浪"这句话从物理上说,是否有根据?

§11-2 平面简谐波的波函数 »

一、波函数

为了定量地描述波在空间的传播,需要用数学函数式来表示介质中各质元的振动状态随时间变化的关系,这样的关系式称为波动表达式,或称为波函数(wave function).它是时间和空间的函数 $f(\boldsymbol{r},t)$,一般写成

$$\xi(\boldsymbol{r},t)=f(\boldsymbol{r},t)=f(x,y,z,t)$$

ξ 可以表示各种各样的物理量.例如质元的位移,弹性介质的形变,气体的压强等等,它反映了任一时刻振动着的物理量在空间的分布情况.

二、平面简谐波的波函数

谐振动在介质中传播形成的波称为简谐波.如果简谐波的波面为平面,则这样的简谐波称为平面简谐波(plane harmonic wave).平面简谐波传播时,在任一时刻处在同一波面上的各点具有相同的振动状态.如图 11-7 所示.因此,只要知道了与波面垂直的任意一条波线上波的传播规律,就可以知道整个平面波的传播规律.

平面简谐波最为简单,也最为基本.下面我们讨论平面余弦波在理想的无吸收的均匀无限大介质中传播时的波函数.

如图 11-8 所示,设有一平面余弦行波,在无吸收的均匀无限大介质中沿 Ox 轴的正方向传播,波速为 u.取任意一条波线为 Ox 轴,并取 O 作为 Ox 轴的原点.假定 O 点处(即 $x=0$ 处)质元的振动表达式为

$$y_0(t)=A\cos(\omega t+\phi_0)$$

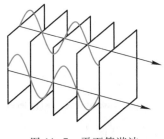

图 11-7　平面简谐波

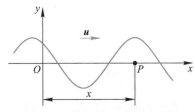

图 11-8　推导波动表达式用图

式中 y_0 是 O 点处质元在时刻 t 离开其平衡位置的位移.现在考察波线上另一任意点 P,该点离开 O 点的距离为 x,因为振动是从 O 点处传过来的,所以 P 点振动的相位将落后于 O 点.如果振动从 O 传到 P 所需的时间为 t',那么,在时刻 t,P 点处质元的位移就是 O 点处质元在 $t-t'$ 时刻的位移(从相位来说,P 点将落后于 O 点,其相位差为 $\omega t'$).由于所讨论的是平面波,而且在无吸收的均匀介质中传播,所以各质元的振幅相等(理由见下节),于是 P 点处质元在时刻 t 的位移为

$$y_P(t) = A\cos[\omega(t-t') + \phi_0]$$

若介质中的波速为 u,则 $t' = \dfrac{x}{u}$,代入上式并将下角标 P 省去得到

$$y(x,t) = A\cos\left[\omega\left(t - \frac{x}{u}\right) + \phi_0\right] \qquad (11-7)$$

上式所表示的是波线上任一点(距原点为 x)处的质元任一瞬时的位移,这就是我们所需要的沿 Ox 轴方向前进的平面简谐波的波动表达式(或波函数).

如果波沿 Ox 轴负方向传播,那么 P 点处质元的振动状态要比 O 点处质元早一段时间,P 点的相位比 O 点超前 $\omega\dfrac{x}{u}$,所以沿 Ox 轴负方向传播的平面余弦波的波函数为

$$y = A\cos\left[\omega\left(t + \frac{x}{u}\right) + \phi_0\right] \qquad (11-8)$$

三、平面简谐波波函数的物理意义

(1)如果 x 给定(即考察该处的质元),那么位移 y 就只是 t 的周期函数,这时波函数表示距原点为 x 处的质元在各不同时刻的位移,也就是这质元在作周期为 T 的谐振动的情形,并且还给出该点落后于波源 O 的相位差是 $\omega t' = \omega\dfrac{x}{u} = 2\pi\dfrac{x}{\lambda}$. 如果以 y 为纵坐标,t 为横坐标,就得到一条位移时间余弦曲线(图 11-9),说明这质元在作谐振动.

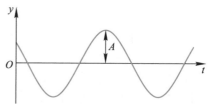

图 11-9　振动质元的位移时间曲线

(2)如果 t 给定(即在某一瞬时统观处于波线 Ox 上的所有质元),那么位移 y 将只是 x 的周期函数,这时波函数给出在给定时刻波线上各个不同质元的位移,也

就是表示出在给定时刻的波形,犹如拍张照片,把波峰和波谷或稠密和稀疏的分布情况记录下来.如果以 y 为纵坐标,x 为横坐标,将得到"空间周期"为 λ 的余弦曲线(图 11-10).

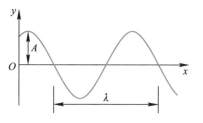

图 11-10 在给定时刻各质元的
位移与平衡位置的关系

(3)如果 x 和 t 都在变化,那么这个波函数将表示波线上各个不同质元在不同时刻的位移,如以 y 为纵坐标,x 为横坐标,则在某一时刻 t_1 得到一条余弦曲线,而在另一时刻 $(t_1+\Delta t)$ 得到另一条余弦曲线,分别如图 11-11 中的实线和虚线所示.由图可见,在 Δt 时间内,波形曲线沿波的传播方向移动了 $u\Delta t$ 的距离.因此,这个波函数反映了波形的传播.它描述的是在跑动的波,这种波称为行波(travelling wave).

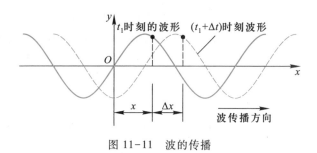

图 11-11 波的传播

四、平面简谐波波函数的其他形式

利用关系式 $\omega=\dfrac{2\pi}{T}=2\pi\nu$ 和 $uT=\lambda$,可以将平面简谐波的波函数改写成多种形式:

$$y=A\cos\left[2\pi\left(\frac{t}{T}\mp\frac{x}{\lambda}\right)+\phi_0\right]$$

$$y=A\cos\left[2\pi\left(\nu t\mp\frac{x}{\lambda}\right)+\phi_0\right]$$

$$y=A\cos(\omega t\mp kx+\phi_0)$$

$$y=A\cos\left(\omega t\mp\frac{2\pi x}{\lambda}+\phi_0\right)$$

$$(11-9)$$

式中 $k = \dfrac{2\pi}{\lambda}$ 称为 角波数（angular wave number），表示单位长度上波的相位变化，它的数值等于 2π 内所包含的完整波的数目，所以又可称作 空间角频率，式中负号表示波沿 Ox 轴正向传播，正号表示波沿 Ox 轴负向传播.

与谐振动可以用复数表示一样，平面简谐波的波函数也可以用复数来表示

$$\tilde{y} = A\mathrm{e}^{\mathrm{i}\left[\omega\left(t\mp\frac{x}{u}\right)+\phi_0\right]} = \tilde{A}\mathrm{e}^{\mathrm{i}\rho\omega\left(t\mp\frac{k}{u}\right)} \tag{11-10}$$

这里 $\tilde{A} = A\mathrm{e}^{\mathrm{i}\phi_0}$ 称为复振幅.在量子力学中的波函数一般是复数函数，常用式（11-10）的形式表示.

应该强调，严格的简谐波是单一频率理想化的波，它在空间上和时间上都是无数次重复地变化着的.在实际中，严格的简谐波是无法实现的.然而，其他复杂的波可以看成是若干个不同频率和振幅的简谐波的叠加.

例题 11-2

频率为 $\nu = 12.5$ kHz 的平面余弦纵波沿细长的金属棒传播，波速为 5.0×10^3 m/s.如以棒上某点取为坐标原点，已知原点处质元振动的振幅 $A = 0.1$ mm，初相 $\phi_0 = 0$，试求：（1）原点处质元的振动表达式；（2）波函数；（3）离原点 10 cm 处质元的振动表达式；（4）离原点 20 cm 和 30 cm 两点处质元振动的相位差；（5）在原点振动 0.002 1 s 时的波形.

解

波长　　　　　　　　　　　$\lambda = \dfrac{u}{\nu} = 0.40$ m

周期　　　　　　　　　　　$T = \dfrac{1}{\nu} = 8\times10^{-5}$ s

（1）原点处质元的振动表达式可写成

$$y_0 = A\cos\omega t = 0.1\times10^{-3}\cos 25\times10^3\pi t \text{ m}$$

（2）波函数为

$$y = A\cos\omega\left(t - \frac{x}{u}\right) = 0.1\times10^{-3}\cos 25\times10^3\pi\left(t - \frac{x}{5\times10^3}\right) \text{ m}$$

式中 x 以 m 计，t 以 s 计.

（3）离原点 10 cm 处质元的振动表达式为

$$y = 0.1\times10^{-3}\cos 25\times10^3\pi\left(t - \frac{1}{5\times10^4}\right) \text{ m} = 0.1\times10^{-3}\cos\left(25\times10^3\pi t - \frac{\pi}{2}\right) \text{ m}$$

可见此点的振动相位比原点落后，相位差为 $\dfrac{\pi}{2}$，或落后 $\dfrac{1}{4}T$，即 2×10^{-5} s.

（4）该两点间的距离 $\Delta x = 10$ cm $= 0.10$ m $= \dfrac{1}{4}\lambda$，相应的相位差为

$$\Delta\phi = \frac{\pi}{2}$$

（5）$t = 0.002\,1$ s 时的波形为

$$y = 0.1 \times 10^{-3} \cos 25 \times 10^{3} \pi \left(0.002\,1 - \frac{x}{5 \times 10^{3}} \right) \text{ m}$$

$$= 0.1 \times 10^{-3} \sin 5\pi x \text{ m}$$

式中 x 以 m 为单位.

例题 11−3

一横波沿一弦线传播.设已知 $t = 0$ 时的波形曲线如图 11−12 中的虚线所示.波速 $u = 12$ m/s,求:（1）振幅;（2）波长;（3）波的周期;（4）弦上任一质元的最大速率;（5）图中 a、b 两点的相位差;（6）$\frac{3}{4}T$ 时的波形曲线.

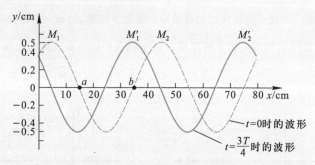

图 11−12　弦线上的横波波形

解　由波形曲线图可看出:

（1）振幅　　　　　　　　　　　$A = 0.5$ cm

（2）波长　　　　　　　　　　　$\lambda = 40$ cm

（3）波的周期为

$$T = \frac{\lambda}{u} = \frac{1}{30} \text{ s}$$

（4）质元的最大速率为

$$v_{\text{m}} = A\omega = A\frac{2\pi}{T} = 0.94 \text{ m/s}$$

（5）a、b 两点相隔半个波长,b 点处质元比 a 点处质元的相位落后 π.

（6）$\frac{3}{4}T$ 时的波形如图中实线所示,波峰 M_1 和 M_2 已分别右移 $\frac{3}{4}\lambda$ 而到达 M_1' 和 M_2' 处.

复习思考题 ⫸⫸⫸

11-2-1 为什么说 $y = A\cos\left[\omega\left(t - \dfrac{x}{u}\right) + \phi_0\right]$ 是平面简谐波的表达式？波动表达式 $y = A\cos\left[\omega\left(t - \dfrac{x}{u}\right) + \phi_0\right]$ 中，$\dfrac{x}{u}$ 表示什么？ϕ_0 表示什么？如果把上式改写成 $y = A\cos\left[\omega t - \dfrac{\omega x}{u} + \phi_0\right]$，则 $\dfrac{\omega x}{u}$ 表示什么？式中 $x = 0$ 的点是否一定是波源？$t = 0$ 表示什么时刻？

11-2-2 利用 ω、ν、T、λ、u、k 间的关系，变换波的各种表达式：

$$y = A\cos 2\pi\left(\frac{t}{T} - \frac{x}{\lambda}\right)$$

$$y = A\cos(\omega t - kx)$$

$$y = A\cos k(x - ut)$$

11-2-3 若一平面简谐波在均匀介质中以速度 u 传播，已知 a 点的振动表达式为 $y = A\cos\left(\omega t + \dfrac{\pi}{2}\right)$，试分别写出在以下各图所示的坐标系中的波动表达式以及 b 点的振动表达式.

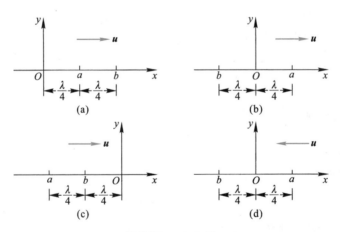

思考题 11-2-3 图

§11-3 平面波的波动方程》

一、平面波的波动方程

将平面简谐波波函数 $y = A\cos\left[\omega\left(t \mp \dfrac{x}{u}\right) + \phi_0\right]$ 分别对 t 和 x 求二阶偏导数,得到

$$\frac{\partial^2 y}{\partial t^2} = -A\omega^2\cos\left[\omega\left(t \mp \frac{x}{u}\right) + \phi_0\right]$$

$$\frac{\partial^2 y}{\partial x^2} = -A\frac{\omega^2}{u^2}\cos\left[\omega\left(t \mp \frac{x}{u}\right) + \phi_0\right]$$

比较上列两式,即得

$$\boxed{\frac{\partial^2 y}{\partial x^2} = \frac{1}{u^2}\frac{\partial^2 y}{\partial t^2}} \tag{11-11}$$

式(11-11)反映一切平面波的共同特征,称为平面波的波动方程.任何物质运动,只要它的运动规律符合式(11-11)的形式,就可以肯定它是以 u 为传播速度的波动过程.

*二、波动方程的建立

下面我们从动力学观点以弦线上的横波建立波动方程.

设弦线很长,它的线密度为 ρ_1,并以张力 F 将它拉紧,然后对它施加一微小的横向扰动,产生一个横波,如图 11-13 所示.在弦线上任取一小段 ab,两端的张力分别为 $\boldsymbol{F}_a$ 和 $\boldsymbol{F}_b$,由于扰动很小,它引起弦线的附加伸长与弦张力所引起的原有的伸长相比,可忽略不计.故张力可视为不变,即 $|\boldsymbol{F}_a| = |\boldsymbol{F}_b| = F$.其合力就是恢复形变的弹性力,因弦线中传播的是横波,在 x 方向质点没有运动,故合力指向 Oy 轴,即

$$\sum F_y = F_b\sin\theta_b - F_a\sin\theta_a = F(\sin\theta_b - \sin\theta_a)$$

由于微小的扰动,θ_a 和 θ_b 都很小,因此 $\sin\theta_a \approx \tan\theta_a$,$\sin\theta_b \approx \tan\theta_b$.因为弦线在任一处与 Ox 轴夹角的正切等于该处弦线的斜率,即 $\tan\theta = \dfrac{\partial y}{\partial x}$,所以近似有

$$\sum F_y = F\left[\left(\frac{\partial y}{\partial x}\right)_b - \left(\frac{\partial y}{\partial x}\right)_a\right] = F\frac{\partial}{\partial x}\left(\frac{\partial y}{\partial x}\right)\Delta x = F\frac{\partial^2 y}{\partial x^2}\Delta x$$

根据牛顿运动定律

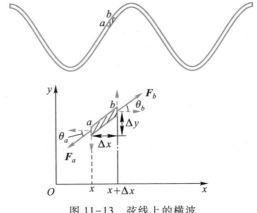

图 11-13　弦线上的横波

$$\sum F_y = ma_y = \rho_l \Delta x \frac{\partial^2 y}{\partial t^2}$$

结合以上两式,得

$$F \frac{\partial^2 y}{\partial x^2} \Delta x = \rho_l \Delta x \frac{\partial^2 y}{\partial t^2}$$

$$\frac{\partial^2 y}{\partial x^2} = \frac{\rho_l}{F} \frac{\partial^2 y}{\partial t^2}$$

这就是在很小的位移条件下,弦线上横波所满足的波动方程.与式(11-11)比较得弦上横波的波速

$$u = \sqrt{\frac{F}{\rho_l}}$$

可见,波速与介质的性质有关,F 反映了介质的弹性,而 ρ_l 反映了介质的惯性.

通过类似的力学分析,可以得到不同的机械波在不同介质中传播的波动方程以及传播的速度,波速均与介质的密度及其弹性模量密切相关.

§11-4　波的能量　波的强度 》》

一、波的能量　能量密度

当机械波传播到介质中的某处时,该处原来不动的质点开始振动,因而具有动能,同时该处的介质也将产生形变,因而也具有势能.波动传播时,介质由近及远地振动着,由此可见,能量是向外传播出去的.这是波动的重要特征.

下面以弦线中传播的横波为例导出波动能量的表达式. 参看图 11-13, 在弦线上在 x 处取线元 Δx, 设弦线的线密度 (单位长度的质量) 为 ρ_l, 其质量为 $\rho_l \Delta x$. 当弦线中有平面简谐波传播时, 设波函数为

$$y = A\cos\left[\omega\left(t - \frac{x}{u}\right) + \phi_0\right]$$

线元的动能为

$$\Delta E_k = \frac{1}{2}\rho_l \Delta x \left(\frac{\partial y}{\partial t}\right)^2$$

弦线上有张力作用, 线元由原长 Δx 变为 Δl, 因此它受到扰动后在张力的作用下伸长了 $\Delta l - \Delta x$, 它的弹性势能应等于 F (近似以静止弦张力计算) 在线元伸长过程中做的功, 即

$$\Delta E_p = F(\Delta l - \Delta x)$$

在 Δx 很小时

$$\Delta l = \sqrt{(\Delta x)^2 + (\Delta y)^2} = \Delta x \left[1 + \left(\frac{\Delta y}{\Delta x}\right)^2\right]^{1/2}$$

$$\approx \Delta x \left[1 + \left(\frac{\partial y}{\partial x}\right)^2\right]^{1/2} \approx \Delta x \left[1 + \frac{1}{2}\left(\frac{\partial y}{\partial x}\right)^2\right]$$

因此

$$\Delta E_p = \frac{1}{2}F\left(\frac{\partial y}{\partial x}\right)^2 \Delta x$$

所以, 线元的总机械能

$$\Delta E = \Delta E_k + \Delta E_p = \frac{1}{2}\rho_l\left(\frac{\partial y}{\partial t}\right)^2 \Delta x + \frac{1}{2}F\left(\frac{\partial y}{\partial x}\right)^2 \Delta x$$

对于平面简谐波有

$$\Delta E_k = \frac{1}{2}\rho_l \Delta x \left(\frac{\partial y}{\partial t}\right)^2 = \frac{1}{2}\rho_l \Delta x \omega^2 A^2 \sin^2\left[\omega\left(t - \frac{x}{u}\right) + \phi_0\right] \tag{11-12}$$

$$\Delta E_p = \frac{1}{2}F\Delta x \left(\frac{\partial y}{\partial x}\right)^2 = \frac{1}{2}F\Delta x \frac{1}{u^2}\omega^2 A^2 \sin^2\left[\omega\left(t - \frac{x}{u}\right) + \phi_0\right] \tag{11-13}$$

考虑到 $u = \sqrt{\dfrac{F}{\rho_l}}$, 所以有

$$\Delta E_p = \frac{1}{2}\rho_l \Delta x \omega^2 A^2 \sin^2\left[\omega\left(t - \frac{x}{u}\right) + \phi_0\right]$$

即

$$\Delta E_p = \Delta E_k$$

而总机械能为

$$\Delta E = \Delta x \rho_l \omega^2 A^2 \sin^2\left[\omega\left(t - \frac{x}{u}\right) + \phi_0\right] \tag{11-14}$$

由上面的讨论可以看出：

（1）在波传播过程中，质元的动能和势能的时间关系式是相同的，两者不仅同相，而且大小总是相等的. 动能达最大值时势能也达最大值，动能为零时势能也为零. 这一点与单个谐振子的情形完全不同. 后者，动能最大时势能最小，势能最大时动能最小. 为什么会有这个不同呢？因为在波动中与势能相关的是质元间的相对位移（体积元的形变 $\Delta y/\Delta x$）. 借助于波形图（图11-14）不难看出：在 B 点，速度为零，动能为零，同时 $\Delta y/\Delta x$ 也为零，所以弹性势能也为零. 在 B' 处，速度最大，动能最大，同时波形曲线较陡，$\Delta y/\Delta x$ 有最大值，所以弹性势能也最大.

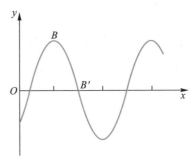

图 11-14　波传播时的体积元的变形

（2）质元的总机械能是随时间而变化的，它在零和最大值之间周期地变化着. 对于某一质元来说，总能量随 t 作周期性变化. 这说明任一质元都在不断地接受和放出能量. 总之，从总能量的角度来看，波动和振动也是有区别的. 波动系统任一质元的总能量是时间的函数. 这表明波动传播能量，振动系统并不传播能量.

为了更精确地描述波在介质中的分布情况，引入能量密度的概念. 介质中单位体积的波动能量，称为波的能量密度，用 w 表示，设弦线的横截面积为 S，其体密度为 ρ，它与线密度 ρ_l 的关系为 $\rho_l = \rho S$. 则能量密度

$$w = \frac{\Delta E}{S \Delta x} = \rho \omega^2 A^2 \sin^2\left[\omega\left(t - \frac{x}{u}\right) + \phi_0\right]$$

波的能量密度是随时间而变化的，通常取其在一个周期内的平均值，用 $\bar{w}$ 表示，称为平均能量密度. 因为正弦函数的平方在一个周期内的平均值为 1/2 $\left(即 \dfrac{1}{T}\displaystyle\int_0^T \sin^2 \omega t\, dt = \dfrac{1}{2}\right)$，所以能量密度在一个周期内的平均值为

$$\boxed{\bar{w} = \frac{1}{2}\rho A^2 \omega^2} \tag{11-15}$$

这一公式虽然来自平面简谐波的特殊情况，但是机械波的能量与振幅的平方、频率的平方都成正比的结论却对于所有机械波都是适用的.

二、能流 波的强度

为了描述能量随着波动的进行而在介质中传播的情况,我们引入能流的概念.

单位时间内通过介质中某面积的能量称为通过该面积的能流(energy flow).设在介质中垂直于波速 u 取面积 S,则在单位时间内通过 S 面的能量等于体积 uS 中的能量(图 11-15).这能量是周期性变化的,通常取其一个周期的时间平均值,即得平均能流为

$$\bar{P} = \bar{w}uS$$

式中 $\bar{w}$ 是平均能量密度.

通过与波动传播方向垂直的单位面积的平均能流,称为平均能流密度,又称波的强度(intensity of wave).用 I 来表示,即

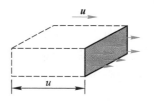

图 11-15 体积 uS 内的能量在单位时间内通过 S 面

$$I = \bar{w}u = \frac{1}{2}\rho u\omega^2 A^2 = \frac{1}{2}Z\omega^2 A^2 \tag{11-16}$$

其中

$$Z = \rho u \tag{11-17}$$

是表征介质特性的一个常量,称为介质的特性阻抗.式(11-16)表明,弹性介质中简谐波的强度正比于振幅的二次方,正比于角频率(或频率)的二次方,还正比于介质的特性阻抗.在国际单位制中,波的强度的单位为 W/m^2.

三、平面波和球面波的振幅

在导出平面余弦行波的波动表达式

$$y = A\cos\left[\omega\left(t - \frac{x}{u}\right) + \phi_0\right]$$

时,我们曾假定在波动传播中各质元的振幅 A 不变.现在我们从能量观点来研究振幅不变的意义.设有一平面行波以波速 u 在均匀介质中传播着,在垂直于传播方向上取两个平面,面积都等于 S,并且通过第一平面的波也将通过第二平面(图 11-16).又设 A_1 和 A_2 分别表示平面波在这两平面处的振幅,可知,通过这两个平面的平均

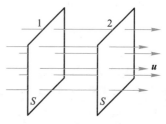

图 11-16 平面波的能流

能流分别为

$$\bar{P}_1 = \bar{w}_1 uS = \frac{1}{2}\rho A_1^2 \omega^2 uS$$

$$\bar{P}_2 = \bar{w}_2 uS = \frac{1}{2}\rho A_2^2 \omega^2 uS$$

从以上两式可以看出,如果 $\bar{P}_1 = \bar{P}_2$,那么 $A_1 = A_2$,即通过这两个平面的平面波的平均能流相等时,振幅才会不变.显然,要实现这一情况的条件是波动在介质中传播时介质不吸收波的能量.这就是平面简谐波在无吸收的介质中传播时振幅保持不变的意义.

对于球面波在均匀介质中传播的情况.可在距离波源为 r_1 和 r_2 处取两个球面,面积分别为 $S_1 = 4\pi r_1^2$ 和 $S_2 = 4\pi r_2^2$.在介质不吸收波的能量的条件下,通过这两个球面的总的能流应相等,即

$$\frac{1}{2}\rho A_1^2 \omega^2 u 4\pi r_1^2 = \frac{1}{2}\rho A_2^2 \omega^2 u 4\pi r_2^2$$

式中 A_1 和 A_2 分别为在两个球面处的振幅.由上式得

$$\boxed{\frac{A_1}{A_2} = \frac{r_2}{r_1}} \qquad (11-18)$$

即振幅和离开波源的距离成反比.因此相应的球面简谐波表达式为

$$\xi = \frac{A_0 r_0}{r} \cos\left[\omega\left(t - \frac{r}{u}\right) - \phi_0\right] \qquad (11-19)$$

式中 A_0 为波在离波源 r_0 处振幅的数值.

例题 11-4

人耳可以听见的最低声强为 10^{-12} W/m^2,这是测定声强的标准(见 §11-5).试求出声波在传播过程中空气分子作正弦振动的最小振幅.设空气的密度为 $\rho = 1.29 \times 10^{-3}$ kg/m^3,声音在空气中的传播速度 $u = 340$ m/s.

解　按式(11-16),可以有

$$A = \frac{1}{\omega}\sqrt{\frac{2I}{\rho u}} = \frac{1}{\pi \nu}\sqrt{\frac{I}{2\rho u}}$$

将对人耳比较灵敏的频率 $\nu = 1\ 000$ Hz 以及 $I = 10^{-12}$ W/m^2,空气的密度 $\rho = 1.29 \times 10^{-3}$ kg/m^3,声速 $u = 340$ m/s 代入,得

$$A = \frac{1}{3.14 \times 10^3}\sqrt{\frac{10^{-12}}{2 \times 1.29 \times 10^{-3} \times 340}} = 3.4 \times 10^{-11} \text{ m}$$

这是一个非常小的位移,我们注意到氢原子的半径近似等于 10^{-10} m,由此可见,人耳接收到的声波,其空气分子最小平均幅度仅是氢原子半径的三分之一.这不能不令人惊讶,人类耳朵的灵敏度竟是如此之高!

复习思考题》》》

11-4-1　(1) 在波的传播过程中,每个质元的能量随时间而变,这是否违反能量守恒定律?

(2) 在波的传播过程中,动能密度与势能密度相等的结论,对非简谐波是否成立? 为什么?

*§11-5　声波　超声波　次声波》

在弹性介质中,如果波源所激起的纵波的频率,在 20 Hz 到 20 000 Hz 之间,就能引起人的听觉.在这频率范围内的振动称为**声振动**,所激起的纵波称为**声波**(sound wave).频率高于 20 000 Hz 的机械波叫做**超声波**(supersonic wave 或 ultrasonic wave).频率低于 20 Hz 的机械波叫做**次声波**(infrasonic wave).

从声波的特性和作用来看,所谓 20 Hz 和 20 000 Hz 并不是明确的分界线.例如频率较高的可闻声波,已具有超声波的某些特性和作用,因此在超声技术的研究领域中,也常包括高频可闻声波的特性和作用的研究.

声波是机械波.机械波的一般规律在前面已讨论过.本节只讨论声学的某些特殊问题.

超声频率可以高达 10^{11} Hz,而次声频率可以低达 10^{-3} Hz,在这样大的频率范围内,按频率的大小研究声波的各种性质是具有重大意义的.

为了描述声波在介质中各点的强弱,常用声压和声强两个物理量.

一、声压

介质中有声波传播时的压强与无声波时的静压强之间有一差额,这一差额称为**声压**(sound pressure).设介质中没有声波时的压强为 p_0,有声波时各处的实际压强为 $p'.p'-p_0=\Delta p$ 就是声压,常用 p 来表示,它是由于声波而引起的附加压强.声压的成因是很明显的,由于声波是纵波,在稀疏区域,实际压强小于原来静压强,在稠密区域,实际压强大于原来静压强.前者声压是负值,后者声压是正值.必须注意,在声波传播过程中,p_0 是不变的,由于介质中各点作周期性振动,因而声压也在作周期性变化.我们可以仿照前面建立波动方程的方法,建立流体中平面声波的波动方程,这里从略.下面仅讨论声压变化的规律.

设在密度为 ρ 的流体中,有一平面余弦声波 $y(x,t)=A\cos\left[\omega\left(t-\dfrac{x}{u}\right)+\phi_0\right]$ 沿 x 方向传播.我们在流体中 x 处取一截面积为 S、长度为 Δx 的柱形体积元,其体积 $V=S\Delta x$.当声波传播时,

这段流体柱两端的位移分别为 y 和 $y+\Delta y$. 体积增量为 $\Delta V = S\Delta y$.

根据流体的体积模量的定义 $K = -\dfrac{\Delta p}{\dfrac{\Delta V}{V}} = -V\dfrac{\Delta p}{\Delta V}$, 在流体中有声波传播时, 式中的压强增量 Δp 就是声压 p, 所以流体的体积模量可改写为

$$K = -S\Delta x\,\frac{p}{S\Delta y} = -p\,\frac{\Delta x}{\Delta y} \text{或} p = -K\frac{\Delta y}{\Delta x}$$

当流体柱缩减为无限小时, $\Delta x \to 0$, 得

$$p = -K\frac{\partial y}{\partial x}$$

对于平面余弦声波

$$\frac{\partial y}{\partial x} = A\,\frac{\omega}{u}\sin\left[\omega\left(t-\frac{x}{u}\right)+\phi_0\right]$$

代入上式得

$$p = -KA\,\frac{\omega}{u}\sin\left[\omega\left(t-\frac{x}{u}\right)+\phi_0\right]$$

因为 $u = \sqrt{\dfrac{K}{\rho}}$, 所以上式也可写成

$$p = -\rho u\omega A\sin\left[\omega\left(t-\frac{x}{u}\right)+\phi_0\right] = -p_{\mathrm{m}}\sin\left[\omega\left(t-\frac{x}{u}\right)+\phi_0\right] \tag{11-20}$$

式中

$$\boxed{p_{\mathrm{m}} = \rho u\omega A} \tag{11-21}$$

称为声压振幅(amplitude of sound pressure). 式(11-21)表示声压振幅 p_{m} 与位移振幅 A 的关系, 在声学工程中, 讨论声压比讨论位移更为有用.

如果把式(11-20)改成余弦形式

$$p = p_{\mathrm{m}}\cos\left[\omega\left(t-\frac{x}{u}\right)+\phi_0+\frac{\pi}{2}\right]$$

由此可知, 声压波比位移波在相位上超前 $\dfrac{\pi}{2}$. 因此, 在位移最大处, 声压为零; 在位移为零处, 声压最大.

二、声强 声强级

声强(intensity of sound)就是声波的平均能流密度, 即单位时间内通过垂直于声波传播方向的单位面积的声波能量. 根据式(11-16)和式(11-20), 声强 I 为

$$I = \frac{1}{2}\rho u A^2 \omega^2 = \frac{1}{2}\frac{p_m^2}{\rho u} \tag{11-22}$$

从上式可知,频率越高越容易获得较大的声压和声强.另外因为高频声波易于聚焦,可以在焦点获得极大的声强.例如,震耳欲聋的炮声,声强约为 1 W/m^2.而目前用聚焦方法,超声波的最大声强已达 10^8 W/m^2(相应的声压约为数百个大气压),比炮的声强高 10^8 倍.

引起听觉的声波,不仅有频率范围,而且有声强范围.对于每个给定的可闻频率,声强都有上下两个限值,低于下限的声强不能引起听觉,能引起听觉的最低声强称为**听觉阈**(threshold of hearing)(图 11-17).高于上限的声强也不能引起听觉,而太高只能引起痛觉.这一声强的上限值称为**痛觉阈**(threshold of pain).声强的上下限值随频率而异.频率在 20 Hz 以下和 20 000 Hz 以上时,就无所谓上下限值,因为在这频率范围内的任何大小的声强都不再引起听觉.在 1 000 Hz 时,一般正常人听觉的最高声强为 1 W/m^2,最低声强为 10^{-12} W/m^2.通常把这一最低声强作为测定声强的标准,用 I_0 表示.由于声强的数量级相差悬殊(达 10^{12} 倍),所以常用对数标度作为**声强级**(sound level)(以 I_L 表示)的量度,声强级为

$$I_L = \lg \frac{I}{I_0} \tag{11-23a}$$

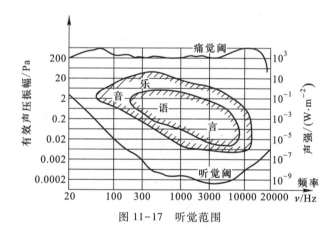

图 11-17 听觉范围

单位为**贝尔**(Bel).实际上,贝尔这一单位太大,常采用**分贝**(dB).此时声强级的公式为

$$I_L = 10 \lg \frac{I}{I_0} \tag{11-23b}$$

例如炮声的声强级约为 110 dB,而聚焦超声波的声强级可达 210 dB.表 11-2 给出了常遇到的一些声音的声强级.

表 11-2　一些声音的声强、声强级和感觉到的响度

声　　源	声强/(W·m⁻²)	声强级/dB	响　　度
听觉阈	10^{-12}	0	极轻
树叶微动	10^{-11}	10	
细语	10^{-11}	10	
交谈(轻)	10^{-10}	20	轻
收音机(轻)	10^{-8}	40	
交谈(平均)	10^{-7}	50	正常
工厂(平均)	10^{-6}	60	
闹市(平均)	10^{-5}	70	响
警笛	10^{-4}	80	
锅炉工厂	10^{-2}	100	极响
铆钉锤	10^{-1}	110	
雷声、炮声	10^{-1}	110	
痛觉阈	1	120	震耳
摇滚乐	1	120	
喷气机起飞	10^{3}	150	

噪声(noise)一般指一种干扰,也就是"不需要的声音",但平常把大于 90 dB 对人的工作和健康有影响的声音都称为噪声.噪声可以使人烦恼、降低工效、妨碍休息和导致失眠.强烈的噪声可造成听力降低或耳聋.因此,噪声已成为一种社会公害.现在大多数国家(包括我国)都明令规定,工业噪声所允许的标准不得超过 90 dB(A).①

三、超声波

频率在 20 000 Hz 以上的机械波称为超声波.现代用激光激发晶体,可产生频率高达 5×10^{8} Hz 以上的超声波.

超声波的产生方法一般可分为电声型和机械型两大类.电声型超声波发生器是利用具有压电效应或磁致伸缩的晶体在周期性变化的电场或磁场作用下所发生的振动,将电磁能转变为超声波的能量.机械型超声波发生器是用高压流体撞击空腔或簧片引起共振而产生超声波.

视频:超声波

由于超声波的频率高、波长短,因而产生了一系列与通常声波不同的特性:

(1) 定向性很好　超声束能定向传播.利用这个特性可以探测鱼群、潜艇等,还可以探测工件内部的缺陷作无损探伤.医学上的"B 超"就是利用超声波来探测人体内部的病变.

(2) 强度大　近代超声技术已能产生几百乃至几千瓦的超声波功率,压强振幅可达数千

---

① 人的听觉对不同频率的声音灵敏度不一样.为使声强计的设计能反映出人们听觉对响度的频率关系,分成 A、B、C 三级来计权测量.由于 A 级(55 dB 以下的低频成分衰减较多)比较好地反映了人耳的主观听觉,所以被广泛应用于噪声的评价,现在 dB 后标有"A"字.

倍标准大气压.利用这个特性可以进行焊接、切削、钻孔等超声加工.

（3）空化作用　超声波通过液体时,使液体中大小适当的气泡产生共振现象,这些气泡在声波的压缩阶段中突然被绝热压缩而破裂,气泡内部可产生几千度的高温和几千倍于标准大气压的高压.这就是液体内的空化作用.利用这个特性可作清洗、粉碎、乳化用.

此外,超声波在介质中的传播特性,如波速、衰减、吸收等,都与介质的各种宏观的非声学的物理量(如弹性模量、密度、温度、化学成分、黏度等)密切有关.利用这些特性可以间接测量有关的物理量.图 11-18 是超声波自动聚焦照相机原理示意图.照相机发出一超声脉冲,被照相物体反射回来,照相机计算出发射与接收到超声脉冲的时间差,便能获得照相机到物体间的距离信息,并调节好照相机的焦距,得到最清晰的照相效果.

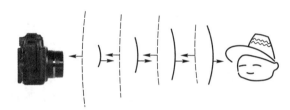

图 11-18　超声波自动聚焦相机

四、次声波

次声波的频率范围大致为 $10^{-4} \sim 20$ Hz,在许多自然现象,如火山爆发、地震、台风、海啸、磁暴等都伴随着次声波.在核爆炸、火箭发射等过程中也有次声波产生.

由于次声波的频率低,大气对次声波的吸收是很小的.1883 年 8 月 27 日在印度尼西亚苏门答腊和爪哇之间的喀拉喀托火山爆发,它产生的次声波传播了十几万千米,约绕地球三周,历时 108 小时.所以次声波是大气中的优秀"通信员".因此,应用次声波可预测自然灾害的产生.

次声波也会造成对人体的危害,如恶心、头晕或精神沮丧等.

例题 11-5

频率为 500 kHz,声强为 1 200 W/m²,声速为 1 500 m/s 的超声波,在水(水的密度为 1 g/cm³)中传播时,求其声压振幅.位移振幅、加速度振幅各为多少?

解　利用式(11-22)得声压振幅为
$$p_{\mathrm{m}} = \sqrt{2\rho u I} = \sqrt{2 \times 1 \times 10^3 \times 1\,500 \times 1\,200}\ \mathrm{Pa} = 6 \times 10^4\ \mathrm{Pa}$$

位移振幅为
$$A = \sqrt{\frac{2I}{\rho u \omega^2}} = \sqrt{\frac{2 \times 1\,200}{1 \times 10^3 \times 1\,500 \times (2\pi \times 500 \times 10^3)^2}}\ \mathrm{m} = 1.27 \times 10^{-8}\ \mathrm{m}$$

加速度振幅为
$$a_{\mathrm{m}} = A\omega^2 = 1.27 \times 10^{-8} \times (2\pi \times 500 \times 10^3)^2\ \mathrm{m/s^2} = 1.26 \times 10^5\ \mathrm{m/s^2} \approx 重力加速度的\ 1.29 \times 10^4\ 倍$$

复习思考题 ▶▶▶

　　11-5-1　（1）两简谐声波,一在水中,一在空气中,其强度相等,两者声压振幅之比为多少?（2）若声压振幅相等,其强度之比为多少?

　　11-5-2　两简谐声波的声强级差 1 dB,问:(1)它们的强度之比如何?（2)声压振幅之比如何?

§11-6　电磁波 ▶▶

　　根据麦克斯韦电磁场理论,若在空间某区域有变化电场(或变化磁场),在邻近区域将产生变化磁场(或变化电场),这变化磁场(或变化电场)又在较远区域产生新的变化电场(或变化磁场),并在更远的区域产生新的变化磁场(或变化电场),这种变化的电场和变化的磁场不断地交替产生,由近及远以有限的速度在空间传播,形成电磁波.在物理学史上,麦克斯韦先从理论上预言电磁波的存在,20 年后(1887 年),赫兹用实验证实了这个预言.电磁波的发现为近代无线电通信开辟了道路.

一、电磁波的辐射和传播

　　我们知道,振荡电路中的电流是周期性变化的,因此,根据麦克斯韦的理论,振荡电路能够辐射电磁波.但在普通的振荡电路中[图 11-19(a)]振荡电流的频率很低,而且电场和磁场几乎分别局限在电容器和自感线圈内,不利于电磁波的辐射,辐射功率也极小.如果把电容器两极板间距离拉开增大,同时把自感线圈放开拉直,最后成一直线,如图 11-19(b)、(c)、(d) 所示.这样电场和磁场就分散在周围空间.由于 L 和 C 的减小,提高了电路的振荡频率,因而加大了辐射功率,有利于向四周空间传播.这样的直线形电路,电流在其中往复振荡,两端出现正负交替的等量异号电荷,称为振荡偶极子或辐射偶极子(radiating dipole).事实上,振荡偶极子的辐射可以看成由电荷作加速运动造成的.理论和实验都证明,只有作加速运动的电荷才能辐射电磁波.如天线中振荡的电流、原子或分子中电荷的振动都会在其周围产生电磁波.

　　1887 年,赫兹应用上述类似的振荡偶极子,实现了发送和接收电磁波.如图 11-20 所示,A、B 是中间留有小空隙(约 0.1 mm)的两铜棒,分别接到高压感应圈的两电极上,感应圈上的周期性电压加到两棒间的空气隙上,当电压升高到空气被击穿时,电流就往复地通过空气隙而发生火花,这时就相当于一个振荡偶极

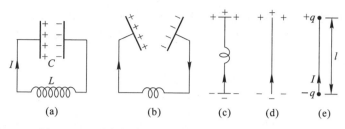

图 11-19 增高振荡电流的频率并开放电磁场的方法

子,发射间断性的作减幅振荡的电磁波(振荡频率约为 10^3 Hz).另外用一个不接感应圈的相同结构的偶极子 CD 来接收,适当地选择其方向,调节两球的间隙,使它发生共振,在气隙间产生放电火花,证实了振荡偶极子能够发射电磁波.

一个振荡偶极子周围的电磁场,在理论上,可以根据麦克斯韦方程组推算出来.由于计算比较复杂,这里只作定性的介绍.

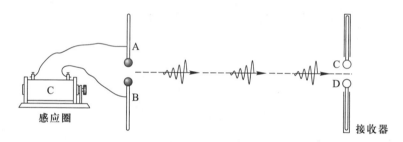

图 11-20 赫兹实验

设振荡偶极子是由一对等量异号电荷组成,其距离随时间按余弦规律变化,则其电矩 p_e 也按余弦规律变化.

$$p_e = p_0 \cos \omega t$$

式中 p_0 为电矩的振幅,ω 为角频率.由于正、负电荷相对于它们的公共中心作谐振动,则其电场线的变化如图 11-20 所示.为简单计,只分析振荡偶极子附近的一条电场线的形状.设 $t=0$,正、负电荷重合,然后分别作谐振动,两电荷间的电场线如图 11-21(a)、(b)、(c)所示,当振动半个周期时,正、负电荷又重合,其电场线便成闭合状,如图(d)所示,此后,正、负电荷的位置相互对调,形成方向相反新的电场线.如图(e)、(f)所示.图 11-22 表示振荡偶极子周围电磁场的一般情况,曲线代表电场线,$\otimes$ 和 $\odot$ 点分别表示向纸面穿入和由纸面穿出的磁感线,这些磁感线是环绕偶极子轴线的同心圆,从图中可以看出,在靠近偶极子附近的电场和磁场是很复杂的.在较远的区域,电场线形成闭合线,这一区域称为辐射区,其间电场是涡旋场,涡旋电场在其周围感生磁场,这变化的磁场又产生变化电场,两者不断相互激发和相互感生,形成由近及远传播的电磁波.

振荡偶极子所发射的电磁波,在离偶极子足够远的空间内某一点 P 处、在时刻 t 的电磁场 $\boldsymbol{E}$、$\boldsymbol{H}$(或 $\boldsymbol{B}$)的量值由理论计算可求得为

$$E = E_\theta = \frac{\omega^2 p_0 \sin\theta}{4\pi\varepsilon_0 c^2 r}\cos\omega\left[\left(t - \frac{r}{u}\right) + \phi_0\right] \tag{11-24a}$$

$$H = H_\phi = \frac{\omega^2 p_0 \sin\theta}{4\pi cr}\cos\omega\left[\left(t - \frac{r}{u}\right) + \phi_0\right] \tag{11-24b}$$

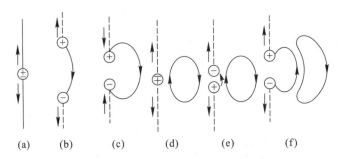

(a)   (b)   (c)   (d)   (e)   (f)

图 11-21   不同时刻振荡偶极子附近的电场线

式中 r 是偶极子(在原点)到 P 点径矢 r 的量值,θ 就是径矢 r 与偶极子轴线(Oz 轴)之间的夹角,参看图 11-23.图中表明磁场($H = H_\varphi$)沿球面上纬线方向,电场($E = E_\theta$)沿子午线(经线)方向.

振荡偶极子所辐射的电磁波是球面波,但在远离偶极子的一小区域内,r 和 θ 的变化很小,以上两式可用平面波的波函数来表示:

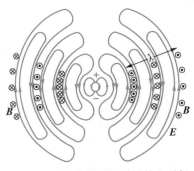

图 11-22   振荡偶极子周围的电磁场

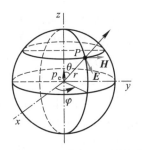

图 11-23   振荡偶极子的辐射

$$E = E_0\cos\omega\left(t - \frac{x}{c}\right) = E_0\cos\left[2\pi\left(\frac{t}{T} - \frac{x}{\lambda}\right) + \phi_0\right] \tag{11-25a}$$

$$H = H_0\cos\omega\left(t - \frac{x}{c}\right) = H_0\cos\left[2\pi\left(\frac{t}{T} - \frac{x}{\lambda}\right) + \phi_0\right] \tag{11-25b}$$

式中 x 为平面波的传播方向, λ 和 T 分别为波长和周期.

将以上两式对 x 及 t 求两阶偏导数, 可得

$$\frac{\partial^2 E}{\partial t^2} = \frac{1}{\varepsilon\mu}\frac{\partial^2 E}{\partial x^2} \tag{11-26a}$$

$$\frac{\partial^2 H}{\partial t^2} = \frac{1}{\varepsilon\mu}\frac{\partial^2 H}{\partial x^2} \tag{11-26b}$$

这就是平面电磁波的波动方程. 与式(11-11)比较得电磁波的波速

$$u = \frac{1}{\sqrt{\varepsilon\mu}} \tag{11-27}$$

图 11-24 画出了平面简谐电磁波的传播情形.

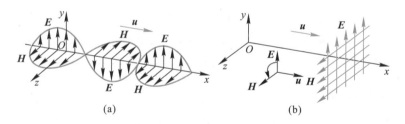

(a)   (b)

图 11-24 平面简谐电磁波

二、电磁波的性质

根据实验结果和理论分析, 现把自由空间的平面电磁波的一般性质归纳如下.

(1) 电磁波是横波 电磁波的电场和磁场都垂直于波的传播方向, 三者相互垂直. E、H 和波的传播方向构成右手螺旋关系, 即从 E 向 H 转动, 其右手螺旋的前进方向即为波的传播方向.

(2) 电磁波具有偏振性 沿给定方向传播的电磁波, E 和 H 分别在各自平面内振动, 这种特性称为偏振. 这是横波特有的性质.

（3）E 和 H 同相位　E 和 H 都在作周期性的变化,而且相位相同,即同地同时达到最大,同地同时减到最小.

（4）E 和 H 的量值成比例　任一时刻,在空间任一点,E 和 H 在量值上的关系为

$$\sqrt{\varepsilon}\,E = \sqrt{\mu}\,H \qquad (11-28)$$

或

$$E = uB$$

（5）电磁波在介质中的传播速度为

$$u = \frac{1}{\sqrt{\varepsilon\mu}} \qquad (11-29)$$

决定于介质的电容率 ε 和磁导率 μ.在真空中的波速为

$$c = \frac{1}{\sqrt{\varepsilon_0\mu_0}} = 2.997\,9 \times 10^8 \text{ m/s} \qquad (11-30)$$

电磁波波速的这一理论值正与光的速度精确地一致,1983 年国际计量大会决定用真空中光速来定义"米",米是光在真空中（1/299 792 458）s 时间间隔内所经路径的长度.这不仅肯定了电磁场理论的正确,也断定光是电磁波,从而揭示了光的电磁本性.

三、电磁波的能量

电场和磁场具有能量,电磁波的传播必然伴随着电磁能量的传播,这是电磁波的主要性质之一.电磁波所携带的电磁能量,常称为辐射能.

我们知道,电场和磁场的能量体密度分别为

$$w_e = \frac{1}{2}\varepsilon E^2, \quad w_m = \frac{1}{2}\mu H^2$$

式中 ε 和 μ 分别为介质的电容率和磁导率.所以电磁场的总能量体密度为

$$w = w_e + w_m = \frac{1}{2}(\varepsilon E^2 + \mu H^2)$$

因为上述能量是场量 E 和 H 的函数,可知辐射能量的传播速度就是电磁波的传播速度 u,辐射能的传播方向就是电磁波的传播方向.一般把电磁波的能流密度矢量改用 S 表示.参照波的能流密度定义,有

$$S = wu = \frac{u}{2}(\varepsilon E^2 + \mu H^2)$$

把 $u = \dfrac{1}{\sqrt{\varepsilon\mu}}$ 和 $\sqrt{\varepsilon}\,E = \sqrt{\mu}\,H$ 代入上式, 得

$$S = \frac{1}{2\sqrt{\varepsilon\mu}}(\sqrt{\varepsilon}\,E\sqrt{\mu}\,H + \sqrt{\mu}\,H\sqrt{\varepsilon}\,E) = EH \tag{11-31a}$$

因为辐射能的传播方向、E 的方向及 H 的方向三者相互垂直, 通常将能流密度矢量用矢量式表示为

$$\boldsymbol{S} = \boldsymbol{E} \times \boldsymbol{H} \tag{11-31b}$$

$\boldsymbol{S}$、$\boldsymbol{E}$ 和 $\boldsymbol{H}$ 组成右手螺旋系统(图 11-25), $\boldsymbol{S}$ 的方向就是电磁波的传播方向. 能流密度矢量 $\boldsymbol{S}$ 也称为坡印廷(J. H. Poynting) 矢量.

下面我们把这些结果应用到平面余弦电磁波的情形. 利用式(11-31)得

$$S = E_0 H_0 \cos^2\left[\omega\left(t - \frac{x}{u}\right) + \phi_0\right]$$

这是能流密度的瞬时值, 它作周期性的变化. 取一个周期内的平均值, 得平均能流密度(通常也称为辐射强度)

$$\bar{S} = \frac{1}{2}E_0 H_0$$

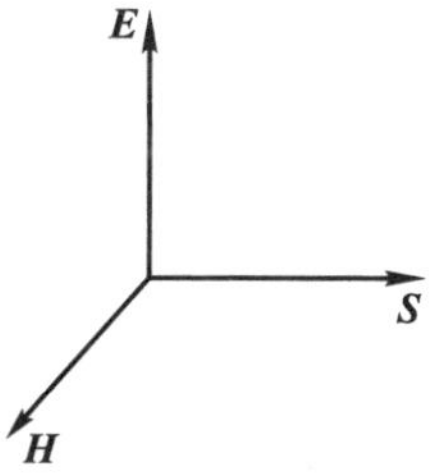

图 11-25　$\boldsymbol{S}$、$\boldsymbol{E}$ 和 $\boldsymbol{H}$ 组成右手螺旋系统

又因 $\sqrt{\varepsilon_0}\,E_0 = \sqrt{\mu_0}\,H_0$ 以及 $c = \dfrac{1}{\sqrt{\varepsilon_0\mu_0}}$, 得

$$\bar{S} = \frac{1}{2}\varepsilon_0 c E_0^2 \quad \text{或} \quad \bar{S} = \frac{1}{2}\mu_0 c H_0^2 \tag{11-32}$$

这和机械波的情况相似, 波的强度与振幅的平方成正比.

对于振荡偶极子辐射的电磁波, 其能流密度为

$$S = EH = \frac{\mu_0 p_0^2 \omega^4 \sin^2\theta}{(4\pi)^2 c r^2}\cos^2\left[\omega\left(t - \frac{r}{u}\right) + \phi_0\right]$$

所以平均能流密度为

$$\bar{S} = \frac{\mu_0 p_0^2 \omega^4 \sin^2\theta}{32\pi^2 r^2 c} \tag{11-33}$$

由此可知,振荡电偶极子的辐射强度与电矩振幅的平方成正比,与角频率的四次方成正比,与距离的平方成反比,还与 $\sin^2\theta$(称为方向因子)成正比.辐射强度沿偶极子的轴向为零,而在与轴垂直的方向上为最大.图 11-26 给出了以振荡偶极子为中心,半径为 r 的球面上各点处辐射强度随 θ 角变化的情况.此图仅给出其二维分布,实际的空间分布是绕偶极子的轴线旋转对称的.图中

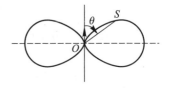

图 11-26　在与振荡偶极子的距离 r 一定时,辐射强度大小与 θ 的关系

直线 OS 的长度表示在该方向上的辐射强度.利用这个特性,可作定向发射.由于辐射强度正比于 ω^4,因此在发射电磁波时,必须设法增高频率.

例题 11-6

设有一平面电磁波在真空中传播,电磁波通过某点时,该点的 $E = 50$ V/m.试求该时刻该点的 B 和 H 的大小,以及电磁能量密度 w 和辐射强度 S 的大小.

解　由 $B = \mu_0 H$ 和 $\sqrt{\varepsilon_0} E = \sqrt{\mu_0} H$ 以及 $c = \dfrac{1}{\sqrt{\varepsilon_0 \mu_0}}$ 得

$$B = \frac{E}{c} = \frac{50}{3 \times 10^8} \ \text{T} = 1.67 \times 10^{-7} \ \text{T}$$

$$H = \frac{B}{\mu_0} = \frac{1.67 \times 10^{-7}}{4\pi \times 10^{-7}} \ \text{A/m} = 0.134 \ \text{A/m}$$

电磁能量密度为

$$w = \varepsilon_0 E^2 = 8.85 \times 10^{-12} \times (50)^2 \ \text{J/m}^2 = 2.21 \times 10^{-8} \ \text{J/m}^3.$$

辐射强度为

$$S = EH = 50 \times 0.134 \ \text{J/(m}^2 \cdot \text{s)} = 6.7 \ \text{J/(m}^2 \cdot \text{s)}$$

例题 11-7

某广播电台的平均辐射功率 $\bar{P} = 15$ kW.假定辐射出来的能流均匀地分布在以电台为中心的半个球面上,(1) 求在离电台为 $r = 10$ km 处的辐射强度;(2) 在 $r = 10$ km 处一个小的空间范围内电磁波可看作平面波,求该处电场强度和磁场强度的振幅.

解　(1) 在距离电台为 $r = 10$ km 处,辐射强度的平均值 $\bar{S}$ 为

$$\bar{S} = \frac{\bar{P}}{2\pi r^2} = \frac{15 \times 10^3}{2\pi \times (10 \times 10^3)^2} \ \text{J/(m}^2 \cdot \text{s)} = 2.39 \times 10^{-5} \ \text{J/(m}^2 \cdot \text{s)}$$

(2) 由式(11-32)得

$$E_0 = \sqrt{\frac{2\bar{S}}{\varepsilon_0 c}} = \sqrt{\frac{2 \times 2.39 \times 10^{-5}}{8.85 \times 10^{-12} \times 3 \times 10^8}} \ \text{V/m} = 0.134 \ \text{V/m}$$

$$H_0 = \sqrt{\frac{2S}{\mu_0 c}} = \sqrt{\frac{2 \times 2.39 \times 10^{-5}}{4\pi \times 10^{-7} \times 3 \times 10^8}} \text{ A/m} = 4.47 \times 10^{-8} \text{ A/m}$$

*四、电磁波的动量

根据狭义相对论,能量和动量是密切联系着的,它们都是运动的守恒量,所以电磁波除具有能量外,还具有一定的动量.

对于真空中电磁波来说,设在空间某点处,单位体积中的电磁能量为 w,那么这单位体积中电磁场的质量相应地是 $\frac{w}{c^2}$.真空中电磁波波速为 c,所以单位体积中电磁场的动量相应地是

$$g = \left(\frac{w}{c^2}\right)c = \frac{w}{c}$$

真空中电磁波的能流密度 $S = wc$,与之相应,动量流密度为

$$g = \frac{S}{c^2}$$

由于动量是矢量,其方向与电磁波的传播方向相同,因此上式可写成矢量形式

$$\boldsymbol{g} = \frac{1}{c^2}\boldsymbol{S} \tag{11-34}$$

当电磁波入射到一物体上时,其所带的能量将部分地或全部被物体所吸收,由于电磁波具有动量,因而也伴随着动量的传递,对物体表面产生辐射压力.我们知道,太阳在单位时间内在地球大气层外单位垂直面积上的辐射能约为 1.35 kW/m^2,若太阳光垂直照射物体表面时被全部吸收,那么,物体表面所受的辐射压强约为 4.7×10^{-6} Pa.与地面大气压强(约 10^5 Pa)作比较,它是一个极小的数值.尽管辐射压力很小,但人们认为它是使经过太阳附近的彗星的尾巴远离太阳的原因之一.

关于辐射压力的测定,首先是由列别捷夫 (П. Н. Лебедев)完成的.图 11-27 是测量光的辐射压力的实验装置的示意图,两组薄而轻的叶片用很细的石英

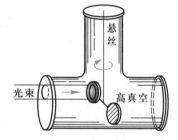

图 11-27 辐射压力实验示意图

丝悬挂在高真空的容器中,其中一组叶片涂黑,另一组叶片是光亮的.当强光照射时,由于两组叶片的吸收不同,将受到不同的辐射压力,从而产生一净力矩,使悬丝扭转.通过固定在悬丝上的反射镜测出扭转的角度,由扭角的大小可以估测出辐射压力.

*五、电磁波谱

电磁波包括的范围很广,从无线电波到光波,从 X 射线到 γ 射线,都属于电磁波的范畴,只是波长不同而已.虽然不同波长的电磁波具有不同的特性,但在真空中的传播速度却都是 c.

因为 $\nu\lambda=c$,所以频率不同的电磁波在真空中具有不同的波长.频率愈高,对应的波长就越短.我们可以按照频率或波长的顺序把这些电磁波排列成图表,称为 电磁波谱(spectrum of electro-magnetic wave)(图 11-28).由于各种电磁波的波长或频率相差悬殊,因此图中的波长或频率是以对数尺度标度的.图中还给出了各种波长范围(波段)的电磁波名称及其激发方式和探测方法.表 11-3 给出了各种无线电波的范围和用途.

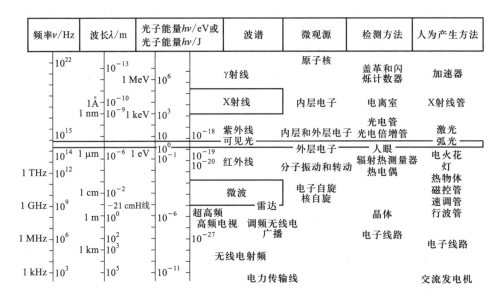

图 11-28　电磁波谱

表 11-3　各种无线电波的范围和用途

名称	长波	中波	中短波	短波	米波	微波		
						分米波	厘米波	毫米波
波长	30 000~ 3 000 m	3 000~ 200 m	200~ 50 m	50~10 m	10~1 m	1 m~ 10 cm	10~1 cm	1~ 0.1 cm
频率	10~100 kHz	100~1 500 kHz	1.5~6 MHz	6~30 MHz	30~300 MHz	300~3 000 MHz	3 000~ 30 000 MHz	30 000~ 300 000 MHz
主要用途	越洋长距离通信和导航	无线电广播	电报通信	无线电广播、电报通信	调频无线电广播、电视广播、无线电导航	电视、雷达、无线电导航及其他专门用途		

§11-7 惠更斯原理 波的衍射 反射和折射》

一、惠更斯原理

水面上有一个波传播时,如果没有遇到障碍物,波将保持原来的波面形状前进,若在前进中遇到一个有小孔的障碍物 AB(图 11-29),只要小孔的孔径 a 比波长 λ 小.我们就可看到,穿过小孔的波总是半圆形的波,与原来波的形状无关,这说明小孔可以看作是一个新波源,所发射的波称为子波.

惠更斯(C. Huygens)于 1678 年提出了关于波传播的几何法则:在波的传播过程中,波阵面(波前)上的每一点都可看做是发射子波的波源,在其后的任一时刻,这些子波的包迹就成为新的波阵面.这就是惠更斯原理(Huygens principle).如图 11-30 所示.设 S_1 为某一时刻 t 的波面,根据惠更斯原理,S_1 上的每一点发出的球面子波,经 Δt 时间后形成半径为 $u\Delta t$ 的球面,在波的前进方向上,这些子波的包迹 S_2 就成为 $t+\Delta t$ 时刻的新波阵面.惠更斯原理对任何波动过程都是适用的,不论是机械波或电磁波,只要知道某一时刻的波阵面,就可根据这一原理用几何方法来决定任一时刻的波阵面,因而在很广泛的范围内解决了波的传播问题.图 11-31 用惠更斯原理描绘出球面波和平面波的传播.根据惠更斯原理,还可以简捷地用作图方法说明波在传播中发生的衍射、散射、反射和折射等现象.

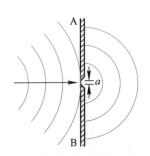

图 11-29 障碍物的小孔成为新的波源

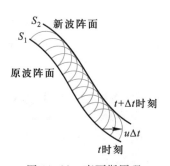

图 11-30 惠更斯原理

应该指出,惠更斯原理并没有说明各个子波在传播中对某一点振动的相位和振幅究竟有多少贡献,不能给出沿不同方向传播的波的强度分布,后来菲涅耳对惠更斯原理作了补充,这将在本篇光学部分介绍.

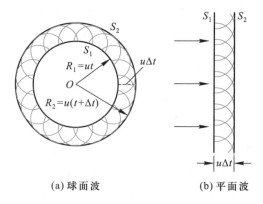

(a)球面波   (b)平面波

图 11-31   用惠更斯原理求作新的波阵面

二、波的衍射

当波在传播过程中遇到障碍物时,其传播方向绕过障碍物发生偏折的现象,

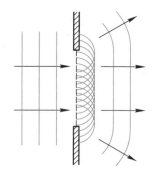

称为波的衍射(diffraction of wave).如图 11-32 所示,平面波通过一狭缝后能偏离原直线前进.这一现象可用惠更斯原理作出解释.当波阵面到达狭缝时,缝处各点成为子波源,它们发射的子波的包迹在边缘处不再是平面,从而使传播方向偏离原方向而向外延展,进入缝两侧的阴影区域.图11-33 为水波通过小屏障和小孔的衍射图样.

衍射现象是波动的共同特征.例如站立在高墙后面的人能听到别人说话的声音,隔了山岭或建筑物能收听无线电广播,这些都是声波和电磁波的衍射实例.实验

图 11-32   波的衍射

表明,当障碍物的线度可与波长相比拟时,衍射现象就明显,障碍物越小越显著.

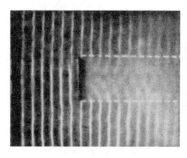
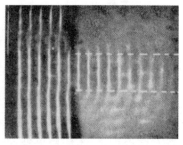

(a)小屏障   (b)小孔

图 11-33   水波通过小屏障和小孔的衍射

*三、波的反射和折射

波动从一种介质传到另一种介质时,在两种介质的分界面上,将产生反射和折射现象.根据实验的结果,可得到波动的反射定律和折射定律.下面用惠更斯原理来推导这些定律.

设有一平面波向两介质的分界面 MN 传播(图11-34).当 $t=t_0$ 时,入射波的波阵面为 AB(波阵面为通过 AB 线并与图面垂直的平面).波阵面上的 A 点先与分界面相遇.随后,波阵面上 $A_1,A_2,\cdots$ 各点相继到达分界面上 $E_1,E_2,\cdots$ 各点,直到 $t=t_1$ 时,B 点到达 C 点.

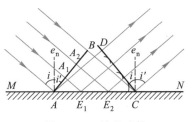

图 11-34　波的反射

如以入射波到达分界面上的各点作为子波的波源[①],并设 $AA_1=A_1A_2=A_2B$,u 为介质中的波速.当 $t=t_1$ 时,从 $A,E_1,E_2,\cdots$ 各点发射的子波与图面相交的交线分别是半径为 $u(t_1-t_0)$,$\dfrac{2u(t_1-t_0)}{3}$,$\dfrac{u(t_1-t_0)}{3}$,$\cdots$ 的圆弧.这些圆弧的包迹显然是通过 C 点并与这些圆弧相切的直线 CD,因而当 $t=t_1$ 时,反射波的波阵面为经过 CD 并与图面垂直的平面.与波阵面 AB 垂直的线,是入射波的波射线,称为入射线.与波阵面 CD 垂直的线,是反射波的波射线,称为反射线.令 e_n 为分界面的法线方向,入射线与法线的夹角 i 称为入射角,反射线与法线的夹角 i' 称为反射角.

从图中可以看出,$\triangle BAC$ 和 $\triangle DCA$ 两个直角三角形是全等的.因此 $\angle BAC=\angle DCA$,所以 $i=i'$,即入射角等于反射角.从图还可以看出,入射线、反射线和分界面的法线均在同一平面内(图面).以上两个结论称为波动的反射定律(reflection law).

当波动从一介质进入另一介质时,由于在两种介质中的波速不相同,在分界面上要发生折射现象.设 u_1 表示波动在第一种介质中的波速,u_2 表示波动在第二种介质中的波速,MN 为两种介质的分界面(图11-35).当 $t=t_0$ 时,入射波的波阵面到达 AB 位置,而当 $t=t_1$ 时,B 点到达 C 点.与反射相同,入射波波阵面到达分界面上的各点 $A,E_1,E_2,\cdots$ 都可作为子波的波源.但折射波是在第二种介质中进行的,所以子波的波速应为 u_2,因此在 $t=t_1$ 时,从 A,$E_1,E_2,\cdots$ 各点发出的子波与图面相交的交线分别为半径等于 $u_2(t_1-t_0)$,$\dfrac{2u_2(t_1-t_0)}{3}$,$\dfrac{u_2(t_1-t_0)}{3}$,$\cdots$ 的圆弧.这些圆弧的包迹显然是通过 C 点并与这些圆弧相切的直线 CD,因而 $t=t_1$ 时折射波的波阵面是通过 CD 并与图面垂直的平面.与这平面垂直的直线是折射波的波射

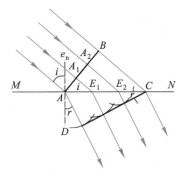

图 11-35　波的折射

① 这里,分界面上的子波源并不在同一波阵面上,但是,如果把各子波发出的先后时刻考虑进去,以不同半径的球面作为这些子波在同一时刻的波面,这些子波波面的包迹仍是该时刻的波阵面.

线,称为折射线.折射线与分界面的法线 e_n 的夹角 r 称为折射角.

从上述作图法可得 $i = \angle BAC, r = \angle ACD$,所以 $BC = u_1(t_1 - t_0) = AC\sin i, AD = u_2(t_1 - t_0) = AC\sin r$,两式相除,得

$$\frac{\sin i}{\sin r} = \frac{u_1}{u_2} = n_{21}$$

上式指出,不论入射角大小如何,入射角的正弦与折射角的正弦之比都等于波动在第一介质中的波速与第二介质中的波速之比.对于给定的两种介质来说,比值 n_{21} 称为第二介质对于第一介质的相对折射率(relative index of refraction).从图中可以看出,入射线、折射线和分界面的法线在同一平面内.以上两个结论称为波动的折射定律(refraction law).

§11-8　波的叠加原理　波的干涉　驻波》》

一、波的叠加原理

若有几列波同时在一介质中传播,如果这几列波在空间某点处相遇,那么它们将保持自己原有的特性(频率、波长、振动方向等)独立传播,这称为波传播的独立性.在管弦乐队合奏或几个人同时讲话时,我们能够辨别出各种乐器或各个人的声音,这就是波的独立性的例子.通常天空中同时有许多无线电波在传播,我们能随意接收到某一电台的广播,这是电磁波传播的独立性的例子.在几列波相遇的区域内,任一点处质元的振动为各列波单独在该点引起的振动的合振动,即在任一时刻,该点处质元的振动位移是各个波在该点所引起的位移的矢量和.这一规律称为波的叠加原理(superposition principle of wave).

应该指出,波的叠加原理仅在波的强度不太大时(即波动方程为线性的)才成立.当波的强度很大时,波动方程将为非线性的,叠加原理就不再成立.例如强激光、强烈的爆炸声等就需用非线性波动理论研究.

二、波的干涉

一般地说,振幅、频率、相位等都不相同的几列波在某一点叠加时,情形是很复杂的.下面只讨论一种最简单而又最重要的情形,即两列频率相同、振动方向相同、相位相同或相位差恒定的简谐波的叠加.满足这些条件的两列波在空间任何一点相遇时,该点的两个分振动也有恒定相位差.但是对于空间不同的点,有着不同的恒定相位差.因而在空间某些点处,振动始终加强,而在另一些点处,振动始终减弱或完全抵消.这种稳定的图像称为干涉(interference).能产生干涉现象的波称为相干波,相应的波源称为相干波源.

我们先观察一下水波的干涉现象.在同一簧片上连接两个小球或悬线,并使簧片在竖直方向作一定频率的振动,两个小球或悬线在水面上振动时形成两个相干波源,它们发出的波形成的干涉条纹如图 11-36 所示.这可用惠更斯原理来说明.在图 11-37 中,小孔 S_1 与 S_2 上各点都可看作子波波源,发出一系列的球形波阵面,在图中用实线圆弧表示波峰,虚线圆弧表示波谷.两相邻波峰或波谷之间的距离是一个波长.如果屏幕 $A'B'$ 上某点与 S_1 和 S_2 的距离之差等于波长的整数倍,两个波的波峰或波谷分别重合.在这些位置上,两列波是同相位,因而合振幅最大.如果屏幕上某点与 S_1 和 S_2 的距离之差等于半波长的奇数倍,波峰与波谷相重合,两列波的相位相反,因而合振幅最小.在合振幅最大处,波动最强,而在合振幅最小(或几近于零)处,波动强度差不多为零.在图中,振幅最大的各点用粗实线连接起来,振幅最小的各点用粗虚线连接起来.

应该指出,干涉现象是波动形式所独具的重要特征之一.因为只有波动的合成,才能产生干涉现象.干涉现象对于光学、声学等都非常重要,对于近代物理学的发展也有重大的作用.下面用波的叠加原理定量分析干涉加强和减弱的条件及强度分布.

图 11-36 水波干涉现象

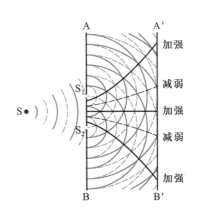

图 11-37 波的干涉

设有两相干源 S_1 和 S_2,它们发出的波在空间某点 P 相遇(图 11-38),两列波在该点引起振动的表达式分别为

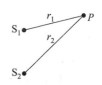

$$y_1 = A_1 \cos\left(\omega t + \phi_{01} - \frac{2\pi r_1}{\lambda}\right)$$

$$y_2 = A_2 \cos\left(\omega t + \phi_{02} - \frac{2\pi r_2}{\lambda}\right)$$

图 11-38 两列波传播
到空间某点

式中 A_1 和 A_2 为两列波在 P 点引起振动的振幅，ϕ_{01} 和 ϕ_{02} 为两个波源的初相位，并且 $(\phi_{02}-\phi_{01})$ 是恒定的，r_1 和 r_2 为 P 点离开两个波源的距离.根据叠加原理，P 点的合振动为

$$y = y_1 + y_2 = A\cos(\omega t + \phi_0)$$

式中

$$A = \sqrt{A_1^2 + A_2^2 + 2A_1 A_2 \cos\left(\phi_{02} - \phi_{01} - 2\pi\frac{r_2-r_1}{\lambda}\right)}$$

$$\tan\phi_0 = \frac{A_1\sin\left(\phi_{01} - \dfrac{2\pi r_1}{\lambda}\right) + A_2\sin\left(\phi_{02} - \dfrac{2\pi r_2}{\lambda}\right)}{A_1\cos\left(\phi_{01} - \dfrac{2\pi r_1}{\lambda}\right) + A_2\cos\left(\phi_{02} - \dfrac{2\pi r_2}{\lambda}\right)}$$

因为两列相干波在空间任一点所引起的两个振动的相位差

$$\Delta\phi = \phi_{02} - \phi_{01} - 2\pi\frac{r_2-r_1}{\lambda}$$

是一个常量，可知每一点的合振幅 A 也是常量.并由 A 的表达式可知，随着空间各点位置的改变，即各点到波源的距离差 r_2-r_1 的不同，空间各点的合振幅也不同.满足

$$\Delta\phi = \phi_{02} - \phi_{01} - 2\pi\frac{r_2-r_1}{\lambda} = 2k\pi \qquad k = 0, \pm1, \pm2, \cdots \qquad (11-35a)$$

的空间各点，合振幅为最大，这时 $A = A_1 + A_2$.满足

$$\Delta\phi = \phi_{02} - \phi_{01} - 2\pi\frac{r_2-r_1}{\lambda} = (2k+1)\pi \qquad k = 0, \pm1, \pm2, \cdots \qquad (11-35b)$$

的空间各点，合振幅为最小，这时 $A = |A_1 - A_2|$.

如果 $\phi_{01} = \phi_{02}$，即对于同相相干波源，上述条件可简化为

$$\delta = r_1 - r_2 = k\lambda \qquad k = 0, \pm1, \pm2, \cdots\text{（合振幅最大）} \qquad (11-36a)$$

$$\delta = r_1 - r_2 = \left(k + \frac{1}{2}\right)\lambda \qquad k = 0, \pm1, \pm2, \cdots\text{（合振幅最小）} \qquad (11-36b)$$

$\delta = r_1 - r_2$ 表示从波源 S_1 和 S_2 发出的两个相干波到达 P 点时所经路程之差，称为波程差.所以上列两式说明，两列相干波源为同相位时，在两列波的叠加的区域内，在波程差等于零或等于波长的整数倍的各点，振幅最大；在波程差等于半波长的奇数倍的各点，振幅最小.

由于波的强度正比于振幅的平方,所以两列波叠加后的强度

$$I \propto A^2 = A_1^2 + A_2^2 + 2A_1A_2 \cos \Delta\phi$$

也就是

$$I = I_1 + I_2 + 2\sqrt{I_1I_2} \cos \Delta\phi \qquad (11-37)$$

由此可知,叠加后波的强度随着两列相干波在空间各点所引起的振动相位差的不同而不同,就是说,空间各点的强度重新分布了,有些地方加强($I > I_1 + I_2$),有些地方减弱($I < I_1 + I_2$).如果 $I_1 = I_2$,那么叠加后波的强度

$$I = 2I_1[1 + \cos(\Delta\phi)] = 4I_1\cos^2\frac{\Delta\phi}{2} \qquad (11-38)$$

当 $\Delta\phi = 2k\pi(k = 0, \pm 1, \pm 2, \cdots)$ 时,在这些位置波的强度最大,等于单个波强度的 4 倍($I = 4I_1$).当 $\Delta\phi = (2k+1)\pi(k = 0, \pm 1, \pm 2, \cdots)$ 时,波的强度最小($I = 0$).叠加后波的强度 I 随相位差 $\Delta\phi$ 变化的情况如图 11-39 所示.

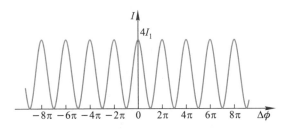

图 11-39 干涉现象的强度分布

三、驻波

现在来讨论两列振幅相同的相干波,在同一直线上,沿相反方向传播时所产生的叠加结果.如图 11-40 所示,用长虚线表示向右传播的波,而用短虚线表示向左传播的波.取两波的振动相位始终相同的点作为坐标原点,且在 $x = 0$ 处振动质元向上达最大位移时开始计时.图中画出了这两列波在 $t = 0, T/8, T/4, 3T/8, T/2$ 各时刻的波形,实线表示合成波.由图可见,在 $t = 0$ 时刻,两列波刚好重合,其合成波为一余弦曲线,各质元的振动位移为两波的位移相加的结果。在 $t = \dfrac{T}{8}$ 时,合成波中各质元的振幅都减少了.当 $t = \dfrac{T}{4}$ 时,合成波成为一合振幅为零的直线,即各质元都静止不动.在 $t = \dfrac{3T}{8}$ 和 $\dfrac{T}{2}$ 时,合成波各质元的振幅分别和 $t = \dfrac{T}{8}$ 和 $t = 0$

时大小相等,但振动方向相反.综合这些波形可以知道,合成波中各质元都以相同的频率但不同的振幅作振动,其中有些质元总是不动的(图中以"·"表示),称为波节(node)具有振幅最大的那些质元(图中以"+"表示),称为波腹(loop)这种合成波中各质元以各自确定的不同振幅在各自平衡位置附近振动,且没有振动状态或相位传播的波称为驻波(standing wave).驻波是一种有波之形而无波之实的波动,它和行波是有区别的.

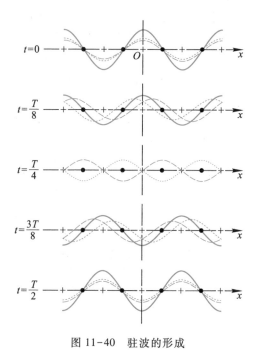

图 11-40　驻波的形成

现在用简谐波的表式对驻波进行定量描述.为此,设两波的振幅都是 A,初相 $\varphi_{01}=\varphi_{02}=0$,把沿 Ox 轴的正方向传播的波写为

$$y_1 = A\cos 2\pi\left(\frac{t}{T}-\frac{x}{\lambda}\right)$$

把沿 Ox 轴负方向传播的波写为

$$y_2 = A\cos 2\pi\left(\frac{t}{T}+\frac{x}{\lambda}\right)$$

其合成波为

$$y = y_1 + y_2 = A\left[\cos 2\pi\left(\frac{t}{T}-\frac{x}{\lambda}\right)+\cos 2\pi\left(\frac{t}{T}+\frac{x}{\lambda}\right)\right]$$

即
$$y = \left(2A\cos\frac{2\pi}{\lambda}x \right)\cos\frac{2\pi}{T}t \qquad (11-39)$$

由上式可看出,合成以后各点都在作同周期的谐振动,但各质元的振幅为 $\left| 2A\cos\dfrac{2\pi}{\lambda}x \right|$,即驻波的振幅与位置有关(与时间无关).振幅最大值发生在 $\left| \cos\dfrac{2\pi}{\lambda}x \right| = 1$ 的点,因此波腹的位置可由

$$\frac{2\pi}{\lambda}x = k\pi \qquad (k = 0, \pm 1, \pm 2, \cdots)$$

来决定,即

$$x = k\frac{\lambda}{2} \qquad (k = 0, \pm 1, \pm 2, \cdots) \qquad (11-40)$$

这就是波腹的位置.由此可见,相邻两个波腹间的距离为

$$x_{k+1} - x_k = \frac{\lambda}{2}$$

同样,振幅的最小值发生在 $\left| \cos\dfrac{2\pi}{\lambda}x \right| = 0$ 的点,因此,波节的位置可由

$$\frac{2\pi}{\lambda}x = (2k+1)\frac{\pi}{2} \qquad (k = 0, \pm 1, \pm 2, \cdots)$$

来决定,即

$$x = (2k+1)\frac{\lambda}{4} \qquad (k = 0, \pm 1, \pm 2, \cdots) \qquad (11-41)$$

这就是波节的位置.可见相邻两个波节之间的距离也是 $\lambda/2$.

现在考察驻波中各质元的相位.如把两相邻波节之间的介质叫做一个分段.由图可见,每一分段上的各质元在同一时刻同时在平衡位置的一侧,或在上方或在下方,具有相同的相位;而相邻两分段上的各质元,则在不同的两侧,即振动相位相反.驻波和行波不同,在驻波行进过程中没有振动状态(相位)和波形的定向传播.

进一步考察驻波的能量.当介质中各质元的位移达到最大值时,其速度为零,即动能为零.这时除波节外,所有质元都离开平衡位置,而引起介质最大的弹性形变,所以这时驻波上的质元的全部能量都是势能.由于在波节附近的相对形

变最大,所以势能最大;而在波腹附近的相对形变为零,所以势能为零.因此驻波的势能集中在波节附近.当驻波上所有质元同时到达平衡位置时,介质的形变为零,所以势能为零,驻波的全部能量都是动能.这时在波腹处的质元的速度最大,动能最大;而在波节处质元的速度为零,动能为零.因此驻波的动能集中在波腹附近.由此可见,介质在振动过程中,驻波的动能和势能不断地转换.在转换过程中,能量不断地由波腹附近转移到波节附近,再由波节附近转移到波腹附近.这就是说在驻波行进过程中没有能量的定向传播.

最后介绍一个观察驻波的实验,如图 11-41 所示的装置.左边放一电振音叉,音叉末端系一水平的细绳 AB,B 处有一尖劈,可左右移动以调节 AB 间的距离.细绳经过滑轮 P 后,末端悬一重物 m,使绳上产生张力.音叉振动时,绳上产生波动,向右传播,达到 B 点时,在 B 点反射,产生反射波向左传播.这样入射波和反射波在同一绳子上沿相反方向传播,它们将互相叠加.移动尖劈至适当位置,由于音叉振动快,所以看到的结果如图 11-41 上所示的波动状态,可以明显地看到绳上出现波节和波腹.

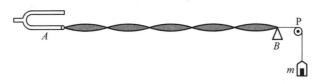

图 11-41 驻波实验

例题 11-8

两人各执长为 l 的绳的一端,以相同的角频率和振幅在绳上激起振动,右端的人的振动比左端的人的振动相位超前 ϕ,试以绳的中点为坐标原点描写合成驻波.由于绳很长,不考虑反射.绳上的波速设为 u.

解 设左端的振动为 $y_1 = A\cos \omega t$,则右端的振动为 $y_2 = A\cos(\omega t + \phi)$.设右行波的波动表式为

$$y_1 = A\cos\left[\omega\left(t - \frac{x}{u}\right) + \phi_{01}\right]$$

左行波的波动表式为

$$y_2 = A\cos\left[\omega\left(t + \frac{x}{u}\right) + \phi_{02}\right]$$

根据题意,当 $x = -\dfrac{l}{2}$ 时,$y_1 = A\cos \omega t$,即

$$A\cos\left[\omega\left(t+\frac{l}{2u}\right)+\phi_{01}\right]=A\cos\omega t$$

得
$$\phi_{01}=-\frac{\omega l}{2u}$$

当 $x=\dfrac{l}{2}$ 时,$y_2=A\cos(\omega t+\phi)$,即

$$A\cos\left[\omega\left(t+\frac{l}{2u}\right)+\phi_{02}\right]=A\cos(\omega t+\phi)$$

得
$$\phi_{02}=\phi-\frac{\omega l}{2u}$$

于是
$$y_1=A\cos\left[\omega\left(t-\frac{x}{u}-\frac{l}{2u}\right)\right]$$

$$y_2=A\cos\left[\omega\left(t+\frac{x}{u}-\frac{l}{2u}\right)+\phi\right]$$

合成波
$$y=y_1+y_2=A\cos\left[\omega\left(t-\frac{x}{u}-\frac{l}{2u}\right)\right]+A\cos\left[\omega\left(t+\frac{x}{u}-\frac{l}{2u}\right)+\phi\right]$$

$$=2A\cos\left(\frac{\omega x}{u}+\frac{\phi}{2}\right)\cos\left(\omega t-\frac{\omega l}{2u}+\frac{\phi}{2}\right)$$

当 $\phi=0$ 时,$x=0$ 处为波腹;当 $\phi=\pi$ 时,$x=0$ 处为波节.

*四、弦线上的驻波

驻波现象有许多实际的应用.例如,弦线的两端拉紧固定(或细棒的两端固定),当拨动弦线时,弦线中就产生经两端反射而成的两列反向传播的波,叠加后形成驻波.由于在两固定端必须是波节,因而其波长有一定限制,波长与弦长 L 必须满足条件

$$L=n\frac{\lambda_n}{2},\quad \lambda_n=\frac{2L}{n}\qquad n=1,2,3,\cdots$$

而波速 $u=\lambda\nu$,于是

$$\boxed{\nu_n=n\frac{u}{2L}}\qquad n=1,2,3,\cdots \tag{11-42}$$

就是说,只有波长(或频率)满足上述条件的一系列波才能在弦上形成驻波.其中与 $n=1$ 对应的频率称为基频(fundamental frequency),对弦来说,$\nu_1=\dfrac{u}{2L}=\dfrac{1}{2L}\sqrt{\dfrac{F}{\rho_l}}$,其他频率依次称为 2 次、3 次、……谐频(harmonic)[对声驻波则称为基音(fundamental tone)和泛音(overtone)](图 11-42).各种允许频率所对应的驻波(即简谐振动方式)即为简正模式,相应的频率为简正频率.对两端固定的弦,这一驻波系统,有无限多个简正模式和简正频率.一个系统的简正

模式所对应的简正频率反映了系统的固有频率特性,如果外界驱使系统振动,当驱动力频率接近系统某一固有频率时,系统将被激发,产生振幅很大的驻波,这种现象也称为共振.

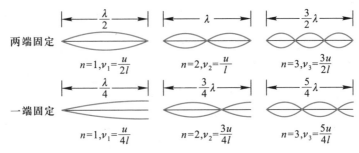

图 11-42　弦(管)振动的简正模式

所有的乐器,无论是弦乐还是管乐、或者鼓乐器都是驻波的振动而产生特定的音频.如图11-43,弦线上的驻波.手指压在弦线不同位置,即改变振动弦线的长度,从而发出不同频率的乐声,(b) 的弦线受到手指的压迫,长度较短,发出比(a)更高频率的乐声.

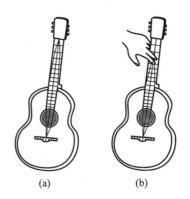

(a)　　　　　　　(b)

图 11-43　(b) 的振动弦线比(a) 短,频率更高

对一端固定、一端自由的棒(或一端封闭、一端开放的管);或对两端自由的棒(或两端开放的管),也可作类似的分析,以确定它的简正模式(图 11-42).此外,锣面、鼓皮也都是驻波系统,由于是二维的情况,它们的简正模式要比棒的简正模式复杂得多.

五、半波损失

在图 11-41 所示的实验中,反射点 B 是固定不动的,在该处形成驻波的一个波节.这一结果说明,当反射点固定不动时,反射波与入射波在 B 点是反相位的[图 11-44(a)].如果反射波与入射波在 B 点是同相位的,那么合成的驻波在 B 点应是波腹[图 11-44(b)].这就是说,当反射点固定不动时,反射波与入射波间有 π 的相位突变.因为相距半波长的两点相位差为 π,所以这个 π 的相位突变一般形象化地称为半波损失(half wavelength loss).如反射点是自由的,合成的驻波在反射点将形成波腹,这时,反射波与入射波之间没有相位突变.

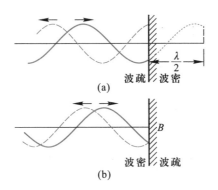

图 11-44　入射波(实线)与反射波(虚线)在反射点的相位情况

　　进一步研究表明,当波在空间传播时,在两种介质的分界面处究竟出现波节还是波腹,这将决定于波的种类和两种介质的有关性质以及入射角的大小.在波动垂直入射的情况中,如果是弹性波,我们把密度 ρ 与波速 u 的乘积 ρu 较大的介质称为波密介质,乘积 ρu 较小的介质称为波疏介质.那么,当波从波疏介质传播到波密介质而在分界面处反射时,反射点出现波节,就是说,入射波在反射点反射时有相位 π 的突变.当波从波密介质传播到波疏介质时,反射波和入射波在反射点同相位,没有半波损失.相位突变问题不仅在机械波反射时存在,在电磁波包括光波反射时也存在.这将在光学中进一步讨论.

复习思考题 >>>

　　11-8-1　有两列简谐波在同一直线上,向相同方向传播,它们的波速为 u_1 和 u_2,频率为 ν_1 和 ν_2,振幅为 A_1 和 A_2,在原点 $x=0$ 处的振动初相位为 ϕ_{01} 和 ϕ_{02},写出下列几种情况下合成波的表式,并说明它们的特点.

　　(1) $A_1 \neq A_2$,其他各量相同;(2) $\nu_1 \neq \nu_2$,其他各量相同;(3) $\phi_{01} \neq \phi_{02}$,其他各量相同;(4) $u_1 = -u_2$,其他各量相同.

　　11-8-2　两列简谐波叠加时,讨论下列各种情况:

　　(1) 若两波的振动方向相同,初相位也相同,但频率不同,能不能发生干涉?

　　(2) 若两波的频率相同,初相位也相同,但振动方向不同,能不能发生干涉?

　　(3) 若两波的频率相同,振动方向也相同,但相位差不能保持恒定,能不能发生干涉?

　　(4) 若两波的频率相同、振动方向相同、初相位也相同,但振幅不同,能不能发生干涉?

　　11-8-3　(1) 为什么有人认为驻波不是波?

　　(2) 驻波中,两波节间各个质点均作同相位的谐振动,那么,每个振动质点的能量是否保持不变?

　　11-8-4　一平面简谐波向右传播,在波密介质面上发生反射,在某一时刻入射波的波形如图所示.试画出同一时刻反射波的波形曲线,再画出经$\dfrac{T}{4}$时间后的入射波和反射波的波形曲线(T为波的周期).

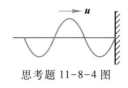

思考题 11-8-4 图

§11-9　多普勒效应　冲击波》》

一、多普勒效应

　　我们前面所讨论的波源(或接收器),相对于介质都是静止的.但是在日常生活和科学观测中,经常会遇到波源或观察者相对于介质而运动的情况.例如,火车汽笛的音调,在接近观察者时比其远离时为高.这种因波源或观察者相对于介质的运动,而使观察者接收到的波的频率有所变化的现象是由多普勒(J.C. Doppler)在 1842 年首先发现的,故称为多普勒效应(Doppler effect).下面就来分析这一现象.

　　为简单起见,我们假定波源、观察者的运动发生在两者的连线上,设波源相对于介质的运动速度为v_S,观察者相对于介质的运动速度为v_R,以u表示波在介质中传播的速度.波源的频率、观察者接收到的频率和波的频率分别用ν_S、ν_R和ν_W表示.只有当波源和观察者相对介质静止时,三者是相等的.现在分别讨论三种情况.

　　1. 波源不动,观察者以速度v_R相对于介质运动

　　首先假定观察者向波源运动.在这种情形下,观察者在单位时间内所接收到的完整波的数目比他静止时要多.这是因为,在单位时间内原来位于观察者处的波阵面向右传播了u的距离,同时观察者自己向左运动了v_R的距离,这就相当于波通过观察者的总距离为$u+v_R$(图 11-45),因而这时在单位时间内观察者所接收的完整波的数目为

$$\nu_R = \frac{u+v_R}{\lambda} = \frac{u+v_R}{u/\nu_W} = \frac{u+v_R}{u}\nu_W$$

由于波源在介质中静止,所以波的频率就等于波源的频率,$\nu_W = \nu_S$,因而有

$$\nu_R = \frac{u+v_R}{u}\nu_S \qquad\qquad (11\text{-}43a)$$

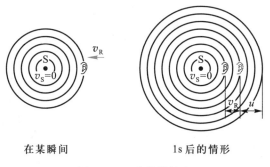

在某瞬间　　　　　1s后的情形

图 11-45 多普勒效应

(观察者运动而波源不动)

所以观察者向波源运动时所接收到的频率为波源频率的$\left(1+\dfrac{v_R}{u}\right)$倍.

当观察者远离波源运动时,按类似的分析,可得观察者接收到的频率为

$$\nu_R = \frac{u - v_R}{u}\nu_S \tag{11-43b}$$

即此时接收到的频率低于波源的频率.综合式(11-43a)、式(11-43b),只要将 v_R 理解为代数值,并且规定,观察者接近波源时 v_R 为正值;远离波源时为负值,则当波源不动,观察者以 v_R 相对波源运动时所接收到的频率可统一表示为

$$\nu_R = \frac{u + v_R}{u}\nu_S \tag{11-44}$$

2. 观察者不动,波源以速度 v_S 相对于介质运动

波源在运动中仍按自己的频率发射波,在一个周期 T_S 内,波在介质中传播了距离 uT_S,完成了一个完整的波形.设波源向着观察者运动.在这段时间内,波源位置由 S_1 移到 S_2,移过距离 $v_S T_S$[图 11-46(a)].由于波源的运动,介质中的波长变小了,实际波长为

$$\lambda' = uT_S - v_S T_S = \frac{u - v_S}{\nu_S}$$

相应地,波的频率为

$$\nu_W = \frac{u}{\lambda'} = \frac{u}{u - v_S}\nu_S$$

由于观察者静止,所以他接收到的频率就是波的频率,即

$$\nu_{\mathrm{R}} = \nu_{\mathrm{W}} = \frac{u}{u - v_{\mathrm{S}}} \nu_{\mathrm{S}} \qquad (11\text{-}45\mathrm{a})$$

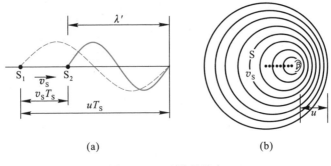

$$\text{(a)} \qquad\qquad\qquad \text{(b)}$$

图 11-46　多普勒效应

（波源运动而观察者不动）

此时观察者接收到的频率大于波源的频率.

当波源远离观察者运动时,介质中的实际波长

$$\lambda' = uT_{\mathrm{S}} + v_{\mathrm{S}} T_{\mathrm{S}} = \frac{u + v_{\mathrm{S}}}{\nu_{\mathrm{S}}}$$

按类似的分析,可得观察者接收到的频率为

$$\nu_{\mathrm{R}} = \frac{u}{u + v_{\mathrm{S}}} \nu_{\mathrm{S}} \qquad (11\text{-}45\mathrm{b})$$

这时观察者接收到的频率低于波源的频率.

同样的,如果将 v_{S} 理解为代数值,并规定波源接近观察者时为正值,远离观察者时为负值,则式(11-45a)和式(11-45b)可统一表示为

$$\nu_{\mathrm{R}} = \frac{u}{u - v_{\mathrm{S}}} \nu_{\mathrm{S}} \qquad (11\text{-}46)$$

图 11-46(b)表示波源在移动时每个波动造成的波阵面,其球面不是同心的.从图上可以清楚地看出,在波源运动的前方波长变短,后方波长变长.

　　3. 观察者与波源同时相对介质而运动

　　根据以上的讨论,由于波源的运动,介质中波的频率为

$$\nu_{\mathrm{W}} = \frac{u}{u - v_{\mathrm{S}}} \nu_{\mathrm{S}}$$

由于观察者的运动,观察者接收到的频率与波的频率之间的关系为

$$\nu_R = \frac{u+v_R}{u} \nu_W$$

代入上式得观察者接收到的频率为

$$\nu_R = \frac{u+v_R}{u-v_S} \nu_S \qquad (11-47)$$

当波源和观察者相向运动时,v_S 和 v_R 均取正值;当波源和观察者相背运动时,v_S 和 v_R 均为负值.

如果波源和观察者是沿着它们连线的垂直方向运动,则不难推知 $\nu_R = \nu_S$,即没有多普勒效应发生.又如果波源和观察者的运动是任意方向的,那么只要将速度在它们连线上的分量代入上述公式即可.不过随着两者的运动,在不同时刻 v_S 和 v_R 的分量也不同,这种情况下接收到的频率将随着时间变化.

*二、电磁波的多普勒效应

多普勒效应是波动过程的共同特征.不仅机械波有多普勒效应,电磁波(包括光波)也有多普勒效应.因为电磁波的传播不依赖弹性介质,所以波源和观察者之间的相对运动速度决定了接收到的频率.电磁波以光速传播,在涉及相对运动时必须考虑相对论时空变换关系.计算证明,当波源和观测者在同一直线上运动时,观测者接收到的频率与波源发出的频率的关系是

视频:车载雷达——
多普勒效应

$$\nu_R = \sqrt{\frac{c+v}{c-v}} \nu_S \qquad (11-48)$$

式中 v 表示波源和接收器之间相对运动的速度,当波源与观测者相互接近时,v 取正值;当波源与观测者相互远离时,v 取负值.前者接收到的频率比发射频率高,称为紫移(blue shift);后者接收到的频率比发射频率低,称为红移(red shift).

三、多普勒效应的应用

多普勒效应的应用十分广泛.例如利用声波的多普勒效应可以测定流体的流动和振动物体的振动,多普勒导航声呐可以精确地测定舰艇的速度.利用超声波的多普勒效应(B 超和彩超)可以诊断心脏的跳动、血流的速率以及胎儿的心率等.电磁波(一般在微波波段)的多普勒效应可跟踪人造地球卫星、云层以及监测汽车速度等.

天文学家将来自星球的光谱与地球上相同元素的光谱进行比较,发现星球光谱几乎都发生红移,由此可推断这些星球都向着背离地球方向运动,即在"退

行",并能计算这些星球的退行速度.这一观察结果被视为"大爆炸"宇宙学理论的重要证据.

利用多普勒测速的方法一般如下:由波源发出已知频率的波,射向汽车或卫星等目的物,反射回来的波的频率已稍有改变,为了精确测定速度,将接收到的频率信号同原来频率的信号合成为拍,由于拍频较低,容易测定,这就是多普勒的频率差值.根据反射回来的频率进一步计算出目的物的速度.

在自然界中声波应用最生动的例子是许多生物利用回声定位,而其中以蝙蝠的超声回波多普勒处理信息的技能最为令人叹服.蝙蝠能发射和接收 20 ~ 100 kHz 的超声,其飞行速度可达数米每秒.蝙蝠从鼻孔发射的超声波到达前方物体并反射回来由耳朵接收,由于多普勒效应,频率发生了改变。蝙蝠能对 0.1% 的频率变化作出反应,从而能够不需要视觉而确定自己的方位,以及发现猎物,捕获飞蛾等小虫子(图 11-47).蝙蝠和一些鲸类动物的回声定位技术启发了我们,生物物理学家研制了超声波回声处理装置,利用同样的原理帮助盲人安全行动.

图 11-47　蝙蝠的觅食

例题 11-9

一警报器发射频率为 1 000 Hz 的声波,远离观察者向一固定的目的物运动,其速度为 10 m/s,试问:

(1) 观察者直接听到从警报器传来声音的频率为多少?(2) 观察者听到从目的物反射回来的声音频率为多少?(3) 听到的拍频是多少?(空气中的声速为 330 m/s).

解 已知 $\nu_S = 1\,000$ Hz, $v_S = 10$ m/s, $u = 330$ m/s

(1) 由式(11-45b)得观察者直接听到从警报器传来声音的频率

$$\nu_1 = \frac{u}{u+v_S}\nu_S = 970.6 \text{ Hz}$$

(2) 目的物接到的声音频率由式(11-45a)得到

$$\nu_2' = \frac{u}{u-v_S}\nu_S = 1\,031.3 \text{ Hz}$$

目的物反射的声音频率等于入射声音的频率 ν_2'.静止观察者听到反射声音的频率

$$\nu_2 = \nu_2' = 1\,031.3 \text{ Hz}$$

(3) 两波合成的拍的频率

$$\nu_B = \nu_2 - \nu_1 = 60.7 \text{ Hz}$$

*四、冲击波

当波源运动的速度 v_S 超过波的速度 u 时,式(11-45a)的计算结果($\nu_R<0$)将没有意义. 这时波源将位于波前的前方.如图11-48所示.当波源在 A 位置时发出的波,在其后 t 时刻的 波阵面为半径等于 ut 的球面,但此时刻波源已前进了 $v_S t$ 的距离到达 B 位置,在整个 t 时间 内,波源发出的波的各波前的切面形成一个圆锥面,这锥形的顶角满足

$$\sin \alpha = \frac{ut}{v_S t} = \frac{u}{v_S} \tag{11-49}$$

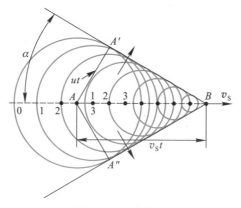

视频:冲击波

图 11-48 冲击波

随着时间的推移,各波前不断扩展,锥面也不断扩展,这种以点波源为顶点的圆锥形的波称为 冲击波(shock wave). $\frac{v_S}{u}$ 通常称为马赫数(Mach number),α 称为马赫角(Mach angle).锥面就 是受扰动的介质与未受扰动的介质的分界面,在两侧有着压强、密度和温度的突变.

飞机、炮弹等以超音速飞行时,都会在空气中激起冲击波[图11-49(a)].过强的冲击波 能使掠过地区的物体遭到损坏(如使玻璃窗震碎等),这种现象称为"声暴".

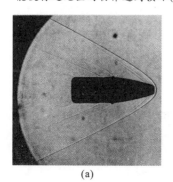

(a)

(b)

图 11-49 子弹和船只的冲击波

习题 >>>

11-1 （1）在标准状态下,声音在空气中的速率为 331 m/s,空气的比热容比 γ 是多少?

（2）地震造成的纵扰动 15 min 传播了 5 000 km,试估算传播扰动岩石的弹性模量.假定岩石的平均密度是 2 700 kg/m³.

（3）人眼所能见到的光(可见光)的波长范围为 400 nm(属于紫光)至 760 nm(属于红光).求可见光的频率范围(1 nm = 10^{-9} m).

11-2 一横波沿波线传播时的波动表式为

$$y = 0.05\cos(10\pi t - 4\pi x)$$

x,y 的单位为 m,t 的单位为 s.

（1）求此波的振幅、波速、频率和波长;（2）求波线上各质点振动的最大速度和最大加速度;（3）求 $x = 0.2$ m 处的质点在 $t = 1$ s 时的相位,它是原点处质点在哪一时刻的相位?（4）分别画出 $t = 1$ s、1.25 s、1.50 s 各时刻的波形.

11-3 设有一平面简谐波 $y = 0.02\cos 2\pi\left(\dfrac{t}{0.01} - \dfrac{x}{0.3}\right)$,式中 x、y 以 m 为单位,t 以 s 为单位.（1）求振幅、波长、频率和波速;（2）求 $x = 0.1$ m 处质点振动的初相位.

11-4 一平面简谐波沿 x 轴正向传播,振幅 $A = 0.1$ m,频率 $\nu = 10$ Hz,当 $t = 1.0$ s 时,$x = 0.1$ m 处的质点 a 的振动状态为 $y_a = 0$,而 $v_a = \left(\dfrac{dy}{dt}\right)_a < 0$;此时 $x = 0.2$ m 处的质点 b 的振动状态为 $y_b = 5.0$ cm,$v_b > 0$.若 a、b 两质点间的相位差为 2π 求波的表式.

11-5 已知一沿 x 轴正向传播的平面余弦波在 $t = \dfrac{1}{3}$ s 时的波形如习题 11-5 图所示,且周期 $T = 2$ s.

（1）写出坐标原点和 P 点的振动表达式;（2）写出该波的波动表达式.

11-6 一平面波在介质中以速度 $u = 20$ m/s 沿 x 轴负方向传播,如习题 11-6 图所示.已知 M 点的振动表达式为 $y_a = 3\cos 4\pi t$,t 的单位为 s,y 的单位为 m.

（1）以 M 为 Ox 坐标原点写出波动表达式;

（2）以距 M 点 5 m 处的 N 点为 $O'x'$ 坐标原点,写出波动表达式.

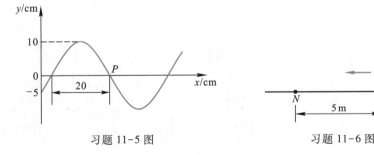

习题 11-5 图 习题 11-6 图

11-7　一平面简谐波在 $t=0$ 时的波形曲线如习题 11-7 图所示,波速 $u=0.08$ m/s.

(1) 写出该波的波动表达式;(2) 画出 $t=\dfrac{T}{8}$ 时的波形曲线.

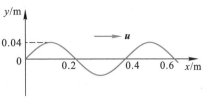

习题 11-7 图

11-8　一列沿 x 正向传播的简谐波,已知 $t_1=0$ 和 $t_2=0.25$ s 时的波形如习题 11-8 图所示.试求

(1) P 的振动表达式;(2) 此波的波动表达式;(3) 画出坐标原点的振动曲线.

11-9　已知一沿 x 轴负方向传播的平面余弦波,在 $t=\dfrac{1}{3}$ s 时的波形如图所示,且周期 $T=2$ s.(1) 写出 O 点的振动表达式;(2) 写出此波的波动表达式;(3) 写出 Q 点的振动表达式.

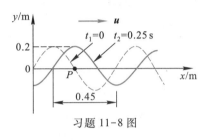

习题 11-8 图

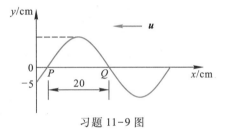

习题 11-9 图

11-10　一正弦式声波,沿直径为 0.14 m 的圆柱形管行进,波的强度为 9.0×10^{-3} W/m^2,频率为 300 Hz,波速为 300 m/s.问:(1) 波中的平均能量密度和最大能量密度是多少?(2) 每两个相邻的、相位差为 2π 的同相面间有多少能量?

11-11　一平面简谐声波的频率为 500 Hz,在空气中以速度 $u=340$ m/s 传播.到达人耳时,振幅 $A=10^{-4}$ cm,求人耳接收到声波的平均能量密度和声强(空气的密度 $\rho=1.29$ kg/m^3).

11-12　一波源以 35 000 W 的功率向空间均匀发射球面电磁波,在某处测得波的平均能量密度为 7.8×10^{-15} J/m^3.求该处离波源的距离.电磁波的传播速度为 3.0×10^8 m/s.

11-13　一扬声器的膜片,半径为 0.1 m,使它产生 1 kHz、40 W 的声辐射,则膜片的振幅应多大?已知该温度下空气的密度为 1.29 kg/m^3,声速为 344 m/s.

11-14　两人轻声说话时的声强级为 40 dB,闹市中的声强级为 80 dB,问闹市中的声强是轻声说话时声强的多少倍?

11-15　距一点声源 10 m 的地方,声音的声强级是 20 dB.若不计介质对声波的吸收,求:

(1) 距离声源 5.0 m 处的声强级;(2) 距声源多远,声音就听不见了.

11-16　一扬声器发出的声波,在 6 m 远处的强度为 1.0×10^{-3} W/m^2,频率是 2 000 Hz,设没有反射,而且扬声器向各方向均匀地发射.

(1) 在 30 m 处的声强为多少? (2) 6.0 m 处的位移振幅为多大? (3) 6.0 m 处的压强振幅为多大?

11-17 两个频率相同的声源,一个在空气中传播,另一个在水中传播.(1)如果两个声波的强度相等,它们的声压振幅比是多少?(2)如果两个声波的声压振幅相等,它们的声强比是多少?(3)它们的声强级之差是多少?(已知空气密度 $\rho_1 = 1.29 \text{ kg/m}^3$,水的密度 $\rho_2 = 1.0 \times 10^3 \text{ kg/m}^3$,声波在空气中的速度 $u_1 = 340 \text{ m/s}$,声波在水中的速度 $u_2 = 1\,490 \text{ m/s}$.)

11-18 如习题 11-18 图所示,一个平面电磁波在真空中传播,设某点的电场强度为

$$E_x = 900\cos\left(2\pi\nu t + \frac{\pi}{6}\right) \ (\text{V/m})$$

试求这一点的磁场强度表示式.又在该点前方 a m 处和该点后方 a m 处(均沿 z 轴计算),电场强度和磁场强度的表达式各如何?

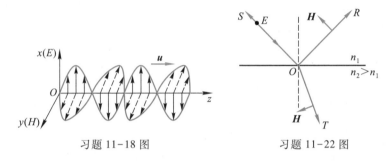

习题 11-18 图　　　　　　习题 11-22 图

11-19 在地球上测得太阳的平均辐射强度 $\bar{S} = 1.4 \times 10^3 \text{ W/m}^2$.设太阳到地球的平均距离约为 1.5×10^{11} m,试求太阳的总辐射能量.若太阳光垂直照射某物体表面而被全部反射,试求该物体所受的辐射压力.

11-20 有一氦氖激光管,它所发射的激光功率为 10 mW.设发出的激光为圆柱形光束,圆柱截面的直径为 2 mm.试求激光的最大电场强度 E_0 和磁感应强度 B_0.

11-21 一雷达发射装置发出一圆锥形的辐射束,而辐射能量是均匀分布于锥内各方向的.圆锥顶的立体角为 0.01 sr,距发射装置 1 km 处的电场强度的最大值 E_0 是 10 V/m.试求:(1)磁场强度的最大值 H_0;(2)这圆锥体内的最大辐射功率.

11-22 一束平面单色光 SO.从折射率为 n_1 的介质射向折射率为 n_2 的介质($n_2>n_1$),在分界面上的入射点 O 处分解成一束反射光 OR 和一束透射光 OT,已知入射光的 E 矢量垂直于入射面,反射光和透射光的 H 矢量均在入射面内,方向如习题 11-22 图所示.试标出反射光和透射光的 E 矢量方向.

若入射的平面单色光在 O 点的振动式为 $E = E_0\cos(\omega t + \phi)$,试写出在入射点 O 处反射光(振幅为 E_R)和透射光(振幅为 E_T)的振动式.

11-23 设 S_1 和 S_2 为两相干波源,相距 $\frac{1}{4}\lambda$,S_1 的相位比 S_2 的相位超前 $\frac{\pi}{2}$.若两波在 S_1、S_2 连线方向上的强度相同均为 I_0,且不随距离变化,问 S_1、S_2 连线上在 S_1 外侧各点的合成波的强度如何?又在 S_2 外侧各点的强度如何?

11-24 同一介质中的两个波源位于 A、B 两点,其振幅相等,频率都是 100 Hz,相位差为 π.若 A、B 两点相距为 30 m,波在介质中的传播速度为 400 m/s,试求 AB 连线上因干涉而静止

的各点位置.

11-25 地面上波源 S 与高频率波探测器 D 之间的距离为 d,从 S 直接发出的波与从 S 发出经高度为 H 的水平层反射后的波,在 D 处加强,反射线及入射线与水平层所成的角度相同.当水平层逐渐升高 h 距离时,在 D 处测不到讯号.不考虑大气的吸收.试求此波源 S 发出波的波长.

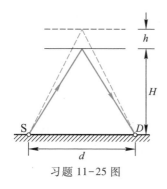

习题 11-25 图

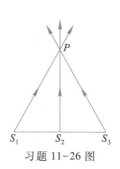

习题 11-26 图

11-26 如习题 11-26 图所示,三个同频率、振动方向相同(垂直纸面)的简谐波,在传播过程中于 P 点相遇.若三个简谐波各自单独在 S_1、S_2 和 S_3 点的振动表式分别为:$y_1 = A\cos\left(\omega t + \dfrac{\pi}{2}\right)$,$y_2 = A\cos\omega t$ 和 $y_3 = A\cos\left(\omega t - \dfrac{\pi}{2}\right)$.如 $S_2P = 4\lambda$,$S_1P = S_3P = 5\lambda$(λ 为波长).求 P 点的合振动表式(设传播过程中各波的振幅不变).

11-27 习题 11-27 图为声音干涉仪,用以演示声波的干涉.S 处为扬声器.D 处为声音探测器,如耳或话筒.路径 SBD 的长度可以变化,但路径 SAD 是固定的.干涉仪内有空气,且知声音强度在 B 的第一位置时为极小值 100 单位.而渐增至 B 距第一位置为 0.016 5 m 的第二位置时,有极大值 900 单位.求:(1) 声源发出的声波频率;(2) 抵达探测器的两波的相对振幅(设声波在传播过程中振幅不变).

11-28 两个波在一很长的弦线上传播.设其波动表达式为

$$y_1 = 0.06\cos\frac{\pi}{2}(2.0x - 8.0t) \qquad (\text{SI 单位})$$

$$y_2 = 0.06\cos\frac{\pi}{2}(2.0x + 8.0t) \qquad (\text{SI 单位})$$

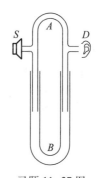

习题 11-27 图

求:(1) 合成波的表达式;(2) 波节和波腹的位置.

11-29 若在弦线上的驻波表达式为

$$y = 0.2\sin 2\pi x\cos 20\pi t \quad (\text{SI 单位})$$

求形成该驻波的两行波的表达式.

11-30 在一弦线上,有一列沿 x 轴正方向传播简谐波,其频率 $\nu = 50$ Hz,振幅 $A = 0.04$ m,波速 $u = 100$ m/s.已知弦线上离坐标原点 $x_1 = 0.5$ m 处的质点在 $t = 0$ 时刻的位移为 $+\dfrac{A}{2}$,且沿 y 轴负方向运动.当传播到 $x_2 = 10$ m 处固定端时,被全部反射.试写出:

（1）入射波和反射波的波动表达式；（2）入射波与反射波叠加的合成波在 $0 \leqslant x \leqslant 10$ m 区间内波腹和波节处各点的坐标.

11-31　在一个两端固定的 3.0 m 的弦上激起一个驻波，该驻波有 3 个波腹，其振幅为 1.0 cm，弦上的波速为 100 m/s.（1）试计算该驻波的频率；（2）试写出产生此驻波的两个行波的表达式.

11-32　一平面简谐波沿 x 轴正方向传播，在 $t=0$ 时，原点 O 处质元的振动是经过平衡位置向负方向运动.在距离原点 O 为 $x_0 = \dfrac{11}{4}\lambda$ 处有波密介质反射面，波被垂直界面反射，如习题 11-32 图所示.设入射波和反射波的振幅都为 A，频率为 ν.试求：（1）入射波和反射波的波动表达式；（2）合成波的波动表达式；（3）在原点到反射面间各个波节和波腹点的坐标；（4）距反射面为 $\dfrac{\lambda}{6}$ 的 Q 点处质元的合振动的表达式.

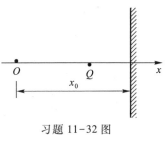

习题 11-32 图

11-33　（1）火车以 90 km/h 的速度行驶，其汽笛的频率为 500 Hz.一个人站在铁轨旁，当火车从他身边驶过时，他听到的汽笛声的频率变化是多大？设声速为 340 m/s.

（2）若此人坐在汽车里，而汽车在铁轨旁的公路上以 54 km/h 的速率迎着火车行驶.试问此人听到汽笛声的频率为多大？

11-34　正在报警的警钟，每隔 0.5 s 钟响一声，一声接一声地响着.有一个人在以 60 km/h 的速度向警钟行驶的火车中，问这个人在 1 min 内听到几响？

11-35　蝙蝠利用超声脉冲导航可以在洞穴中飞来飞去.若蝙蝠发射的超声频率为 39 kHz，在朝着表面平坦的墙壁飞扑的期间，它的运动速率为空气中声速的 1/40.试问蝙蝠接收到的反射脉冲的频率是多少？

11-36　一声源的频率为 1 080 Hz，相对于地以 30 m/s 的速率向右运动.在其右方有一反射面相对于地以 65 m/s 的速率向左运动.设空气中的声速为 331 m/s.求（1）声源在空气中发出声音的波长；（2）每秒钟到达反射面的波数；（3）反射波的速率；（4）反射波的波长.

11-37　试计算：

（1）一波源 S（振动的频率为 2 040 Hz）以速度 v_s 向一反射面接近（见习题 11-37 图），观察者在 A 点听得拍音的频率为 $\Delta\nu = 3$ Hz，求波源移动的速度 v_s，设声速为 340 m/s.

习题 11-37 图

（2）若（1）中波源没有运动，而反射面以速度 $v = 0.20$ m/s 向观察者 A 接近.所听得的拍音频率为 $\Delta\nu = 4$ Hz，求波源的频率.

11-38　一固定的超声波探测器，在海水中发出一束频率 $\nu = 30\,000$ Hz 的超声波，被向着探测器驶来的潜艇反射回来，反射波与原来的波合成后，得到频率为 241 Hz 的拍.求潜艇的速率.设超声波在海水中的波速为 1 500 m/s.

第十二章
光学

▶

进步道路上的绊脚石是,
也一向是不容怀疑的传统.

——吴健雄

光学是物理学中发展较早的一个分支.我国古代关于光现象的文字记载首推《墨经》.其中有"景,光之人,煦若射;下者之人也高,高者之人也下.足蔽下光,故成景于上;首蔽上光,故成景于下."总结了光线直进的原理;又有"鉴洼,景一小而易,一大而正,说在中之外内.""鉴团,景一."记录了凹镜和凸镜成像的实验.其次,在《淮南子》中有金杯(类似凹镜)取火的记载,南宋沈括在《梦溪笔谈》中,对针孔成像、球面镜成像、虹霓、月食等现象都作了详尽的叙述.这些古书中有关光学的记载,在世界科学史上占有崇高的地位.

关于光的本性认识问题,经历了一个漫长的不断深化的过程.在 17 世纪,牛顿提出了光的微粒说,认为光是从发光体发出的一种微粒,用以解释光的反射和折射.与此同时,惠更斯提出了光的波动说,认为光是机械振动在"以太"介质中的传播,成功地解释了光的干涉、衍射和偏振等波动特有的现象,而这些现象是微粒说不能解释的.19 世纪 60 年代,麦克斯韦建立了光的电磁理论,认识到光是一种电磁波,从而完全确立了光的波动性理论.可是,从 19 世纪到 20 世纪初人们又发现一系列用光的波动性无法解释的新现象(如光电效应、康普顿效应等).于是,爱因斯坦提出光子理论,认为光是由光子组成,完美地解释了光和物质相互作用时表现出粒子性的实验事实.最终,使人们认识到光具有波粒二象性.

光学虽然是一门古老的学科,但最近几十年来,激光技术带动了傅里叶光学、光学信息处理、全息术、光纤通信和非线性光学等,形成了现代光学,成为现代应用物理中最为活跃的研究方向和应用新领域。

本章首先介绍用几何方法研究光的传播及成像规律,然后着重讨论光的干涉、衍射和偏振等波动现象和规律及其应用,关于光的粒子性将在下一章讨论.

*§12-1 几何光学简介》》

光是电磁波的一种,干涉和衍射等现象显示了光的波动性.很多光学现象都可以用波动理论来解释.但有些现象,如光的直线传播、光的反射和折射成像等问题,不涉及波长、相位等波动概念,借用光线和波面等概念,并且用几何方法来研究将更为方便,这就是几何光学(geometrical optics)研究的内容.几何光学所研究的实际上是波动光学的极限情况.

一、光的传播规律

1. 三条实验定律

光在传播过程中遵从三条实验规律

(1) 光的直线传播定律 光在均匀介质中沿直线传播.

(2) 光的独立传播定律 光在传播过程中与其他光束相遇时,各光束都各自独立传播,不改变其性质和传播方向.

（3）光的反射定律和折射定律　光入射到两种介质分界面时,其传播方向发生改变,一部分反射,另一部分折射,如图 12-1 所示.实验表明:

① 反射光线和折射光线都在入射光线和界面法线所组成的入射面内.

② 反射角等于入射角

$$i' = i \qquad (12-1)$$

③ 入射角 i 与折射角 r 的正弦之比与入射角无关,而与介质的相对折射率有关,即

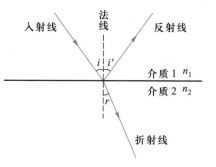

图 12-1　光的反射和折射

$$\frac{\sin i}{\sin r} = \frac{n_2}{n_1} = n_{21}$$

或

$$n_1 \sin i = n_2 \sin r \qquad (12-2)$$

比例系数 n_{21} 称为第二种介质相对于第一种介质的折射率.

2. 光路可逆原理

对于光在两种介质的分界面上的反射和折射,如果光线逆着原来反射线的方向或折射线的方向到界面时就可以逆着原来的入射线方向反射和折射,即当光线的方向返转时,光将循同一路径而逆向传播,这称为光路的可逆原理(reversible optical path principle).

3. 费马原理

光从空间的一点到另一点是沿着光程为最短的路径传播.这是费马(P.de Fermat)于 1657 年首先提出的,称为费马原理(Fermat principle),或称光程最短定律(principle of the least optical path).所谓光程是折射率 n 与几何路程 l 的乘积.因此,费马原理的一般表达式为

$$\int_A^B n dl = 极值 \qquad (12-3)$$

即光线在实际路径上的光程的变分为零.

费马原理比上述实验定律具有更高的概括性,由它可以推导出光的直线传播定律和反射、折射定律.

直线是两点间的最短的线,如果光从均匀介质中的 A 点传播到 B 点,那么光的直线传播定律是费马原理的简单推论.

如图 12-2 所示, A 与 B 是折射率为 n 的均匀介质中的两点,设有一光线 APB 从 A 点经界面反射后射向 B 点,则其光程为

$$l = n \sqrt{a^2 + x^2} + n \sqrt{b^2 + (d-x)^2}$$

根据费马原理,这光程应为极小.所以

$$\frac{dl}{dx} = n \frac{1}{2} \left(a^2 + x^2 \right)^{-1/2} (2x) + n \frac{1}{2} \left[b^2 + (d-x)^2 \right]^{-1/2} 2(d-x)(-1) = 0$$

上式可写成

$$\frac{x}{\sqrt{a^2+x^2}}=\frac{d-x}{\sqrt{b^2+(d-x)^2}}$$

从图上可以看出,上式可写成

$$\sin i=\sin i'$$

即

$$i=i'$$

这就是反射定律.

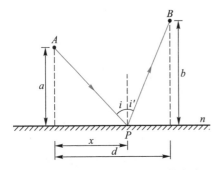

图 12-2　由费马原理推导反射定律

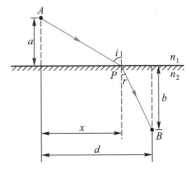

图 12-3　由费马原理推导折射定律

如图 12-3 所示,光线从折射率为 n_1 的介质中的 A 点,经 P 点射到折射率为 n_2 的介质中的 B 点,其光程为

$$l=n_1\sqrt{a^2+x^2}+n_2\sqrt{b^2+(d-x)^2}$$

根据费马原理,光程最小的条件是

$$\frac{\mathrm{d}l}{\mathrm{d}x}=n_1\left(\frac{1}{2}\right)\left(a^2+x^2\right)^{-1/2}(2x)+n_2\left(\frac{1}{2}\right)\left[b^2+(d-x)^2\right]^{-1/2}2(d-x)(-1)=0$$

上式可写成

$$n_1\frac{x}{\sqrt{a^2+x^2}}=n_2\frac{d-x}{\sqrt{b^2+(d-x)^2}}$$

从图上可以看出,上式可改写为

$$n_1\sin i=n_2\sin r$$

这就是折射定律.

二、全反射

光束从折射率大的介质射到折射率小的介质时,折射角大于入射角.当入射角 $i=i_c$ 时,折射角 $r=90°$,因而当入射角 $i\geqslant i_c$ 时,光线就不再折射而全部被反射(图 12-4),这种现象称为

全反射(total reflection),入射角 i_c 称为全反射临界角(critical angle).由折射定律可得

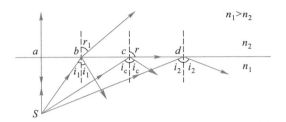

图 12-4 光的全反射

$$i_c = \arcsin \frac{n_2}{n_1}$$

(12-4)

由水到空气的全反射临界角约为 49°,由各种玻璃到空气的临界角在 30°~42°之间.

根据波动理论,光产生全反射时,仍有光波进入第二介质,它沿着两介质的分界面传播,其振幅随离开分界面的距离按指数衰减.一般来说,进入第二介质的深度约为一个波长,人们把这样的波称为隐失波(evanescent wave).进入第二介质的光波的瞬时能流不为零,而平均能流为零.因而,光在全反射时,入射波的能量不是在分界面上全部反射的,而是穿透到第二介质内一定深度后逐渐全部反射的.

全反射的应用很广,光导纤维(optical fiber)就是利用全反射规律使光线沿着弯曲路径传播的光学元件(图 12-5).一般的光导纤维是由直径约几微米的玻璃(或透明塑料)纤维组成,每根纤维分内外两层,内层材料的折射率为 1.8 左右,外层材料的折射率为 1.4 左右.

图 12-5 光导纤维

这样,入射角大于临界角的光线,由于全反射,在两层界面上经历多次反射后从一端传到另一端.

光导纤维已发展成一门新的学科分支——纤维光学,光导纤维可应用于医疗上的内窥镜、光导通讯等领域.

华裔科学家高锟第一个在理论上提出了光纤通讯的可能性,并付诸实施,被誉为"光纤之父",于 2008 年分享了诺贝尔物理学奖.

三、光在平面上的反射和折射

1. 平面镜

从任一发光点 P 发出的光束,经平面镜反射后,其反射光线的反向延长线相交于 P' 点(图 12-6).由于实际光线并没有通过 P' 点,所以 P' 点就是 P 点的虚像(virtual image),它位于镜后,在通过 P 点向平面所作的垂直线上,且

$$P'N = PN$$

即 P' 点与 P 点成镜面对称.

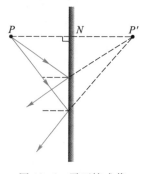

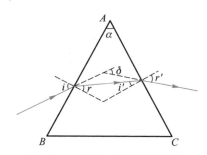

图 12-6 平面镜成像　　　　图 12-7 光在三棱镜内的折射

2. 三棱镜

截面呈三角形的透明棱柱称为三棱镜（prism），与其棱边垂直的平面称为主截面.光线在棱镜主截面内的折射如图 12-7 所示.出射光线与入射光线间的夹角，称为偏向角（angle of deviation），用 δ 表示.从图上可以看出，偏向角 δ 与入射角和折射角 i、i'、r、r' 以及棱镜顶角 α 之间有如下的关系

$$\delta = (i-r) + (r'-i') = (i+r') - (r+i')$$

又　　　　　　　　　　　　　$\alpha = i' + r$

所以　　　　　　　　　　　　$\delta = i + r' - \alpha$

对于给定的棱镜顶角 α，偏向角 δ 随入射角 i 而变化.由实验得知，对于某一 i 值，偏向角有最小值 δ_{min}，称为最小偏向角（angle of minimum deviation）.由计算可以得到，产生最小偏向角的条件是

$$i = r' \quad 或 \quad i' = r$$

由此可得

$$n = \frac{\sin\left(\dfrac{\alpha + \delta_{min}}{2}\right)}{\sin\dfrac{\alpha}{2}} \tag{12-5}$$

在棱镜顶角 α 已知的条件下，通过最小偏向角的测定，可以得到棱镜材料的折射率.

不同波长的光对介质有不同的折射率，这一现象称为色散（dispersion）.一束白光射入棱镜后，由于各种波长的光有不同的折射率，偏向角也不同，从而出射的方向不同，紫光偏折最大，红光偏折最小，形成由紫到红的光谱，如图 12-8 所示.因此棱镜常用于光谱分析.

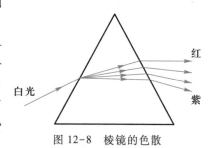

图 12-8 棱镜的色散

四、光在球面上的反射和折射

如图 12-9 所示,AOB 表示球面的一部分,这部分球面的中心点 O 称为顶点,球面的球心 C 称为曲率中心(center of curvature),球面半径称为曲率半径(radius of curvature),以 r 表示. 连接顶点和曲率中心的直线 CO 称为主光轴(principal optical axis).从轴上的一物点 S 发出光线经球面反射后相交于主光轴上 I 点,I 点就是物点 S 的像.从顶点 O 到物点 S 的距离称为物距(object distance),以 p 表示,从顶点 O 到像点 I 的距离称为像距(image distance),以 p' 表示.

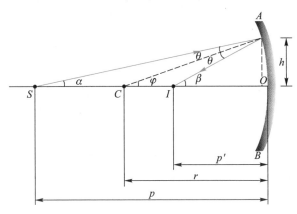

图 12-9　正负号法则的标示

1. 正负号法则

研究球面反射、折射以及薄透镜等成像问题,在应用物像公式时,对于不同的情况,需要考虑各量的正负号.读者注意,各种不同教材或参考书所规定的法则不尽相同.本书作如下的规定,对球面反射和折射以及薄透镜都适用.

（1）以反射(或折射)面为界.将空间分为两个区

A 区：光线发出的区

B 区：光线通过的区

对于反射镜,B 区和 A 区重合;对于折射面和透镜,两区分别在表面的两侧.

（2）由 A 区决定的量：

物距 p：物体在 A 区为正(实物);

　　　　物体在 A 区的对面为负(虚物).

（3）由 B 区决定的量：

像距 p'：像在 B 区为正(实像),

　　　　像在 B 区的对面为负(虚像).

曲率半径 r：曲率中心在 B 区为正,

　　　　曲率中心在 B 区的对面为负.

焦距 f：焦点在 B 区为正,

　　　　焦点在 B 区的对面为负.

2. 球面反射的物像公式

从图 12-10 可以看出

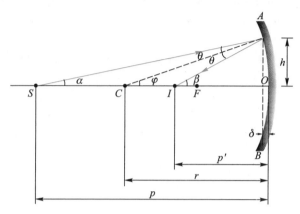

图 12-10　球面反射的物像公式的推导

$$\beta = \varphi + \theta, \quad \varphi = \alpha + \theta$$

从两式消去 θ，得

$$\alpha + \beta = 2\varphi \tag{12-6}$$

又

$$\tan \alpha = \frac{h}{p-\delta}, \quad \tan \beta = \frac{h}{p'-\delta}, \quad \tan \varphi = \frac{h}{r-\delta}$$

当 α、β 很小时,这样的光线与主光轴靠得很近,称为傍轴光线(paraxial ray).在这种情况下

$$\alpha = \frac{h}{p}, \quad \beta = \frac{h}{p'}, \quad \varphi = \frac{h}{r}$$

代入式(12-6)得

$$\frac{1}{p} + \frac{1}{p'} = \frac{2}{r} \tag{12-7}$$

当 $p \to \infty$ 时,$p' = \frac{r}{2}$,即平行主光轴的光束经球面反射后,将在光轴上会聚成一点,如图 12-11(a)所示,该像点称为反射球面的焦点(focus),以 F 表示,从顶点 O 到焦点 F 的距离称为焦距(focal length),以 f 表示.对于凸球面反射的焦点在镜后,如图 12-11(b)所示,这焦点为虚焦点.如果入射光与主光轴成很小的角度,光线将会聚在垂直于主光轴且通过焦点的一个平面上的 F' 点,如图 12-11(c)所示,这个平面称为焦平面(focal plane),由式(12-7)可知

$$f = \frac{r}{2} \tag{12-8}$$

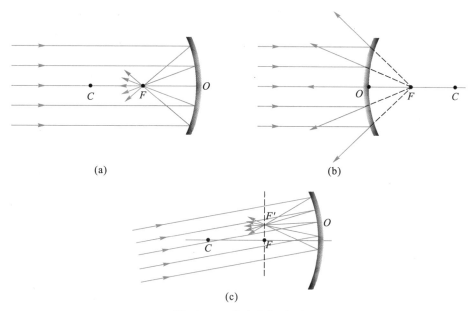

(a)   (b)

(c)

图 12-11 焦点和焦平面

于是式(12-7)可写成

$$\frac{1}{p} + \frac{1}{p'} = \frac{1}{f}$$

(12-9)

式(12-7)和式(12-9)都称为在傍轴光线条件下球面反射的物像公式.这公式虽是用凹面镜导出,但也适用于凸面镜,不过需注意正负号法则.

物距为 p、高为 h 的物 SS',经球面反射后成像,像距为 p',像高为 h'(图 12-12).像高与物高之比定义为横向放大率(lateral magnification).根据 $\triangle SOS'$ 和 $\triangle IOI'$ 相似,可得放大率的大小

$$|m| = \frac{|II'|}{|SS'|} = \frac{|p'|}{|p|}$$

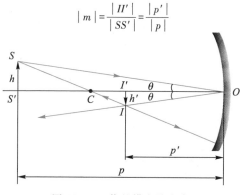

图 12-12 像的横向放大率

为了能表达像的正倒,把上式改写为

$$m = -\frac{p'}{p} \tag{12-10}$$

如果计算所得 m 是正值,表示像是正立的;m 是负值,表示像是倒立的.$|m|>1$ 表示像是放大的,$|m|<1$ 表示像是缩小的.

3. 作图法

作图法可以直观地了解系统成像的位置、大小和虚实情况.作图法还能发现在应用物像公式计算时所发生正负号选择错误或运算错误.作图时可选择下列三条特殊光线.

(1) 平行于主光轴的光线　它的反射线必通过焦点(凹球面)或其反射线的延长线通过焦点(凸球面).

(2) 通过曲率中心的光线　它的反射线和入射线是同一条直线而方向相反.

(3) 通过焦点的光线或入射光的延长线通过焦点的光线　它的反射线平行于主光轴.

作图时任意选取两条光线就可以得到物像关系.图 12-13 画出了不同位置的物体经球面反射时的光路图,并注明了三条特殊光线.从图中可以看出,凸面镜总是成虚像,而且是正立的、缩小的.对于凹面镜,像一般是倒立的实像,只有当 $p<f$ 时,才成正立的虚像.

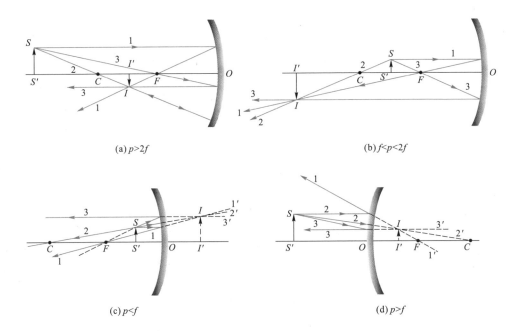

(a) $p>2f$

(b) $f<p<2f$

(c) $p<f$

(d) $p>f$

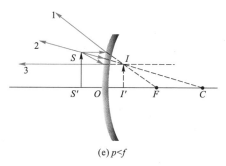

(e) $p < f$

图 12-13 反射球面的光路图

例题 12-1

一曲率半径为 20.0 cm 的凸面镜(如图 12-14),产生一大小为物体 1/4 的像,求物体与像间的距离.

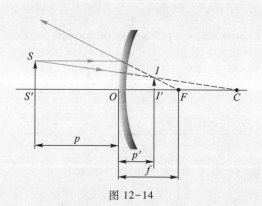

图 12-14

解 由式(12-8)得 $f = \dfrac{R}{2} = \dfrac{-20.0}{2}$ cm $= -10.0$ cm(因为凸面镜的 A 区和 B 区重合,而凸面镜的焦距在 B 区的对面,所以取负值),$m = \dfrac{1}{4}$(因为像是正立的,故 m 为正值)根据.

$$\frac{1}{p} + \frac{1}{p'} = \frac{1}{f}$$

$$m = -\frac{p'}{p} = \frac{1}{4}$$

消去 p',可得

$$p = f\left(1 - \frac{1}{m}\right) = 30.0 \text{ cm}$$

$$p' = -pm = -7.5 \text{ cm}$$

（像距的负号表示像是虚像,在物体的另一区）所以物体和像间的距离

$$l = p - p' = 37.5 \text{ cm}$$

4. 光在球面上的折射

如图 12-15 所示,AOB 为折射率分别为 n_1 和 n_2 两种介质的球面界面,设 $n_2 > n_1$.光线从物点 S 发出,经球面折射后与主光轴相交于 I 点,则 I 点为像点.由三角形 SAC 和 IAC 有

$$\theta_1 = \alpha + \varphi, \quad \varphi = \theta_2 + \beta$$

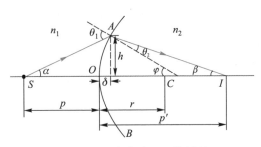

图 12-15　光在球面上的折射

根据折射定律

$$n_1 \sin \theta_1 = n_2 \sin \theta_2$$

考虑傍轴光线,α、β、φ、θ_1、θ_2 都很小,有

$$n_1 \theta_1 = n_2 \theta_2$$

将 θ_1 和 θ_2 代入上式得

$$n_1 \alpha + n_2 \beta = (n_2 - n_1) \varphi$$

在傍轴光线条件下

$$\alpha \approx \tan \alpha \approx \frac{h}{p}, \beta \approx \tan \beta \approx \frac{h}{p'}, \varphi \approx \tan \varphi \approx \frac{h}{r}$$

于是可得

$$\boxed{\frac{n_1}{p} + \frac{n_2}{p'} = \frac{n_2 - n_1}{r}} \tag{12-11}$$

这就是在傍轴光线条件下球面折射的物像公式.

折射球面的横向放大率（推导从略）为

$$\boxed{m = \frac{n_1 p'}{n_2 p}} \tag{12-12}$$

式(12-11)和式(12-12)虽是用凸折射球面导出的,同样适用于凹折射球面,但需注意

正负号法则.

如果平行于主光轴的入射光线,经球面折射后,与主光轴的交点称为像方焦点,以 F' 表示.从球面顶点到像方焦点的距离称为像方焦距,以 f' 表示(图 12-16).由式(12-11)可知,当 $p=-\infty$ 时,即得

$$f'=\frac{n_2}{n_2-n_1}r \qquad (12\text{-}13\mathrm{a})$$

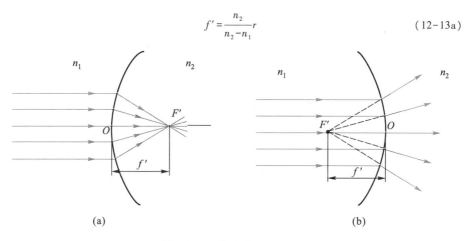

图 12-16 像方焦点和焦距

如果把物点放在主轴上某一点时,发出的光经球面折射后将产生平行于主轴的平行光束,这一物点所在点称为物方焦点(focus of object space),以 F 表示.从球面顶点到物方焦点的距离称为物方焦距(focus of image space),以 f 表示(图 12-17).由式(12-11)可知,当 $p'=\infty$ 时,即得

$$f=\frac{n_1}{n_2-n_1}r \qquad (12\text{-}13\mathrm{b})$$

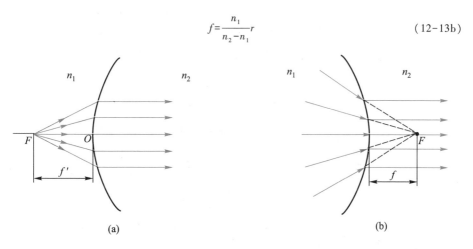

图 12-17 物方焦点和焦距

从式[12-13(a)]和式[12-13(b)]可知,f 和 f' 之间的关系为

$$\frac{f'}{f}=\frac{n_2}{n_1} \tag{12-14}$$

即物像两方焦距之比等于两方介质折射率之比.由于 n_1 和 n_2 永远不相等.所以 $f\neq f'$.

5. 共轴球面系统成像

多个单球面组成的共轴球面系统,其物像关系可以对每一个球面逐次用成像公式计算.但需注意,第一个球面所成的像将作为第二个球面的物,依次类推.对于每一个球面应用物像公式时,都要重新考虑各量的正负号法则.特别要注意这样的情况,光从前一个球面出射后是会聚的,应该是实像,但光束尚未到达会聚点时,就遇到下一个球面,如图 12-18 中的第四个球面,这种会聚光对下一个球面来说,就是入射光束,故仍应将这个实像看成是物,这物称为虚物(virtual object).例如图中的 P_3 点对球面 4 来说就是虚物.对于虚物,其物距应取负值.

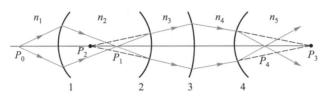

图 12-18　共轭球面系统成像

共轴球面系统的横向放大率等于各个球面放大率的乘积,即

$$m=m_1 m_2 m_3 \cdots \tag{12-15}$$

例题 12-2

一个折射率为 1.6 的玻璃圆柱,长 20 cm,两端为半球面,曲率半径为 2 cm,如图 12-19 所示.若在离圆柱一端 5 cm 处的轴上有一光点,试求像的位置和性质.

解　设光点在圆柱的左端,对于圆柱左端的折射面相当于凸球面.根据正负号法则有:
$p_1=5$ cm,$r_1=2$ cm,并且 $n_1=1.0$,$n_2=1.6$

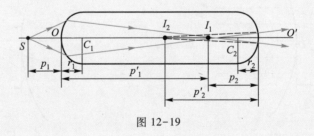

图 12-19

代入式(12-11)可得

$$\frac{1.0}{5\text{ cm}}+\frac{1.6}{p_1'}=\frac{1.6-1.0}{2\text{ cm}}$$

$$p_1' = 16 \text{ cm}$$

因为 p_1' 是正的,像和物在折射球面的两侧,所以 I_1 点是实像.

对于圆柱右端的折射面相当于凹球面,左端折射面所成的像点 I_1 对右端折射面来说,则为物点.根据正负号法则有:$p_2 = (20-16) = 4 \text{ cm}$,$r_2 = -2 \text{ cm}$,$n_1' = n_2 = 1.6$,$n_2' = n_1 = 1.0$,代入式(12-11)可得

$$\frac{1.6}{4 \text{ cm}} + \frac{1.0}{p_2'} = \frac{1.0-1.6}{-2 \text{ cm}}$$

$$p_2' = -10 \text{ cm}$$

p_2' 为负值,表示最后成像于右侧折射面的左侧,即在圆柱内,且为虚像.

例题 12-3

一玻璃圆球,半径为 10 cm,折射率为 1.50,放在空气中,沿直径的轴上有一物点,离球面距离为 100 cm(图 12-20).求像的位置.

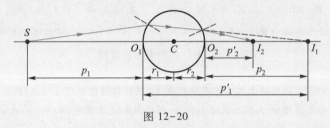

图 12-20

解　因物点在球的左侧,则根据正负号法则有

$$p_1 = 100 \text{ cm}, \quad r = 10 \text{ cm}, \quad n_1 = 1.0, \quad n_2 = 1.50$$

代入式(12-11)得

$$\frac{1.0}{100 \text{ cm}} + \frac{1.50}{p_1'} = \frac{1.50-1.0}{10 \text{ cm}}$$

$$p_1' = 37.5 \text{ cm}$$

对右侧球面来说,像点 I_1 为虚物,根据正负号法则有

$$p_2 = -(37.5-20) = -17.5 \text{ cm}, \quad r_2 = -10 \text{ cm}, \quad n_1' = 1.50, \quad n_2' = 1.0$$

代入式(12-11)得

$$\frac{1.50}{-17.5 \text{ cm}} + \frac{1.0}{p_2'} = \frac{1.0-1.50}{-10 \text{ cm}}$$

$$p_2' = 7.35 \text{ cm}$$

最后成像处距物点的距离为

$$l = p_1 + 2r + p_2' = 127.35 \text{ cm}$$

五、薄透镜

由两个折射曲面为界面组成的透明光具组称为透镜(lens),其中透明材料通常是玻璃.最常用的透镜界面是球面,也有一个界面是球面,另一个界面是平面,中央部分比边缘部分厚的透镜,都称为凸透镜(convex lens),也称会聚透镜(convergent lens).凸透镜从它们截面的形状来分,可分双凸透镜(biconvex lens)、平凸透镜(plane-convex lens)和凹凸透镜(convergent meniscus)三种[图 12-21(a)].中央部分比边缘部分薄的透镜,称为凹透镜(concave lens),也称发散透镜(divergent lens),它们也可分为双凹透镜(biconcave lens)、平凹透镜(plane-concave lens)和凸凹透镜(divergent meniscus)三种[图 12-21(b)].

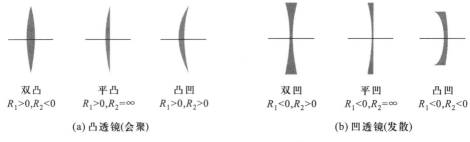

双凸	平凸	凸凹	双凹	平凹	凸凹
$R_1>0,R_2<0$	$R_1>0,R_2=\infty$	$R_1>0,R_2>0$	$R_1<0,R_2>0$	$R_1<0,R_2=\infty$	$R_1<0,R_2<0$

(a) 凸透镜(会聚)　　　　　　　　　(b) 凹透镜(发散)

图 12-21　各种形状的透镜

如果透镜的厚度比两球面的曲率半径小得多,这样的透镜叫做薄透镜(thin lens).现在一般所用的透镜都是薄透镜.为作图简便起见.分别用图 12-22 中的(a)和(b)表示薄凸透镜和薄凹透镜.

1. 傍轴光线条件下的薄透镜物像公式

在薄透镜中,两球面的主光轴重合,两顶点 O_1 和 O_2 可视为重合在一点 O,称为薄透镜的光心(optical center).

如图 12-23 所示,设轴上一物点 S 离薄透镜光心 O 的距离为 p_1,对第一折射面,应用球面折射公式有

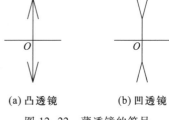

(a) 凸透镜　　　(b) 凹透镜

图 12-22　薄透镜的符号

$$\frac{n_1}{p_1}+\frac{n}{p_1'}=\frac{n-n_1}{r_1}$$

式中 n 为透镜材料的折射率.对第二折射球面.

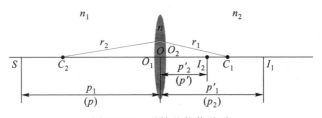

图 12-23　透镜的物像关系

$$\frac{n}{p_2} + \frac{n_2}{p_2'} = \frac{n_2 - n}{r_2}$$

由于第一折射球面所成的像就是第二折射球面的物,所以 $p_2 = p_1'$. 将以上两式相加并代入上述关系,得

$$\frac{n_1}{p_1} + \frac{n_2}{p_2'} = \frac{n - n_1}{r_1} + \frac{n_2 - n}{r_2}$$

若以 p 表示物对薄透镜的物距,即 $p_1 = p$;以 p' 表示像对薄透镜的像距,即 $p_2' = p'$,于是上式可写成

$$\frac{n_1}{p} + \frac{n_2}{p'} = \frac{n - n_1}{r_1} + \frac{n_2 - n}{r_2} \tag{12-16}$$

这就是在傍轴条件下薄透镜物像公式的一般形式.

同样,当 $p \to \infty$,平行光束将会聚在像方焦点 F'(图 12-24),其像方焦距为

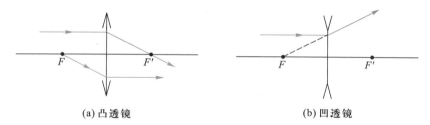

(a) 凸透镜　　　　　　　　(b) 凹透镜

图 12-24　薄透镜的焦点

$$f' = \frac{n_2}{\dfrac{n - n_1}{r_1} + \dfrac{n_2 - n}{r_2}} \tag{12-17a}$$

当 $p' \to \infty$,则物点所在点为物方焦点 F,其物方焦距为

$$f' = \frac{n_1}{\dfrac{n - n_1}{r_1} + \dfrac{n_2 - n}{r_2}} \tag{12-17b}$$

若薄透镜处于空气中,则 $n_1 = n_2 = 1$,可得焦距

$$f = f' = \frac{1}{(n-1)\left(\dfrac{1}{r_1} - \dfrac{1}{r_2}\right)} \tag{12-18}$$

上式给出薄透镜焦距与折射率、曲率半径的关系,称为磨镜者公式.薄透镜的物像公式可进一步写成

$$\frac{1}{p} + \frac{1}{p'} = (n-1)\left(\frac{1}{r_1} - \frac{1}{r_2}\right) \tag{12-19a}$$

$$\frac{1}{p} + \frac{1}{p'} = \frac{1}{f} \tag{12-19b}$$

这就是薄透镜在空气中的物像公式.

薄透镜的放大率

$$m = m_1 m_2 = -\frac{p'}{p}$$

如同球面镜一样,若 m 为正,则为直立的像;若 m 为负,则为倒像.

薄透镜焦距的倒数通常称为透镜的光焦度(vergence),它的单位是屈光度(diopter,记作 D,这是非法定计量单位,$1\ D = 1\ m^{-1}$).若透镜焦距以 m 为单位,其倒数的单位便是 D,例如 $f = 50\ cm$ 的凹透镜的光焦度 $P = \dfrac{1}{0.500} = 2.00\ D$.应该注意,通常眼镜的度数,是屈光度的 100 倍.例如上述的透镜就是 200 度.

2. 薄透镜成像的作图法

在薄透镜的情形里,作图时可选择下列三条光线:

(1) 平行于光轴的光线,经透镜后通过像方焦点 F'.

(2) 通过物方焦点 F 的光线,经透镜后平行于光轴.

(3) 若物像两方折射率相等,通过光心 O 的光线经透镜后方向不变.

从以上三条光线中任选两条作图,出射线的交点即为像点 I.

图 12-25 画出了透镜成像的部分光路图.

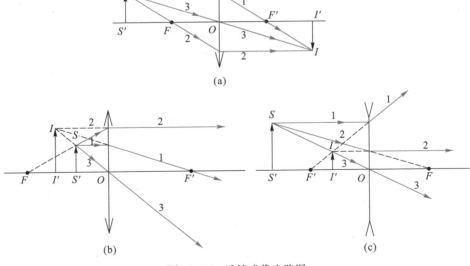

图 12-25　透镜成像光路图

例题 12-4

一会聚透镜,其两表面的曲率半径 $r_1 = 80$ cm, $r_2 = 36$ cm,玻璃的折射率 $n = 1.63$.一高为 2.0 cm 的物体放在透镜的左侧 15 cm 处,求像的位置及其大小.

解　先求透镜的焦距,根据式(12-18)及正负号法则,第一表面的曲率半径是正的,第二表面的曲率半径是负的,即 $r_1 = 80$ cm, $r_2 = -36$ cm.

$$\frac{1}{f} = (n-1)\left(\frac{1}{r_1} - \frac{1}{r_2}\right) = (1.63-1) \times \left(\frac{1}{80} - \frac{1}{-36}\right) = 0.025$$

物距是正的,即 $p = 15$ cm,代入透镜成像公式

$$\frac{1}{15 \text{ cm}} + \frac{1}{p'} = \frac{1}{f} = 0.025 \text{ cm}^{-1}$$

$$p' = -24 \text{ cm}$$

负号表示像是在光源同一侧的虚像.放大倍数

$$m = -\frac{p'}{p} = 1.6$$

像高

$$h' = mh = 3.2 \text{ cm}$$

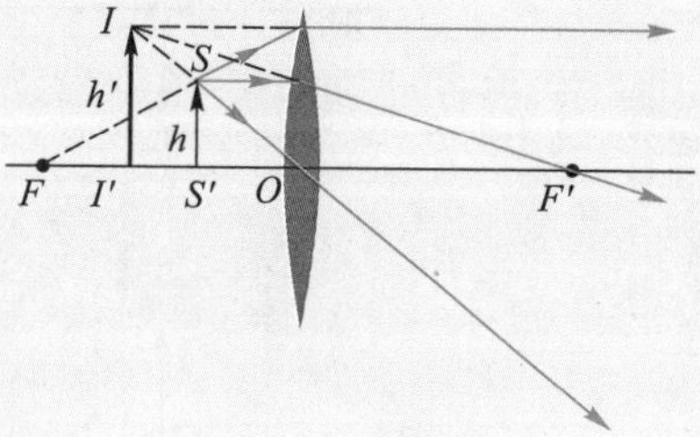

图 12-26

放大倍数正值表示像是正立的.图 12-26 表示成像的光路.

例题 12-5

如图 12-27(a)所示,透镜 1 是一会聚透镜,焦距为 22 cm,一物体放在其左侧 32 cm 处.透镜 2 是一发散透镜,焦距为 57 cm,位于透镜 1 的右侧 41 cm 处.求最后成像的位置并讨论像的性质.

解　先求透镜 1 所成的像,根据正负号法则, $p_1 = 32$ cm, $f_1 = 22$ cm,代入透镜的物像公式,得

$$\frac{1}{32 \text{ cm}} + \frac{1}{p_1'} = \frac{1}{22 \text{ cm}}$$

$$p_1' = 70 \text{ cm}$$

透镜 1 所成的实像.由于透镜 2 的存在,并不真实形成.

对于透镜 2, $f_2 = -57$ cm,透镜 1 所成的像就是透镜 2 的物,位于透镜 2 的右侧(70 - 41) cm = 29 cm 处,此物位于光线通过的 B 区,故为虚物,物距 $p_2 = -29$ cm 代入透镜的物像公式得

$$\frac{1}{-29 \text{ cm}} + \frac{1}{p_2'} = \frac{1}{-57 \text{ cm}}$$

$$p_2' = 59 \text{ cm}$$

最后的像位于透镜 2 的右侧 59 cm 处.

　　放大倍数

$$m = m_1 m_2 = \left(-\frac{p'_1}{p_1}\right)\left(-\frac{p'_2}{p_2}\right) = -4.5$$

最后的像是倒像,是物体大小的 4.5 倍.图 12-27(b)为成像的光路图.

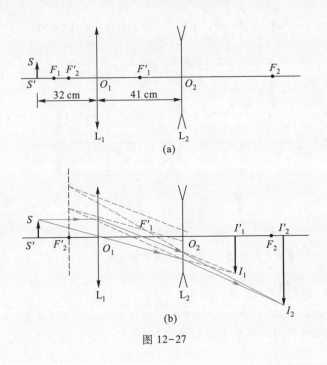

图 12-27

六、光学仪器

　　利用几何光学原理制造的各类成像光学仪器,其中主要有望远镜、显微镜、照相机等.由于任何光学仪器都是人眼功能的扩展,因而有必要了解一下人眼的构造.

　　## 1. 眼睛

　　人眼的结构非常复杂,图 12-28(a)为人眼的水平剖面图.为了讨论问题简便,常把人眼简化为一个单球系统,如图 12-28(b)所示,其中主要部分是晶状体(crystalline lens),它的曲率通过睫状肌来调节.正常视力的眼睛,当睫状肌完全松弛的时候,无穷远处的物体成像在视网膜上[图 12-29(a)].为了观察较近的物体,睫状肌压缩晶状体,使它的曲率增大,焦距缩短,因而眼睛有调焦的能力.眼睛睫状肌完全松弛和最紧张时所能清楚看到的点,分别称为调焦范围的远点(far point)和近点(near point).一般人

视频:眼睛——成像

眼对 25 cm 处的物体看得清楚而又不感到疲劳,因而定义 25 cm 为人眼的**明视距离**(distance of distinct vision).患有近视眼的人,当睫状肌完全松弛时,无穷远处的物体成像在视网膜之前,它的远点在有限远的位置.矫正的方法是戴凹透镜的眼镜,凹透镜的作用是将无限远处的物体先成一虚像,在近视眼的远点处,然后由晶状体成像在视网膜上[图 12-29(b)].患有远视眼的人,无穷远处的物体成像在视网膜之后,它的近点一般离眼较远.矫正的方法是戴凸透镜的眼镜.凸透镜的作用是近点以内一定范围的物体先成一虚像在近点处,然后由晶状体成像在视网膜上.

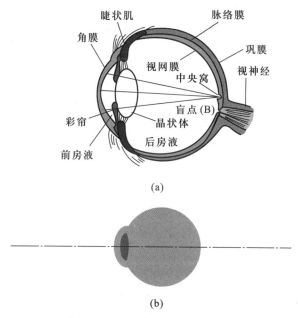

(a)

(b)

图 12-28 眼睛的结构和简化眼

物体在视网膜上成像的大小,正比于它对眼睛所张的角度——**视角**(visual angle).所以物体愈近,它在视网膜上的像也就愈大,愈容易分辨它的细节.但是在到达明视距离后,再前移,视角虽增大,但眼睛看起来可能费力,甚至看不清.

2. 放大镜

最简单的放大镜是一个焦距很短的会聚透镜,$f \leqslant l_0$(明视距离).物体 PQ 放在明视距离处,眼睛直接观察时,视角 θ_0[图 12-30(b)]近似等于

$$\theta_0 \approx \frac{h}{l_0}$$

式中 h 为物体的长度.使用放大镜时,物体放在薄透镜和物方焦点之间而靠近焦点处,则在明视距离附近成一正立、放大的虚像,此放大虚像对眼所张的视角 θ[图 12-30(a)]近似等于

$$\theta \approx \frac{h}{f}$$

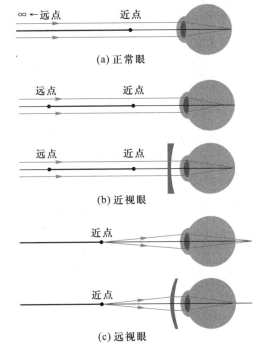

(a) 正常眼

(b) 近视眼

(c) 远视眼

图 12-29　眼睛的缺陷与矫正

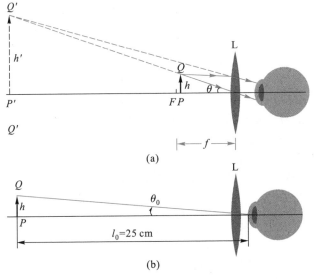

(a)

(b)

图 12-30　放大镜光路图

由于放大镜的作用是放大视角,所以引入视角放大率 M(viewing angle magnification)的概念以区别于像的横向放大率,它定义为

$$M = \frac{\theta}{\theta_0} = \frac{l_0}{f} = \frac{25\ (\text{cm})}{f} \tag{12-20}$$

从上式可知,f 愈小,放大镜的视角放大率 M 愈大.实际上 f 太小时,球面的曲率太大,眼睛所能观察的范围(视场)很小,观察不方便,并且曲率愈大,透镜的像差现象也愈显著.所以一般情况放大镜的放大率只有几倍.如果要获得更高的放大倍数,则需要采用复合透镜.显微镜和望远镜中的目镜,就是复合透镜组合的放大镜.

3. 显微镜

显微镜的原理光路如图 12-31 所示,物镜 L_0 和目镜 L_E 是两个短焦距的会聚透镜,物体放在物镜的物方焦点外侧附近,其所成的像位于目镜的物方焦点邻近并靠近目镜一侧,通过目镜最后成一放大倒立的虚像.

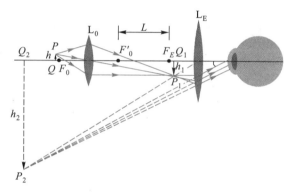

图 12-31　显微镜光路图

显微镜的放大率(视角放大率)可分为两部分,对于物镜,其放大率为

$$M_1 = \frac{L}{f_0}$$

式中 L 为物镜的像方焦点与目镜的物方焦点之间的距离,常称为显微镜的光学筒长(optical tube length),f_0 为物镜的焦距.对于目镜,其放大率为

$$M_2 = \frac{l_0}{f_E}$$

显微镜的放大率为两者的乘积,即

$$M = M_1 M_2 = \frac{l_0 L}{f_0 f_E} \tag{12-21}$$

上式表明,物镜和目镜的焦距愈短,光学筒长愈长,显微镜的放大倍数愈高.为此,在显微镜的物镜和目镜上分别刻上"10×"、"20×"等字样,以便我们由其乘积得知所用显微镜的放大倍数.

4. 望远镜

望远镜的原理光路如图 12-32 所示.从远处物体上一点射出的平行光束经物镜成像于 Q 点,此点同时也在目镜的物方焦平面上,所以 Q 点发出的光线经目镜后又成为平行光束.眼睛靠近目镜,接收目镜出射的平行光并将其成像于视网膜上.

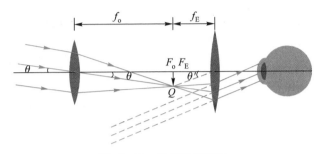

图 12-32　望远镜光路图

望远镜的放大率定义为最后像对目镜所张的视角 θ' 与物体本身对目镜所张视角 θ 之比,即

$$M = \frac{\theta'}{\theta} = \frac{f_0}{f_E} \tag{12-22}$$

由此可见,望远镜的放大率与物镜的焦距 f_0 成正比,与目镜的焦距 f_E 成反比.一般民用望远镜的物镜直径不大于 25 mm,其放大率为 10 倍左右.哈勃望远镜的物镜直径为 5 m,其放大率可达 2 000 倍以上.

复习思考题 >>>

12-1-1　试举例说明在日常生活中所观察到的全反射现象.

12-1-2　汽车的后视镜的结构如何? 所成的像有何特点?

12-1-3　试在表中填写球面反射镜成像的特征.对于凸面镜,作类似的分析.

12-1-4　试列表分析薄透镜(凸透镜和凹透镜)成像的特征.

凹　面　镜

物　体	像			
位　置	类型(虚、实)	位　置	方位(倒立、正立)	放大缩小
$\infty > p > 2f$				
$p = 2f$				
$f < p < 2f$				
$p = f$				
$0 < p < f$				
$-\infty < p < 0$				

§12-2 相干光 》》

一、普通光源的发光机理

一般普通光源(指非激光光源)发光的机理是处于激发态的原子(或分子)的自发辐射,即光源中的原子(或分子)吸收了外界能量而处于激发态,这些激发态是极不稳定的,它会自发地回到低能量的激发态或基态,在这过程中,原子向外发射电磁波(光波).每个原子的发光是间歇的.一个原子经一次发光后,只有在重新获得足够能量后才会再次发光.每次发光的持续时间极短,约为 10^{-8} s.可见原子发射的光波是一段频率一定、振动方向一定、有限长的光波,通常称为光波列(图 12-33).同一原子在不同时刻所发出的波列之间振动方向和相位也各不相同.在普通光源中,大量原子在发光,各个原子的激发和辐射参差不齐,而且彼此之间没有联系,是一种随机过程,因而不同原子在同一时刻所发出的波列在频率、振动方向和相位上各自独立,可见,普通光源中原子发光,可谓此起彼伏、瞬息万变.

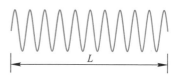

图 12-33 光波波列

二、单色光

可见光是波长在 $400 \sim 760$ nm 亦即频率在 $4.3 \times 10^{14} \sim 7.5 \times 10^{14}$ Hz 之间的电磁波.具有单一频率的光波称为单色光(monochromatic light),严格的单色光是不存在的.任何光源所发出的光波都有一定的频率(或波长)范围,在此范围内,各种频率(或波长)所对应的强度是不同的,以波长(或频率)为横坐标,强度为纵坐标,可以直观地表示出这种强度与波长间的关系,称为光谱曲线(或称谱线 spectrum),如图 12-34 所示,谱线所对应的波长范围越窄,则称光的单色性越好.设谱线中心处的波长为 λ,强度为 I_0,通常用最大强度的一半所包围的波长范围 $\Delta\lambda$ 当作谱线宽度(line width),它是标志谱线单色性好坏的物理量.

普通单色光源,如钠光灯、镉灯、汞灯等,谱线宽度的数量级为 $0.1 \sim 10^{-3}$ nm,激光的谱线宽度只

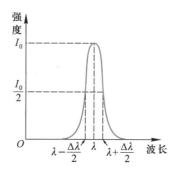

图 12-34 谱线及其宽度

有 10^{-9} nm,甚至更小.

三、相干光

在讨论机械波时已经指出,两列波相遇发生干涉现象的条件是:振动频率相同、振动方向相同和相位差恒定.在光学中,满足这些条件的光波称为相干波.实验表明从两个独立的同频率的单色普通光源(如钠光灯)发出的光相遇,甚至同一光源上的两处发出的光波相遇,都不能得到干涉图样.这是因为普通光源发光机理的复杂性所致,我们知道,普通光源发出的光是由光源中各个分子或原子发出的波列组成的,而这些波列之间没有固定的相位联系.不同原子发出的波列之间的相位不仅不固定,而且随时间作无规则的快速变化.两波列叠加的结果,不能形成稳定的图像,因而观测不到干涉现象.因此只有从同一光源的同一部分发出的光,通过某些装置进行分束后,才能获得符合相干条件的相干光.

由于激光的问世,使光源的相干性大大提高,快速光电接收器件的出现,又使接收器的响应时间由 0.1 s 缩短到小于 10^{-8} s(与原子发光的持续时间同数量级).因此就可以看到比过去短暂得多的干涉现象,甚至能实现两个独立光源的干涉实验.1963 年玛格亚(G.Magyar)和曼德(L.Mander)用响应时间 $10^{-8} \sim 10^{-9}$ s 的开关式像增强管拍摄了两个独立的红宝石激光器发出的激光的干涉条纹,可目视分辨的干涉条纹有 23 条.

四、相干光的获得方法

获得相干光的方法的基本原理是把由光源上同一点发出的光设法"一分为二",经过不同的路径后,再使这两部分叠加起来,由于这两部分光的相应部分实际上都来自同一发光原子的同一次发光,即每一个光波列都分成两个频率相同、振动方向相同、相位差恒定的波列,因而这两部分光是满足相干条件的相干光.把同一光源发出的光分成两部分的方法有两种:一种叫分波阵面法(division of wavefront method).由于同一波阵面上各点的振动具有相同相位,所以从同一波阵面上取出的两部分可以作为相干光源.如杨氏双缝实验等就用了这种方法.另一种叫分振幅法(division of amplitude method).就是当一束光投射到两种介质的分界面上时,一部分反射、一部分透射,随着光能被分成两部分或若干份,光的振幅也同时被分成几份,例如薄膜干涉实验就用了这种方法.

*五、光源的相干长度

实验发现,即使两光波满足相干条件,有时也观察不到干涉现象.我们知道,普通光源发光的微观过程是间歇的,每个原子的持续发光时间是有限的,这就决定了光源发射的每个波列有一定的长度.当光波在干涉装置中分成两束光时,每个波列都被分成两部分,如图 12-35

中的 a_1、a_2、b_1、b_2 等.若两光路的波程差不太大时,由同一波列分解出来的两波列如 a_1 和 a_2、b_1 和 b_2 等可能相遇叠加,这时能够发生干涉[图 12-35(a)].若两光路的波程差太大,由同一波列分解出来的两波列不能叠加,而相互叠加的可能是由前后两波列分解出来的波列(譬如说 b_1 和 a_2),这时就不能发生干涉[图 12-35(b)].这就是说,两光路之间的波程差超过了波列长度时,就不再发生干涉,因此最大波程差 δ_{max} 称为相干长度(coherent length),根据理论计算,相干长度

$$L = \frac{\lambda^2}{\Delta\lambda} \tag{12-23}$$

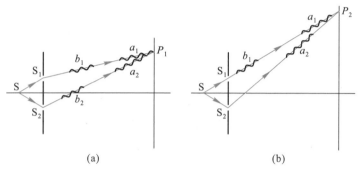

图 12-35 说明相干长度用图

上式表明最大波程差与谱线宽度成反比,光源的单色性越好,则产生干涉条纹的最大波程差越大,即光源的相干长度越大.

复习思考题 》》》

12-2-1 为什么两个独立的同频率的普通光源发出的光波叠加时不能得到光的干涉图样?

12-2-2 获得相干光的方法有哪些?根据何在?

12-2-3 什么是相干长度?它的物理意义是什么?它和谱线宽度有何关系?

§12-3 双缝干涉 》

一、杨氏双缝实验

杨(T.Young)在 1801 年首先用实验方法研究了光的干涉现象.他是让太阳光通过一针孔,再通过离这针孔一段距离的两个针孔,在两针孔后面的屏幕上得到干涉图样.继而发现,用相互平行的狭缝代替针孔,得到明亮得多的干涉条纹.

这些干涉实验统称为杨氏实验.他测得太阳光的波长为 570 nm.杨氏干涉实验的成功,为光的波动理论确定了实验基础.

　　杨氏双缝实验的装置如图 12-36(a)所示.在普通单色光源后放一狭缝 S,相当于一个线光源,S 后又放有与 S 平行而且等距离的两平行狭缝 S_1 和 S_2,两缝之间的距离很小,这时 S_1 和 S_2 构成一对相干光源,从 S_1 和 S_2 发出的光波在空间叠加,产生干涉现象.如果在双缝后放置一屏幕,将出现一系列稳定的明暗相间的条纹,称为干涉条纹.这些条纹都与狭缝平行,条纹间的距离彼此相等[图 12-36(b)].

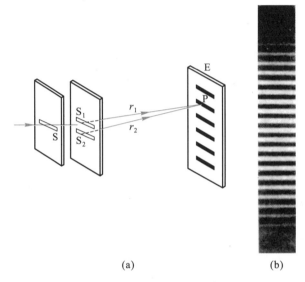

(a)　　　　　　　　　　　(b)

图 12-36　杨氏双缝干涉

　　在这实验中,由光源 S 发出的光的波阵面同时到达 S_1 和 S_2,通过 S_1 和 S_2 将发生衍射现象,S_1 和 S_2 就成为两个新的波源,这两个新波源发出的光满足相干光的条件.由于相干波源 S_1 和 S_2 是从 S 发出的波阵面上取出的两部分,所以把这种获得相干光的方法称为分波阵面法.

二、干涉明暗条纹的位置

　　现在对屏幕上干涉条纹的位置作定量的分析.如图 12-37 所示,设相干光源 S_1 与 S_2 之间的距离为 d,其中点为 M,到屏幕 E 的距离为 D.在屏幕上任取一点 P,P 距 S_1 与 S_2 的距离分别为 r_1 与 r_2.从 S_1 与 S_2 所发出的光,到达 P 点处的波程差是:

$$\delta = r_2 - r_1$$

设 P 点到屏幕上对称中心 O 点的距离为 x，θ 是 PM 和 MO 间的夹角（MO 为过 M 且垂直于屏幕 E 的直线），即 P 的角位置（见图 12-37）．为了能看到干涉条纹，在通常观测的情况，$D\gg d$，$D\gg x$，即 θ 角很小，$\sin\theta\approx\tan\theta$，所以

$$\delta = r_2 - r_1 \approx d\sin\theta \approx d\tan\theta = \frac{xd}{D}$$

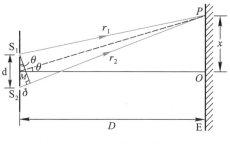

图 12-37　干涉条纹计算用图

从波动理论可知：

如果 $\delta = \dfrac{xd}{D} = \pm k\lambda$，$P$ 点处为明纹，即各级明纹中心离 O 点距离为

$$x = \pm k\frac{D\lambda}{d} \qquad k = 0,1,2,\cdots \qquad (12\text{-}24a)$$

相应于 $k=0$ 的明纹称为零级明纹或中央明纹．相应于 $k=1$，$k=2$，$\cdots$ 的明纹称为第一级、第二级、$\cdots\cdots$明纹．

如果 $\delta = \dfrac{xd}{D} = \pm(2k+1)\dfrac{\lambda}{2}$，$P$ 点处为暗纹，即各级暗纹中心离 O 点距离为

$$x = \pm(2k+1)\frac{D\lambda}{2d} \qquad k = 0,1,2,\cdots \qquad (12\text{-}24b)$$

两相邻明纹或暗纹的间距都是 $\Delta x = \dfrac{D\lambda}{d}$，所以干涉条纹是等距离分布的．

三、干涉条纹的强度分布

如同讨论机械波的干涉一样，可参看式（11-38），得两光波相干叠加后的强度为

$$I = 4I_0\cos^2\frac{\Delta\phi}{2}$$

式中 I_0 为每个波分别照射时的光强, $\Delta\phi = \dfrac{2\pi\delta}{\lambda} = \dfrac{2\pi d}{\lambda}\sin\theta$, 由此可知, 在两光波相位差为 $\Delta\phi = 2k\pi$, 即波程差 $\delta = \pm k\lambda$ ($k = 0, 1, 2, \cdots$) 处, 光强 $I = 4I_0$, 是出现光强最大的位置. 而对应于相位差 $\Delta\phi = (2k+1)\pi$, 即波程差 $\delta = \pm\left(k+\dfrac{1}{2}\right)\lambda$, ($k = 0, 1, 2, \cdots$) 处, 光强 $I = 0$, 是光强最小的位置. 这正是前面推导的明暗条纹中心位置所对应的结果.

例题 12-6

在杨氏双缝实验中, 屏与双缝间的距离 $D = 1$ m, 用钠光灯作单色光源 ($\lambda = 598.3$ nm), 问 (1) $d = 2$ mm 和 $d = 10$ mm 两种情况下, 相邻明纹间距各为多大? (2) 如肉眼仅能分辨两条纹的间距为 0.15 mm, 现用肉眼观察干涉条纹, 问双缝的最大间距是多少?

解 (1) 相邻两明纹间的距离为

$$\Delta x = \frac{D\lambda}{d}$$

当 $d = 2$ mm 时

$$\Delta x = \frac{1 \times 589.3 \times 10^{-9}}{2 \times 10^{-3}} \text{ m} = 0.295 \text{ mm}$$

当 $d = 10$ mm 时

$$\Delta x = \frac{1 \times 589.3 \times 10^{-9}}{10 \times 10^{-3}} \text{ m} = 0.059 \text{ mm}$$

(2) 如 $\Delta x = 0.15$ mm,

$$d = \frac{D\lambda}{\Delta x} = \frac{1 \times 589.3 \times 10^{-9}}{0.15 \times 10^{-3}} \text{ m} \approx 4 \text{ mm}$$

这表明, 在这样的条件下, 双缝间距必须小于 4 mm 才能看到干涉条纹.

例题 12-7

在杨氏实验装置中, 采用加有蓝绿色滤光片的白光光源, 其波长范围为 $\Delta\lambda = 100$ nm, 平均波长为 490 nm. 试估算从第几级开始, 条纹将变得无法分辨?

解 设该蓝绿光的波长范围为 $\lambda_1 \rightarrow \lambda_2$, 则按题意有

$$\lambda_2 - \lambda_1 = \Delta\lambda = 100 \text{ nm}, \quad \frac{1}{2}(\lambda_1 + \lambda_2) = \bar{\lambda} = 490 \text{ nm}$$

相应于 λ_1 和 λ_2 , 杨氏干涉条纹中 k 级明纹的位置分别为:

$$x_1 = k\frac{D}{d}\lambda_1, \quad x_2 = k\frac{D}{d}\lambda_2$$

因此,k 级干涉条纹所占的宽度为

$$x_2 - x_1 = k\frac{D}{d}(\lambda_2 - \lambda_1) = k\frac{D}{d}\Delta\lambda$$

显然,当此宽度大于或等于相应于平均波长 $\bar{\lambda}$ 的条纹间距时,干涉条纹变得模糊不清,这个条件可表达为

$$k\frac{D}{d}\Delta\lambda \geqslant \frac{D}{d}\bar{\lambda}, \quad 即 \quad k \geqslant \frac{\bar{\lambda}}{\Delta\lambda} = 4.9$$

所以,从第五级开始,干涉条纹变得无法分辨.

四、劳埃德镜实验

劳埃德(H.Lloyd)于 1834 年提出了一种更简单的观察干涉的装置.如图 12-38 所示. MN 为一块平玻璃板,用作反射镜,S_1 是一狭缝光源,从光源发出的光波,一部分掠射(即入射角接近 90°)到玻璃平板上,经玻璃表面反射到达屏上;另一部分直接射到屏上.这两部分光也是相干光,它们同样是用分波阵面得到的.反射光可看成是由虚光源

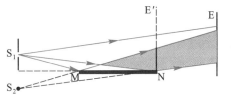

图 12-38 劳埃德镜实验简图

S_2 发出的.S_1 和 S_2 构成一对相干光源,对干涉条纹的分析与杨氏实验也相同.图中画有阴影的区域表示相干光在空间叠加的区域.这时在屏上可以观察到明暗相间的干涉条纹.

应该指出,在劳埃德镜实验中,如果把屏幕移近到和镜面边缘 N 相接触,即图中 E' 的位置,这时从 S_1 和 S_2 发出的光到达接触处的路程相等,应该出现明纹,但实验结果却是暗纹,其他的条纹也有相应的变化.这一实验事实说明了由镜面反射出来的光和直接射到屏上的光在 N 处的相位相反,即相位差为 π.由于直射光的相位不会变化,所以只能认为光从空气射向玻璃平板发生反射时,反射光的相位跃变了 π.

进一步的实验表明:光从光疏介质射到光密介质界面反射时,在掠射(入射角 $i \approx 90°$)或正入射($i \approx 0$)的情况下,反射光的相位较之入射光的相位有 π 的突变,这一变化导致了反射光的波程在反射过程中附加了半个波长,故常称为"半波损失".今后在讨论光波叠加时,若有半波损失,在计算波程差时必须计及,否则会得出与实际情况不同的结果.

复习思考题 〉〉〉

12-3-1 试讨论两个相干点光源 S_1 和 S_2 在如下的观察屏上产生的干涉条纹：

（1）屏的位置垂直于 S_1 和 S_2 的连线；（2）屏的位置垂直于 S_1 和 S_2 连线的中垂线.

12-3-2 在图 12-36 所示的杨氏双缝实验中，试描述在下列情况下干涉条纹如何变化：

（1）当两缝的间距增大时；（2）当双缝的宽度增大时；（3）当缝光源 S 平行于双缝移动时；（4）当缝光源 S 向双缝屏移近时；（5）当缝光源 S 逐渐增宽时.

12-3-3 在杨氏双缝实验中，如有一条狭缝稍稍加宽一些，屏幕上的干涉条纹有什么变化？如把其中一条狭缝遮住，将发生什么现象？

12-3-4 劳埃德镜实验得到的干涉图样与杨氏双缝干涉图样有何不同之处？

§12-4　光程与光程差 〉〉〉

一、光程

　　在前面讨论的干涉现象中，两相干光束始终在同一介质（实际上是空气）中传播，它们到达某一点叠加时，两光振动的相位差决定于两相干光束间的波程差. 若讨论一束光在几种不同介质中传播，或者比较两束经过不同介质的光时，常引入光程的概念，这对分析相位关系将带来很大方便.

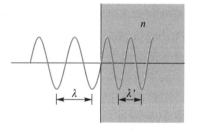

图 12-39　光在真空中的波长和在介质中的波长

　　我们知道，给定单色光的振动频率 ν 在不同介质中是相同的. 在折射率为 n 的介质中，光速 v 是真空中光速 c 的 $\dfrac{1}{n}$. 所以在这介质中，单色光的波长 λ' 将是真空中波长 λ 的 $\dfrac{1}{n}$（图 12-39），即

$$\lambda' = \frac{v}{\nu} = \frac{c}{n\nu} = \frac{\lambda}{n} \tag{12-25}$$

因此，在折射率为 n 的某一介质中，如果光波通过的波程即几何路程为 x，亦即其间的波数为 $\dfrac{x}{\lambda'}$，那么同样波数的光波在真空中通过的几何路程将是

$$\frac{x}{\lambda'}\lambda = nx$$

由此可见： 光波在介质中的路程 x 相当于在真空中的路程 nx . 所以光波在某一介质中所经历光程等于它的几何路程 x 与这介质的折射率 n 的乘积 nx , 称为**光程**（optical path）.

二、光程差

下面举一个简单的例子, 进一步了解引入光程的意义.

假设 S_1 和 S_2 为频率 ν 的相干光源, 它们发出的光的初相位相同, 分别经路程 r_1 和 r_2 到达空间某点 P 相遇（图 12-40）. 若 S_1P 和 S_2P 分别在折射率为 n_1 和 n_2 的介质中传播, 则这两个波在 P 点引起的光振动[①]为

$$E_1 = E_{10}\cos 2\pi\left(\nu t - \frac{r_1}{\lambda_1}\right)$$

$$E_2 = E_{20}\cos 2\pi\left(\nu t - \frac{r_2}{\lambda_2}\right)$$

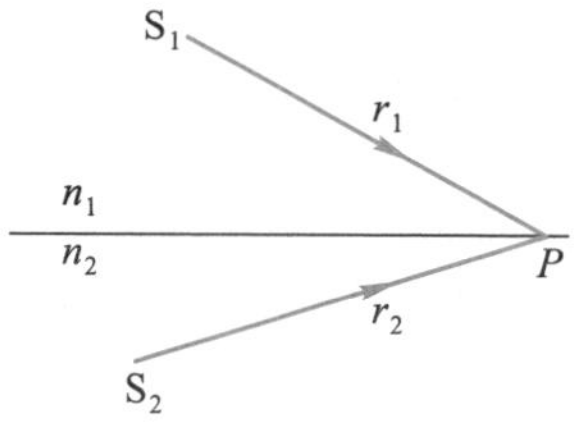

两者在 P 的相位差为

图 12-40　光程差的计算

$$\Delta\phi = \frac{2\pi r_2}{\lambda_2} - \frac{2\pi r_1}{\lambda_1}$$

利用式（12-25）折算到真空中的波长 λ 得

$$\Delta\phi = \frac{2\pi n_2 r_2}{\lambda} - \frac{2\pi n_1 r_1}{\lambda} = \frac{2\pi}{\lambda}(n_2 r_2 - n_1 r_1)$$

由此可见, 两相干光波在相遇点的相位差不是决定于它们的几何路程 r_2 与 r_1 之差. 而是决定于它们的光程差 $n_2 r_2 - n_1 r_1$, 常用 δ 来表示光程差.

采用了光程概念之后, 相当于把光在不同介质中的传播都折算为光在真空中的传播, 这样, 相位差可用光程差来表示, 它们的关系是

$$\Delta\phi = \frac{2\pi\delta}{\lambda} \tag{12-26}$$

式中 λ 为光在真空中的波长.

---

① 光波是电磁波, 传播着的是交变的电磁场, 即场矢量 E 和 H 的传播. 在这两个矢量中, 对人的眼睛或感光仪器等起作用的主要是电场矢量 E . 因此, 以后我们提到光波中的振动矢量时, 用 E 矢量来表示, 称为**光矢量**, 或称**电矢量**.

三、物像之间的等光程性

在干涉和衍射实验中,常常需用薄透镜将平行光线会聚成一点,使用透镜后会不会使平行光的光程引起变化呢?下面对这个问题作简单分析.

几何光学告诉我们,从实物发出的不同光线,经不同路径通过凸透镜,可以会聚成一个明亮的实像.如图 12-41 所示,S 是放在透镜 L 主轴上的点光源,S′是透镜对 S 所成的实像.经过透镜中心与边缘的两条光线的几何路程是不同的,例如 SABS′的几何路程比 SMNS′短,但其在透镜内的那部分却较长,即 $AB > MN$.而透镜的材料的折射率大于 1,如果

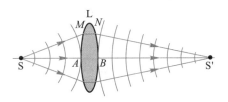

图 12-41　透镜的等光程性

折算成光程,根据费马原理可以导出两者的光程是相等的.这就是薄透镜主轴上物点和像点之间的等光程性.从光的波动观点来看,S 发出的球面波,波阵面如图 12-41 中圆弧线所示,通过透镜后,球面波的波阵面又逐渐会聚到达像点 S′.因为波阵面上各点具有相同的相位,所以从物点到像点的各光线经历相同的相位差,也就是经历相等的光程.

我们知道,平行光束通过透镜后,会聚于焦平面上,相互加强成一亮点 F(图12-42).这是由于在垂直于平行光的某一波阵面上的 A_1、A_2、A_3、…各点的相位相同,到达焦平面后相位仍然相同,因而互相加强.可见,从 A_1、A_2、A_3、…各点到 F 点的各光线的光程都相等.从上述说明可知,使用透镜只能改变光波的传播路径,但对物、像间各光线不会引起附加的光程差.

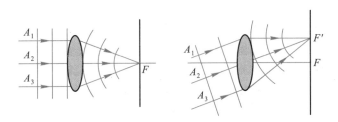

图 12-42　平行光经透镜会聚时的等光程性

四、反射光的相位突变和附加光程差

在讨论劳埃德镜实验时已经指出,光从光疏介质射到光密介质界面反射时,反射光有相位突变 π,即有半波损失.事实上,反射光的相位变化与入射角的关

系是很复杂的,这需用菲涅耳公式进行分析.超出了我们的教学要求,可是,我们在讨论干涉问题时经常遇到比较两束反射光的相位问题,例如,比较从薄膜的不同表面反射的两束光相位突变引起额外的相位差(图 12-43).理论和实验表明:如果两束光都是从光疏到光密界面反射(即 $n_1 < n < n_2$ 的情况)或都是从光密到光疏界面反射(即 $n_1 > n > n_2$ 的情况),则两束反射光之间无附加的相位差.如果一束光从光疏到光密界面反射,而另一束从光密到光疏界面反射(即 $n_1 < n > n_2$ 或 $n_1 > n < n_2$ 的情形),则两束反射光之间有附加的相位差 π,或者说有附加光程差 $\dfrac{\lambda}{2}$.在以

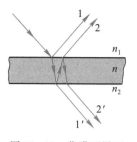

图 12-43 薄膜两界面反射光的附加相位差

后我们讨论的问题中,如果 $n_2 = n_1$,则不论 $n > n_1$ 还是 $n < n_1$,1 与 2 这两束光之一总有半波损失出现.对于折射光,则任何情况下都不会有相位突变.

例题 12-8

折射率为 n、厚度为 d 的均匀平面薄膜,其上、下介质的折射率分别为 n_1 和 n_2,且 $n_1 < n > n_2$(如图 12-44).如果有一光线以入射角 i 射到薄膜,在上表面 A 产生反射光 a,而折射入膜内的光在下表面反射层射到 B 点,又折回膜的上方成为光线 b,求光线 a、b 的光程差.

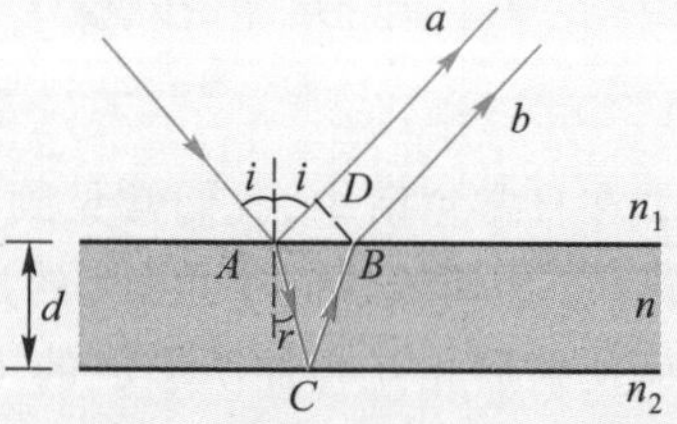

解 从反射点 B 作光线 a 的垂线 BD,BD 上各点处在垂直平行光的一个波阵面上,所以相位相同.于是 a、b 两光线之间的光程差

$$\delta_1 = n(AC + CB) - n_1 AD$$

图 12-44

从图上可以看出

$$AC = BC = \frac{d}{\cos r}, \quad AD = AB \sin i = 2d \tan r \sin i$$

再利用折射定律 $n_1 \sin i = n \sin r$,代入上式得

$$\delta_1 = \frac{2nd}{\cos r}(1 - \sin^2 r) = 2nd \cos r$$

或

$$\delta_1 = 2d \sqrt{n^2 - n_1^2 \sin^2 i}$$

考虑到薄膜的折射率 n 满足 $n_1 < n > n_2$ 的条件,所以还存在附加光程差

$$\delta_2 = \frac{\lambda}{2}$$

于是 a、b 两光线之间的总光程差为

$$\delta = \delta_1 + \delta_2 = 2d\sqrt{n^2 - n_1^2 \sin^2 i} + \frac{\lambda}{2} \qquad (12\text{-}27)$$

复习思考题》》》

12-4-1　为什么要引入光程的概念？光程差与相位差有怎样的关系？

12-4-2　若将杨氏双缝干涉实验装置由空气中移入水中,在屏上干涉图样有何变化？

12-4-3　在双缝干涉实验中,如果在上方的缝后面贴一片薄的透明云母片,干涉条纹的间距有无变化？中央条纹的位置有何变化？

12-4-4　为什么说使用透镜不会引起附加的光程差？

§12-5　薄膜干涉》》》

在日常生活中,我们常见到在阳光的照射下,肥皂膜、水面上的油膜以及许多昆虫(如蜻蜓、蝉、甲虫等)的翅膀上呈现彩色的花纹,这是一种光波经薄膜两表面反射后相互叠加所形成的干涉现象,称为薄膜干涉(film interference).在高温下金属表面被氧化而形成氧化层,例如从车床上切削下来的钢铁碎屑上,也能看到由薄膜干涉而呈现美丽的蓝色.由于反射波和透射波的能量是由入射波的能量分出来的,因此形象地说,入射波的振幅被"分割"成若干部分,这样获得相干光的方法常称为分振幅法.

对薄膜干涉现象的详细分析比较复杂,但在实际中,比较简单而应用较多的是厚度不均匀薄膜表面上的等厚干涉条纹和厚度均匀的薄膜在无穷远处形成的等倾干涉条纹.

一、等倾干涉条纹

一均匀透明的平行平面介质薄膜,其折射率为 n,厚度为 d,放在折射率为 $n_1(n_1 < n)$ 的透明介质中(图 12-45),波长为 λ 的单色光入射到薄膜上表面,入射角为 i.经膜的上、

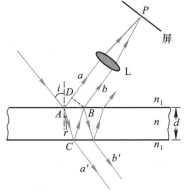

图 12-45　薄膜的干涉

下表面反射后产生一对相干的平行光束 a 和 b.这一对光束只能在无限远处相交而发生干涉.在实验室中用一个会聚透镜 L 使它们在其焦平面上 P 点叠加而产生干涉.如果用肉眼直接观察,必须使眼睛放松,调整视力到无限远处的状态.

根据上节例题 12-8 计算的结果以及透镜不引起附加的光程差,可知 a 和 b 两束相干光的光程差为

$$\delta = 2d\sqrt{n^2 - n_1^2\sin^2 i} + \frac{\lambda}{2} \qquad (12-28)$$

注意:这两束反射光之间是有附加光程差的.由上式可见,对于厚度均匀的薄膜,光程差是由入射角 i 决定的.凡以相同倾角入射的光,经膜的上、下表面反射后产生的相干光束都有相同的光程差,从而对应于干涉图样中的一条条纹,故将此类干涉条纹称为等倾条纹(equal inclination fringes).

等倾干涉明纹的光程差的条件是

$$\delta = 2d\sqrt{n^2 - n_1^2\sin^2 i} + \frac{\lambda}{2} = k\lambda, \quad k = 1, 2, 3, \cdots$$

暗纹的光程差条件是

$$\delta = 2d\sqrt{n^2 - n_1^2\sin^2 i} + \frac{\lambda}{2} = (2k+1)\frac{\lambda}{2}, \quad k = 0, 1, 2, \cdots$$

由上式可知,入射角 i 越大,光程差 δ 越小,干涉级也越低.在等倾环纹中,半径越大的圆环对应的 i 也越大,所以中心处的干涉级最高,越向外的圆环纹干涉级越低.此外,从中央向外各相邻明环或相邻暗环间的距离也不相同.中央的环纹间的距离较大,环纹较稀疏,越向外,环纹间的距离越小,环纹越密集.如图 12-46 的照片所示.

对透射光来说,也有干涉现象.这时,光线 a′(图 12-46)是由光线直接透射而来的,而光线 b′ 是光线折入薄膜后,在 C 点和 B 点处经两次反射后再透射出来的,这两次反射都是由光密介质入射到光疏介质反射的,所以不存在反射时的附加光程差.因此,这两束透射的相干光的光程差是

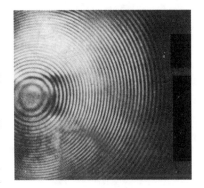

图 12-46　等倾条纹

$$\delta = 2d\sqrt{n^2 - n_1^2\sin^2 i} \qquad (12-29)$$

和式(12-28)相比较,可见反射光相互加强时,透射光将相互减弱,当反射光相

互减弱时,透射光将相互加强,两者是互补的.从能量角度看来,干涉现象引起了光能的重新分布.

以上所讨论的是单色光的干涉情形.通常,在实际生活中所用的光源一般是复色光源,显然所看到的图样将是有彩色的.

观察等倾干涉条纹的实验装置如图 12-47 所示.从面光源 S 发出的光入射到半透半反射的平面镜 M 上,被 M 反射的部分光射向薄膜,再被薄膜上、下表面反射,透过 M 和透镜会聚到光屏上.从 S 上任一点以相同倾角 i 入射到膜表面上的光线应该在同一圆锥面上,它们的反射光在屏上会聚在同一个圆周上.因此,整个干涉图样是由一些明暗相间的同心圆环组成.面光源上每一点发出的光都要产生一组相应的干涉环纹,由于方向相同的平行光都被透镜会聚到焦平面上同一点,所以由光源上不同点发出的光线,凡有相同倾角的,它们所形成的干涉环纹都重叠在一起.所以,干涉环纹的总光强是 S 上所有点光源产生的干涉环纹光强的非相干相加,这样就使干涉条纹更加明亮,这就是在实验中总是使用面光源来产生等倾条纹的道理.

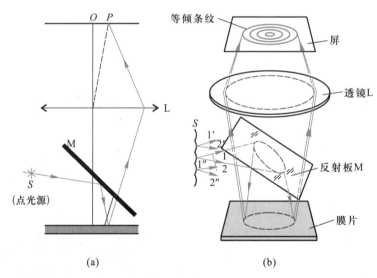

图 12-47　观察薄膜干涉等倾条纹的实验装置

二、增透膜和高反射膜

在比较复杂的光学系统中,光能因反射而损失严重.例如,较高级的照相机镜头由六七个透镜组成.反射损失的光能约占入射的一半,同时反射的杂散光还要影响成像的质量.为了减少入射光能在透镜玻璃表面上反射时所引起的损失,常在镜面上镀一层厚度均匀的透明薄膜(常用的如氟化镁 MgF_2,它的折射率 $n=$ 1.38,介于玻璃与空气之间),利用薄膜的干涉使反射光减到最小,这样的薄膜称为**增透膜**(reducing reflection film).

最简单的单层增透膜如图 12-48 所示.设膜的厚度为 d,光垂直入射时(为了看得清楚起见,图中把入射角 i 画大了),薄膜两表面反射光的光程差等于 $2nd$,由于在膜的上、下表面反射时都有相位突变 π,结果没有附加的相位差,于是两反射光干涉相消时应满足关系

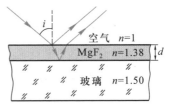

图 12-48 增透膜

$$2nd = \left(k+\frac{1}{2}\right)\lambda, \quad k=0,1,2,\cdots$$

膜的最小厚度应为(相应于 $k=0$)

$$d = \frac{\lambda}{4n}$$

由于反射光相消,因而透射光加强.

在镀膜工艺中,常把 nd 称为薄膜的**光学厚度**(optical thickness),镀膜时控制厚度 d,使膜的光学厚度等于入射光波长的 1/4.单层增透膜只能使某个特定波长 λ 的光尽量减小反射.对于相近波长的其他反射光也有不同程度的减弱,但不是减到最弱,对于一般的照相机和目视光学仪器,常选人眼最敏感的波长 $\lambda=550$ nm 作为"控制波长",使膜的光学厚度等于此波长的 1/4.在白光下观看此薄膜的反射光,黄绿色光最弱,红光蓝光相对强一些,因此表面呈蓝紫色.

有些光学器件却需要减少其透射率,以增加反射光的强度.例如,氦氖激光器中的谐振腔反射镜,要求对波长 $\lambda=632.8$ nm 的单色光的反射率达 99% 以上.从图 12-48 可以看到,如果把低折射率的膜改成同样光学厚度的高折射率的膜,则薄膜上下表面的两反射光将是干涉加强,这就使反射光增强了,而透射光就将减弱,这样的薄膜就是**增反膜**或**高反射膜**(high-reflecting film).在玻璃表面上镀一层 $\lambda/4$ 的硫化锌(ZnS,折射率 $n=2.40$)膜,反射率可提高到 30% 以上.如要进一步提高反射率,可采用多层膜.通常在玻璃表面交替镀上高折射率的 ZnS 膜和低折射率的 MgF_2 膜,每层光学厚度均为 $\lambda/4$. 一般镀到 7 层、9 层,有的多达 15 层、17 层,如图 12-49 所示.13 层这样的膜系反射率可达到 94% 以上.由于这种介质膜对光的吸收很少,所以比镀银、镀

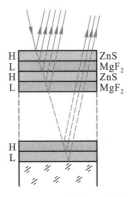

图 12-49 多层高反射膜

铝的反射镜有更佳的效果.

利用类似的方法,采用多层镀膜使某一特定波长的单色光能透过,这就制成了干涉滤光片.

三、等厚干涉条纹

上面我们介绍了平行光束入射在厚度均匀的薄膜上所产生的干涉现象,现在介绍在厚薄不均匀的薄膜上所产生的干涉现象,在实验室中观察这种干涉现象常见的是劈尖膜和牛顿环.

1. 劈尖膜(wedge film)

如图 12-50 所示,两块平面玻璃片,一端互相叠合,另一端夹一薄纸片(为了便于说明问题和易于作图,图中纸片的厚度特别予以放大),这时,在两玻璃片之间形成的空气薄膜称为空气劈尖.两玻璃片的交线称为棱边,在平行于棱边的线上,劈尖的厚度是相等的.

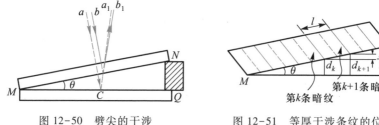

图 12-50　劈尖的干涉　　　　　　图 12-51　等厚干涉条纹的位置

当平行单色光垂直($i=0$)入射于这样的两玻璃片时,在空气劈尖($n=1$)的上下两表面所引起的反射光线将形成相干光.如图 12-50 所示,劈尖在 C 点处的厚度为 d,在劈尖上下表面反射的两光线之间的光程差是

$$\delta = 2d + \frac{\lambda}{2} \tag{12-30}$$

由于从空气劈尖的上表面(即玻璃-空气分界面)和从空气劈尖的下表面(即空气-玻璃分界面)反射的情况不同,所以在式中仍有附加的半波长光程差.由此,

$$\left.\begin{array}{ll} \delta = 2d + \dfrac{\lambda}{2} = k\lambda, & k=1,2,3,\cdots \text{明纹} \\[2mm] \delta = 2d + \dfrac{\lambda}{2} = (2k+1)\dfrac{\lambda}{2}, & k=0,1,2,\cdots \text{暗纹} \end{array}\right\} \tag{12-31}$$

干涉条纹为平行于劈尖棱边的直线条纹.每一明、暗条纹都与一定的 k 值相当,也就是与劈尖的一定厚度 d 相当.所以,这些干涉条纹称为等厚干涉条纹(equal thickness fringes).观察劈尖干涉的实验装置如图 12-52 所示.

在两块玻璃片相接触处,$d=0$,光程差等于 $\frac{\lambda}{2}$,所以应看到暗条纹,而事实正是这样的.这是"相位突变"的又一个有力证据.

如图 12-51 所示,任何两个相邻的明纹或暗纹之间的距离 l 由下式决定:

$$l\sin\theta = d_{k+1} - d_k = \frac{1}{2}(k+1)\lambda - \frac{1}{2}k\lambda = \frac{\lambda}{2} \tag{12-32}$$

式中 θ 为劈尖的夹角.显然,干涉条纹是等间距的,而且 θ 愈小,干涉条纹愈疏;θ 愈大,干涉条纹愈密.如果劈尖的夹角 θ 相当大,干涉条纹就将密得无法分开.因此,干涉条纹只能在很尖的劈尖上看到.

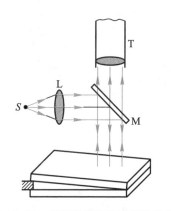

图 12-52　观察劈尖干涉的实验装置

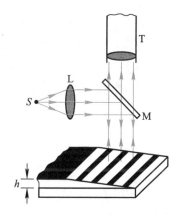

图 12-53　二氧化硅薄膜厚度的测定

由上式可见,如果已知劈尖的夹角,那么,测出干涉条纹的间距 l,就可以测出单色光的波长.反过来,如果单色光的波长是已知的,那么就可以测出微小的角度.利用这个原理,工程技术上常用来测定细丝的直径或薄片的厚度.例如,把金属丝夹在两块光学平面玻璃片之间,这样形成空气劈尖.如果用波长已知的单色光垂直地照射,即可由等厚干涉条纹,测出细丝的直径.制造半导体元件时,常常需要精确地测量硅片上的二氧化硅(SiO$_2$)薄膜的厚度,这时可用化学方法把二氧化硅薄膜一部分腐蚀掉,使它成为劈尖形状(图 12-53),用已知波长的单色光垂直地照射到二氧化硅的劈尖上,在显微镜里数出干涉条纹的数目,就可以求出二氧化硅薄膜的厚度 h.

从劈尖的等厚条纹的讨论可知,如果劈尖的上下两个表面都是光学平面,等厚条纹将是一系列平行的、间距相等的明暗条纹.生产上,常利用这一现象来检查工件的平整度.取一块光学平面的标准玻璃块,叫做平晶,放在另一块待检验的玻璃片或金属磨光面上,观察干涉条纹是否是等距的、平行的直线,就可以判断工件的平整度(图 12-54).因为相邻两条明纹之间的空气层厚度相差 $\dfrac{\lambda}{2}$,所以从条纹的几何形状,就可以测得表面上凹凸缺陷或沟纹的情况.这种方法很精密,能检查出约 $\dfrac{\lambda}{4}$ 的凹凸缺陷,即精密度可达 0.1 μm 左右.

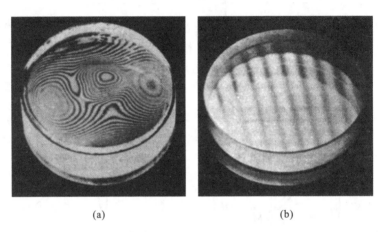

(a)　　　　　　　　　　　　　　(b)

图 12-54　检验平面质量的干涉条纹

例题 12-9

为了测量金属细丝的直径,把金属丝夹在两块平玻璃之间,使空气层形成劈尖(图 12-55).如用单色光垂直照射,就得到等厚干涉条纹.测出干涉条纹间的距离,就可以算出金属丝的直径.某次的测量结果为:单色光的波长 $\lambda = 589.3$ nm,金属丝与劈尖顶点间的距离 $L = 28.880$ mm,30 条明纹间的距离为 4.295 mm,求金属丝的直径 D.

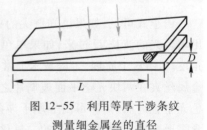

图 12-55　利用等厚干涉条纹测量细金属丝的直径

解　相邻两条明纹之间的距离 $l = \dfrac{4.295}{29}$ mm,其间空气层的厚度相差 $\dfrac{\lambda}{2}$,于是

$$l\sin\theta = \frac{\lambda}{2}$$

式中 θ 为劈尖的夹角,因为 θ 角很小,所以

$$\sin \theta \approx \frac{D}{L}$$

于是得到

$$l\frac{D}{L} = \frac{\lambda}{2}$$

所以

$$D = \frac{L}{l} \frac{\lambda}{2}$$

代入数据,求得金属丝的直径

$$D = \frac{28.880\times10^{-3}}{\dfrac{4.295}{29}\times10^{-3}}\times\frac{1}{2}\times589.3\times10^{-9}\ \text{m} = 0.057\ 46\ \text{mm}$$

例题 12-10

利用空气劈尖的等厚干涉条纹可以检测工件表面存在的极小的加工纹路.在经过精密加工的工件表面上放一光学平面玻璃,使其间形成空气劈形膜,用单色光照射玻璃表面[图 12-56(a)],并在显微镜下观察到干涉条纹[图 12-56(b)].试根据干涉条纹的弯曲方向,判断工件表面是凹的还是凸的;并证明凹凸深度可用下式求得: $\Delta h = \dfrac{a}{b} \dfrac{\lambda}{2}$,式中 λ 为照射光的波长.

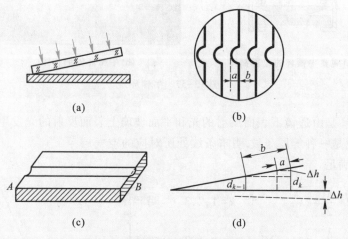

(a)

(b)

(c)

(d)

图 12-56 检验工件表面的加工纹路

解 如果工件表面是精确的平面,等厚干涉条纹应是等距离的平行直条纹.现在观察到的干涉条纹弯向空气膜的左端.因此,可判断工件表面是下凹的.由图还可以看出,工件上有沿 AB 方向的柱面形凹痕[图 12-56(c)].

由图 12-56(d)中两相似直角三角形可得

$$\frac{a}{b} = \frac{\Delta h}{d_k - d_{k-1}} = \frac{\Delta h}{\lambda/2}$$

所以
$$\Delta h = \frac{a}{b} \cdot \frac{\lambda}{2}$$

2. 牛顿环(Newton ring)

在一块光学平整的玻璃片 B 上,放一曲率半径 R 很大的平凸透镜 A[图 12-57(a)],在 A、B 之间形成一劈尖形空气薄层.当平行光束垂直地射向平凸透镜时,可以观察到在透镜表面出现一组干涉条纹,这些干涉条纹是以接触点 O 为中心的同心圆环,称为牛顿环[图 12-57(b)].

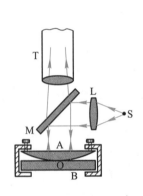

(a) 观察牛顿环的仪器简图

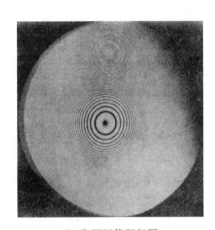

(b) 牛顿环的照相图

图 12-57 牛顿环

牛顿环是由透镜下表面反射的光和平面玻璃上表面反射的光发生干涉而形成的,这也是一种等厚条纹.明暗条纹处所对应的空气层厚度 d 应满足

$$2d + \frac{\lambda}{2} = k\lambda, \qquad k = 1,2,3,\cdots \text{ 明环}$$
$$2d + \frac{\lambda}{2} = (2k+1)\frac{\lambda}{2}. \quad k = 0,1,2,\cdots \text{ 暗环}$$

从图 12-58 中的直角三角形得

$$r^2 = R^2 - (R-d)^2 = 2Rd - d^2$$

因 $R \gg d$,所以 $d^2 \ll 2Rd$,可以将 d^2 从式中略去,于是

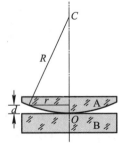

图 12-58 牛顿环的
半径的计算用图

$$d = \frac{r^2}{2R}$$

上式说明 d 与 r 的平方成正比,所以离开中心愈远,光程差增加愈快,所看到的牛顿环也变得愈来愈密.由以上两式,可求得在反射光中的明环和暗环的半径分别为:

$$r = \sqrt{\frac{(2k-1)R\lambda}{2}}, \quad k = 1, 2, 3, \cdots \text{明环}$$

$$r = \sqrt{kR\lambda}, \qquad k = 0, 1, 2, \cdots \text{暗环}$$

随着级数 k 的增大,干涉条纹变密.对于第 k 级和第 $k+m$ 级的暗环

$$r_k^2 = kR\lambda, \quad r_{k+m}^2 = (k+m)R\lambda$$

$$r_{k+m}^2 - r_k^2 = mR\lambda$$

由此得透镜的曲率半径

$$R = \frac{1}{m\lambda}(r_{k+m}^2 - r_k^2) = \frac{1}{m\lambda}(r_{k+m} - r_k)(r_{k+m} + r_k)$$

牛顿环中心处相应的空气层厚度 $d = 0$,而实验观察到是一暗斑,这是因为光从光疏介质到光密介质界面反射时有相位突变的缘故.

复习思考题 ▶▶▶

12-5-1 为什么刚吹起的肥皂泡(很小时)看不到有什么彩色? 当肥皂泡吹大到一定程度时,会看到有彩色,而且这些彩色随着肥皂泡的增大而改变.试解释此现象,当肥皂泡大到将要破裂时,将呈现什么颜色? 为什么?

12-5-2 为什么窗玻璃在日光照射下我们观察不到干涉条纹?

12-5-3 在劈尖干涉实验装置中,如果把上面的一块玻璃向上平移,干涉条纹将怎样变化? 如果向右平移,干涉条纹又怎样变化? 如果将它绕接触线转动,使劈尖角增大,干涉条纹又将怎样变化?

12-5-4 在牛顿环实验装置中,如果平玻璃由冕牌玻璃($n=1.50$)和火石玻璃($n=1.75$)组成.透镜用冕牌玻璃制成,而透镜与平玻璃间充满二硫化碳($n=1.62$),如图所示.试说明在单色光垂直照射下反射光的干涉图样是怎样的,并大致将其画出来.

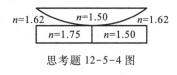

思考题 12-5-4 图

12-5-5 在加工透镜时,经常利用牛顿环快速检测其表面曲率是否合格.将标准件(玻璃验规)G 覆盖在待测工件 L 之上,如图所示.如果光圈(牛顿环的俗称)太多,工件不合格,需要进一步研磨,究竟磨边缘还是磨中央,有经验的工人师傅只要将验规轻轻下压,观察光圈的

变化,试问他是怎样判断的?

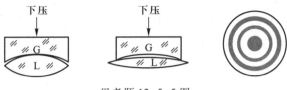

下压   下压

思考题 12-5-5 图

12-5-6 隐形飞机所以很难被敌方雷达发现,可能是由于飞机表面涂敷了一层电介质(如塑料或橡胶)使入射的雷达波反射极微.试说明这层电介质是怎样减弱反射波的.

*§12-6 迈克耳孙干涉仪》》

干涉仪(interferometer)是根据光的干涉原理制成的精密仪器,在科学技术方面有着广泛而重要的应用.干涉仪具有各种型号,迈克耳孙(A.A.Michelson)干涉仪是一种比较典型的干涉仪,它是很多近代干涉仪的原型,在物理学发展史上也起过重要作用.现在,我们介绍迈克耳孙干涉仪的原理.

迈克耳孙干涉仪的构造略图如图 12-59 所示.M_1 与 M_2 是两片精密磨光的平面反射镜,其中 M_2 是固定的,M_1 用螺旋控制可沿精密丝杆前后移动.G_1 和 G_2 是两块材料相同、厚薄均匀而且相等的平行玻璃板,与 M_1 和 M_2 倾斜成 45°角.在 G_1 的后表面上镀有半透明的薄银层(图中用粗线标出),使照射在 G_1 上的光分成强度差不多相等的两部分相干光,其中一部分反射,一部分透射,称为分光板.

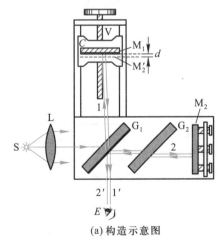

(a) 构造示意图   (b) 实物图

图 12-59 迈克耳孙干涉仪

　　来自光源的平行光，射向 G_1 后，一部分在薄银层上反射，向 M_1 传播，如图中所示的光线 1，经 M_1 反射后，再穿过 G_1 向 E 处传播，如图中所示的光线 1'；另一部分穿过薄银层及 G_2，向 M_2 传播，如图中所示的光线 2，经 M_2 反射后，再穿过 G_2，经薄银层反射，也向 E 处传播，如图中所示的光线 2'.显然，1'、2' 是两束相干光，在 E 处可以看到干涉条纹.玻璃片 G_2 的目的是起补偿光程的作用，由于光线 1 前后共通过玻璃片 G_1 三次，而光线 2 只通过一次，有了玻璃片 G_2，使光线 1 和 2 分别三次穿过等厚的玻璃片，从而保证了光线 1、2 经过玻璃片的光程相等，因此玻璃片 G_2 叫做补偿片.

　　平面镜 M_2 经 G_1 薄银层形成的虚像为 M_2'，因为虚像 M_2' 和实物 M_2 相对于镀银层的位置是对称的，所以虚像 M_2' 应在 M_1 的附近.来自 M_2 的反射光线 2' 可看作是从 M_2' 处反射的.如果 M_1 与 M_2 严格地相互垂直，那么相应地，M_2' 与 M_1 严格地相互平行，因而 M_2' 与 M_1 形成一等厚的空气层.来自 M_1 和 M_2' 的光线 1' 和 2' 与在空气层两表面上反射的光线相类似.结果，在视场中的干涉条纹将为环形的等倾条纹［图 12-60 中 (a)—(e)］.如果 M_1 与 M_2 并不严格地相互垂直，因此 M_1 和 M_2' 有微小夹角而形成一空气劈尖.我们可以在视场中看到光束 1' 和 2' 产生的如图 12-60 中 (f)～(j) 的等厚条纹，与各干涉条纹相对应的 M_1 和 M_2' 的位置如图所示.

　　干涉条纹的位置取决于光程差.只要光程差有微小的变化，即使变化的数量级为光波波

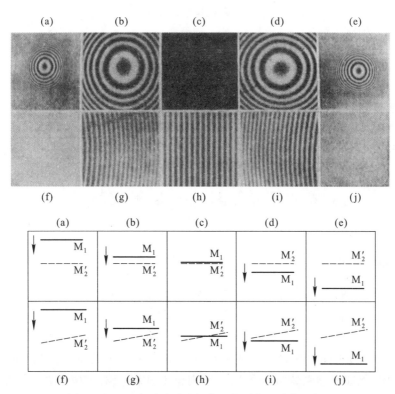

图 12-60　迈克耳孙干涉仪中观察到的几种典型条纹

长的 1/10, 干涉条纹就将发生可鉴别的移动. 当 M_1 每平移 $\dfrac{\lambda}{2}$ 的距离时, 视场中就有一条明纹移过. 所以数出视场中移过的明纹条数 N, 就可算出 M_1 平移的距离

$$d = N\frac{\lambda}{2}$$
(12-33)

上式指出, 用已知波长的光波可以测定长度, 特别是用于测量微小的位移还用来测定光谱线的波长和精细结构等.

1881 年迈克耳孙曾用干涉仪做了著名的迈克耳孙-莫雷实验, 测定在不同惯性系中各方向光速的差异, 其否定结果为建立相对论的实验基础之一. 为表彰他对光学精密仪器及用之于光谱学与计量学研究所作的贡献, 迈克耳孙获 1907 年诺贝尔物理学奖.

复习思考题》》》

12-6-1　牛顿环和迈克耳孙干涉仪实验中的圆条纹均是从中心向外由疏到密的明暗相间的同心圆, 试说明这两种干涉条纹不同之处, 若增加空气薄膜的厚度, 这两种条纹将如何变化? 为什么?

12-6-2　用迈克耳孙干涉仪观测等厚条纹时, 若使其中一平面镜 M_2 固定, 而另一平面镜 M_1 绕垂直于纸面的轴线转到 M_1' 的位置, 问在转动过程中将看到什么现象? 如果将平面镜 M_1 换成半径为 R 的球面镜 (凸面镜或凹面镜), 球心恰在光线 I 上, 球面镜的像的顶点与 M_2 接触, 此时将观察到什么现象?

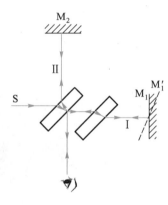

思考题 12-6-2 图

§12-7　光的衍射现象　惠更斯-菲涅耳原理》》

一、光的衍射现象

衍射和干涉一样, 也是波动的重要特征之一. 波在传播过程中遇到障碍物时, 能够绕过障碍物的边缘前进. 这种偏离直线传播的现象称为波的衍射现象. 例如, 水波可以绕过闸口, 声波可以绕过门窗, 无线电波可以绕过高山等, 都是波的衍射现象. 光波也同样存在着衍射现象, 但是由于光的波长很短, 因此在一般光学实验中 (例如光学系统成像等), 衍射现象不显著. 只有当障碍物 (例如小孔、狭缝、小圆屏、毛发、细针等) 的大小比光的波长大得不多时, 才能观察到衍射现象. 在光的衍射现象中, 光不仅在"绕弯"传播, 而且还能产生明暗相间的条纹, 即

在波场中能量将重新分布.图 12-61 表示障碍物是细线、针、毛发等呈现的明暗相间的衍射条纹.

如果用单色光照射在一个大小可以调节的小圆孔上,改变小圆孔的直径时,在小圆孔后方的屏幕上也会出现明暗相间的圆形条纹,如图 12-62 所示.

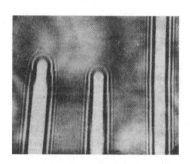

图 12-61 针和细线的衍射条纹

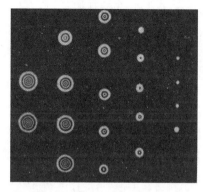

图 12-62 不同大小的圆孔的衍射条纹

二、菲涅耳衍射和夫琅禾费衍射

观察衍射现象的实验装置一般由光源、衍射屏和接收屏三部分组成.按它们相互间距离的不同情况,通常将衍射分为两类:一类是衍射屏离光源或接收屏的距离为有限远时的衍射,称为菲涅耳衍射[图 12-63(a)];另一类是衍射屏与光源和接收屏的距离都是无穷远的衍射,也就是照射到衍射屏上的入射光和离开衍射屏的衍射光都是平行光的衍射,称为夫琅禾费(J. Fraunhofer)衍射[图 12-63(b)].在实验室中,夫琅禾费衍射可用两个会聚透镜来实现,如图 12-63(c)所示.由于夫琅禾费衍射在实际应用和理论上都十分重要,而且这类衍射的分析与计算都比菲涅耳衍射简单,因此本书只讨论夫琅禾费衍射.

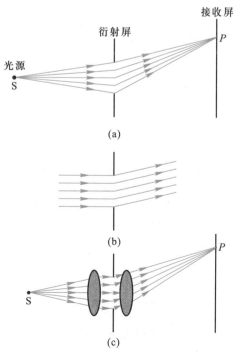

图 12-63 菲涅耳衍射和夫琅禾费衍射

三、惠更斯-菲涅耳原理

用惠更斯原理可以对波的衍射现象作定性说明,但不能解释光的衍射图样中光强的分布.菲涅耳发展了惠更斯原理,为衍射理论奠定了基础.菲涅耳假定:波在传播过程中,从同一波阵面上各点发出的子波,经传播而在空间某点相遇时,产生相干叠加.这个发展了的惠更斯原理称为惠更斯-菲涅耳原理.

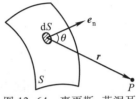

图 12-64 惠更斯-菲涅耳
原理说明用图

菲涅耳还指出,给定波阵面 S 上,每一面元 dS 发出的子波,在波阵面前方某点 P 所引起的光振动的振幅的大小与面元面积 dS 成正比,与面元到 P 点的距离 r 成反比(图 12-64)并且随面元法线与 r 间的夹角 θ 增大而减小,其关系式为

$$dE = C \frac{a(S_i)K(\theta)}{r} \cos\left[\left(\omega t - \frac{2\pi r}{\lambda}\right) + \phi_0\right]$$

式中 C 是比例系数,$K(\theta)$ 称为倾斜因子$\left(\text{当 } \theta = 0 \text{ 时},K(\theta) \text{ 最大};\theta \geqslant \frac{\pi}{2} \text{ 时},\right.$ $\left. K(\theta) = 0 \right)$,$a(S_i)$ 为波阵面上各点振幅的分布函数.将上式对整个波阵面积分,就可得到 P 点处的光强.该式就是惠更斯-菲涅耳原理的数学表达式.

应用惠更斯-菲涅耳原理,原则上可解决一般衍射问题.但计算是相当复杂的.下面我们将使用半波带法和振幅矢量法来解释衍射现象.

复习思考题 ▸▸▸

12-7-1 (1) 为什么无线电波能绕过建筑物,而光波却不能?

(2) 为什么隔着山可以听到中波段的电台广播,而电视广播却很容易被高大建筑物挡住?

12-7-2 在观察夫琅禾费衍射的装置中,透镜的作用是什么?

12-7-3 一人持一狭缝屏紧贴眼睛,通过狭缝注视遥远处的一平行于狭缝的线状白光光源,这人看到的衍射图样是菲涅耳衍射还是夫琅禾费衍射?

§12-8 单缝的夫琅禾费衍射 ▸▸▸

一、单缝的夫琅禾费衍射

单缝夫琅禾费衍射的实验装置如图 12-65(a)所示.线光源 S 放在透镜 L_1

的主焦面上,因此从透镜 L_1 穿出的光线形成一平行光束.这束平行光照射在单缝 AB 上,穿过单缝后再经过透镜 L_2,在 L_2 的焦平面处的屏幕 E 上将出现一组明暗相间的平行直条纹.如图 12-65(b)所示.图 12-65(c)为点光源的单缝衍射图样.

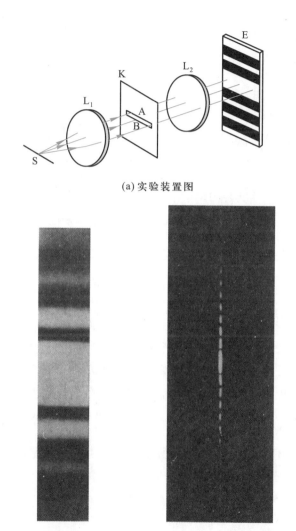

(a) 实验装置图

(b) 线光源的单缝衍射图样　　(c) 点光源的单缝衍射图样

图 12-65　单缝的夫琅禾费衍射

　　单缝衍射可用菲涅耳波带法进行研究.如图 12-66 所示,设单缝的宽度为 a,在平行单色光的垂直照射下,位于单缝所在处的波阵面 AB 上各点所发出的子波沿各个方向传播.我们把衍射后沿某一方向传播的子波波线与平面衍射屏法线之间的夹角称为衍射角(diffraction angle).衍射角 θ 相同的平行光束(图中用 2 表示)经过透镜后,聚焦在屏幕上 P 点.两条边缘衍射光束之间的光程差为

$$BC = a\sin\theta$$

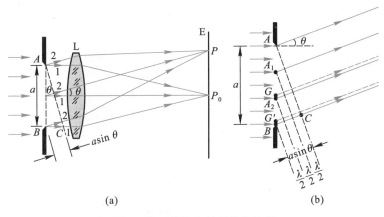

(a)　　　　　　　　　　　　　　(b)

图 12-66　单缝衍射条纹的计算

P 点条纹的明暗完全决定于光程差 BC 的量值.菲涅耳提出了将波阵面分割成许多等面积的半波带的作图法.在单缝的例子中,可以作一些平行于 AC 的平面,使两相邻平面之间的距离等于入射光的半波长,即 $\dfrac{\lambda}{2}$.假定这些平面将单缝处的波阵面 AB 分成 AA_1、A_1A_2、A_2B 等整数个波带[图 12-66(b)].由于各个波带的面积相等,可以认为它们具有同样多个发射子波的点,所以各个波带在 P 点所引起的光振幅接近相等.两相邻的波带上,任何两个对应点(如 A_1A_2 带上的 G 点与 A_2B 带上的 G' 点)所发出的子波的光程差总是 $\dfrac{\lambda}{2}$,亦即相位差总是 π.经过透镜会聚,由于透镜不产生附加相位差,所以到达 P 点时相位差仍然是 π.结果任何两个相邻波带所发出的子波在 P 点引起的光振动将完全相互抵消.由此可见,BC 是半波长的偶数倍时,亦即对应于某给定角度 θ,单缝可分成偶数个波带时,所有波带的作用成对地相互抵消,在 P 点处将出现暗纹;如果 BC 是半波长的奇数倍,亦即单缝可分成奇数个波带时,相互抵消的结果,还留下一个波带的作用,在 P 点处将出现明纹.上述结果可用数学式表示如下:当 θ 满足

$$a\sin\theta = \pm 2k\dfrac{\lambda}{2} \qquad k = 1,2,3,\cdots \qquad (12\text{-}34a)$$

时为暗纹.在两个第一级($k=1$)暗纹之间的区域,即 θ 满足

$$-\lambda < a\sin\theta < \lambda$$

的范围为中央明纹.当 θ 满足

$$a\sin\theta = \pm(2k+1)\frac{\lambda}{2} \qquad k = 1,2,3,\cdots \qquad (12\text{-}34\mathrm{b})$$

时为其他各级明纹.

我们把 $k=1$ 的两个暗点之间的角距离作为中央明纹的角宽度.由于 $k=1$ 时的暗点对应衍射角 θ_1,显然它就是中央明纹的半角宽度(half angular width) $\Delta\theta_0$,于是

$$\Delta\theta_0 = \theta_1 = \arcsin\frac{\lambda}{a} \qquad (12\text{-}35\mathrm{a})$$

当 θ_1 很小时

$$\Delta\theta_0 \approx \frac{\lambda}{a} \qquad (12\text{-}35\mathrm{b})$$

必须强调指出,对任意衍射角 θ 来说,AB 一般不能恰巧分成整数个波带,亦即 BC 不等于 $\dfrac{\lambda}{2}$ 的整数倍.此时,衍射光束经透镜聚焦后,形成屏幕上照度介于最明和最暗之间的中间区域.在单缝衍射条纹中,光强分布并不是均匀的,如图 12-67所示.中央条纹(即零级明纹)最亮,同时也最宽(约为其他明纹宽度的两倍).中央条纹的两侧,光强迅速减小,直至第一个暗条纹;其后,光强又逐渐增大而成为第一级明条纹,依此类推.必须注意到:各级明纹的光强随着级数的增大而逐渐减小.这是由

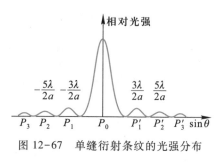

图 12-67　单缝衍射条纹的光强分布

于 θ 角越大,分成的波带数愈多,未被抵消的波带面积仅占单缝面积的一微小部分.

由式(12-34)可知,对一定宽度的单缝来说,$\sin\theta$ 与波长 λ 成正比,而单色光的衍射条纹的位置是由 $\sin\theta$ 决定的.因此,如果入射光为白光,白光中各种波长的光抵达 P_0 点都没有光程差,所以中央是白色明纹.但在 P_0 两侧的各级条纹中,不同波长的单色光在屏幕上的衍射明纹将不完全重叠.各种单色光的明纹将随波长的不同而略微错开,最靠近 P_0 的为紫色,最远的为红色.

由式(12-34)可见,对给定波长 λ 的单色光来说,a 愈小,与各级条纹相对

应的 θ 角就愈大,亦即衍射作用愈显著.反之,a 愈大,与各级条纹相对应的 θ 角将愈小,这些条纹都向中央明纹 P_0 靠近,逐渐分辨不清,衍射作用也就愈不显著.如果 $a\gg\lambda$,各级衍射条纹全部并入 P_0 附近,形成单一的很窄的亮线,它就是缝光源 S 经透镜 L_1 和 L_2 所造成的几何光学的像.这是从单缝射出的平行光束直线传播所引起的作用.由此可知,通常所说的光的直线传播现象,只是光的波长较障碍物的线度为很小,亦即衍射现象不显著时的情况.

例题 12-11

水银灯发出的波长为 546 nm 的绿色平行光垂直入射于宽 0.437 mm 的单缝,缝后放置一焦距为 40 cm 的透镜.试求在透镜焦面上出现的衍射条纹中央明纹的宽度.

解 两个第一级暗纹中心间的距离即为中央明纹宽度.利用单缝衍射公式(12-34a),对第一级暗条纹($k=1$)求出其相应的衍射角 θ_1.

$$a\sin\theta_1=\lambda$$

式中 θ_1 很小,$\sin\theta_1\approx\theta_1$,所以

$$\theta_1\approx\sin\theta_1=\frac{\lambda}{a}$$

中央明纹的角宽度

$$2\theta_1=\frac{2\lambda}{a}$$

透镜焦面上出现中央明纹的宽度

$$\Delta x=2D\tan\theta_1\approx2D\theta_1=\frac{2\lambda D}{a}=1.0\ \text{mm}$$

中央明纹的宽度与缝宽 a 成反比,单缝越窄,中央明纹越宽.

*二、单缝衍射条纹光强的计算——振幅矢量法

如图 12-68 所示,设想把单缝处的波阵面分成 N 个(N 为很大的数)等宽的细窄条的面元(垂直于纸面),每个窄条面元可看作子波的波源.由于面元的宽度很小,各面元发出的子波到 P 点的距离近似相等.所以在 P 点各子波的振幅也近似相等,均等于 ΔA.因单缝上下边缘光线到达 P 点的光程差为 $BC=a\sin\theta$,所以相邻两面元发出的子波到达 P 点时的光程差都是

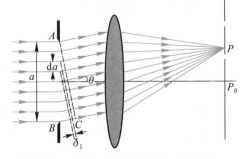

$$\delta_1=\frac{BC}{N}=\frac{a\sin\theta}{N}$$

图 12-68　单缝衍射条纹光强的计算

相应的相位差为

$$\phi_1 = \frac{2\pi a \sin\theta}{N\lambda}$$

根据惠更斯–菲涅耳原理，P 点光振动的合振幅就等于这 N 个面元发出的子波在 P 点的振幅的矢量合成，也就等于 N 个同频率、等振幅(ΔA)、相位差依次都是 ϕ_1 的振动的合成.合振幅可按多边形法则作图，如图 12-69 所示，可以得到衍射角为 θ 的 P 处的合振幅应为(参看例题 10-5)

$$A = \Delta A \frac{\sin\dfrac{N\phi_1}{2}}{\sin\dfrac{\phi_1}{2}}$$

由于 N 非常大，所以 ϕ_1 非常小，因而 $\sin\dfrac{\phi_1}{2} \approx \dfrac{\phi_1}{2}$，所以

$$A = \Delta A \frac{\sin\dfrac{N\phi_1}{2}}{\dfrac{\phi_1}{2}} = N\Delta A \frac{\sin\dfrac{N\phi_1}{2}}{\dfrac{N\phi_1}{2}}$$

令

$$u = \frac{N\phi_1}{2} = \frac{\pi a \sin\theta}{\lambda}$$

则

$$A = N\Delta A \frac{\sin u}{u}$$

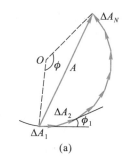

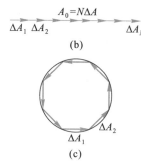

图 12-69　不同相位的子波的叠加

当 $\theta = 0$ 时，$u = 0$，而 $\dfrac{\sin u}{u} = 1$，所以 $A = N\Delta A$

由此可知 $N\Delta A$ 为中央条纹中点 O 处的合振幅，以 A_0 表示此振幅，所以 P 点的合振幅为

$$A = A_0 \frac{\sin u}{u} \tag{12-36a}$$

于是 P 点的光强为

$$I = I_0 \left(\frac{\sin u}{u}\right)^2 \tag{12-36b}$$

式中 I_0 为中央明纹中心处的光强.式(12-36b)就是单缝夫琅禾费衍射的光强公式.

根据光强公式，对单缝衍射的特征综述如下：

(1) 中央明纹　在 $\theta = 0$ 处，$I = I_0$，对应最大光强，称为主极大，它是中央明纹的中心.

(2) 暗纹　当 $u = \pm k\pi, k = 1, 2, 3, \cdots$ 即 $\dfrac{\pi a \sin\theta}{\lambda} = \pm k\pi$

或

$$a\sin\theta = \pm k\lambda$$

有 $I=0$，故上式确定暗纹的中心线的角位置，这一结论与用半波带法所得结果相同.

（3）次级明纹　在两相邻暗纹间应存在次级明纹.由 $\dfrac{\mathrm{d}}{\mathrm{d}u}\left(\dfrac{\sin u}{u}\right)^2=0$，可得到 $\tan u=u$，再用图解法解此超越方程［图 12-70(a)］，可求得

$$\sin\theta=\pm 1.43\,\frac{\lambda}{a},\pm 2.46\,\frac{\lambda}{a},\pm 3.47\,\frac{\lambda}{a},\cdots$$

这就是在中央明纹两侧次级明纹中心线的角位置.以上结果表明：次级明纹中心线位置差不多在两相邻暗纹的中点，但朝中央明纹中心方向稍偏少许.将此结果与用半波带法所得的结果相比，可知半波带法是一个相当好的近似处理方法.

把上述 u 值代入光强公式，可求得各次级明纹中心的强度为

$$I_{次级明纹}=0.047\,1I_0,0.016\,5I_0,0.008\,34I_0,\cdots$$

由上述结果可以看出，各级明纹的光强随着级次 k 值的增大而迅速减小.第一级次级明纹的光强还不到中央明纹光强的 5 %.单缝衍射图样的相对光强的分布情况如图 12-70(b)所示.

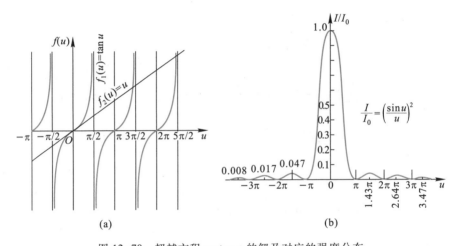

图 12-70　超越方程 $u=\tan u$ 的解及对应的强度分布

复习思考题 >>>>

12-8-1　在单缝夫琅禾费衍射实验中，试讨论下列情况衍射图样的变化：

（1）狭缝变窄；（2）入射光的波长增大；（3）单缝垂直于透镜光轴上下平移；（4）线光源 S 垂直透镜光轴上下平移；（5）单缝沿透镜光轴向观察屏平移.

12-8-2　单缝衍射暗条纹的条件恰好是双缝干涉明条纹的条件，两者是否矛盾？怎样说明？

12-8-3　在单缝衍射中，为什么衍射角越大的那些明条纹的光强越小？

§12-9　圆孔的夫琅禾费衍射　光学仪器的分辨本领》

一、圆孔的夫琅禾费衍射

当光波射到小圆孔时,也会产生衍射现象.光学仪器中所用的孔径光阑、透镜的边框等都相当于一个透光的圆孔,在成像问题中常要涉及圆孔衍射问题,所以圆孔夫琅禾费衍射具有重要的意义.

如果在观察单缝夫琅禾费衍射的实验装置中,用小圆孔代替狭缝 K.当平行单色光垂直照射到圆孔上,光通过圆孔后被透镜 L_2 会聚,在光屏上看到的是圆孔,中央是一个较亮的圆斑,外围是一组同心的暗环和明环的衍射图样.这个由第一暗环所围的中央光斑,称为艾里(G.B.Airy)斑,如图 12-71 所示.

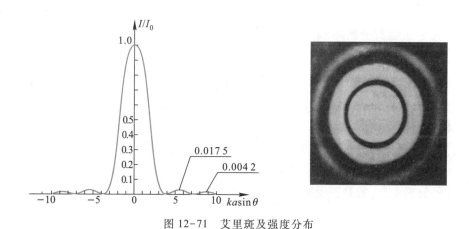

图 12-71　艾里斑及强度分布

由理论计算可得,第一级暗环的衍射角 θ_1 满足下式:

$$\sin \theta_1 = 0.61 \frac{\lambda}{r} = 1.22 \frac{\lambda}{d} \qquad (12\text{-}37a)$$

式中 r 和 d 是圆孔的半径和直径.上式与单缝衍射第一级暗纹的条件

$$\sin \theta_1 = \frac{\lambda}{d}$$

相对应.除了一个反映几何形状不同的因数 1.22 外,在衍射现象的定性方面是一致的.

艾里斑的角半径就是第一暗环所对应的衍射角

$$\theta_1 \approx \sin \theta_1 = 0.61 \frac{\lambda}{r} = 1.22 \frac{\lambda}{d} \qquad (12\text{-}37\mathrm{b})$$

若透镜 L_2 的焦距为 f，则艾里斑的半径
由图 12-72 可知为

$$R = f\tan \theta_1$$

由于 θ_1 很小，故 $\tan \theta_1 \approx \sin \theta_1 \approx \theta_1$，则

$$R = 1.22 \frac{\lambda}{d} f \qquad (12\text{-}38)$$

由此可知，λ 愈大或 d 愈小，衍射现象
愈显著，当 $\frac{\lambda}{d} \ll 1$ 时，衍射现象可忽略.

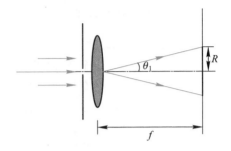

图 12-72　计算艾里斑半径用图

二、光学仪器的分辨本领

当我们讨论各种光学仪器的成像问题时，如果仅从几何光学的定律来考虑，只要适当选择透镜焦距并且适当安排多个透镜的组合，总可能用提高放大率的办法，把任何微小物体或远处物体放大到清晰可见的程度.但是，实际上各种光学仪器成像的清晰程度最终要受光的衍射现象所限制.当放大率大到一定程度后，即使再增加放大率，这仪器分辨物体细节的性能也不会再提高了.也就是说，由于衍射的限制，光学仪器的分辨能力有一个最高的极限.我们在这里讨论光学仪器的分辨本领，就是要说明为什么有一个分辨极限，并给出分辨极限的大小.

从波动光学的观点来看，由于衍射现象，光源上一个点所发出的光波经过仪器中的圆孔或狭缝后，并不能聚焦成为一个点，而是形成一个衍射图样.例如，望远镜的物镜相当于一个通光圆孔，一个点光源发的光经过物镜后所形成的像不是一个点，而是前述的圆孔衍射图样，其主要部分就是艾里斑.虽然望远镜的孔径(物镜直径)远大于光波的波长，但孔径毕竟是有限的，一个点光源的"像"仍然是一个弥散的小亮斑，其中心位置就是几何光学像点位置.如果两个点光源(两个物点)相距很近，而它们形成的衍射圆斑又比较大，以至两个圆斑绝大部分互相重叠，那么就分辨不出是两个物点了，这种情形示于图 12-73(a)中.如果这个圆斑足够小，或其中心距离足够远，如图 12-73(c)所示，那么两圆斑虽有一些重叠，我们也能分辨这两个点光源.

对一个光学仪器来说，如果一个点光源的衍射图样的中央最亮处刚好与另一个点光源的衍射图样的第一个最暗处相重合[图 12-73(b)]，这时两衍射图

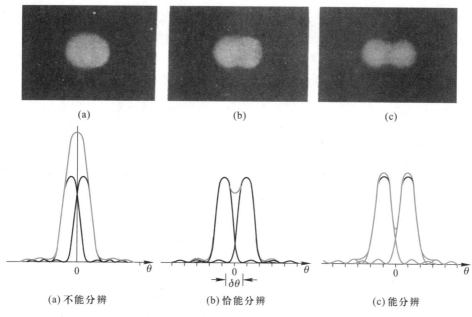

图 12-73　分辨两个衍射图像的条件

样(重叠区的)光强度约为单个衍射图样的中央最大光强的 80 %,一般人的眼睛刚刚能够判断出这是两个光点的像.这时,我们说这两个点光源恰好为这一光学仪器所分辨.这一条件称为瑞利判据(Rayleigh criterion).按此规定可求出两物点的距离作为光学仪器能分辨的两物点的最小距离.以圆孔形物镜(透镜)为例,"恰能分辨"的两点光源的两衍射图样中心之间的距离,应等于艾里斑的半径.此时,两点光源在透镜处所张的角称为最小分辨角(angle of minimum resolution),用 θ_R 表示(图 12-74).对于直径为 d 的圆孔衍射图样来说,艾里斑的角半径 θ_1 由下式给出:

$$\sin \theta_1 = 1.22 \frac{\lambda}{d}$$

这样,最小分辨角 θ_R 的大小可用下式表示(因 $\theta_1 \approx \sin \theta_1$)

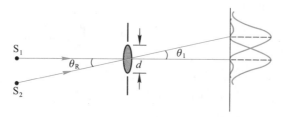

图 12-74　最小分辨角

$$\theta_R = \theta_1 = 1.22 \frac{\lambda}{d} \tag{12-39}$$

即最小分辨角的大小由仪器的孔径 d 和光波的波长 λ 决定.在光学中,常将光学仪器的最小分辨角的倒数称为这仪器的分辨本领(或分辨率)(resolving power).则

$$R = \frac{1}{\theta_R} \tag{12-40}$$

由上式可知,光学仪器的分辨率都与仪器的孔径成正比,与所用的光波的波长成反比.例如,人眼的瞳孔直径约为 2.5 mm,而入射白光的平均波长为 550 nm,则人眼的最小分辨角为 2.7×10^{-4} rad,约为 1′,这恰与人眼视网膜上相邻的两个视觉细胞之间的距离相应.

　　航天员在太空中能不能看到长城,这是大家感兴趣的问题.根据人眼的最小分辨角以及"神舟"飞船距离地面最近的高度(约 200 km)计算,理论上只能分辨出地面 50 m 以上尺度的目标特征,而长城宽和高平均不过七八米,因此从太空中用肉眼看到长城恐怕是很难的.

　　望远镜的分辨本领决定于物镜的直径 d,这是因为在设计和制造望远镜时,总是让物镜成为限制成像光束大小的通光孔,物镜的直径就是整个望远镜的孔径,其最小分辨角由式(12-40)决定.因此,望远镜的分辨本领为

$$R = \frac{1}{\theta_R} = \frac{1}{1.22} \frac{d}{\lambda} \tag{12-41}$$

可见,提高望远镜的分辨本领的途径是增大物镜的直径.例如,哈勃太空望远镜的物镜的孔径为 2.4 m,对波长为 632.8 nm 的光,其分辨角约为 0.066″.最大的反射式望远镜的孔径可达 10 m 以上.

　　显微镜和望远镜不同,显微镜物镜的焦距较短,被观察的物体放置在物镜焦距外,经物镜成一放大的实像后再由目镜放大.显微镜的分辨极限不用最小分辨角而用最小分辨距离来表示.理论计算得到最小分辨距离为

$$\Delta y = \frac{0.61\lambda}{n\sin u} \tag{12-42}$$

其中 n 为物方的折射率,u 为孔径对物点的半张角(图 12-75).乘积 $n\sin u$ 常称为显微镜的数值孔径(numerical aperture),用符号 N.A.表示.因此,显微镜的分辨本领

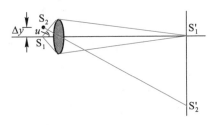

图 12-75　显微镜的最小分辨距离

$$R = \frac{1}{\Delta y} = \frac{n\sin u}{0.61\lambda} \qquad (12\text{-}43)$$

可见,要提高显微镜的分辨本领,就是要减小使用的光波的波长,增大显微镜的数值孔径.一般显微镜的数值孔径总是小于1,高倍率的显微镜使用油浸式的镜头,就是使用显微镜时,在载物片与物镜之间滴上一滴油,这样可使数值孔径增大到 1.5 左右,这时分辨的最小距离可达 0.4λ,这是光的波动性为显微镜定下的极限.因此,提高显微镜分辨本领唯一的办法是减小波长.例如用紫外线照明等.近代电子显微镜利用电子束的波动性来成像.在几万伏的加速电压下,电子束的波长可达 0.1 nm 的数量级.电子显微镜的最小分辨距离可达几个 nm,放大率可达几万倍乃至几百万倍.

例题 12-12

在通常的明亮环境中,人眼瞳孔直径约为 3 mm,如果黑板上有一相距 2.0 mm 的等号,问人离开黑板多远处恰能分辨清楚?

解　以视觉感受最灵敏的黄绿光来讨论,波长 $\lambda = 550$ nm,根据式(12-39)求得人眼的最小分辨角

$$\theta_R = 1.22\frac{\lambda}{d} = 2.2\times10^{-4} \text{ rad}$$

设人离开黑板的距离为 s,等号上两横线的间距为 l,对人眼来说,张角 θ 为

$$\theta \approx \frac{l}{s}$$

当恰能分辨时,应有

$$\theta = \theta_R$$

于是

$$s = \frac{l}{\theta_R} = 9.1 \text{ m}$$

即人眼能分辨黑板上等号的最远距离约为 9 m.

复习思考题

12-9-1　什么是瑞利判据?

12-9-2　如何提高望远镜和显微镜的分辨率?

§12-10　光栅衍射 ≫

一、光栅衍射

由大量等宽等间距的平行狭缝构成的光学器件称为光栅(grating).一般常用的光栅是在玻璃片上刻出大量平行刻痕制成,刻痕为不透光部分,两刻痕之间的光滑部分可以透光,相当于一狭缝.精制的光栅,在 1 cm 宽度内刻有几千条乃至上万条刻痕.这种利用透射光衍射的光栅称为透射光栅,还有利用两刻痕间的反射光衍射的光栅,如在镀有金属层的表面上刻出许多平行刻痕,两刻痕间的光滑金属面可以反射光,这种光栅称为反射光栅.

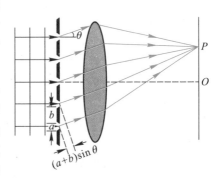

设透射光栅的总缝数为 N,缝宽为 a,缝间不透光部分宽度为 b,$(a+b)=d$ 称为光栅常量(grating constant).当平行单色光垂直入射到光栅上(图 12-76),衍射光束通过透镜会聚在透镜的焦平面上,且在屏上几乎黑暗的背景上呈现出一系列又细又亮的明条纹,如图 12-77 所示.

图 12-76　光栅衍射

图 12-77　光栅衍射的图像

二、光栅衍射条纹的成因

我们知道,平行光照射单缝后,经透镜聚焦在屏上形成单缝衍射条纹.对于具有 N 个狭缝的光栅,在平行光照射下,每个狭缝都要产生各自的衍射条纹,尽管各狭缝的位置不同,但由于屏幕放在透镜的焦平面处,这 N 组衍射条纹将通过透镜完全重合,如同单个狭缝所形成的衍射条纹一样.

不仅如此,由于各狭缝都处在同一波阵面上,相邻两缝所有的对应点发射的子波到达屏上 P 点的光程差都是相等的,所以通过所有狭缝的光都是相干光,

在屏幕上 P 点处还将出现相干叠加,形成干涉条纹,这就是多缝干涉.

由此可知,光栅的衍射条纹是单缝衍射和多缝干涉的综合效果.

图 12-78 给出了光栅衍射图样的光强分布图.其中图(a)给出了缝宽为 a 的单缝衍射图样的光强图.图(b)给出了缝宽是无限窄时的多缝干涉图样的光强分布图.多缝干涉和单缝衍射共同决定的光栅衍射的总光强如图(c)所示,干涉条纹的光强要受到单缝衍射的调制.如果光栅缝数很多,每条缝的宽度很小,则单缝衍射的中央明纹区域变得很宽,我们通常观察到的光栅衍射图样,就是各缝的衍射光束在单缝衍射中央明纹区域内的干涉条纹.

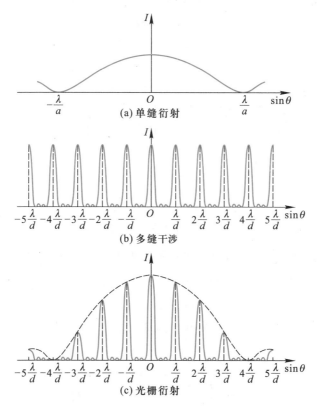

图 12-78 光栅衍射的光强分布

由于光栅的缝数很多,设为 N,则在屏幕上 P 点处的合振幅应是来自一条缝的光的振幅 N 倍,而光强将是来自一条缝光强的 N^2 倍,所以光栅的条纹是很亮的.

三、光栅方程

如图 12-76 所示,对应于衍射角 θ,光栅上任意相邻两缝发出的光到达 P 点时的光程差都是相等的,等于 $(a+b)\sin\theta$.当此光程差满足入射光波长 λ 的整数倍时,所有的缝发出的光到达 P 点时将发生相互叠加形成明条纹.因此,光栅衍射明条纹的条件是 θ 必须满足公式

$$(a+b)\sin\theta=\pm k\lambda \qquad k=0,1,2,\cdots \tag{12-44}$$

上式称为光栅方程.满足光栅方程的明纹又称主极大.由光栅方程可知,对于一定波长的入射光,光栅常量越小,各级明条纹的衍射角越大.即条纹分布越稀疏.对应于 $k=0$ 的条纹称为中央明纹,$k=1,2,\cdots$ 的明纹称为第一级、第二级……明纹.正、负号表示各级明条纹对称分布在中央明纹两侧.

理论计算还表明:在相邻两主极大之间还存在 $N-1$ 条暗纹和 $N-2$ 条次极大(参看本节六、光栅衍射的强度分布),这些次极大的光强很弱,所以光栅的缝数 N 很大时,则在两相邻主极大之间的暗条纹和次极大的数目也都很大,两者几乎无法分辨,形成了一个较大的暗区,这就使光栅衍射的条纹成为在黑暗背景上的又细又亮的条纹.

四、缺级

由于单缝衍射的光强分布在某些 θ 值时可能为零,所以,如果 θ 的某些值满足光栅方程的主明纹条件,而又满足单缝衍射的暗纹条件,这些主明纹将消失,这一现象称为缺级(order missing).如果 θ 角同时满足

$$(a+b)\sin\theta=k\lambda$$
$$a\sin\theta=k'\lambda$$

则缺级的级数 k 为

$$k=\frac{a+b}{a}k' \qquad k'=\pm1,\pm2,\pm3,\cdots \tag{12-45}$$

例如,当 $(a+b)=4a$ 时,缺级的级数为 $k=4,8,\cdots$.图 12-78(c) 就是这种情形.

五、光栅光谱

单色光经过光栅衍射后形成各级细而亮的明纹,从而可以精确地测定其波长.如果用复色光照射到光栅上,除中央明纹外,不同波长的同一级明纹的角位置是不同的,并按波长由短到长的次序自中央向外侧依次分开排列,每一干

涉级次都有这样的一组谱线.光栅衍射产生的这种按波长排列的谱线称为光栅光谱.

各种元素或化合物有它们自己特定的谱线,测定光谱中各谱线的波长和相对强度,可以确定该物质的成分及其含量.这种分析方法叫做光谱分析.在科学研究和工程技术上有着广泛的应用.

例题 12–13

用每毫米刻有 500 条栅纹的光栅,观察钠光谱线($\lambda = 589.3$ nm).问(1)平行光线垂直入射时;(2)平行光线以入射角 30° 入射时,最多能看到第几级条纹? 总共有多少条条纹?(3)由于钠光谱线 λ 实际上是 $\lambda_1 = 589.0$ nm 及 $\lambda_2 = 589.6$ nm 两条谱线的平均波长,求在正入射时第一级条纹中此双线分开的角距离及在屏上分开的线距离.设光栅后透镜的焦距为 2 m.

解　(1)由光栅公式 $(a+b)\sin\theta = k\lambda$ 得

$$k = \frac{a+b}{\lambda}\sin\theta$$

可见 k 的可能最大值相应 $\sin\theta = 1$.

按题意,每毫米中刻有 500 条栅纹,所以光栅常量为

$$a+b = \frac{1}{500}\ \text{mm} = 2\times10^{-6}\ \text{m}$$

将上值及 λ 值代入 k 式,并设 $\sin\theta = 1$,得

$$k = \frac{2\times10^{-6}}{589.3\times10^{-9}} = 3.4$$

k 只能取整数,故取 $k = 3$,即垂直入射时能看到第三级条纹,总共有 $2k+1 = 7$ 条明纹(其中加 1 是指中央明纹).

(2)如平行光以 θ' 角入射时,光程差的计算公式应作适当的修正.从图 12–79 中可以看出,在衍射角 θ 的方向上,相邻两缝对应点的衍射光程差为

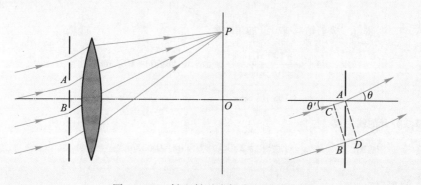

图 12–79　斜入射时光栅光程差的计算

$$\delta = BD - AC = (a+b)\sin\theta - (a+b)\sin\theta'$$
$$= (a+b)(\sin\theta - \sin\theta')$$

这里角 θ 和角 θ' 的正负号是这样规定的,从图中光栅平面的法线算起,逆时针转向光线时的夹角取正值,反之取负值.图中所示的 θ 和 θ' 都是正值.由此得斜入射时的光栅方程为

$$(a+b)(\sin\theta - \sin\theta') = k\lambda \qquad k = 0, \pm1, \pm2, \cdots$$

同样,k 的可能最大值相应 $\sin\theta = \pm1$

在 O 点上方观察到的最大级次设为 k_1,取 $\theta = 90°$,得

$$k_1 = \frac{(a+b)(\sin 90° - \sin 30°)}{\lambda} = 1.70 \qquad (取 k_1 = 1)$$

而在 O 点下方观察到的最大级次设为 k_2,取 $\theta = -90°$,得

$$k_2 = \frac{(a+b)[\sin(-90°) - \sin 30°]}{\lambda}$$
$$= \frac{(a+b)(-1-0.5)}{589.3\times10^{-9}}$$
$$= -5.09 \qquad (取 k_2 = -5)$$

所以斜入射时,总共有 $k_1 + |k_2| + 1 = 7$ 条明纹.

（3）对光栅公式两边取微分

$$(a+b)\cos\theta_k \, d\theta_k = k \, d\lambda$$

波长为 λ 及 $\lambda + d\lambda$ 第 k 级的两条纹分开的角距离为

$$d\theta_k = \frac{k}{(a+b)\cos\theta_k} d\lambda$$

光线正入射时,第一级条纹的角位置 θ_1 为

$$\theta_1 = \sin^{-1}\left(\frac{k\lambda}{a+b}\right) = \sin^{-1}\left(\frac{589.3\times10^{-9}}{2\times10^{-6}}\right) = 17°8'$$

代入 $d\theta_k$ 式,得第一级的钠双线分开的角距离

$$d\theta_1 = \frac{1}{2\times10^{-6}\times\cos 17°8'}(589.6 - 589.0)\times10^{-9} \text{ rad}$$
$$= 3.15\times10^{-4} \text{ rad}$$

钠双线分开的线距离

$$dx_1 = f d\theta_1 = 2\times3.15\times10^{-4} \text{ m} = 0.63 \text{ mm}$$

例题 12-14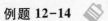

N 根天线沿一水平直线等距离排列组成天线列阵,如图 12-80 所示,每根天线发射同

一波长 λ 的球面波,从第 1 根天线到第 N 根天线,相位依次落后 $\frac{\pi}{2}$,相邻天线间的距离 $d = \frac{\lambda}{2}$,如图所示.求:在什么方向(即与天线列阵法线的夹角 θ 为多少)上,天线列阵发射的电磁波最强.

图 12-80

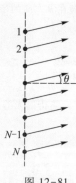
图 12-81

解 将每根天线发射的球面波视为子波,则 N 根天线组成的列阵可视为光栅(图 12-81),光栅常量就是相邻两天线的间隔 d,相邻两天线的相位差可等效为附加的波程差.

设在与天线列阵法线成 θ 角的方向上,N 个同频率,同方向振动的电磁波由干涉而加强.两根相邻天线在 θ 角方向的波程差为

$$\delta = d\sin\theta + \delta'$$

式中 $d = \frac{\lambda}{2}$,δ' 为附加的波程差,由题意可知 $\Delta\phi = \frac{\pi}{2}$,即

$$\Delta\phi = \frac{\pi}{2} = \frac{2\pi}{\lambda}\delta'$$

得

$$\delta' = \frac{\lambda}{4}.$$

所以,波程差满足 $\frac{\lambda}{2}\sin\theta + \frac{\lambda}{4} = \pm k\lambda \ (k = 0, 1, 2, \cdots)$ 时,有干涉主极大,与天线列阵法线的夹角 θ 为

$$\theta = \arcsin\left(2k - \frac{\lambda}{2}\right)$$

$k = 0$ 时,$\theta_0 = -30°$,这是零级主极大的方向,即电磁波最强的方向.

*六、光栅衍射的强度分布

设光栅有 N 条狭缝,每条缝射出的衍射角为 θ 的光在 P 点引起的光振动振幅由式(12-36a)知为

$$A_\theta = A_{10} \frac{\sin \alpha}{\alpha}$$

其中

$$\alpha = \frac{\pi a \sin \theta}{\lambda}$$

式中 A_{10} 为每一条缝衍射时的中央明纹的最大振幅.

当 N 条缝在 θ 方向的衍射光在 P 点处叠加时的合振幅由式(12-36a)得

$$A = A_\theta \frac{\sin N \dfrac{\Delta\phi}{2}}{\sin \dfrac{\Delta\phi}{2}}$$

而 $\Delta\phi$ 为相邻两缝衍射光的相位差,其值为

$$\Delta\phi = \frac{2\pi(a+b)\sin \theta}{\lambda}$$

令

$$\frac{\Delta\phi}{2} = \beta$$

所以 P 点处的合振幅 $\qquad A_\theta = A_{10} \dfrac{\sin \alpha}{\alpha} \cdot \dfrac{\sin N\beta}{\sin \beta}$

P 点的光强为

$$I_\theta = I_{10} \left(\frac{\sin \alpha}{\alpha} \right)^2 \left(\frac{\sin N\beta}{\sin \beta} \right)^2 \qquad\qquad (12\text{-}46)$$

其中 $\qquad\qquad \alpha = \dfrac{\pi a}{\lambda} \sin \theta, \quad \beta = \dfrac{\pi(a+b)}{\lambda} \sin \theta$

这就是包含 N 个狭缝的光栅衍射光强分布公式,式中 $\left(\dfrac{\sin \alpha}{\alpha} \right)^2$ 是单缝衍射因子, $\left(\dfrac{\sin N\beta}{\sin \beta} \right)$ 是多缝干涉因子.由干涉因子可得到以下结论.

1. 主极大

当 $\beta = k\pi$ 时,干涉因子有极大值,即

$$(a+b)\sin \theta = k\lambda \qquad k = 0, \pm 1, \pm 2, \cdots$$

这就是光栅方程.此时明条纹的光强是单独一个缝衍射产生的光强的 N^2 倍.

2. 极小

光栅衍射光强分布公式中,多缝干涉因子和单缝衍射因子中任一个为零,都会使光强为零,出现极小.

当 $\sin N\beta = 0$ 而 $\sin \beta \neq 0$ 时,即 $N\beta$ 等于 π 的整数倍.但 β 不是 π 的整数倍时,光强为零,即

$$(a+b)\sin \theta = \frac{k'}{N}\lambda \qquad k' = 1, 2, \cdots, (N-1), (N+1), (N+2), \cdots$$

这样,在两个相邻主极大之间有 $N-1$ 个极小值.

3. 次极大

既然在相邻两个主极大之间有 $N-1$ 个极小,则相邻两极小之间必存在着极大.计算表

明,这些极大的光强仅为主极大的 4% 左右,所以称为次极大.两主极大之间出现的次极大的数目由极小数可推知为 $N-2$ 个.

图 12-82 给出了用 Matlab 计算程序(见附录 3)得到的 $N=2,4,10,20$ 的衍射光强分布图.从图中可以明显地看出,缝数越多主极大越大,说明光强越强(与 N^2 成正比).宽度越窄,两相邻主极大之间有 $N-1$ 个极小,$N-2$ 个次极大.

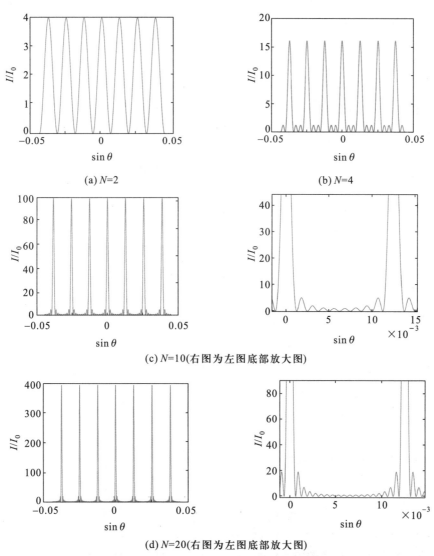

(a) $N=2$

(b) $N=4$

(c) $N=10$(右图为左图底部放大图)

(d) $N=20$(右图为左图底部放大图)

图 12-82 不同缝数的衍射光栅的光强分布图

*七、光栅的分辨本领

　　光栅的分辨本领是指把波长靠得很近的两条谱线分辨清楚的本领,是表征光栅性能的主要技术指标.通常把恰能分辨的两条谱线的平均波长 λ 与这两条谱线的波长差 $\Delta\lambda$ 之比,定义为光栅的色分辨本领(chromatic resolving power),用 R 表示,

$$R = \frac{\lambda}{\Delta\lambda} \tag{12-47}$$

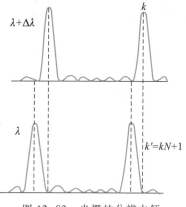

图 12-83　　光栅的分辨本领

$\Delta\lambda$ 愈小,其分辨本领就愈大.按瑞利准则,要分辨第 k 级光谱中波长为 λ 和 $\lambda+\Delta\lambda$ 的两条谱线,就要满足波长为 $\lambda+\Delta\lambda$ 第 k 级主极大恰好与波长为 λ 的最邻近的极小相重合,即与第 $kN+1$ 级极小相重合(图12-83),由式(12-44)知,波长为 $\lambda+\Delta\lambda$ 的第 k 级主极大的角位置为

$$(a+b)\sin\theta = k(\lambda+\Delta\lambda)$$

波长为 λ 的第 $kN+1$ 级极小的角位置为

$$N(a+b)\sin\theta' = (kN+1)\lambda$$

如两者重合,必须满足条件

$$k(\lambda+\Delta\lambda) = \frac{kN+1}{N}\lambda$$

化简得

$$\lambda = kN\Delta\lambda$$

所以光栅的分辨本领

$$R = \frac{\lambda}{\Delta\lambda} = kN \tag{12-48}$$

即光栅的分辨本领 R 决定光栅的缝数 N 和光谱的级次 k.

例题 12-15

　　设计一光栅,要求(1) 能分辨钠光谱的 589.0 nm 和 589.6 nm 的第二级谱线;(2) 第二级谱线衍射角 $\theta \leqslant 30°$;(3) 第三级谱线缺级.

　　解　(1) 按光栅的分辨本领

$$R = \frac{\lambda}{\Delta\lambda} = kN$$

得

$$N = \frac{\lambda}{k\Delta\lambda} = \frac{589.3}{2 \times 0.6} = 491 (\text{条})$$

即必须有 $N \geqslant 491$ 条.

（2）由 $(a+b)\sin\theta = k\lambda$

$$a+b = \frac{k\lambda}{\sin\theta} = \frac{2 \times 589.3 \times 10^{-6}}{\sin 30°} \text{ mm} = 2.36 \times 10^{-3} \text{ mm}.$$

因 $\theta \leqslant 30°$，所以 $a+b \geqslant 2.36 \times 10^{-3}$ mm

（3）缺级条件 $\dfrac{a+b}{a} = \dfrac{k}{k'}$

取 $k' = 1$

$$a = \frac{a+b}{3} = 0.79 \times 10^{-3} \text{ mm}.$$

$$b = 1.57 \times 10^{-3} \text{ mm}.$$

这样，光栅的 N, a, b 均被确定.

八、干涉、衍射的区别和联系

上面讨论了杨氏双缝实验和光栅衍射问题，光通过每一个缝都存在衍射，缝与缝间的光波又相互干涉，那么干涉和衍射之间有何区别.如果从光波相干叠加、引起光强度的重新分布、形成稳定图样来看，干涉和衍射并不存在实质性的区别.然而习惯上把有限光束的相干叠加说是干涉，而把无穷多子波的相干叠加说是衍射.或者更精确地说，如果参与相干叠加的各光束是按几何光学直线传播的，这种相干叠加是纯干涉问题，如薄膜干涉情形.如果参与相干叠加的各光束的传播不符合几何光学模型，每一光束存在明显的衍射，这种情形干涉和衍射是同时存在的，如杨氏双缝等分波阵面的干涉装置.在存在衍射的情况下，干涉条纹要受到衍射的调制.在杨氏双缝实验中，缝宽不同，则调制情况也不同.当缝宽很小时，单缝衍射的中央亮区的衍展范围很大，干涉条纹近于等强度分布.在这种情况讨论缝间干涉时，无需考虑衍射对干涉条纹的调制，故称为双缝干涉；而把缝宽不很小时形成的干涉条纹不等强度分布的情形，称为双缝衍射.如图12-84所示.对于光栅，缝宽很小，衍射对干涉条纹的调制不大，故有的把光栅的衍射也称为多光束干涉.

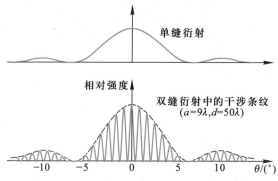

(a) 双缝衍射中干涉条纹的强度为单缝衍射图样所影响

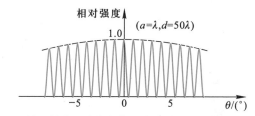

(b) 双缝干涉中干涉条纹的强度受单缝衍射的影响小

图 12-84 双缝干涉和双缝衍射的区别

复习思考题》》》

12-10-1 如何理解光栅的衍射条纹是单缝衍射和多缝干涉的总效应?

12-10-2 光栅衍射图样的强度分布具有哪些特征? 这些特征分别与光栅的哪些参数有关?

12-10-3 如果光栅中透光狭缝的宽度与不透光部分的宽度相等,将出现怎样的衍射图样?

12-10-4 光栅衍射光谱和棱镜光谱有何不同?

12-10-5 一台光栅摄谱仪备有三块光栅,它们分别为每毫米 1 200 条、600 条、90 条.

(1) 如果用此仪器测定 700~1 000 nm 波段的红外线的波长,应选用哪一块光栅? 为什么? (2) 如果用来测定可见光波段的波长,应选用哪一块? 为什么?

12-10-6 在双缝实验中,怎样区分双缝干涉和双缝衍射?

12-10-7 图示为单色光通过三种不同衍射屏在屏幕上呈现的夫琅禾费衍射强度分析曲线.试指出这些图对应的各是什么衍射屏? 说明图(a)和(b)所示两衍射屏的有关参量的相对大小.

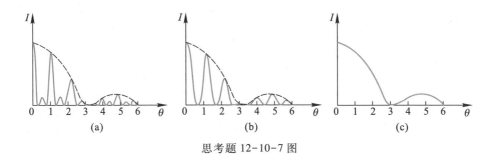

思考题 12-10-7 图

* §12–11 X 射线的衍射 ≫

X 射线是伦琴(W.K Röntgen)在 1895 年发现的. X 射线在本质上和可见光一样,是一种波长为 0.1 nm 数量级的电磁波.对于这样短的波长,通常的光学光栅已毫无用处.例如,波长 $\lambda = 0.1$ nm 的 X 射线垂直入射到光栅常量 $a+b = 300$ nm 的光栅(即每毫米刻有 330 条狭缝),即使还按原来的光栅公式估算,第一级主明纹出现在 0.002° 的方向上,实际上已无法观察.

人们曾希望获得 X 射线使用的光栅,但既然 X 射线的波长的数量级相当于原子直径,这样的光栅当然就无法用机械方法来制造.

1912 年德国物理学家劳厄(M. von Laue)想到,晶体是由一组有规则排列的微粒(原子、离子或分子)组成的,它也许会构成一种适合于 X 射线用的天然三维衍射光栅.劳厄的实验装置如图 12-85(a)所示.一束穿过铅板 PP' 上小孔的 X 射线(波长连续分布)投射在晶体薄片 C 上,在照相底片 E 上发现有很强的 X 射线束在一些确定的方向上出现.这是由于 X 射线

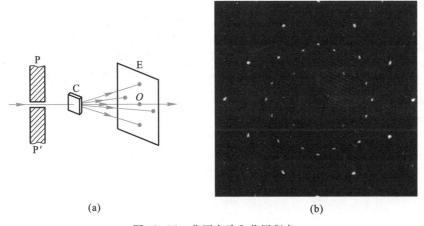

(a)　　　　　　　　　　(b)

图 12-85　劳厄实验和劳厄斑点

照射晶体时,组成晶体的每一个微粒相当于发射子波的中心,向各方向发出子波(称为散射),而来自晶体中这许多有规则排列的散射中心的 X 射线会相加干涉而使得沿某些方向的光束加强.图 12-85(b)是 X 射线通过氯化钠(NaCl)晶体后投射到照相底片上形成的斑点,称为劳厄斑点.对这些劳厄斑点的位置与强度进行仔细的研究,就可推断出晶体中的原子排列.

不久,英国布拉格父子(W.H.Bragg 和 W.L.Bragg)提出另一种研究 X 射线的方法.他们把晶体的空间点阵简化,当作反射光栅处理.想象晶体是由一系列的平行的原子层(称为晶面)所构成的,如图 12-86 所示.设各原子层(或晶面)之间的距离为 d,称为晶面间距(lattice distance).当一束单色的、平行的 X 射线,以掠射角(glancing angle)θ 入射到晶面上时,一部分将为表面层原子所散射,其余部分将为内部各原子层所散射.但是,在各原子层所散射的射线中,只有沿镜式反射方向的射线的强度为最大.由图可见,上下两原子层所发出的反射线的光程差为

$$\delta = AC + CB = 2d\sin\theta$$

显然,各层散射射线相互加强而形成亮点的条件是

$$\boxed{2d\sin\theta = k\lambda} \qquad k = 1,2,3,\cdots \tag{12-49}$$

上式称为布拉格公式或布拉格条件(Bragg condition).

理论分析证明,应用布拉格公式,也可解释劳厄实验.如图 12-87 所示,除平行晶体表面的一系列原子层组(如 1、2)外,在晶体内还有许多取不同方向的原子层组(如 3、4、5、6 等等),当 X 射线入射晶体表面时,可以看出,对不同原子层组的掠射角 θ 不同,各组原子层间的距离 d 也各不同.所以散射出来的 X 射线只有在适合一定的 θ 和 d 的条件下,才可相互加强而在照相底片上形成斑点.这里,我们不作详细说明了.

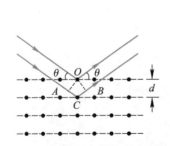

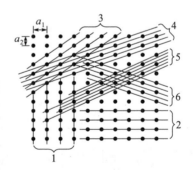

图 12-86　推导布拉格公式用图　　图 12-87　晶体点阵中的不同取向的原子层(或晶面)组

X 射线的衍射,已广泛地用来解决下列两个方面的重要问题:

1. 如果作为衍射光栅的晶体的结构为已知,亦即晶体的晶格常量[①]已知时,就可用来测定 X 射线的波长.这一方面的工作,发展了 X 射线的光谱分析,对原子结构的研究极为重要.

2. 用已知波长的 X 射线在晶体上发生衍射,就可以测定晶体的晶格常量.这一应用发展为 X 射线的晶体结构分析,分子物理中很多重要结论都是以此为基础的.X 射线的晶体结构分析在工程技术上也有极大的应用价值.

特别值得一提的是,1950 年英国科学家威尔金斯(Maurice Wilkins)利用刚刚发明的 X 射线衍射技术清楚地观测到了 DNA 的结构,为揭开 DNA 的双螺旋结构提供了坚实的实验图像.威尔金斯与弗朗西斯·克里克(Francis Crick)和詹姆斯·沃森(James Watson)共同获得 1962 年的诺贝尔生理学或医学奖.

复习思考题》》

12-11-1 利用光学光栅能否观察到 X 射线的衍射现象?

12-11-2 布拉格公式中的 θ 是指怎样的角?为什么选择这样的角?

12-11-3 布拉格公式中的 d 是否就是晶体的晶格常量?

§12-12 光的偏振状态》

一、线偏振光(平面偏振光)

光的干涉和衍射现象说明了光的波动性,但还不能由此确定光是横波还是纵波,光的偏振现象进一步表明光的横波性.

光的电磁理论指出,光是电磁波,光的振动矢量 E 与光的传播方向垂直.但是,在垂直于光的传播方向平面内,光矢量 E 还可能有各种不同的振动状态.如果光矢量始终沿某一方向振动,这样的光就称为线偏振光(linear polarized light).我们把光的振动方向和传播方向组成的平面称为振动面.由于线偏振光的光矢量保持在固定的振动面内,所以线偏振光又称平面偏振光(plane polarized light).光的振动方向在振动面内不具有对称性,这叫做偏振.显然,只有横波才有偏振现象,这是横波区别于纵波的一个最明显的标志.

---

① 晶体中的微粒按一定的周期性方式排列着.晶体点阵的重复单元叫做晶胞,通常以沿晶胞三边的三个基矢 a_1、a_2、a_3 表示.每边之长 a_1、a_2、a_3 称为晶格常量.立方晶胞的每边 a 是相等的.例如在图 12-87 所表示的晶体点阵的一个截面中,a_1、a_2 是晶胞的两边.可看到 1、2 两族晶面的面间距就是 a_1、a_2.

二、自然光

一个原子(或分子)每次发光所发出的波列可以认为是线偏振光,它的光矢量具有一定的方向.但是,普通光源所发出的光是由大量原子的持续时间很短的波列组成,这些波列的振动方向和相位是无规的、随机变化的.所以在垂直光传播方向的平面上看,几乎各个方向都有大小不等、前后参差不齐而变化很快的光矢量的振动.按统计平均来说,无论哪一个方向的振动都不比其他方向更占优势,即光矢量的振动在各方向上的分布是对称的,振幅也可看成完全相等[图12-88(a)],这种光就是自然光(natural light),它是非偏振的.

由上述可知,自然光的情况要比线偏振光复杂得多.我们可以设想把每个波列的光矢量都沿任意取定的两个垂直方向分解,然后将所有波列光矢量的两个分量分别叠加起来,成为总光波光矢量的两个分量.由于各波列的相位和振动方向都是无规分布的,所以这两个分量之间没有固定的相位关系.这样,我们把自然光分解为两个相互独立、等振幅、相互垂直方向的振动[图12-88(b)].这样的分解也就是把自然光分解为两束相互独立的、等振幅的、振动方向相互垂直的线偏振光,这两个线偏振光的光强各等于自然光光强的一半.自然光可用图12-88(c)所示的方法表示.图中用短线和点分别表示在纸面内和垂直于纸面的光振动.

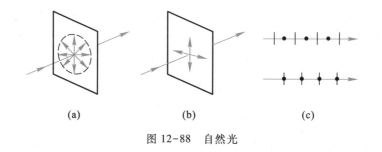

(a) (b) (c)

图 12-88　自然光

三、部分偏振光

在光学实验中,如果采用某种方法,把自然光两个互相垂直的独立振动分量中的一个完全消除或移走,只剩下另一个方向的光振动,那么就获得了线偏振光.如果只是部分地移去一个分量,使得两个独立分量不相等,就获得所谓部分偏振光(partial polarized light).线偏振光和部分偏振光的表示方法如图12-89所示.

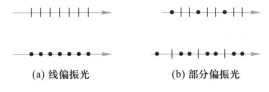

(a) 线偏振光　　　　(b) 部分偏振光

图 12-89　线偏振光和部分偏振光的表示法

四、圆偏振光和椭圆偏振光

光传播时,若光矢量绕着传播方向旋转,其旋转角速度对应于光的角频率.如果迎着光的传播方向考察,光矢量端点轨迹是一个圆,这种振动状态的光称为圆偏振光(circular polarized light)(图 12-90).光矢量端点轨迹是一个椭圆则称为椭圆偏振光(elliptic polarized light).圆偏振光和椭圆偏振光可以看成是两个振动相互垂直、相位差为 π/2 的线偏振光的合成.振幅相等时为圆偏振光.圆偏振光和椭圆偏振光又有右旋和左旋两种.

设光沿 z 轴正方向传播,某时刻右旋圆偏振光的光矢量 E 随 z 的变化如图 12-90 所示,x=0 时,z=0 处的光矢量是向下的,向前传过半个波长后,z=0 处的光矢量沿顺时针方向传到上方了.在 z 大一些的前方相位要落后一些,在 z 小一些的后方,光矢量旋转得要更多一些.

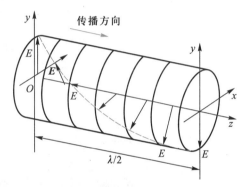

图 12-90　某时刻右旋圆偏振光的光矢量 E 随 z 的变化

§12–13　起偏和检偏　马吕斯定律》》

一、起偏和检偏

从自然光获得偏振光的过程称为起偏,产生起偏作用的光学元件称为起偏器(polarizer).偏振片是一种常用的起偏器,它能对入射自然光的光矢量在某方向上的分量有强烈的吸收,而对与该方向垂直的分量吸收很少.因此,偏振片只能透过沿某个方向的光矢量或光矢量振动沿该方向的分量.我们把这个透光方向称为偏振片的偏振化方向或透振方向(axis of transmission).

两个平行放置的偏振片 P_1 和 P_2,它们的偏振化方向分别用一组平行线表示,如图 12-91(a)所示.当自然光垂直入射于偏振片 P_1,透过的光将成为线偏振光,其振动方向平行于 P_1 的偏振化方向,强度 I_1 等于入射自然光强度 I_0 的 1/2.透过 P_1 的线偏振光再入射到偏振片 P_2 上,如果 P_2 的偏振化方向与 P_1 的偏振化方向平行,则透过 P_2 的光强最强;如果两者的偏振化方向相互垂直,则光强最弱,称为消光.将 P_2 绕光的传播方向慢慢转动,可以看到透过 P_2 的光强将随 P_2 的转动而变化,例如由亮逐渐变暗,再由暗逐渐变亮,旋转一周将出现两次最亮和两次最暗.图 12-91(b)显示了偏振化方向正交的两偏振片的重叠部分不透光.可见此处偏振片 P_2 的作用是检验入射光是否偏振光,故称为检偏器(analyzer).

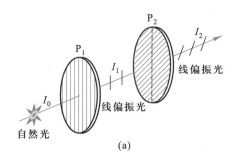

(a)

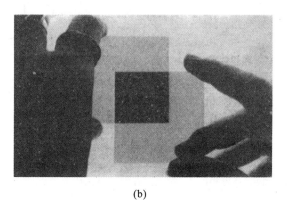

(b)

图 12-91　起偏和检偏

二、马吕斯定律

马吕斯(E.L.Malus)在研究线偏振光透过检偏器后透射光的光强时发现:如果入射线偏振光的光强为 I_1,透射光的光强(不计检偏器对透射光的吸收)I_2 为

$$I_2 = I_1 \cos^2 \alpha \qquad (12\text{-}50)$$

式中 α 是检偏器的偏振化方向和入射线偏振光的光矢量振动方向之间的夹角.

这就是马吕斯定律.

马吕斯定律的证明如下:

如图 12-92 所示,设 A_1 为入射线偏振光的光矢量的振幅,P_2 是检偏器的偏振化方向,入射光矢量的振动方向与 P_2 方向间的夹角为 α,将光振动分解为平行于 P_2 和垂直于 P_2 的两个分振动,它们的振幅分别为 $A_1\cos\alpha$ 和 $A_1\sin\alpha$.因为只有平行分量可以透过 P_2,所以透射光的振幅 A_2 和光强 I_2 分别为

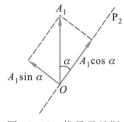

图 12-92 推导马吕斯
定律用图

$$A_2 = A_1\cos\alpha$$
$$I_2 = I_1\cos^2\alpha$$

由上式可知,当 $\alpha = 0°$ 或 $180°$ 时,$I_2 = I_1$,光强最强,当 $\alpha = 90°$ 或 $270°$ 时,$I_2 = 0$,这时没有光从检偏器射出.

例题 12-16

用两偏振片平行放置作为起偏器和检偏器.在它们的偏振化方向成 $30°$ 角时,观测一光源,又在成 $60°$ 角时,观测同一位置处的另一光源.两次所得的强度相等.求两光源照到起偏器上的光强之比.

解 令 I_1 和 I_2 分别为两光源照到起偏器上的光强.透过起偏振器后,光的强度分别为 $\frac{1}{2}I_1$ 和 $\frac{1}{2}I_2$.按马吕斯定律,在先后观测两光源时,透过检偏振器的光的强度是

$$I_1' = \frac{1}{2}I_1\cos^2 30°$$

和

$$I_2' = \frac{1}{2}I_2\cos^2 60°$$

按题意

$$I_1' = I_2'$$

即

$$I_1\cos^2 30° = I_2\cos^2 60°$$

所以

$$\frac{I_1}{I_2} = \frac{\cos^2 60°}{\cos^2 30°} = \frac{1}{3}$$

复习思考题 ⟫⟫

12-13-1 如图所示,M 为起振偏器,N 为检偏振器.今以单色自然光垂直入射.若保持 M 不动,将 N 绕 OO' 轴转动 $360°$,转动过程中通过 N 的光强怎样变化? 若保持 N 不动,将 M 绕 OO' 轴转动 $360°$,则转动过程中通过 N 的光强又怎样变化? 试定性画出光强对转动角度的关系曲线.

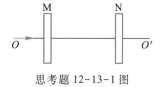

思考题 12-13-1 图

12-13-2　上题中,若使 M 和 N 的偏振化方向相互垂直,则通过 N 后的光强为零.若在 M 和 N 之间插入另一偏振片 C,它的偏振化方向和 M 及 N 均不相同,则通过 N 后的光强如何?

若将偏振片 C 转动一周,试定性画出光强对转动角度的关系曲线.

12-13-3　一光束可能是:(1) 自然光;(2) 线偏振光;(3) 部分偏振光,你如何用实验来确定这束光是哪一种光?

§12-14　反射和折射时光的偏振》

自然光在两种介质的分界面上反射和折射时,反射光和折射光都将成为部分偏振光;在特定情况下,反射光有可能成为完全偏振光.

实验和理论指出,自然光从空气入射到玻璃后(图 12-93),在反射光束中垂直入射面的振动(用黑点表示)比平行入射面的振动(用短线表示)强,而在折射光束中,平行振动比垂直振动强.也就是说,反射光和折射光都将成为部分偏振光(图中也分别用点多线少和线多点少来标志).

改变入射角 i 时,反射光的偏振化程度也随之改变.当 i 等于某一特定的角度时,在反射光中只有垂直于入射面的振动,而平行于入射面的振动变为零,这时的反射光为完全偏振光.这个特定的入射角常叫做起偏振角(polarizing angle),用 i_B 表示.实验还指出,自然光以起偏振角 i_B 入射到两种介质的分界面上时,反射光线和折射光线相互垂直(图 12-94),即

$$i_B + r = 90°$$

根据折射定律,有

$$n_1 \sin i_B = n_2 \sin r$$

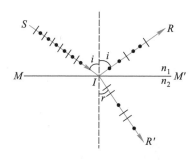

图 12-93　自然光反射和折射后
产生的部分偏振光

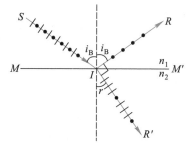

图 12-94　布儒斯特角

式中 n_1 和 n_2 分别为介质 1 和介质 2 的折射率.由以上两式可得

$$n_1 \sin i_B = n_2 \sin (90° - i_B) = n_2 \cos i_B$$

即

$$\tan i_B = \frac{n_2}{n_1} \qquad (12-51)$$

或

$$\tan i_B = n_{21}$$

式中 $n_{21}\left(=\dfrac{n_2}{n_1}\right)$ 是介质 2 对介质 1 的相对折射率.式(12-51)是 1812 年由布儒斯特(D.Brewster)从实验确定的,称为布儒斯特定律.起偏振角 i_B 也称为布儒斯特角(Brewster angle).

综上所述,当入射角 i 等于布儒斯特角 i_B 时,反射光为完全偏振光,其振动方向垂直于入射面,布儒斯特角由式(12-51)确定.例如,光线自空气射向折射率为 1.50 的玻璃,$i_B = 56.3°$.反之,光线由玻璃射向空气而反射时,$i'_B = 33.7°$.显然,这两者互为余角.

还须指出,当自然光按起偏振角入射时,在经过一次反射、折射后,反射光虽然是完全偏振光,但光强很弱,对于单独一个玻璃面来说,垂直于入射面的振动的光能只被反射一小部分(约 15 %);因此折射光(或叫透射光)应是部分偏振光,它占有入射光中的平行于入射面的振动的全部光能和垂直于入射面的振动的大部分光能.为了增强反射光的强度和折射光的偏振化程度,可以把玻璃片叠起来,成为玻璃片堆.当自然光连续通过许多玻璃片(玻璃片堆)时,如图 12-95 所示,入射光在各层玻璃面上经过多次的反射和折射,使得反射光的垂直于入射面的振动成分得到加强;同时折射光中的垂直于入射面的振动成分也被各层的玻璃面上不断地反射,而使得折射光的偏振化程度逐渐增加.玻璃片数愈多,透射光的偏振化程度愈高.当玻璃片足够多时,最后透射出来的折射光就接近于完全偏振光,其振动面就在折射面内,如图 12-95 所示,与反射全偏振光的振动面相互垂直.

由此可知,利用玻璃片、玻璃片堆或透明塑料片堆等在起偏振角下的反射和折射,都可以获得偏振光.同样,利用它们也可以检查偏振光.

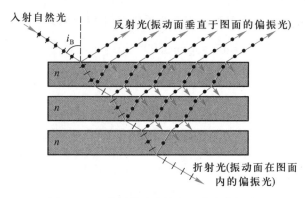

图 12-95   利用玻璃片堆产生完全偏振光

复习思考题》》》

12-14-1   在如图所示的各种情况中,以非偏振光或偏振光由空气入射到水面时,折射光和反射光各属于什么性质的光? 在图中所示的折射光线和反射光线上用点和短线把振动方向表示出来.把不存在的反射线或折射线划掉.图中 $i_0 = \arctan n$, n 为水的折射率. $i \neq i_0$.

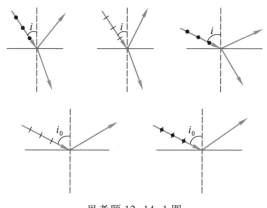

思考题 12-14-1 图

12-14-2   若从一池静水的表面上反射出来的太阳光是完全偏振的,那么太阳在地平线之上的仰角是多大? 这种反射光的电矢量的振动方向如何?

12-14-3   据测金星表面反射的光是部分偏振光,这样可以推测金星表面覆有一层具有镜面特性的物质,例如水或由水滴、冰晶等组成的小云层.其根据是什么?

12-14-4   在拍摄玻璃橱窗内的物体时,如何去掉反射光的干扰?

12-14-5   一束光入射到两种透明介质的分界面上时,发现只有透射光而无反射光,试说明这束光是怎样入射的? 其偏振状态如何?

*§12-15 光的双折射》

一、寻常光和非常光

一束光由一种介质进入另一介质时,在界面上发生的折射光通常只有一束.但是,如果把一块透明的方解石晶体(即碳酸钙 $CaCO_3$ 的天然晶体),放在一物体上,可以看到晶体下的物体呈现双像[图 12-96(a)].一束光线进入方解石晶体后,分裂成两束光线,它们沿不同方向折射,这现象称为双折射(birefringence).这是由晶体的各向异性造成的.除立方系晶体(例如岩盐)外,光线进入一般晶体时,都将产生双折射现象.图 12-96(b)表示光束在方解石晶体内的双折射,显然,晶体愈厚,射出的光束分得愈开.

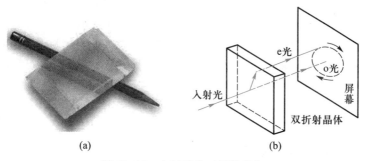

图 12-96　方解石的双折射现象

实验证明,当改变入射角 i 时,两束折射光之一恒遵守通常的折射定律,对于方解石等晶体这束光称为寻常光(ordinary light),通常用 o 表示(简称 o 光).另一束光不遵守折射定律,即折射光线不一定在入射面内,而且对不同的入射角,入射角的正弦与折射角的正弦之比不是恒量,这束光称为非常光(extraordinary light),用 e 表示(简称 e 光),参看图 12-97(a).甚至在入射角 $i=0$ 时,寻常光沿原方向前进,而非常光一般不沿原方向前进,如图 12-97(b)所示,这时,如果把方解石晶体以入射光线为轴旋转,将发现 o 光不动,而 e 光却随着晶体的旋转而转动起来.

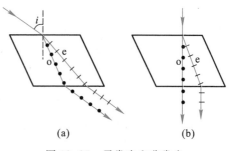

图 12-97　寻常光和非常光

二、光轴　主平面

改变入射光的方向时,我们将发现,在方解石这类晶体内部有一确定的方向,光沿这个方向传播时,寻常光和非常光不再分开,不产生双折射现象,这一方向称为晶体的光轴(optical axis).

　　例如天然的方解石晶体,是六面棱体,有八个顶点,其中有两个特殊的顶点 A 和 D,相交于 A、D 两点的棱边之间的夹角,各为 102°的钝角.它的光轴方向可以这样来确定,从三个钝角相会合的任一顶点(A 或 D)引出一条直线,使它和晶体各邻边成等角,这一直线便是光轴方向(图 12-98).应该指出,光轴仅表示晶体内的一个方向,因此在晶体内任何一条与上述光轴方向平行的直线都是光轴.晶体中仅具有一个光轴方向的,称为单轴晶体(uniaxial crystal)(例如方解石、石英等).有些晶体具有两个光轴方向,称为双轴晶体(biaxial crystal)(例如云母、硫磺等).

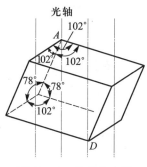

图 12-98　晶体的光轴

　　在晶体中,我们把包含光轴和任一已知光线所组成的平面称为晶体中该光线的主平面(principal plane).由 o 光和光轴所组成的平面,就是 o 光的主平面;由 e 光和光轴所组成的平面,就是 e 光的主平面.

　　实验指出,o 光和 e 光都是线偏振光,它们的光矢量的振动方向不同,o 光的振动方向垂直于它对应的主平面;e 光的振动方向平行于与它对应的主平面.在一般情况下,对应于一给定的入射光来说,o 光和 e 光的主平面通常并不重合,但当光轴位于入射面内时,这两个主平面是重合的.在大多数情况下,这两个主平面之间的夹角很小,因而 o 光和 e 光的振动方向可以认为是互相垂直的.

三、单轴晶体的子波波阵面

　　一般地说,在晶体中寻常光和非常光是以不同的速率传播的.寻常光的速率在各个方向上是相同的,所以在晶体中任意一点所引起的子波波面是一球面.非常光的速率在各个方向上是不同的,在晶体中同一点所引起的子波波面可以证明是旋转椭球面.两束光只有在沿光轴方向上传播时,它们的速率才是相等的,因此上述两子波波面在光轴上相切(参看图 12-99).在垂直于光轴的方向上,两束光的速率相差最大.

用 v_o 表示 o 光在晶体中的传播速率,v_e 表示 e 光在晶体中沿垂直于光轴方向的传播

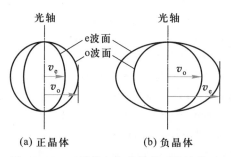

(a) 正晶体　　　　　(b) 负晶体

图 12-99　正晶体和负晶体的子波波阵面

速率,对于 $v_o > v_e$ 的晶体,球面包围椭球面,如图 12-99(a)所示,这类晶体,例如石英,称为正晶体(positive crystal).另一类晶体,$v_o < v_e$,那么椭球面包围球面,如图 12-99(b)所示,这类晶体,例如方解石,称为负晶体(negative crystal).

　　根据折射率的定义,对于 o 光,晶体的折射率 $n_o = \dfrac{c}{v_o}$,由于各方向的 v_o 相同,所以 o 光的

折射率是由晶体材料决定的常量,与方向无关.对于 e 光,各方向的传播速率不同,不存在普通意义的折射率,通常把真空中的光速 c 与 e 光沿垂直于光轴方向的传播速率 v_e 之比,称为 e 光的主折射率(principal refraction index),即 $n_e = \dfrac{c}{v_e}$. n_o 和 n_e 是晶体的两个重要光学参量.对于正晶体, $n_e > n_o$;对于负晶体, $n_e < n_o$.表 12-1 列出了几种晶体的 n_o 和 n_e.

表 12-1　几种双折射晶体的 n_o 和 n_e
(对波长为 589.3 nm 的钠光)

晶　　体	n_o	n_e	$n_e - n_o$
方解石	1.658 4	1.486 4	−0.172 0
电气石	1.669	1.638	−0.031
白云石	1.681 1	1.500	−0.181
菱铁矿	1.875	1.635	−0.240
石英	1.544 3	1.553 4	+0.008 9
冰	1.309	1.313	+0.004

四、惠更斯原理在双折射现象中的应用

现在,我们应用惠更斯原理,说明光线在单轴晶体中所发生的双折射现象,并用作图法绘出晶体内部光波的波阵面.

根据上述球面波和旋转椭球面波的概念,在下述三种特殊情况下(其中晶体的光轴都在入射面内),我们能够简单地用作图法求出单轴晶体中寻常光和非常光的波阵面.

1. 倾斜入射的平面波

如图 12-100(a)所示,AC 是平面入射波的波阵面,当入射波由 C 传到 D 点时,自 A 已向晶体内发出球形和椭球形两个子波波阵面.这两个子波波阵面相切于光轴上的 G 点.从 D 点画出两个平面 DE 和 DF 分别与球面和椭球面相切.在晶体中,DE 是寻常光的新波阵面,DF 是非常光的新波阵面.引 AE 及 AF 两线,就得到表示光在晶体中传播方向的两条光线.由图可以看到,非常光 AF 与非常光的波阵面并不垂直,这是在各向异性介质中才发生的现象.

2. 垂直入射的平面波(晶体的光轴与晶体表面斜交)

当平面波射到晶体的表面时,自平面波波阵面上任意两点 B 与 D 向晶体内发出球形和椭球形两个子波阵面[图 12-100(b)].这两个子波波阵面相切于光轴上的 G 和 G′ 点.作 EE′ 和 FF′ 面分别与上述两子波波阵面相切,即得寻常光与非常光在晶体中的波阵面.引 BE 和 BF 两线,就得到在晶体中两条光线的方向.

3. 垂直入射的平面波(晶体的光轴平行于晶体表面)

这里,晶体中两种光线仍沿原入射方向[图 12-100(c)].但应该注意,两者的传播速率不相等,因而和光在晶体中沿光轴方向传播时只有一种传播而无双折射的情况,是有根本区别的.

五、晶体的二向色性和偏振片

单轴晶体(如方解石、石英)对寻常光和非常光的吸收性能一般是相同的,而且吸收甚

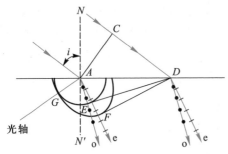

(a)平面波倾斜地射入方解石的双折射现象

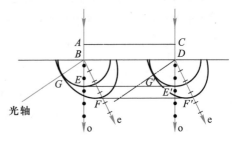

(b)平面波垂直射入方解石的双折射现象

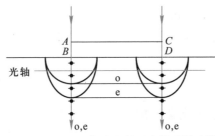

(c)平面波垂直射入方解石(光轴在折射面内并平行于晶面)的双折射现象

图 12-100　晶体内 o 光和 e 光的传播

少,但也有一些晶体,例如电气石,吸收寻常光的性能显得特别强,在 1 mm 厚的电气石晶体内,寻常光几乎全被吸收(图 12-101).晶体对互相垂直的两个电矢量分量具有选择吸收的这种性能,称为二向色性(dichroism).利用二向色性可以产生偏振光.

最常用的偏振片是利用二向色性很强的细微晶体物质的涂层制成的.例如,把聚乙烯醇薄膜加热,沿一定方向拉伸,使碳氢化合物分子沿拉伸方向排列起来,然后浸入含碘的溶液中,取出烘干后即制成偏振片(polaroid).拉伸后的碘-聚乙烯醇形成一条条能导电的碘分子链,当光波入射时,光矢量在长链方向的分量使电子运动,对电子做功而被强烈的吸收,垂直于长链方向的分量不对电子做功,因而能透过.偏振片的制造工艺简单,成本低,且面积可以做得很大,重量又轻,因此有较大的实用价值.

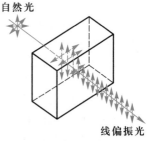

图 12-101　晶体的二向色性

复习思考题>>>

12-15-1　当单轴晶体的光轴方向与晶体表面成一定角度时,一束与光轴方向平行的光入射到该晶体表面,这束光射入晶体后,是否会发生双折射?

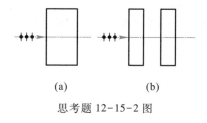

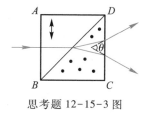

思考题 12-15-2 图   思考题 12-15-3 图

12-15-2 如附图(a)所示,一束非偏振光通过方解石(与光轴成一定的角度)后,有几束光线射出来? 如果把方解石切割成厚度相等的 A、B 两块,并平移开一点,如图(b)所示,此时通过这两块方解石有多少条光线射出来? 如果把 B 块绕光线转过一角度,此时将有几条光线从 B 块射出来? 为什么?

12-15-3 图中棱镜 ABCD 是由两个 45°方解石棱镜所组成,棱镜 ABD 的光轴平行于 AB,棱镜 BCD 的光轴垂直于图面.当非偏振光垂直于 AB 入射时,试说明为什么 o 光和 e 光在第二个棱镜中分开成夹角 θ,并在图中画出 o 光和 e 光的波面和振动方向.

12-15-4 如图所示,一束自然光入射到方解石晶体上,经折射后透射出晶体.对这晶体来说,试问:(1) 哪一束是 o 光? 哪一束是 e 光? 为什么? (2) 出射光 a、b 处于什么偏振态? 分别画出它们的光矢量振动方向.(3) 在入射光束中放一偏振片,并旋转此偏振片,出射光强有何变化?

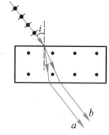

思考题 12-15-4 图

* §12-16 偏振光的干涉 人为双折射 》》

一、偏振光的干涉

如图 12-102 所示.P₁ 是偏振片,C 是双折射晶片,光轴与晶面平行.由起偏振器 P₁ 射来

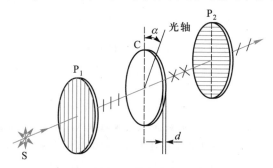

图 12-102 偏振光的干涉

的偏振光垂直入射于晶面,如果入射偏振光的振动方向与晶片 C 的光轴之间的夹角为 α,则偏振光射入晶片 C 后,又将分成振动面互相垂直的 o 光和 e 光.应该注意到,这两束光在晶片 C 中虽沿同一方向传播,但具有不同的速率(对于正晶体,o 光传播得快,e 光传播得慢,对于负晶体则相反).因此两光束透过晶片之后,两者间有一定的相位差.如果以 n_o 和 n_e 分别表示晶片 C 对这两光束的主折射率,d 表示晶片的厚度,λ 表示入射单色光的波长(指真空中的波长),那么 o 光和 e 光通过晶片 C 所产生的相位差为

$$\Delta\phi=\frac{2\pi}{\lambda}d(n_o-n_e) \tag{12-52}$$

这两束光再经检偏器后,两者在检偏器的偏振化方向上的分振动是具有相干性的.以图 12-103 为例,图中表示偏振片 P_2 与偏振片 P_1 放在偏振化方向两相正交的位置,这两束光线通过偏振片 P_2 时,只有和 P_2 的偏振化方向(在图中以 P_2P_2' 表示)平行的分振动可以透过,而且所透过的两分振动的振幅矢量 $\boldsymbol{A}_{2e}$ 和 $\boldsymbol{A}_{2o}$ 的方向相反.而 $\boldsymbol{A}_{2e}$ 和 $\boldsymbol{A}_{2o}$ 的量值分别为 A_e 和 A_o 在 P_2P_2' 方向上的分量,即

$$A_{2e}=A_e\cos\beta, \quad A_{2o}=A_o\sin\beta$$

式中 β 是偏振片 P_2 的偏振化方向(P_2P_2')和晶片的光轴 CC' 之间的夹角.因偏振片 P_1 和 P_2 放在相互正交的位置,由 $\cos\beta=\sin\alpha$,$\sin\beta=\cos\alpha$ 得:

$$A_{2e}=A_1\cos\alpha\cos\beta=A_1\sin\alpha\cos\alpha$$
$$A_{2o}=A_1\sin\alpha\sin\beta=A_1\sin\alpha\cos\alpha$$

由此可知,透过偏振片 P_2 的光,是由透过 P_1 的线偏振光所产生的振动方向相同、振幅相等、有恒定相位差的两束相干光,因而能够产生干涉现象.由于这两束光的相位相反,所以除与晶片厚度有关的相位差 $\frac{2\pi d}{\lambda}(n_o-n_e)$ 外,还有一附加的相位差 π.因此总相位差等于

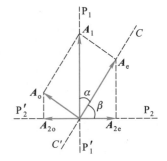

图 12-103　两束相干偏振光的振幅的确定

$$(\Delta\phi)_{\text{总}}=\frac{2\pi d}{\lambda}(n_o-n_e)+\pi \tag{12-53}$$

当 $(\Delta\phi)_{\text{总}}=2k\pi$ 或 $(n_o-n_e)d=(2k-1)\dfrac{\lambda}{2}$ 时,干涉最强,视场最明亮,其中 $k=1,2,3,\cdots$.当 $(\Delta\phi)_{\text{总}}=(2k+1)\pi$ 或 $(n_o-n_e)d=k\lambda$ 时,干涉最弱,视场变暗.如果所用的是白光光源.对各种波长的光来讲,干涉最强和干涉最弱的条件也各不相同.当正交偏振片之间的晶片厚度为一定时,视场将出现一定的色彩,这种现象称为色偏振(chromatic polarization).

色偏振现象有着广泛应用.例如根据不同晶体在起偏器和检偏振器之间形成不同的干涉彩色图像,可以精确地鉴别矿石的种类,研究晶体的内部结构.在地质和冶金工业中有重要应用的偏光显微镜,就是在通常用的显微镜上附加起偏器和检偏器而制成的.此外,像云母片、玻璃纸、尼龙丝,甚至鱼鳞、鱼骨等夹在偏振片之间,在白光下观察时,也都会产生色偏振现象.

二、人为双折射

前面讨论的是存在于晶体中的双折射现象.有些非晶体,例如塑料、玻璃、环氧树脂等通常是各向同性的,没有双折射现象,但当它们经受压力时,就变成各向异性而显示出双折射性质;也有些液体(如硝基苯 $C_6H_5NO_2$)放在玻璃盒内,通常也没有双折射现象,但在电场的作用下,液体变成类似于晶体的物质而显示出双折射现象.这类双折射现象都是在外界条件(或人为条件)影响下产生的,所以称为人为双折射(artifical birefringence).

1. 光弹性效应

观察压力下双折射现象所用的仪器装置示意图如图 12-104 所示.图中 P_1、P_2 为两相正交的偏振片,E 是非晶体,S 为单色光源.当 E 受 OO' 方向的机械力 F 的压缩或拉伸时,E 的光学性质就和以 OO' 为光轴的单轴晶体相似.因此如果 P_1 的偏振化方向与 OO'(相当于光轴)成 45° 角,则线偏振光垂直入射到 E 时就分解成振幅相等的 o 光和 e 光,两光线的传播方向一致,但速率不同,即折射率不同.设 n_o、n_e 分别为 o 光和 e 光的折射率,实验表明,在一定的压强范围内,(n_e-n_o) 与压强 $p=\dfrac{F}{S}$ 成正比,即

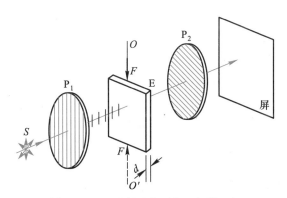

图 12-104　观察压力下的双折射现象

$$n_e-n_o=kp \tag{12-54}$$

式中 k 是非晶体 E 的压强光学系数,视材料的性质而定.o 光和 e 光穿过偏振片 P_2 后将进行干涉.如果样品各处压强不同,将出现干涉条纹.这种特性称为光弹性(photo elasticity),由于这种特性,在工业上可以制成各种零件的透明模型,然后施加模拟的外力,观测和分析这些干涉的色彩和条纹的形状,从而判断模型内部的受力情况.这种方法称为光弹性方法.这种用偏振光来检查透明物体的内部压强的方法,除了具有比较可靠、经济和迅速的优点外,还有直观的效果,因此光弹性方法在工程技术上得到了广泛应用,成为应用科学——光测弹性学的基础.

图 12-105 是一个扳手的塑料模型经模拟实际情况施加作用力后所产生的干涉图样照片.图中的黑色条纹,表示有应力存在,而条纹越密的地方,应力越集中.

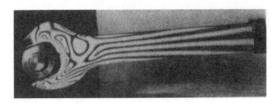

图 12-105　光测弹性干涉图样

2. 电光效应

有些非晶体或液体,在强大电场的作用下,显示出双折射现象,是克尔(J.Kerr)首次发现的,因此称为克尔效应(Kerr effect).这些物质的分子在电场中要沿电场方向作定向排列,因而获得类似于晶体的各向异性的特性.它的光轴沿着电场强度 E 的方向.在图 12-106 中,M 是具有平行板电极并盛有液体(例如硝基苯)的容器,称为克尔盒(Kerr cell).P_1、P_2 为两相正交的偏振片,C、C′为电容器的两极板.当电源未接通时,视场是暗的,接通电源后,视场变明,这说明在电场作用下,非晶体变成了具有双折射性的物质.

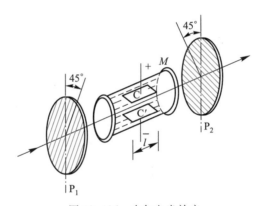

图 12-106　克尔电光效应

如果起偏器 P_1 的偏振化方向与电场 E 的方向(相当于光轴)成 45° 角,则线偏振光通过液体时就分解为振幅相等的 o 光和 e 光,并以不同的速率通过液体.实验表明,折射率之差 n_e-n_o 与 E^2 和光在真空中的波长 λ_0 成正比,

$$n_e-n_o=K\lambda_0 E^2$$

因此,o 光和 e 光在电场强度 E 的作用下,通过两极板间厚度为 l 的液体层时,所产生的光程差为

$$\delta=l(n_e-n_o)=KlE^2\lambda_0 \qquad (12-55)$$

式中 K 为克尔常量,视液体的材料而定.

若干种液体在 $\lambda_0=589.3$ nm 的克尔常量见表 12-2.

如果加在克尔盒电极上的电压发生变化,则光程差 δ 也发生变化,从而使线偏振光通过克尔盒后变成扁平程度不同的椭圆偏振光、圆偏振光等,即对入射的偏振光进行调制.

表 12-2 某些液体的克尔常量

($\lambda_0 = 589.3$ nm)

物　　质	$K/(\text{m} \cdot \text{V}^{-2})$
苯	0.67×10^{-14}
二硫化碳	3.56×10^{-14}
水	5.10×10^{-14}
硝基甲苯	1.37×10^{-12}
硝基苯	2.44×10^{-12}

利用克尔效应可以做成光的断续器(光开关),这种断续器的优点在于几乎没有惯性,即效应的建立与消失需时间极短(约 10^{-9} s),因而可使光强的变化非常迅速,这些断续器现在已经广泛应用于高速摄影、测距以及激光通讯等装置中.近年来随着激光技术的发展,对光开关、电光调制器(利用电讯号来改变光的强弱的器件)的要求越来越高.由于硝基苯有毒、易爆炸,且工作电压较高,所以克尔盒逐渐为某些具有克尔效应的晶体所代替,例如钛酸钡($BaTiO_3$)和混合的铌酸钾晶体($KTa_{0.65}Nb_{0.35}O_3$,简称 KTN)等.

此外还有一种非常重要的电光效应,称为泡克耳斯(F.C.A.Pockels)效应,其中最典型的是由 KDP 晶体(KH_2PO_4)和 ADP 晶体($NH_4H_2PO_4$)所产生的.这些晶体在自由状态下是单轴晶体,但在电场的作用下变成双轴晶体,沿原来光轴方向产生双折射效应.这效应与克尔效应不同,晶体折射率的变化与电场强度的一次方成正比,所以这种效应也叫做晶体的线性电光效应.利用晶体制成的泡克耳斯盒已经被用作超高速快门、激光器的 Q 开关,它们也被用到数据处理和显示技术等电光系统中.

3. 磁致双折射效应

和电场作用下产生双折射现象相似,在强磁场的作用下,某些非晶体也能产生双折射现象,称为磁致双折射效应(magnetic birefringence).其中主要有两种,发生于蒸气中的称为佛克脱(W.Voigt)效应;发生于液体中的称为科顿-穆顿(Cotton-Mouton)效应,后者比前者要强得多.

这里的实验装置和观察克尔效应所用的实验装置类似.实验观察得到,光的传播方向与磁场方向垂直时,双折射效应最为显著.设 n_e 与 n_o 为物质在磁场 **H** 作用下对 e 光和 o 光的折射率,则有

$$n_e - n_o = C\lambda_0 H^2 \tag{12-56}$$

其中 λ_0 为光在真空中的波长,C 为常量,与物质的性质和光波波长有关,这个常量很小,所以只有在强磁场作用下才可以观察到磁致双折射现象.这种效应的产生主要是由于物质的分子具有永久磁矩,在磁场的作用下,分子磁矩受到了磁力的作用,各分子对外磁场有一定的取向,使物质在宏观上有各向异性的性质,因而表现出像单轴晶体那样的双折射性质.

复习思考题 ▶▶▶

12-16-1 试说明偏振光干涉装置中偏振片 P_1、P_2 和双折射晶片 C 各元件的作用,为什

么缺少任一元件就观察不到干涉效应?

*§12-17 旋光性》

    阿拉果(D.F.J Arago)在 1811 年发现,当线偏振光通过某些透明物质时,它的振动面将以光的传播方向为轴线旋转一定的角度,这种现象称为旋光性(optical activity),能使振动面旋转的物质称为旋光性物质(optical active substance).石英等晶体以及食糖溶液、酒石酸溶液等都是旋光性较强的物质,实验证明,振动面旋转的角度决定于旋光性物质的性质、厚度以及入射光的波长等.

    物质的旋光性,可用图 12-107 所示的装置来研究.图中 C 是旋光物质,例如光轴沿光传播方向的石英片.当旋光物质放在偏振化方向相正交的偏振片 P_1 和 P_2 之间时,可看到视场由原来的黑暗变为明亮.将偏振片 P_2 旋转某一角度后,视场又变为黑暗.这说明偏振光透过旋光物质后仍然是偏振光,但是振动面旋转了一个角度,这旋转角等于偏振片 P_2 旋转的角度.

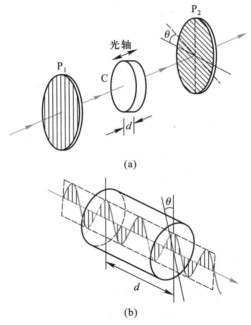

(a)

(b)

图 12-107   观察偏振光振动面的旋转的实验简图

    上述实验的结果如下:

    (1) 不同的旋光物质可以使偏振光的振动面向不同的方向旋转.如果面对光源观测,使振动面向右(顺时针向)旋转的物质称为右旋物质(right-handed substance);使振动面向左(反时针向)旋转的物质称为左旋物质(left-handed substance).石英晶体,由于结晶形态的不同,具有右旋和左旋两种类型.

（2）振动面的旋转角与波长有关,也与旋光物质的厚度 d 有关.旋转角 θ 的大小可用下式表示:

$$\theta = ad \tag{12-57}$$

式中 a 称为旋光率（specific rotation）,与物质的性质、入射光的波长等有关.例如,1 mm 厚的石英片所能产生的旋转角对红光、钠黄光、紫光分别为 15°、21.7°、51°,紫光的旋转角,大约是红光的四倍.当偏振白光通过旋光性物质后,各种色光的振动面分散在不同的平面内,这种现象叫做旋光色散（rotatory dispersion）.

（3）偏振光通过糖溶液、松节油等液体时,振动面的旋转角可用下式表示:

$$\theta = acd \tag{12-58}$$

式中 a 和 d 的意义同上,c 是旋光物质的浓度.可见,当一定波长的偏振光通过一定厚度 d 的旋光性物质后,其旋转角 θ 与液体的浓度 c 成正比.

在制糖工业中,测定糖溶液浓度的糖量计,就是根据糖溶液的旋光性而设计的一种仪器,图 12-108 是糖量计简图.图中玻璃容器 B 内装有待测的糖溶液,放在 P_1 和 P_2 两个相互正交的偏振片之间.由于糖溶液的旋光作用,视场将由黑暗变为明亮.旋转检偏振器 P_2,使视场重新恢复黑暗.所旋转的角度显然就是振动面的旋转角 θ.将已知的 a、d 以及所测定的 θ 代入式（12-58）就可算得糖溶液的浓度 c.通常在检偏振器的刻度盘上,直接标出糖溶液的浓度.

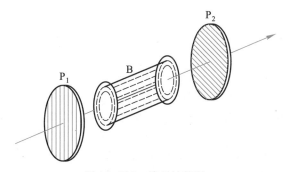

图 12-108　糖量计简图

除糖溶液外,许多有机物质（特别是药物）的溶液也具有旋光性,分析和研究液体的旋光性,也需要利用糖量计（saccharimeter）.所以通常把这种分析方法叫做量糖术,在化学、制药等工业中都有广泛的应用.

正如可用人工方法产生双折射一样,也可以用人工方法产生旋光性,其中最重要的是磁致旋光,通常称为法拉第旋转效应（Faraday rotation effect）.

如图 12-109 所示,在两个相互正交的偏振片之间放置某些物质的样品（如玻璃、二硫

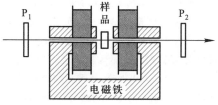

图 12-109　磁致旋光

化碳、汽油等),如果沿光的传播方向加上磁场,则发现线偏振光通过样品后其振动面转过了一角度.实验表明:

对于给定的样品,振动面的转角与样品的长度 l 和磁感应强度 B 成正比,

$$\theta = VlB \qquad\qquad (12-59)$$

比例系数 V 叫做韦尔代(Verdet)常量,一般物质的韦尔代常量都很小,参看表 12-3.

表 12-3　某些物质的韦尔代常量

($\lambda_0 = 589.3$ nm)

物　　　质	温度 $t/{}^{\circ}\mathrm{C}$	$V/[({}^{\circ})\cdot\mathrm{m}^{-1}\cdot\mathrm{T}^{-1}]$
水	20	2.18×10^2
磷冕玻璃	18	2.68×10^2
轻火石玻璃	18	5.28×10^2
二硫化碳	20	7.05×10^2
磷	33	22.10×10^2
水晶(垂直光轴)	20	2.77×10^2
乙酮	15	1.85×10^2
食盐 NaCl	16	5.98×10^2
乙醇	25	1.85×10^2

*§12-18　现代光学简介》》

20 世纪中叶,光学领域中发生了三件大事,1948 年全息术的诞生;1955 年"光学传递函数"概念的提出;1960 年激光的诞生,使光学在理论方法上和实际应用上都有重大的突破和进展,形成了"现代光学".现代光学研究的范围很广,例如全息光学、非线性光学、傅里叶光学、激光光谱学、光化学、光通讯、光存储和光信息处理等.在这一节里,我们仅就傅里叶光学、全息照相和非线性光学作一些简单的介绍.

一、傅里叶光学

20 世纪 30 年代以来,光学与电通讯和信息理论相互结合,逐渐形成了傅里叶光学.傅里叶光学的数学基础是傅里叶变换,它的物理基础是光的衍射理论.

1874 年阿贝(E.Abbe)在研究提高显微镜的分辨本领时,提出了两次衍射成像的概念,并用傅里叶变换来阐明显微镜成像的物理机制.1906 年,波特(A.B.Porter)以一系列实验证实了阿贝成像原理.

如图 12-110 所示,用平行相干光照射一张用细丝织成的正交网格(二维光栅),则在透镜后方像平面处将出现网格的像.如果在透镜的像方焦平面处放置一毛玻璃,发现毛玻璃上显示出规则排列的许多亮点,中央的亮点亮度最大,越向外亮点的亮度越小.显然,毛玻璃上

出现的亮点就是网格的夫琅禾费衍射图样.称为网格的空间频谱(spatial frequency spectrum).阿贝认为,像平面上出现网格的像,是组成空间频谱的这些亮点作为子波波源所发出的光在像平面进行相干叠加的结果.这就是阿贝成像原理(Abbe principle of image formation).就是说,成像过程分两步完成,第一步是入射光经物平面发生夫琅禾费衍射,在透镜后焦平面上形成一系列衍射斑纹,此即物的空间频谱;第二步,各衍射斑纹发出子波在像平面上相干叠加,像就是干涉的结果.或者说,成像过程就是光通过衍射分频,再通过干涉合频,即由两次傅里叶变换来完成的.

阿贝成像原理的重要意义,在于指出了在透镜像方焦平面上存在的频谱.如果在频谱中挡去或加入一部分,则所得的像将缺少或增加某些细节,或变形.这种在频谱面上改变频谱而改变像的方法称为空间滤波(spatial filtering).图 12-111 给出了网格的衍射花样.图 12-112 为空间滤波实验中的光阑(允许垂直谱通过及允许水平谱通过)和所得到的网格像.

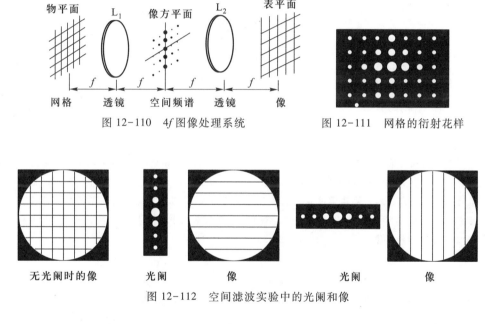

图 12-110　4f 图像处理系统　　　　图 12-111　网格的衍射花样

图 12-112　空间滤波实验中的光阑和像

空间滤波已广泛应用于光学信息处理,如改变图像的反差,消除图像中的噪声,对黑白图像进行假彩色编码等.

二、全息照相

1. 全息照相的特点

普通照相底片所记录的物体各点的光强(振幅),彩色照相底片还记录了光的波长信息;而全息照相(holograph)记录的是光的全部信息(波长、振幅和相位).

普通照相得到的只是物体的二维平面图像,而全息照相可以再现物体逼真的立体图像.

如果普通照相底片撕去一部分,所记录的图像也就不完整了;而全息片破碎了,只需一小块碎片,仍能再现完整的图像.

2. 全息照相的记录和再现

　　全息照相的成像分两步进行,第一步是全息记录(图 12-113).激光器输出的光通过分光镜分成两束,一束经反射镜和扩束镜投射到物体上,然后经物体反射或透射后再射到感光底片上,这部分光称为物光(object beam).另一束经反射镜和扩束镜后直接投射到感光底片上,这部分光称为参考光(reference beam).物光和参考光相互叠加,在感光片上形成干涉条纹.经显影、定影后,就得到全息照片,称为全息图(hologram).这种全息图是通过干涉方法记录了物光波前上各点的全部光信息.

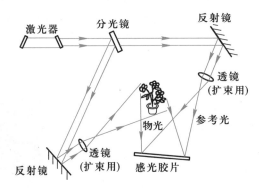

图 12-113　全息照相的记录

　　全息照相的第二步是波前再现(图 12-114).用一束同参考光的波长和传播方向完全相同的光束照射全息照片,这光束称为再现光(reconstructed beam).这样在原先拍摄时放置物体的方向上就能看到一幅非常逼真的立体的原物的形象(虚物).和虚像对全息图对称的位置还有一个实像.实际上,波前的再现是衍射过程.这两个像相当于光栅衍射所产生的 +1 级和 -1 级的两个衍射图像.

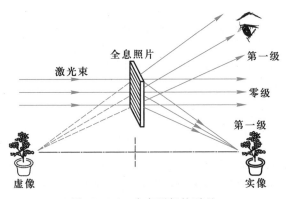

图 12-114　全息照相的再现

3. 全息照相的应用

(1) 全息显微摄影与全息显示

利用全息照相可以进行显微放大,可放大几千倍到上万倍.由于全息照相再现物体逼真形象,立体感强,成为立体电影和立体电视的发展方向,模压全息显示技术的发展,已被应用在防伪标志、保密标记、艺术和装饰等方面.

(2) 全息干涉计量

这是全息照相目前应用最广泛的领域之一.在无损探测、微应力应变测量、振动分析等方面都得到应用.图 12-115(a)是白炽灯及其附近气流的全息照相再现的像;图 12-115(b)是振动着的音叉的全息照相再现的像.

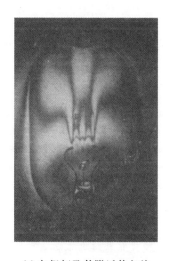 

(a)白炽灯及其附近的气流　　　　　(b)振动着的音叉

图 12-115　全息照相再现的像

(3) 全息光学元件

利用干涉方法制作薄片型的光学元件,如全息透镜、全息光栅、全息滤光片、全息扫描器等.

(4) 全息信息储存

把文字、图片或资料制成透光片作为物,再制成全息图,再现的实像可供直读.

三、非线性光学

1. 非线性光学现象

光与物质相互作用时,介质将产生极化.在各向同性的介质中,极化强度 P 与电场强度 E 的方向相同,它们数值之间的普遍关系为

$$P = \alpha E + \beta E^2 + \gamma E^3 + \cdots$$

式中 α 为通常的极化率,$\beta,\gamma,\cdots$ 分别是二阶,三阶,$\cdots$ 极化系数,它们都是与电场强度无关的

常量,由介质的性质决定.

普通光源发出的光的电场强度(约 $10^3 \sim 10^4$ V/m)要比原子内部的平均电场强度(约 3×10^{10} V/m)小得多,这时光场在介质中产生的极化强度与外界电场强度成正比,即 $P = \alpha E = \varphi_e \varepsilon_0 E$,这就是通常的 线性光学(linear optics).但强激光的电场强度约为 10^{10} V/m,这时式中的高次项就不能忽略,由此会产生各种非线性光学现象.

非线性光学(nonlinear optics)一般可分为两大类:一类是强光与被动介质(在强光作用下,介质的特征频率并不明显起作用)相互作用的非线性光学现象,如光学整流、光学倍频、光学混频和光自聚焦等,另一类是强光与激活介质(在强光作用下,介质的特征频率影响与之相互作用的光波)相互作用的非线性光学现象,如受激拉曼散射和受激布里渊散射等.下面只介绍第一类非线性光学现象.

2. 光学倍频

以角频率为 ω 的强激光入射到非线性介质上,设此光波的电场强度为 $E = E_0 \cos \omega t$,则介质响应的极化强度(略去 E^3 以上各项)为

$$P = \alpha E_0 \cos \omega t + \beta E_0^2 \cos^2 \omega t = \alpha E_0 \cos \omega t + \frac{1}{2}\beta E_0^2 + \frac{1}{2}\beta E_0^2 \cos^2 \omega t$$

极化强度 P 中除有频率为 ω 的基频外,还有频率为 2ω 的倍频项和直流项.直流项表示从一个交变电场得到一个恒定电场,称为 光学整流(optical rectification).辐射频率为入射光频率两倍的倍频光的现象,称为 光学倍频(optical frequency doubling).例如,使用 KDP 晶体,由 1.06 μm 基频激光转变为 0.53 μm 的倍频光,转换效率已达到 80%.此外,在方解石晶体中,已观察到三倍频谐波.

3. 光学混频

如入射光包含两种频率,沿同一方向同时入射到非线性介质上,即 $E = E_1 + E_2 = E_{10}\cos \omega_1 t + E_{20}\cos \omega_2 t$,这时极化强度 P 中,除了基频项、直流项和倍频项外,还有和频 $(\omega_1 + \omega_2)$ 项以及差频 $(\omega_1 - \omega_2)$ 项,它们将辐射相应的光波,这种现象称为 光学混频(optical mixing).光学混频原理已用于制作光学参量放大器和光学参量振荡器等.

4. 自聚焦

强激光入射到某些非线性介质(如二硫化碳、甲苯等)上,折射率不再是常量,而是随着光的功率密度而增大.一般在激光束的中央部分光的功率密度比外围大,当它通过非线性介质时会使其中央部分的折射率比边缘的大,从而使介质具有凸透镜的会聚作用.这样,光束的直径就要缩小,其结果是使中央部分的功率密度变得更大,又使光束进一步收缩,最后形成一根极细的亮丝,这就是光的自聚焦(self-focusing).例如,一功率为 1 MW、截面积的直径约 2 mm 的激光束,在红宝石中自聚焦后,直径缩到小于 0.1 mm,这时功率密度提高了约 3 倍.

习题 ▶▶▶

12-1　一半径为 R 的反射球内,P_1、P_2 为球内相对于球心 C 对称的两点,与球心间的距离为 b.设光线自 P_1 发出经球面上 O 点反射后经过 P_2 点.试利用费马原理计算 θ 为何值时

P_1O+OP_2 的光程为极小?(θ 为半径 OC 与 CP_2 之间的夹角.)

12-2　一个人身高 1.8 m,如果此人能够从铅直平面镜中看到自己的全身,这个平面镜的最小长度为多少? 如何放置? 试作图表示之,假设他的眼睛位于头顶下方 10 cm 处.

12-3　设光导纤维内层材料的折射率 n_1,外层材料的折射率 $n_2(n_1>n_2)$,光纤外介质的折射率为 n_0,如习题 12-3 图所示.若使光线能在光纤中传播,其最大的入射角为多大?

12-4　眼睛 E 和物体 PQ 之间有一折射率为 1.50 的玻璃平板,如习题 12-4 图所示,平板的厚度 d 为 30 cm,求物体 PQ 的像 $P'Q'$ 与物体之间的距离为多少(平板周围为空气)?

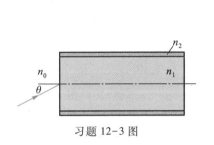

习题 12-3 图

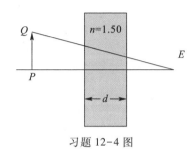

习题 12-4 图

12-5　一高 1.0 cm 的物体放在一曲率半径为 30 cm 的凹面镜正前方 10.0 cm 处.(1) 画出成像的光路图;(2) 求像的位置及放大倍数.

12-6　一只装在汽车上的凸面镜,曲率半径为 40 cm,一物体在镜前方 10 m 处.求像的位置和放大倍数.

12-7　一光源与屏间的距离为 1.6 m,用焦距为 30 cm 的凸透镜插在两者之间,透镜应放在什么位置,才能使光源成像于屏上?

12-8　一个等曲率的双凸透镜,两球面的曲率半径均为 3 cm,中心厚度为 2 cm,玻璃的折射率为 1.50,将透镜放在水面上,在透镜下 4 cm 处有一物体 Q,如习题 12-8 图所示试计算像的位置.(水的折射率为 1.33.)

12-9　在双缝干涉实验中,两缝的间距为 0.6 mm,照亮狭缝 S 的光源是汞弧灯加上绿色滤光片.在 2.5 m 远处的屏幕上出现干涉条纹,测得相邻两明条纹中心的距离为 2.27 mm.试计算入射光的波长.如果测量仪器只能测量 $\Delta x \geqslant 5$ mm 的距离,则对此双缝的间距有何要求?

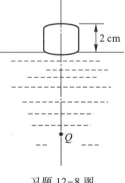

习题 12-8 图

12-10　在双缝干涉实验中,两缝相距 1 mm,屏离缝的距离为 1 m,若所用光源含有波长 600 nm 和 540 nm 两种光波.试求:(1) 两光波分别形成的条纹间距;(2) 两组条纹之间的距离与级数之间的关系;(3) 这两组条纹有可能重合吗?

12-11　用很薄的云母片($n=1.58$)覆盖在双缝实验中的一条缝上,这时屏幕上的零级明条纹移到原来的第七级明条纹的位置上.如果入射光波长为 550 nm,试问此云母片的厚度为多少?(假设光通过云母片时不考虑折射引起的光线偏折.)

12-12　一射电望远镜的天线设在湖岸上,距湖面高度为 h,对岸地平线上方有一恒星刚在升起,恒星发出波长为 λ 的电磁波,如习题 12-12 图所示.试求当天线测得第一级干涉极大时恒星所在的角位置 θ(提示:作为洛埃德镜干涉分析).

***12-13**　在杨氏双缝实验中,如缝光源与双缝之间的距离为 D',缝光源离双缝对称轴的距离为 b,如习题 12-13 图所示($D'\gg d,b$).求在这种情况下明纹的位置.试比较这时的干涉图样和缝光源在对称轴时的干涉图样.

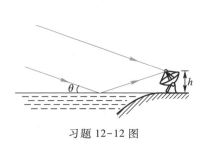

习题 12-12 图

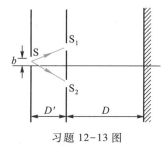

习题 12-13 图

12-14　一平面单色光波垂直照射在厚度均匀的薄油膜上.油膜覆盖在玻璃板上.所用单色光的波长可以连续变化,观察到 500 nm 与 700 nm 这两个波长的光在反射中消失.油的折射率为 1.30,玻璃的折射率为 1.50,试求油膜的最小厚度.

12-15　白光垂直照射在空气中厚度为 0.40 μm 的玻璃片上,玻璃的折射率为 1.50.试问在可见光范围内($\lambda = 400 \sim 700$ nm),哪些波长的光在反射中增强? 哪些波长的光在透射中增强?

12-16　白光垂直照射到空气中一厚度为 380 nm 的肥皂水膜上.试求水膜表面反射加强光波的波长(肥皂水的折射率看作 1.33).

12-17　在棱镜($n_1 = 1.52$)表面镀一层增透膜($n_2 = 1.30$).如使此增透膜适用于氦氖激光器发出的激光($\lambda = 632.8$ nm),膜的最小厚度应取何值?

12-18　某仪器的三基色分光系统,如习题 12-18 图所示,系用镀膜方法进行分色.现要求红光的波长为 650 nm,绿光的波长为 520 nm.设基片玻璃的折射率 $n = 1.50$,膜材料的折射率 $n' = 2.12$.试求膜的最小厚度.

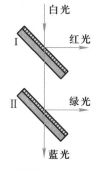

习题 12-18 图

12-19　利用劈尖的等厚干涉条纹可以测量很小的角度.今在很薄的劈尖玻璃板上,垂直地射入波长为 589.3 nm 的钠光,相邻暗条纹间距离为 5.0 mm,玻璃的折射率为 1.52,求此劈尖的夹角.

12-20　制造半导体元件时,常需要精确地测定硅片上的二氧化硅(SiO_2)薄膜的厚度,这时可把二氧化硅薄膜的一部分腐蚀掉,使它成为劈尖,利用等厚干涉条纹测出其厚度.已知 Si 的折射率为 3.42,SiO_2 的折射率为 1.5.用氦氖激光($\lambda = 632.8$ nm)垂直照射,在反射光中观察到在腐蚀区域内有 8 条暗纹,且 SiO_2 斜面转为平面处是亮纹,如习题 12-20 图所示.求 SiO_2 薄膜的厚度.

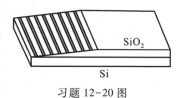

习题 12-20 图

12-21 使用平行单色光来观察牛顿环,在反射光中测得某一明环的直径为 3.00 mm,在它外面第五个明环的直径为 4.60 mm,所用平凸透镜的曲率半径为 1.03 m,求此单色光的波长.这是什么光源发出的光?

12-22 一柱面平凹透镜 A,曲率半径为 R,放在平玻璃片 B 上,如习题 12-22 图所示.现用波长为 λ 的单色平行光自上方垂直往下照射,观察 A 和 B 间空气薄膜的反射光的干涉条纹.如空气膜的最大厚度 $d = 2\lambda$.

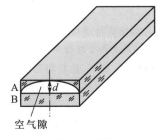

习题 12-22 图

(1) 分析干涉条纹的特点(形状、分布、级次高低),作图表示明条纹;(2) 求明条纹距中心线的距离 r;(3) 共能看到多少条明条纹;(4) 若将玻璃片 B 向下平移,条纹如何移动?若玻璃片移动了 $\dfrac{\lambda}{4}$,问这时还能看到几条明条纹?

12-23 如习题 12-23 图所示,G_1 和 G_2 是两块块规(块规是两个端面经过磨平抛光,达到相互平行的钢质长方体),G_1 的长度是标准的,G_2 是同规格待校准的复制品(两者的长度差在图中是夸大的).G_1 和 G_2 放置在平台上,用一块样板平玻璃 T 压住.

(1) 设垂直入射光的波长 $\lambda = 589.3$ nm,G_1 与 G_2 相隔 $l = 5$ cm,T 与 G_1 以及 T 与 G_2 间的干涉条纹的间隔都是 0.5 mm.试求 G_1 与 G_2 的长度差;(2) 如何判断 G_1、G_2 哪一块比较长一些?(3) 如果 T 与 G_1 间的干涉条纹的间距是 0.5 mm,而 T 与 G_2 间的干涉条纹的间距是 0.3 mm,则说明了什么问题?

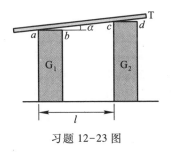

习题 12-23 图

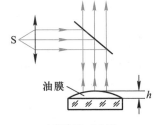

习题 12-24 图

* **12-24** 一实验装置如习题 12-24 图所示,一块平玻璃片上放一油滴.当油滴展开成油膜时,在单色平行光(波长 $\lambda = 600$ nm)垂直照射下,从反射光中观察油膜所形成的干涉条纹(用读数显微镜观察),已知玻璃的折射率 $n_1 = 1.50$,油膜的折射率 $n_2 = 1.20$.

(1) 当油膜中心最高点与玻璃片的上表面相距 $h = 1.2$ μm 时,描述所看到的条纹情况.可以看到几条明条纹?明条纹所在处的油膜的厚度是多少?中心点的明暗如何?

(2) 当油膜继续摊展时,所看到的条纹情况将如何变化?中心点的情况如何变化?

12-25 迈克耳孙干涉仪可以用来测量光谱中非常接近的两谱线的波长差.其方法是先将干涉仪调整到零光程差,再换上被测光源,这时在视场中出现被测光的清晰的干涉条纹.然后沿一个方向移动 M_2,将会观察到视场中的干涉条纹逐渐变得模糊以至消失.如再继续向同一方向移动 M_2,干涉条纹又会逐渐清晰起来.设两次出现最清晰条纹期间,M_2 移过的距离为

0.289 mm,已知钠黄光的波长大约是 589 nm.试计算两谱线的波长差 $\Delta\lambda$.

12-26 常用雅敏干涉仪来测定气体在各种温度和压力下的折射率.干涉仪的光路如习题 12-26 图所示.S 为光源,L 为聚光透镜,G_1、G_2 为两块等厚而且互相平行的玻璃板,T_1、T_2 为等长的两个玻璃管,长度为 l.进行测量时,先将 T_1、T_2 抽空,然后将待测气体徐徐导入一管中.在 E 处观察干涉条纹的变化,即可求出待测气体的折射率.例如某次测量某种气体时,将气体徐徐放入 T_2 管中,气体达到标准状态时,在 E

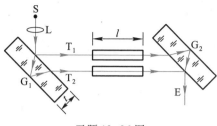

习题 12-26 图

处共看到有 98 条干涉条纹移动.所用的黄光波长为589.3 nm(真空中),$l = 20$ cm,求该气体在标准状态下的折射率.

12-27 有一单缝,宽 $a = 0.10$ mm,在缝后放一焦距为 50 cm 的会聚透镜.用平行绿光($\lambda = 546.0$ nm)垂直照射单缝,试求位于透镜焦面处的屏幕上的中央明条纹及第二级明纹宽度.

12-28 波长为 λ 的单色平行光沿着与单缝衍射屏成 α 角的方向入射到宽度为 a 的单狭缝上,试求各级衍射极小的衍射角 θ 值.

12-29 在复色光垂直照射下的单缝衍射图样中,其中某一波长的第 3 级明纹位置恰与波长 $\lambda = 600$ nm 的单色光的第 2 级明纹位置重合,求这光波的波长.

12-30 用波长 $\lambda_1 = 400$ nm 和 $\lambda_2 = 700$ nm 的混合光垂直照射单缝.在衍射图样中,λ_1 的第 k_1 级明纹中心位置恰与 λ_2 的第 k_2 级暗纹中心位置重合.求 k_1 和 k_2.试问 λ_1 的暗纹中心位置能否与 λ_2 的暗纹中心位置重合?

12-31 利用单缝衍射的原理可以测量位移以及与位移联系的物理量,如热膨胀、形变等.把需要测量位移的对象和一标准直边相连,同另一固定的标准直边形成一单缝,这个单缝宽度变化能反映位移的大小.如果中央明纹两侧的正、负第 k 级暗(亮)纹之间距离的变化为 $\mathrm{d}x_k$,证明

$$\mathrm{d}x_k = -\frac{2k\lambda f}{b^2}\mathrm{d}a$$

式中 f 为透镜的焦距,$\mathrm{d}a$ 为单缝宽度的变化($\mathrm{d}a \ll a$).

12-32 一光栅,宽为 2.0 cm,共有 6 000 条缝.如用钠光(589.3 nm)垂直入射,在哪些角度出现光强极大?如钠光与光栅的法线方向成 30°角入射,试问:光栅光谱将有什么变化?

12-33 已知一个每厘米刻有 4 000 条缝的光栅,利用这个光栅可以产生多少个完整的可见光谱($\lambda = 400 \sim 760$ nm)?

12-34 波长 600 nm 的单色光垂直入射在一光栅上.第二级明条纹出现在 $\sin\theta = 0.20$ 处.第四级缺级.试问:

(1) 光栅上相邻两缝的间距($a+b$)有多大?(2) 光栅上狭缝可能的最小宽度 a 有多大?(3) 按上述选定的 a、b 值,试问在光屏上可能观察到的全部明条纹数是多少?

*12-35 波长为 500 nm 的单色光,垂直入射到光栅上,如要求第一级谱线的衍射角为

30°,问光栅每毫米应刻几条线?如果单色光不纯,波长在 0.5% 范围内变化,则相应的衍射角变化范围 $\Delta\theta$ 如何?又如光栅上下移动而保持光源不动,衍射角 θ 有何变化?

12-36　一个平面光栅,当用光垂直照射时,能在 30° 角的衍射方向上得到 600 nm 的第二级主极大,并能分辨 $\Delta\lambda = 0.05$ nm 的两条光谱线,但不能得到第三级主极大.计算此光栅的透光部分的宽度 a 和不透光部分的宽度 b 以及被光照射到的总缝数.

12-37　一衍射光栅每毫米刻线 300 条.入射光含红光和紫光两种波长,垂直入射到光栅,发现在 24.46° 角处两种波长光的谱线重合.试问红光和紫光的波长各是多少?

12-38　在迎面驶来的汽车上,两盏前灯相距 1.2 m.试问汽车离人多远的地方,眼睛才可能分辨这两盏灯?假设夜间人眼瞳孔直径为 5.0 mm,而入射光波长 $\lambda = 550.0$ nm.

12-39　已知天空中两颗星相对于一望远镜的角距离为 4.84×10^{-6} rad,由它们发出的光波波长 $\lambda = 550$ nm.望远镜物镜的口径至少要多大,才能分辨出这两颗星?

12-40　一观察者通过缝宽为 0.5 mm 的单缝,观察位于正前方 1 km 远处发出波长为 500 nm 的单色光的两盏灯灯丝,两灯丝都与单缝平行,它们所在的平面与观察方向垂直,则人眼能分辨的两灯丝最短距离是多少?

12-41　已知地球到月球的距离是 3.84×10^8 m,设来自月球的光的波长为 600 nm,若在地球上用物镜直径为 1 m 的天文望远镜观察时,刚好将月球正面一环形山上的两点分辨开,则该两点的距离为多少?

12-42　一直径为 2 mm 的氦氖激光束射向月球表面,其波长为 632.8 nm.已知月球和地面的距离为 3.84×10^5 km.试求:(1)在月球上得到的光斑的直径有多大?(2)如果这激光束经扩束器扩展成直径为 2 m,则在月球表面上得到的光斑直径将为多大?在激光测距仪中,通常采用激光扩束器,这是为什么?

12-43　用方解石分析 X 射线谱,已知方解石的晶面间距为 3.029×10^{-10} m,今在 43°20′ 和 40°42′ 的掠射方向上观察到两条主最大谱线,求这两条谱线的波长.

12-44　如果习题 12-44 图中入射 X 射线束不是单色的,而是含有由 0.095 nm 到 0.130 nm 这一波带中的各种波长.晶体的晶面间距 $d = 0.275$ nm,问能否产生与图中所示晶面族相联系的衍射的 X 射线束?

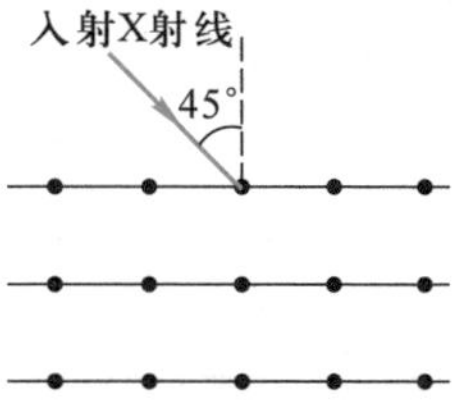

习题 12-44 图

* 12-45　光栅衍射的光强分布函数为 $I = I'\left(\dfrac{\sin\dfrac{N\phi}{2}}{\sin\dfrac{\phi}{2}}\right)^2$,每一缝的光强 I' 可写为 $I'_0 = I_0\left(\dfrac{\sin u}{u}\right)^2$(见式 12-38b),其中 $\phi = \dfrac{2\pi}{\lambda}d\sin\theta$,$u = \dfrac{\pi}{\lambda}a\sin\theta$.试编写一计算机程序,画出 8 缝光栅($N = 8$)衍射的相对光强分布图(即 $I/I_0 \sim \sin\theta$ 曲线,θ 为衍射角),并观察单缝衍射对多缝干涉的调制作用.(设缝宽 $a = 8 \times 10^{-6}$ m,光栅常量 $d = 4 \times 10^{-4}$ m,波长 $\lambda = 5 \times 10^{-7}$ m.)

12-46　使自然光通过两个偏振化方向成 60° 角的偏振片,透射光强为 I_1.今在这两个偏振片之间再插入另一偏振片,它的偏振化方向与前两个偏振片均成 30° 角,则透射光强为多少?

12-47 如果起偏振器和检偏振器的偏振化方向之间的夹角为 30°.

（1）假定偏振片是理想的,则非偏振光通过起偏振器和检偏振器后,其出射光强与原来光强之比是多少？（2）如果起偏振器和检偏振器分别吸收了 10% 的可通过光线,则出射光强与原来光强之比是多少？

12-48 自然光和线偏振光的混合光束,通过一偏振片时,随着偏振片以光的传播方向为轴的转动,透射光的强度也跟着改变.如最强和最弱的光强之比为 6∶1,那么入射光中自然光和线偏振光的强度之比为多大？

12-49 水的折射率为 1.33,玻璃的折射率为 1.50.当光由水中射向玻璃而反射时,起偏振角为多少？当光由玻璃射向水面而反射时,起偏振角又为多少？

12-50 怎样测定不透明电介质（例如珐琅）的折射率？今测得釉质的起偏振角 $i_B = 58.0°$,试求它的折射率.

12-51 如习题 12-51 图所示,一块折射率 $n = 1.50$ 的平面玻璃浸在水中,已知一束光入射到水面上时反射光是完全偏振光.若要使玻璃表面的反射光也是完全偏振光,则玻璃表面与水平面的夹角 θ 应是多大？

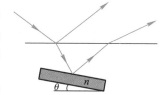

习题 12-51 图

12-52 二氧化碳激光器谐振腔的布儒斯特窗一般用锗来制成,使能对 10.6 μm 附近的红外激光有较大的透射率.如果锗的折射率为 4.5,如习题 12-52 图所示.试计算用锗制成的布儒斯特窗与放电管轴线所成之角 α.

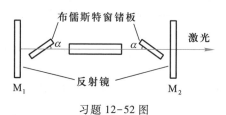

习题 12-52 图

12-53 偏振分束器可把入射的自然光分成两束传播方向互相垂直的偏振光,其结构如习题 12-53 图所示.两个等边直角玻璃棱镜的斜面合在一起,两斜面间有一多层膜.多层膜是由高折射率材料（硫化锌,$n_H = 2.38$）和低折射率材料（冰晶石,$n_L = 1.25$）交替镀膜而成.如用氩离子激光（$\lambda = 514.5$ nm）以 45° 角入射到多层膜上.

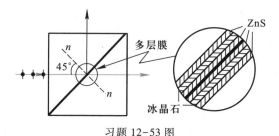

习题 12-53 图

（1）为使从膜层反射的光为线偏振光,玻璃棱镜的折射率 n 应取多少?（2）画出反射光和透射光的振动方向;（3）为使透射光的偏振度最大,高折射率层和低折射率层的厚度的最小值是多少?

12-54　用方解石切割成一个 60° 的正三角形棱镜,光轴垂直于棱镜的正三角形截面.设非偏振光的入射角为 i,而 e 光在棱镜内的折射线与镜底边平行如图所示.求入射角 i,并在图中画出 o 光的光路.已知 $n_e = 1.49$, $n_o = 1.66$.

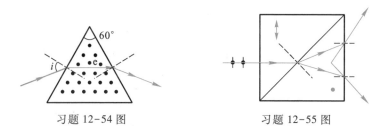

习题 12-54 图　　　　　　　　　　　　习题 12-55 图

12-55　图示的渥拉斯顿棱镜是由两个 45° 的方解石棱镜组成的.光轴方向如图所示,以自然光入射,求两束出射光线间的夹角和振动方向.已知 $n_o = 1.66$, $n_e = 1.49$.

12-56　线偏振光垂直入射于双折射晶片,晶片的光轴与晶面平行,如图.入射光的振动方向与晶片的光轴之间的夹角为 α,则偏振光在晶片内将分成振动面相互垂直的 o 光和 e 光.适当选择晶片的厚度,使透过晶片的 o 光和 e 光的相位差 $\Delta\phi = \dfrac{\pi}{2}$,这样的晶片称为四分之一波片.已知石英晶片对钠黄光（$\lambda = 589.3$ nm）的两个主折射率 $n_e = 1.553$, $n_o = 1.541$.求石英晶片制成 1/4 波片的最小厚度.

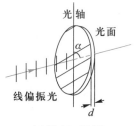

习题 12-56 图

12-57　一厚度为 10 μm 的方解石晶片,其光轴平行于表面,放置在两正交偏振片之间,晶片的光轴与第一偏振片的偏振化方向夹角为 45°,若要使波长 600 nm 的光通过上述系统后呈现极大,晶片的厚度至少需磨去多少.

第十三章
早期量子论和量子力学基础

▶

外部世界是我们所面对
的、独立于我们而存在的绝对
所在,而探索这些绝对所在所
运用的规律,我认为就是最崇
高的科学研究任务.

——M.普朗克

历史上,量子理论首先是从黑体辐射问题上突破的.1900 年,普朗克为了解决经典理论解释黑体辐射规律的困难,引入了能量子的概念,为量子理论奠定了基础.随后,爱因斯坦针对光电效应实验与经典理论的矛盾,提出了光量子的假设,并在固体比热容问题上成功地应用了能量子的概念,为量子理论的进一步发展打开了局面.1913 年,玻尔在卢瑟福原子有核模型的基础上,应用量子化的概念解释了氢原子光谱的规律性.从而使早期量子论取得了很大的成功,为量子力学的建立打下了基础.

在普朗克和爱因斯坦的光量子理论以及玻尔的原子理论的启发下,德布罗意提出了微观粒子具有波粒二象性的假设.薛定谔进一步推广了德布罗意波的概念,于 1926 年提出了波动力学,后与海森伯、玻恩的矩阵力学统一为量子力学.量子力学提出后,一些悬而未决的问题很快就得到了解决.

系统地介绍量子力学涉及较深的概念和较多的数学工具,限于本课程的要求,我们只能介绍量子力学的基本方程——薛定谔方程的基本概念,对量子力学处理实际问题,只能介绍由此算得的一些重要结论.

§13-1 热辐射 普朗克的能量子假设》

一、热辐射现象的描述

任何固体或液体,在任何温度下都在发射各种波长的电磁波,这种由于物体中的分子、原子受到热激发而发射电磁波的现象称为热辐射(heat radiation).物体向四周所发射的能量称为辐射能(radiant energy).实验表明,热辐射具有连续的辐射能谱,波长自远红外区延伸到紫外区,并且辐射能按波长的分布主要决定于物体的温度.例如把铁块在炉中加热,起初看不到它发光,却感到它辐射出来的热,热辐射主要在红外区.随着温度的不断升高,在 800 K 时发出暗红色的可见光,随后逐渐转为橙色、黄白色直到青白色.这说明同一物体在一定温度下所辐射的能量,在不同光谱区域的分布是不均匀的,温度越高,光谱中与能量最大的辐射所对应的波长也越短.同时随着温度的升高,辐射的总能量也增加.

物体不仅能辐射电磁波,而且还能够吸收和反射电磁波.如果辐射的能量恰好等于在同一时间内吸收的能量,此时物体的温度保持不变,这种辐射称为平衡热辐射.以下我们讨论的就是这种平衡热辐射.

视频:红外摄影

为了定量描写热辐射的规律,引入几个有关辐射的物理量.

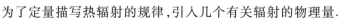

在温度 T 时,单位时间内从物体单位表面积上所发射的各种波长的总辐射能,称为物体的辐射出射度,简称辐出度(radiant exitrance),常用 $M(T)$ 表示,单位为 W/m^2.单位时间内从物体表面单位面积上辐射的在 $\lambda \sim \lambda + d\lambda$ 范围内单位波长间隔中的辐射能称为单色辐出度(monochramatic radiant exitrance),用 $M(\lambda, T)$ 或 $M_\lambda(T)$ 表示,即

$$M(\lambda, T) = \frac{dM(T)}{d\lambda} \qquad (13-1)$$

它的单位是 W/m^3.

在温度 T 时,物体吸收波长在 λ 到 $\lambda + d\lambda$ 范围内的辐射能与相应波长范围内的入射电磁能量之比,称为单色吸收比(monochromatic absorptance),用 $a(\lambda, T)$ 表示.它的值在 0 与 1 之间.若物体在任何温度下,对任何波长的辐射能的吸收比都等于 1,则称该物体为黑体(blackbody).

在自然界中,黑体是不存在的.例如吸收比最大的煤烟和黑色珐琅质,对太阳光的吸收比也不超过 99%,所以黑体就像质点、刚体、理想气体等模型一样,也是一种理想化的模型.我们可以用不透明材料制成开小孔的空腔,作为黑体模型.如图 13-1(a)所示,空腔外面的辐射能够通过小孔进入空腔,进入空腔内的射线,在空腔内进行多次反射,每反射一次,空腔的内壁将吸收一部分的辐射能,这样,经过很多次的相继的反射,进入小孔的辐射几乎完全被腔壁吸收.由于小孔的面积远比腔壁面积为小,由小孔穿出的辐射能可以略去不计.所以任何空腔的小孔相当于一个黑体的模型,能把射入小孔内的全部辐射吸收掉.另一方面,如果均匀地将腔壁加热以提高它的温度,腔壁将向腔内发射热辐射,其中一部分将从小孔射出,因为小孔像一个黑体的表面,从小孔发射的辐射波谱也就表征着黑体辐射的特性.在日常生活中,例如白天看远处建筑物的窗口,窗口显得特别

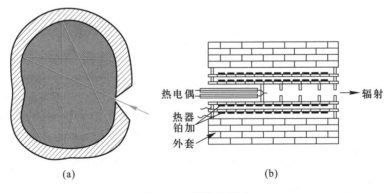

(a)   (b)

图 13-1   黑体的模型

黑暗,这也是由于从窗口射入的光,经墙壁多次反射而吸收,很少从窗口射出的缘故.这样的窗口就相当于一个黑体.又如,在金属冶炼技术中,常在冶炼炉上开一小孔,以测定炉内温度,这炉上的小孔也近似黑体.实验室中用的黑体如图13-1(b)所示.

理论和实验表明:物体的辐射本领越大,其吸收本领也越大.黑体是完全的吸收体,因此也是理想的辐射体.图13-2(a)是黑白花纹盘子在室温下的照片,图13-2(b)是它在高温下(1 100 K)发出辐射的照片.可以看出原来黑花纹的地方,吸收本领大,辐射本领也大.

 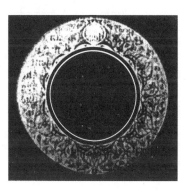

(a) 室温下的照片   (b) 1 100 K下的照片

图 13-2　黑白花纹盘子在不同温度下的辐射照片

1860 年,基尔霍夫(C.R.Kirchhoff)从理论上提出下列规律.在同样温度的热平衡条件下,各种物体对相同波长的单色辐出度与单色吸收比的比值 $M(\lambda,T)/a(\lambda,T)$ 都相等,等于同温度下黑体对同一波长的单色辐出度.黑体的单色辐出度用 $M_0(\lambda,T)$ 表示.

二、黑体辐射实验定律

利用黑体模型,可用实验方法测定黑体的单色辐出度 $M_0(\lambda,T)$ 随 λ 和 T 变化的实验曲线,如图13-3所示.

根据实验曲线,得出下述有关黑体热辐射的两条普遍定律.

1. 斯特藩(J.Stefan)-玻耳兹曼(L.Boltzmann)定律

在图13-3中,每一条曲线下的面积等于黑体在一定温度下的总辐出度,即

$$M_0(T) = \int_0^\infty M_0(\lambda,T)\,\mathrm{d}\lambda \tag{13-2}$$

由图可见,$M_0(T)$ 随温度的增高而迅速增加.实验指出,黑体的辐出度与其温度 T

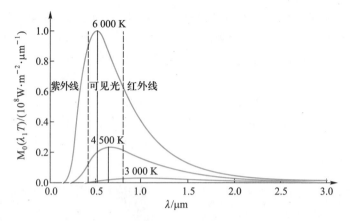

图 13-3   黑体的辐出度按波长分布曲线

的四次方成正比,即

$$M_0(T) = \sigma T^4 \qquad (13-3)$$

这一结论称为斯特藩-玻耳兹曼定律,其中比例系数 σ 称为斯特藩常量,2000 年国际推荐值为

$$\sigma = 5.670\ 400\ (40) \times 10^{-8}\ \mathrm{W}/(\mathrm{m}^2 \cdot \mathrm{K}^4)$$

2. 维恩(W.Wien)位移定律

从图 13-3 也可以看出,每条曲线有一极大值,即单色辐出度的峰值,对应于这峰值的波长 λ_m,随着温度 T 的增高,向短波方向移动,两者间的关系为

$$T\lambda_m = b \qquad (13-4)$$

这一结论称为维恩位移定律(Wien displacement law). b 称为维恩常量,2000 年国际推荐值为

$$b = 2.897\ 768\ 5\ (51) \times 10^{-3}\ \mathrm{m} \cdot \mathrm{K}$$

这两个定律反映出热辐射的功率随着温度的升高而迅速增加,而且热辐射的峰值波长,还随着温度的增加而向短波方向移动.

通常白炽灯钨丝的温度在 3 000 K 左右,λ_m 在红外波段,在可见光波段只有少量的能量发射,发光效率极低,所以要被淘汰.

热辐射的规律在现代科学技术上的应用很为广泛.它是测高温、遥感、红外追踪等技术的物理基础.例如,根据维恩位移定律,如果实验测出黑体单色辐出度的最大值所对应的波长 λ_m,就可以算出这一黑体的温度.太阳的表面温度就是用这一方法测定的.若将太阳看作黑体,从太阳光谱测得 $\lambda_m \approx 490$ nm. 由维恩定律算得太阳表面温度近似为 5 900 K.又如地面的温度约为 300 K,可算得 λ_m 约为 10 μm,这说明地面的热辐射主要处在 10 μm 附近的波段,而大气对这一波段的电磁波吸收极少,几乎透明,故通常称这一波段为电磁波的窗口.所以,地球卫星可利用红外遥感技术测定地面的热辐射,从而进行资源、地质等各类探查.

1964 年,美国射电天文学家彭齐亚斯(A.A.Penzias)和威耳孙(R.W.Wilson)在研究从卫星上反射回来的信号中,接收到一种在空间均匀分布的微波信号噪声,这种噪声不是天线或接收机本身的电噪声,他们把它称为宇宙背景辐射(cosmic background radiation).70 年代曾对这种辐射的能谱分布进行测量,发现强度峰出现在 1.0 mm 附近.这个强度分布曲线恰好与黑体辐射在 2.76 K 的能谱曲线符合,1990 年,美国发射 COBE 卫星,对宇宙背景辐射进行了精密的观测,再度证实其能谱分布与 $T=(2.735\pm0.060)$ K 的黑体辐射谱完全吻合.如图 13-4 所示.这证实了大爆炸宇宙论的预言,即由于初始的爆炸,在今日的宇宙中应残留温度约为 2.7 K 的热辐射.由于背景辐射的发现在宇宙学上具有重要意义,彭齐亚斯和威耳孙同获 1978 年诺贝尔物理学奖.

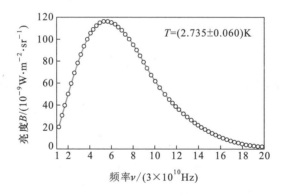

图 13-4　宇宙背景辐射(蓝线为理论值)

例题 13-1

实验测得太阳辐射波谱的 $\lambda_m = 490$ nm,若把太阳视为黑体,试计算:(1) 太阳每单位表面积上所发射的功率;(2) 阳光直射时,地球表面单位面积接收到的辐射功率;(3) 地球每秒内接收的太阳辐射能.(已知太阳半径 $R_S = 6.96\times10^8$ m,地球半径 $R_E = 6.37\times10^6$ m,地球到太阳的距离 $d = 1.496\times10^{11}$ m.)

解 (1) 根据维恩位移定律 $\lambda_m T = b$ 得太阳的温度

$$T = \frac{b}{\lambda_m} = 5.9 \times 10^3 \text{ K}$$

根据斯特藩-玻耳兹曼定律可求出太阳单位表面积上的发射功率

$$M_0 = \sigma T^4 = 6.87 \times 10^7 \text{ W/m}^2$$

（2）太阳辐射的总功率为

$$P_S = M_0 4\pi R_S^2 = 4.2 \times 10^{26} \text{ W}$$

这功率分布在以太阳为中心、以日地距离 d 为半径的球面上，故地球表面单位面积接收到的辐射功率为

$$P_E' = \frac{P_S}{4\pi d^2} = 1.49 \times 10^3 \text{ W/m}^2$$

（3）由于地球到太阳的距离远大于地球半径，可将地球看成半径为 R_E 的圆盘，故地球接收太阳的辐射能功率为

$$P_E = P_E' \times \pi R_E^2 = 1.90 \times 10^{17} \text{ W}$$

三、经典理论的困难

19 世纪末，物理学家面临的一个主要问题，是如何从理论上得到黑体辐射能量分布实验曲线的数学表达式.遗憾的是，他们都遭到了失败.其中最典型的是维恩公式和瑞利-金斯公式.

1893 年，维恩把组成黑体空腔壁的分子或原子看作带电的线性谐振子.假设黑体辐射能谱分布与麦克斯韦分子速率分布相类似，得出的理论公式为

$$M_0(\lambda, T) = C_1 \lambda^{-5} e^{-\frac{c_2}{\lambda T}} \tag{13-5}$$

式中 C_1 和 C_2 是两个常量，上式称为维恩公式.这个公式与实验曲线波长较短处符合得很好，但在波长很长处与实验曲线相差较大.参看图 13-5.

1900 年至 1905 年间，瑞利（Lord Rayleigh）和金斯（J.H.Jeans）把统计物理学中的能量按自由度均分定理应用到电磁辐射上来，提出每个线性谐振子的平均能量都等于 kT，得到的理论公式为

$$M_0(\lambda, T) = 2\pi C_3 \lambda^{-4} kT \tag{13-6}$$

式中 C_3 为常量，k 是玻耳兹曼常量上式称为瑞利-金斯公式.这个公式在波长很长处与实验曲线还比较相近，但在短波紫外光区方面，按此公式看来，$M_0(\lambda, T)$ 将随波长趋向于零而趋向无穷大，完全与实验结果不符，这一荒谬的结果，物理

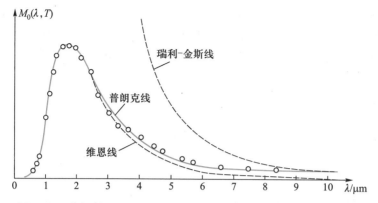

图 13−5 热辐射的理论公式与实验结果的比较(。表示实验结果)

学史上把它称为"紫外灾难".

维恩公式和瑞利-金斯公式都是用经典电磁理论和统计物理的方法来研究热辐射所得的结果,都与实验结果不相符合,明显地暴露了经典物理学的缺陷.因此,开尔文认为黑体辐射实验是物理学晴朗天空中一朵令人不安的乌云.

四、普朗克的能量子假设

为了解决上述困难,普朗克利用内插法将适用于短波的维恩公式和适用于长波的瑞利-金斯公式衔接起来,在 1900 年普朗克提出了一个新的公式:

$$M_0(\lambda, T) = 2\pi h c^2 \lambda^{-5} \frac{1}{e^{hc/\lambda kT} - 1} \tag{13-7a}$$

式中 c 是光速,k 是玻耳兹曼常量,h 是一个新引入的常量,后来称为普朗克常量(Planck constant),是一个普适常量,其 2010 年国际推荐值为

$$h = 6.626\ 069\ 57(29) \times 10^{-34}\ \text{J} \cdot \text{s}$$

这一公式称为普朗克公式.它与实验结果符合得很好(参见图 13−5).普朗克公式也可用频率来表示

$$M_0(\nu, T) = \frac{2\pi h \nu^3}{c^2} \frac{1}{e^{h\nu/kT} - 1} \tag{13-7b}$$

由普朗克公式不难得到维恩公式和瑞利-金斯公式,还可以推得由实验得到的斯特藩-玻耳兹曼定律和维恩位移定律.

　　普朗克得到上述公式后,他指出"即使这个新的辐射公式证明是绝对精确的,如果仅仅是一个侥幸揣测出来的内插公式,它的价值也只能是有限的."因此,他要寻找这个公式的理论根据.经过深思熟虑,他不得不放弃一些经典物理学的观点.他认为:辐射黑体是由大量带电的谐振子组成,这些谐振子可以发射和吸收辐射能.并大胆地假设,这些谐振子的能量不是连续的,而是分立的.这些分立的能量是某一最小能量 ε(ε 称为能量子)的整数倍,即 $\varepsilon,2\varepsilon,3\varepsilon,\cdots,n\varepsilon.n$ 为正整数,称为量子数.对于频率为 ν 的谐振子的最小能量为

$$\varepsilon = h\nu \qquad\qquad (13-8)$$

式中 h 就是普朗克常量.这个假设一般称为普朗克能量子假设,或简称普朗克量子假设.

　　由此可见,正是黑体辐射的实验事实迫使普朗克作出了能量子的假设.这样的假设是与经典物理学的概念格格不入的.因此,从经典物理学看来,能量子的假设是荒诞的、不可思议的,就连普朗克本人也感到难以相信,总想回到经典理论的体系中,企图用连续性代替不连续性.为此,他花了许多精力,但最后还是证明这些企图是徒劳的.一直到 1905 年,爱因斯坦在普朗克能量子假设的基础上提出光量子概念,正确地解释了光电效应,从而普朗克能量子假设才冲破经典物理思想的束缚,逐渐为人们所接受.由于普朗克发现了能量子,成为量子的奠基人,荣获 1918 年诺贝尔物理学奖.玻尔(N.Bohr)对普朗克的量子论所作的评价:"在科学史上很难找到其他发现能像普朗克的基本作用量子一样在仅仅一代人的短时间里产生如此非凡的结果.这个发现将人类的观念——不仅是有关经典科学的观念,而且是有关通常思维方式的观念的基础砸得粉碎,上一代人能取得有关自然知识的如此神奇进展,应归功于人们从传统的思想束缚下获得的这一解放".爱因斯坦在 1918 年 4 月普朗克 60 岁生日庆祝会上说:"在科学的殿堂里有各种各样的人:有的人爱科学是为了满足智力上的快感,有的人是为了纯粹功利的目的.而普朗克热爱科学是为了得到现象世界那些普遍的基本规律."

例题 13-2

试从普朗克公式推导斯特藩-玻耳兹曼定律及维恩位移定律.

　　解　在普朗克公式中,为简便起见,引入

$$C_1 = 2\pi hc^2, \qquad x = \frac{hc}{k\lambda T}$$

则

$$dx = -\frac{hc}{k\lambda^2 T}d\lambda = -\frac{k}{hc}Tx^2 d\lambda$$

而普朗克公式为

$$M_0(x,T) = \frac{C_1 k^5 T^5}{h^5 c^5} \frac{x^5}{e^x - 1} \tag{1}$$

所以黑体在一定温度下的总辐出度

$$M_0(T) = \int_0^\infty M_0(\lambda, T)\,\mathrm{d}\lambda = \frac{C_1 k^4 T^4}{h^4 c^4} \int_0^\infty \frac{x^3}{e^x - 1}\,\mathrm{d}x$$

由积分表查得

$$\int_0^\infty \frac{x^3}{e^x - 1}\,\mathrm{d}x = \frac{\pi^4}{15} \approx 6.494$$

由此得

$$M_0(T) = 6.494 \frac{C_1 k^4}{h^4 c^4} T^4 = \sigma T^4$$

这就是斯特藩-玻耳兹曼定律,由上式算得

$$\sigma = \frac{2\pi k^4}{h^3 c^2} \times 6.494 = 5.6693 \times 10^{-8}\ \mathrm{W/(m^2 \cdot K^4)}$$

与实验数值相符.

为了推证维恩位移定律,需求出(1)式中的极大值的位置,于是取

$$\frac{\mathrm{d}M_0(x,T)}{\mathrm{d}x} = \frac{C_1 k^5 T^5}{h^5 c^5} \cdot \frac{(e^x - 1)5x^4 - x^5 e^x}{(e^x - 1)^2} = 0$$

由此得

$$5e^x - xe^x - 5 = 0$$

或

$$x = 5 - 5e^{-x}$$

上式可用迭代法解出.取 $x \approx 5$ 代入右边,可得 $x = 4.966$,再代入右边,即得 $x = 4.965$,以此类推,解得 $x_m = 4.9651$.因此

$$x_m = \frac{hc}{k\lambda_m T} = 4.9651$$

或

$$\lambda_m T = \frac{hc}{4.9651k} = b$$

这就是维恩位移定律,由上式算得

$$b = \frac{hc}{4.9651k} = 2.8978 \times 10^{-3}\ \mathrm{m \cdot K}$$

也与实验数值相符.

复习思考题 ▶▶▶

13-1-1　两个相同的物体 A 和 B,具有相同的温度,如 A 物体周围的温度低于 A,而 B 物体周围的温度高于 B.试问:A 和 B 两物体在温度相同的那一瞬间,单位时间内辐射的能量是否相等? 单位时间内吸收的能量是否相等?

13-1-2　绝对黑体和平常所说的黑色物体有何区别? 绝对黑体是否在任何温度下都是黑色的? 在同温度下,绝对黑体和一般黑色物体的辐出度是否一样?

13-1-3　你能否估计人体热辐射的各种波长中,哪个波长的单色辐出度最大?

13-1-4　有两个同样的物体,一个是黑色的,一个是白色的,且温度也相同,把它们放在高温的环境中,哪一个物体温度升高较快? 如果把它们放在低温环境中,哪一个物体温度降得较快?

13-1-5　若一物体的温度(热力学温度数值)增加一倍,它的总辐射能增加到多少倍?

§13-2　光电效应　爱因斯坦的光子理论 ▶▶

一、光电效应的实验规律

光电效应(photoelectric effect)是由赫兹首先发现的,他在从事电磁波实验时注意到,当间隙的两个端面受到光照射时.接收电路中感应出来的电火花要变得更强一些.此后,他的同事勒纳德(P.Lenard)测量了受到光照射的金属表面所释放的粒子的比荷(即荷质比),确认释放的粒子是电子,从而证实赫兹所观察到的火花加强的现象是在光的照射下金属表面发射电子的结论.

一个研究光电效应的实验装置如图 13-6 所示.在光电管两极间加上电势差 U_{AK},当单色光照射到阴极板 K 上时,便释放出电子,这种电子称为光电子(photoelectron).这些光电子在加速电场作用下,飞向阳极 A,形成回路中的光电流.实验结果可归纳如下:

1. 饱和电流

实验指出:以一定强度的单色光照射电极 K 时,加速电势差 U_{AK} 愈大,光电流 i 也愈大.当加速电势差增加到一定量值时,光电流达饱和值 i_m,参看图 13-7.如果增加光的强度,在相同的加速电势差下,光电流的量值也较大,相应的 i_m 也增大,说明从阴极 K 逸出的电子数增加了.因此得出结论:单位时间内,受光照的金属板释放出来的电子数和入射光的强度成正比.

2. 遏止电势差

在光照不变的情况下,降低加速电势差的量值,光电流 i 也随之减小.当电

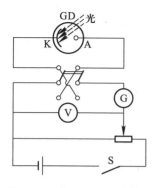

图 13-6 光电效应实验简图

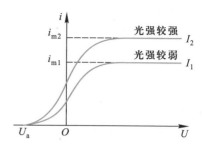

图 13-7 光电效应的伏安特性曲线

势差减小到零并逐渐变负时,光电流 i 一般并不等于零,这表明电子逸出时具有初动能.如果使负的电势差足够大,光电流便降为零.光电流为零时,外加电势差的绝对值 U_a 叫做遏止电势差(stopping potential).遏止电势差的存在,表明光电子从金属表面逸出时的初速有最大值 v_m,也就是光电子的初动能具有一定的限度,它等于

$$\frac{1}{2}mv_m^2 = eU_a \qquad (13-9)$$

式中 e 和 m 为电子的电荷量和质量.实验表明遏止电势差与光强无关,而与入射光的频率成线性关系,如图 13-8 所示.

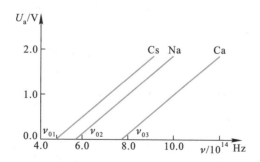

图 13-8 遏止电势差与频率的关系

3. 遏止频率(红限)

实验表明,对一定金属的阴极,当入射光的频率小于某个最小值时,无论光强多大,照射时间多长,都没有光电子逸出.这个最小频率称为该金属光电效应的遏止频率(cutoff frequency),又称红限.不同金属具有不同的红限,大多数金属

在紫外区,参看表 13-1.

表 13-1　几种金属的遏止频率和逸出功

金属	钨	钙	钠	钾	铷	铯
遏止频率 $\nu_0/10^{14}\,\mathrm{Hz}$	10.95	7.73	5.53	5.44	5.15	4.69
逸出功 A/eV	4.54	3.20	2.29	2.25	2.13	1.94

4. 弛豫时间

实验证明,从入射光开始照射直到金属释放出电子,无论光多微弱,几乎是瞬时的,弛豫时间不超过 $10^{-9}\,\mathrm{s}$.

二、光的波动说的缺陷

上述光电效应的实验事实和光的经典电磁理论有着深刻的矛盾.电子从金属表面逸出时克服表面原子的引力需要一定的能量,即外界必须做功,其最小的功称为逸出功或称功函数(work function),几种金属的逸出功参看表 13-1.按照光的经典电磁理论,金属在光的照射下,金属中的电子将从入射光中吸收能量,从而逸出金属表面.逸出时的初动能应决定于光振动的振幅,即决定于光的强度.因而按照光的经典电磁理论,光电子的初动能应随入射光的强度而增加.但是实验结果是:任何金属所释出的光电子的最大初动能都随入射光的频率线性地上升,而与入射光的强度无关.

根据经典电磁理论,如果光强足够供应从金属释放出光电子所需的能量,那么光电效应对各种频率的光都会发生.但是实验事实是每种金属都存在一个遏止频率 ν_0,对于频率小于 ν_0 的入射光,不管入射光的强度多大,都不能发生光电效应.

对于光电效应关于时间的问题,就会更显示出光的经典电磁理论的缺陷.显然入射光愈弱,能量积累的时间(即从开始照射到释出电子的时间)就愈长,但实验结果并非如此.当物体受到光的照射时,一般地说,不论光怎样弱,只要频率大于遏止频率,光电子几乎是立刻发射出来的.

三、爱因斯坦的光子理论

爱因斯坦从普朗克的能量子假设中得到了启发,他认为普朗克的理论只考虑了辐射物体上谐振子能量的量子化,即谐振子所发射或吸收的能量是量子化的,他假定空腔内的辐射能本身也是量子化的,就是说光在空间传播时,也具有粒子性,想象一束光是一束以光速 c 运动的粒子流,这些粒子称为光量子(light quantum),现称为光子(photon).每一光子的能量也就是 $\varepsilon = h\nu$,不同频率的光子具有不同的能量.

按照光子理论.光电效应可解释如下:当金属中一个自由电子从入射光中吸

收一个光子后,就获得能量 $h\nu$,如果 $h\nu$ 大于电子从金属表面逸出时所需的逸出功 A,这个电子就可从金属中逸出.根据能量守恒定律,应有

$$h\nu = \frac{1}{2}mv_{m}^2 + A \tag{13-10}$$

式中 $\frac{1}{2}mv_{m}^2$ 是光电子的最大初动能,上式称为爱因斯坦光电效应方程.爱因斯坦方程解释了光电子的初动能与入射光频率之间的线性关系.入射光的强度增加时,光子数也增多,因而单位时间内光电子数目也将随之增加.这就很自然地说明了饱和电流或光电子数与光的强度之间的正比关系.再由方程式(13-10),假定 $\frac{1}{2}mv_{m}^2 = 0$,那么

$$\nu_0 = \frac{A}{h}$$

这表明频率为 ν_0 的光子具有发射光电子的最小能量.如果光子频率低于 ν_0(遏止频率),不管光子数目多大,单个光子没有足够的能量去激发光电子,所以遏止频率相当于电子所吸收的能量全部消耗于电子的逸出功时入射光的频率.同样由光子理论可以得出,当一个光子被吸收时,全部能量立即被吸收,不需要积累能量的时间,这也就自然地说明了光电效应的瞬时发生的问题.

由于爱因斯坦发展了普朗克的思想,提出了光子假说,成功地说明了光电效应的实验规律,荣获 1921 年诺贝尔物理学奖.

光电效应已在生产、科研、国防中有广泛的应用.在有声电影、电视和无线电传真中都用光电管把光信号转变为电信号,在光度测量、放射性测量时也常用光电管把光变为电流并放大后进行测量.光计数器、光电跟踪、光电保护等多种装置在生产自动化方面的应用更为广泛.

四、光的波粒二象性

光子不仅具有能量,而且还具有质量和动量等一般粒子共有的特性.光子的动质量 m_{φ} 可由相对论的质-能关系式得到

$$m_{\varphi} = \frac{\varepsilon}{c^2} = \frac{h\nu}{c^2} \tag{13-11}$$

m_{φ} 的量值应是有限的,视光子的能量而定,而光子的静质量 $m_{\varphi 0} = 0$.光子的动量为

$$p = m_{\varphi}c = \frac{h\nu}{c} = \frac{h}{\lambda} \tag{13-12}$$

由于光子具有动量,当光照射在物体上时,将对物体的反射面或吸收面施以压力.列别捷夫曾用精密的实验方法测得非常微小的光压,直接地证实了光子的动量和能量关系式.

光子理论不仅圆满地解释光电效应,以后还将看到,光子理论也能说明光的波动说所不能解释的其他许多现象,从而确立光的粒子性.因此,光不仅具有波动性质,而且具有粒子性.关系式(13-11)和(13-12)把光的双重性质——波动性和微粒性联系起来,动量和能量是描述粒子性的,而频率和波长则是描述波动性的.光的这种双重性质称为光的波粒二象性(wave-particle dualism of light).

最后要强调的是,光不是我们日常感觉到的粒子或者波(这是宏观世界传播能量的两种模式),事实上没有一种图像能画出光的这种二重性本质.对此,丹麦物理学家玻尔提出了著名的互补原理,他说对不同的实验,必须采用不同的理论,或者波,或者光子,而不能同时出现.光的这两个面是互补的,只在不同的实验中展示给了实验者.

例题 13-3

设有一功率 $P = 1\ \text{W}$ 的点光源,距光源 $d = 3\ \text{m}$ 处有一钾薄片.假定钾薄片中的电子可以在半径约为原子半径 $r = 0.5 \times 10^{-10}\ \text{m}$ 的圆面积范围内收集能量,已知钾的逸出功 $A = 1.8\ \text{eV}$.(1) 按照经典电磁理论,计算电子从照射到逸出需要多长时间;(2) 如果光源发出波长为 $\lambda = 589.3\ \text{nm}$ 的单色光,根据光子理论,求每单位时间打到钾片单位面积上有多少光子.

解 (1) 电子吸收能量的面积为 πr^2.按照经典电磁理论,由光源发射的辐射能均匀分布在以点光源为中心、以 d 为半径的球形波阵面上,这波阵面的面积为 $4\pi d^2$.所以照射到离光源 d 处、半径为 r 的圆面积内的功率是

$$P' = \frac{\pi r^2}{4\pi d^2} P = 7 \times 10^{-23}\ \text{W}$$

假定这些能量全部为电子所吸收,那么可以计算从光开始照射到电子逸出表面所需的时间为

$$t = \frac{A}{P'} \approx 4\ 000\ \text{s}$$

实验事实指出,在任何情况下,都没有测得这样长的滞后时间.按现代的实验断定,可能的滞后时间不会超过 10^{-9} s.

(2) 按光子理论,波长为 589.3 nm 的每一个光子的能量为

$$\varepsilon = h\nu = \frac{hc}{\lambda} = 3.4 \times 10^{-19}\ \text{J} \approx 2.1\ \text{eV}$$

每单位时间打在距光源 3 m 的钾片单位面积上的能量为

$$I=\frac{P}{4\pi d^2}=\frac{1.0\ \text{W}}{4\pi\,(3\ \text{m})^2}=5.5\times10^{16}\ \text{eV}/(\text{m}^2\cdot\text{s})$$

所以打到钾片单位面积上的光子数为

$$N=\frac{I}{\varepsilon}=2.6\times10^{16}/(\text{m}^2\cdot\text{s})$$

复习思考题 >>>>

13-2-1　在光电效应的实验中,如果:(1) 入射光强度增加 1 倍;(2) 入射光频率增加 1 倍,按光子理论,这两种情况的结果有何不同?

13-2-2　已知一些材料的逸出功如下:钽 4.12 eV,钨 4.50 eV,铝 4.20 eV,钡 2.50 eV,锂 2.30 eV.试问:如果制造在可见光下工作的光电管,应取哪种材料?

13-2-3　光子在哪些方面与其他粒子(譬如电子)相似? 在哪些方面不同?

13-2-4　用频率为 ν_1 的单色光照射某光电管阴极时,测得饱和电流为 I_1;用频率为 ν_2 的单色光以与 ν_1 的单色光相等强度照射时,测得饱和电流为 I_2,若 $I_2>I_1$,ν_1 和 ν_2 的关系如何?

13-2-5　用频率为 ν_1 的单色光照射某光电管阴极时,测得光电子的最大动能为 E_{k_1};用频率为 ν_2 的单色光照射时,测得光电子的最大动能为 E_{k_2},若 $E_{k_1}>E_{k_2}$,ν_1 和 ν_1 哪一个大?

§13-3　康普顿效应 >>

一、康普顿效应

1923 年康普顿(A.H.Compton)研究了 X 射线经物质散射的实验,进一步证实了爱因斯坦的光子概念.图 13-9 是康普顿实验装置的示意图. X 射线源发

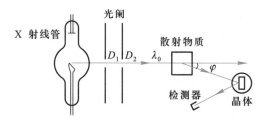

图 13-9　康普顿的实验装置

射一束波长为 λ_0 的 X 射线,并投射到一块石墨上,经石墨散射后,散射束的波长及相对强度可以由晶体和探测器所组成的摄谱仪来测定,改变散射角,进行同样的测量.康普顿发现,在散射光谱中除有与入射线波长 λ_0 相同的射线外,同时还有波长 $\lambda > \lambda_0$ 的射线.这种改变波长的散射称为康普顿效应(Compton effect).康普顿因发现此效应而获得 1927 年诺贝尔物理学奖.1926 年,我国物理学家吴有训对不同的散射物质进行了研究.实验结果指出:(1)波长的偏移 $\Delta\lambda = \lambda - \lambda_0$ 随散射角 φ(散射线与入射线之间的夹角)而异;当散射角增大时,波长的偏移也随之增加,而且随着散射角的增大,原波长的谱线强度减小,而新波长的谱线强度增大(图 13-10).(2)在同一散射角下,对于所有散射物质,波长的偏移 $\Delta\lambda$ 都相同,但原波长的谱线强度随散射物质的原子序数的增大而增加,新波长的谱线强度随之减小(图13-11).

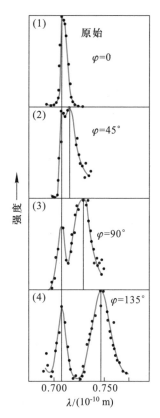

图 13-10   康普顿散射
与角度的关系

二、光子理论的解释

按经典电磁理论,光的散射是这样产生的:当电磁波通过物体时,将引起物体中带电粒子作受迫振动,从入射波吸收能量,而每个振动着的带电粒子,将向四周辐射电磁波.从波动观点来看,带电粒子受迫振动的频率等于入射光的频率,所发射的光的频率(或波长)应与入射光的频率相同.可见,光的波动理论能够解释波长不变的散射而不能解释康普顿效应中新产生的长波谱线.

康普顿认为 X 射线的散射应是光子与原子芯(内层)电子和外层电子碰撞的结果.X 射线光子的能量为 $10 \sim 10^3$ keV.与芯电子发生碰撞时,由于芯电子与原子核束缚较紧(大约为 keV 数量级),散射过程实际上是光子与整个原子间的碰撞,原子核质量很大,碰撞后光子几乎不失去能量.所以保持原波长的射线.但是当 X 射线光子与原子外层电子发生碰撞时,由于外层电子与原子核束缚较弱(为 $10 \sim 10^2$ eV),这些电子可看作为"自由"电子,当光子与这些电子碰撞时,自由电子吸收一个入射光子后发射一个波长较长的光子,且电子与光子沿不同方向运动,由于动量和能量都守恒,因此这种碰撞过程可以看成是入射光子与自由电子的弹性碰撞.

对于轻物质,原子核对所有电子几乎都束缚较弱,因此波长变长的散射线相

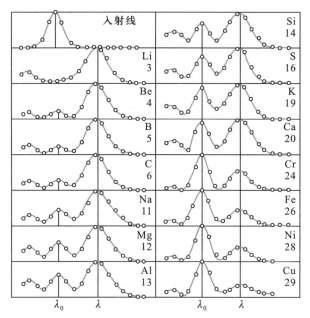

$\lambda_0 = 5.626\,7\ \text{nm}$（银谱线）

元素符号下的数字为原子序数

图 13-11　康普顿散射与原子序数的关系

对较强；对于重物质，原子核对电子的束缚较紧.因此波长变长的散射线相对较弱.

下面我们定量分析光子和自由电子的碰撞.如图 13-12 所示，假定电子开始时处于静止状态.设碰撞前光子的频率为 ν_0.则能量为 $h\nu_0$，动量为 $\dfrac{h\nu_0}{c}\boldsymbol{e}_0$ 沿 x 轴前进碰撞后将被散射，设散射光子的频率为 ν，与原来的入射光子方向成 φ 角.这时，散射光子的能量变为 $h\nu$，动量变为 $\dfrac{h\nu}{c}\boldsymbol{e}$，$\boldsymbol{e}_0$、$\boldsymbol{e}$ 分别表示光子在运动方向上的单位矢量.与此同时，反冲电子将沿着某一角度 θ 的方向飞出，这时电子的能量由 m_0c^2 变为 mc^2，动量由零变为 $m\boldsymbol{v}$；$m = \dfrac{m_0}{\sqrt{1 - v^2/c^2}}$ 为电子的质量，m_0 为电子的"静止"质量，$\boldsymbol{v}$ 为电子碰撞后的速度.根据弹性碰撞过程遵守的能量守恒定律和动量守恒定律有：

$$h\nu_0 + m_0 c^2 = h\nu + mc^2$$

$$m\boldsymbol{v} = \frac{h\nu_0}{c}\boldsymbol{e}_0 - \frac{h\nu}{c}\boldsymbol{e}$$

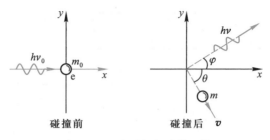

图 13-12　光子与电子的碰撞

动量的分量式为

$$\frac{h\nu_0}{c} - \frac{h\nu}{c}\cos \varphi = mv\cos \theta$$

$$\frac{h\nu}{c}\sin \varphi = mv\sin \theta$$

解以上各关系式可得

$$\Delta\lambda = \lambda - \lambda_0 = \frac{h}{m_0 c}(1 - \cos \varphi) \tag{13-13a}$$

由此可见 $\lambda > \lambda_0$，而且 $\Delta\lambda$ 与 λ_0 无关且随散射角 φ 增大而增大.上式也常写成

$$\Delta\lambda = \lambda - \lambda_0 = \frac{2h}{m_0 c}\sin^2 \frac{\varphi}{2} = 2\lambda_C\sin^2 \frac{\varphi}{2} \tag{13-13b}$$

式中 $\lambda_C = \dfrac{h}{m_0 c} = 2.426\ 310\ 238\ 9(16) \times 10^{-12}$ m 叫做康普顿波长（Compton wavelength）.由式（13-13）计算的理论值与实验结果符合得很好.

　　X 射线的散射现象，在理论上和实验上的符合，不仅有力地证实了光子理论，说明了光子具有一定的质量、能量和动量，而且这个现象所研究的，不是整个光束与散射物体的作用，而只是个别光子与个别电子间的作用，这种现象同时也证实了能量守恒和动量守恒两定律，在微观粒子相互作用的基元过程中，也同样严格地遵守着.

　　康普顿效应在医疗设备中得到了广泛应用.例如为了诊断骨质疏松，利用骨密度测量仪的 X 射线与电子的散射，测量散射波的强度可以推算骨头中电子的密度，进而测定骨质的密度.

　　这里有两个问题供读者进一步思考：

　　（1）光电效应和康普顿效应都是电磁波和物质的相互作用，两者的区别何在？

（2）光子是一个整体，能量是不能分割的，在康普顿效应中，入射光子的能量是怎么"分配"给散射光子和反冲电子的呢？

例题 13-4

波长 $\lambda_0 = 0.02$ nm 的 X 射线与静止的自由电子碰撞，现在从和入射方向成 90° 角的方向去观察散射辐射（如图 13-13）.求：（1）散射 X 射线的波长；（2）反冲电子的能量；（3）反冲电子的动量.

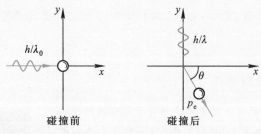

图 13-13

解（1）散射后 X 射线波长的改变为

$$\Delta\lambda = \frac{2h}{m_0 c}\sin^2\frac{\varphi}{2} = 0.024\times10^{-10}\ \text{m} = 0.002\,4\ \text{nm}$$

所以散射 X 射线的波长为

$$\lambda = \Delta\lambda + \lambda_0 = 0.002\,4\ \text{nm} + 0.02\ \text{nm} = 0.022\,4\ \text{nm}.$$

（2）根据能量守恒，反冲电子获得的能量就是入射光子与散射光子能量的差值，所以

$$\Delta\varepsilon = \frac{hc}{\lambda_0} - \frac{hc}{\lambda} = \frac{hc\Delta\lambda}{\lambda_0\lambda} = 10.7\times10^{-16}\ \text{J} = 6.66\times10^{3}\ \text{eV}$$

（3）根据动量守恒，有

$$\frac{h}{\lambda_0} = p_e\cos\theta$$

$$\frac{h}{\lambda} = p_e\sin\theta$$

所以

$$p_e = h\left(\frac{\lambda^2 + \lambda_0^2}{\lambda^2\lambda_0^2}\right)^{1/2} = 4.44\times10^{-23}\ \text{kg}\cdot\text{m/s}$$

而

$$\cos\theta = \frac{h}{\lambda_0 p_e} = 0.753$$

则

$$\theta \approx 41°9'$$

复习思考题》》》

　　13-3-1　用可见光能否观察到康普顿散射现象？

　　13-3-2　在康普顿效应中,什么条件下才可以把散射物质中的电子近似看成静止的自由电子？

*§13-4　氢原子光谱　玻尔的氢原子理论》

一、氢原子光谱的规律性

　　原子发光是重要的原子现象之一.由于光学仪器的精确性,光谱学的数据对物质结构的研究具有重要的意义.人们对原子光谱曾进行长时期的深入研究,积累了大量观测资料,并根据这些资料的分析,得出有关原子光谱的重要规律.

　　图 13-14 是氢原子的光谱图,图中 H_α,H_β,H_γ,…谱线的波长经光谱学的测定已表明在图中.

　　1885 年,瑞士一中学教师巴耳末(J.J.Balmer)首先将氢原子光谱线的波长用一个简单的公式来表示:

$$\lambda = B\frac{n^2}{n^2-4} \tag{13-14}$$

式中 B 是常量,其量值等于 364.56 nm,n 为正整数.当 $n=3$,4,5,…时,上式分别给出氢光谱中 H_α、H_β、H_γ、…谱线的波长.在光谱学中,谱线也常用频率 ν,或用波数(波长的倒数) $\frac{1}{\lambda}$ 来表征.$\frac{1}{\lambda}$ 的意义是单位长度内所含有的波的数目.这样,上式可以改写为

$$\nu = \frac{4c}{B}\left(\frac{1}{2^2}-\frac{1}{n^2}\right) \text{ 或 } \frac{1}{\lambda}=\frac{4}{B}\left(\frac{1}{2^2}-\frac{1}{n^2}\right) \tag{13-15}$$

后人称这个公式为巴耳末公式,而将它所表达的一组谱线称为氢原子光谱的巴耳末系.

　　1889 年,里德伯(J.R.Rydberg)提出了一个普遍的方程,即把式(13-15)中的 2^2 换成其他整数的平方,就可以得出氢原子光谱的其他线系,这方程是

$$\frac{1}{\lambda}=R\left(\frac{1}{k^2}-\frac{1}{n^2}\right) \quad \begin{array}{l} k=1,2,3,\cdots \\ n=k+1,k+2,k+3,\cdots \end{array} \tag{13-16}$$

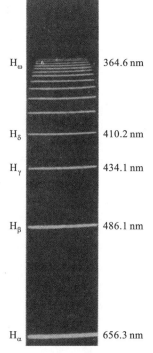

H_ω	364.6 nm
H_δ	410.2 nm
H_γ	434.1 nm
H_β	486.1 nm
H_α	656.3 nm

图 13-14　氢原子光谱
巴耳末系的谱线

称为里德伯方程,其中 $R = \dfrac{4}{B} = 1.096\,776 \times 10^7\ \text{m}^{-1}$,称为里德伯常量.氢原子光谱各谱系的名称分别为

$k=1, n=2,3,\cdots$ 莱曼(T.Lyman)系,(1914 年),紫外区

$k=3, n=4,5,\cdots$ 帕邢(F.Paschen)系,(1908 年),红外区

$k=4, n=5,6,\cdots$ 布拉开(F.Brackett)系,(1922 年),红外区

$k=5, n=6,7,\cdots$ 普丰德(H.A.Pfund)系,(1924 年),红外区

$k=6, n=7,8,\cdots$ 哈弗莱(C.S.Humphreys)系,(1953 年),红外区

$k=7, n=8,9,\cdots$ 汉森(Hansen)与斯特朗(Strong)系,(1973 年),红外区

在氢原子光谱实验规律的基础上,里德伯、里兹(W.Ritz)等人在 1890 年研究其他元素(如一价碱金属)的光谱,发现碱金属光谱也可分为若干线系,其频率或波数也有和氢谱线类似的规律性,一般可用两个函数的差值来表示,函数中的参变量分别为正整数 k 和 $n(n>k)$

$$\frac{1}{\lambda} = T(k) - T(n) \tag{13-17}$$

上式称为里兹组合原理(Ritz combination principle).式中 $T(k) = \dfrac{R}{k^2}$ 和 $T(n) = \dfrac{R}{n^2}$ 称为光谱项.对同一 k 值,不同的 n 值给出同一谱系的不同谱线.对于碱金属原子,其光谱项可表示为

$$T(k) = \frac{R}{(k+\alpha)^2}, \quad T(n) = \frac{R}{(n+\beta)^2} \tag{13-18}$$

式中 α 和 β 都是小于 1 的修正数.

原子光谱线系可用这样简单的公式来表示,且其结果又非常准确,这说明它深刻地反映了原子内在的规律.

二、玻尔的氢原子理论

关于原子的结构,人们曾提出各种不同的模型,经公认肯定的是 1911 年卢瑟福(E.Rutherford)在 α 粒子散射实验基础上提出的核式结构模型,即原子是由带正电的原子核和核外轨道运动的电子组成.根据卢瑟福提出的原子模型,电子在原子中绕核转动.这种加速运动着的电子应发射电磁波,它的频率等于电子绕核转动的频率.由于能量辐射,原子系统的能量就会不断减小,频率也将逐渐改变,因而所发射的光谱应是连续的.同时由于能量的减少,电子将沿螺线运动逐渐接近原子核,最后落在核上.因此按经典理论,卢瑟福的核型结构就不可能是稳定的系统.

为了解决上述困难,1913 年,玻尔(N.Bohr)在卢瑟福的核型结构的基础上,把量子化概念应用到原子系统,结合里兹组合原理,提出三个基本假设作为他的氢原子理论的出发点,使氢光谱规律获得很好的解释.

玻尔理论的基本假设是:

1. 定态假设

原子系统只能处在一系列不连续的能量状态,在这些状态中,虽然电子绕核作加速运动,但并不辐射也不吸收电磁波,这些状态称为原子系统的稳定状态(简称定态),相应的

能量分别为 $E_1, E_2, E_3, \cdots (E_1 < E_2 < E_3 < \cdots)$.

2. 频率条件

当原子从一个能量为 E_n 的定态跃迁到另一能量为 E_k 的定态时,就要发射或吸收一个频率为 ν_{kn} 的光子

$$\nu_{kn} = \frac{|E_n - E_k|}{h}$$

(13-19)

式中 h 为普朗克常量.当 $E_n > E_k$ 时发射光子,$E_n < E_k$ 时吸收光子.式(13-24)称为玻尔频率公式.

3. 量子化条件

在电子绕核作圆周运动中,其稳定状态必须满足电子的角动量 L 等于 $\frac{h}{2\pi}$ 的整数倍的条件,即

$$L = n\frac{h}{2\pi} \qquad n = 1, 2, 3, \cdots$$

(13-20a)

式中 n 为正整数,称为量子数.式(13-25)称为角动量量子化条件.此式也可简写成

$$L = n\hbar$$

(13-20b)

式中 $\hbar = \frac{h}{2\pi}$,称为约化普朗克常量(reduced Planck constant),其值等于 $1.054\ 571\ 726 \times 10^{-34}$ J·s.

三、氢原子轨道半径和能量的计算

玻尔根据上述假设计算了氢原子在稳定态中的轨道半径和能量.他认为氢原子的核外电子在绕核作圆周运动时,其向心力就是氢原子核正电荷对轨道电子的库仑引力,应用库仑定律和牛顿运动定律得

$$\frac{e^2}{4\pi\varepsilon_0 r^2} = m\frac{v^2}{r}$$

又根据角动量量子化条件

$$L = mvr = n\frac{h}{2\pi}, \quad n = 1, 2, 3, \cdots$$

消去两式中的 v,并以 r_n 代替 r,得

$$r_n = n^2\left(\frac{\varepsilon_0 h^2}{\pi m e^2}\right), \quad n = 1, 2, 3, \cdots$$

(13-21)

这就是原子中第 n 个稳定轨道的半径.由上式可知,电子轨道半径与量子数 n 的平方成正比,其量值是不连续的.以 $n = 1$ 代入上式得 $r_1 = 0.529 \times 10^{-10}$ m,这是氢原子核外电子的最小轨道半径,称为玻尔半径(Bohr radius)常用 a_0 表示.这个数值和用其他方法得到的数值符合得很好.图13-15表示氢原子处于各定态时的电子轨道.

当电子在半径为 r_n 的轨道上运动时,这氢原子系统的能量 E_n 等于原子核与轨道电子这一带电系统的静电势能和电子的动能之和,如以电子在无穷远处的静电势能为零,则得

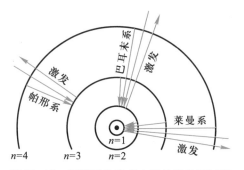

图 13-15   氢原子各定态电子轨道及跃迁图

$$E_n = \frac{1}{2}mv_n^2 - \frac{e^2}{4\pi\varepsilon_0 r_n} = -\frac{e^2}{8\pi\varepsilon_0 r_n} = -\frac{1}{n^2}\left(\frac{me^4}{8\varepsilon_0^2 h^2}\right) \tag{13-22}$$

上式表示电子在第 n 个稳定轨道上运动(即原子处于第 n 稳定态)时氢原子系统的能量.由于量子数只能取 $1,2,3,\cdots$ 任意正整数,所以原子系统的能量是不连续的,也就是说,能量是量子化的.这种量子化的能量值称为能级(energy level).

以 $n=1$ 代入上式得 $E_1 = -13.6$ eV,这是氢原子的最低能级,也称基态能级(ground state energy level),这个能量值与用实验方法测得的氢原子电离电势符合得很好.$n>1$ 的各稳定态,其能量大于基态能量,随量子数 n 的增大而增大,能量间隔减小.这些状态称为激发态(excited state).当 $n\to\infty$ 时,$r_n\to\infty$,$E_n\to0$,能级趋于连续.$E>0$ 时,原子处于电离状态,能量可连续变化.图 13-16 表示氢原子的能级图.

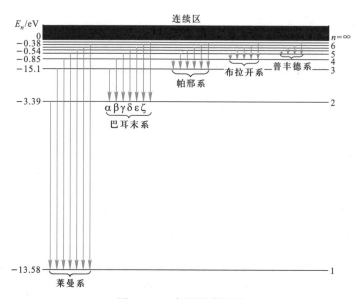

图 13-16   氢原子能级图

下面用玻尔理论来研究氢原子光谱的规律.根据玻尔假设,当原子从较高能态 E_n 向较低能态 E_k 跃迁时,发射一个光子,其频率和波长有如下的关系:

$$\nu_{nk} = \frac{E_n - E_k}{h}$$

$$\frac{1}{\lambda_{nk}} = \frac{E_n - E_k}{hc}$$

将能量表示式(13-22)代入,即可得氢原子光谱的波长公式

$$\frac{1}{\lambda_{nk}} = \frac{me^4}{8\varepsilon_0^2 h^3 c}\left(\frac{1}{k^2} - \frac{1}{n^2}\right) \tag{13-23}$$

显然式(13-23)与氢原子光谱经验公式(13-16)是一致的,又可得里德伯常量的理论值

$$\boxed{R_{理论} = \frac{me^4}{8\varepsilon_0^2 h^3 c}} = 1.097\ 373 \times 10^7\ \mathrm{m}^{-1}$$

理论值与实验值符合得很好.图 13-15 和图 13-16 中均示出了氢原子能态跃迁所产生的各谱线系.

玻尔理论不仅能成功地说明氢原子的光谱,对类氢离子(只有一个电子绕核转动的离子,如 He^+、Li^{2+}、Be^{3+}、$\cdots$)的光谱也能很好地说明.由此可见,玻尔理论在一定程度上能反映单电子原子系统的客观实际.鉴于玻尔对研究原子结构和原子辐射的贡献,玻尔荣获 1922 年诺贝尔物理学奖.

四、玻尔理论的缺陷

我们已经看到,玻尔理论对氢原子光谱的解释获得了很大的成功,同时玻尔关于定态的概念和光谱线频率的假设,在原子结构和分子结构的现代理论中,仍然是有用的概念.玻尔的创造性工作对现代量子力学的建立有着深远的影响.玻尔理论虽然取得一些成就,但是也存在着严重不足之处.首先,这个理论本身仍是以经典理论为基础的,而所引进的电子处于定态时不发出辐射的假设却又是和经典理论相抵触的.其次,量子化条件的引进也没有适当的理论根据.此外,由玻尔理论只能求出谱线的频率,对谱线的强度、宽度、偏振等一系列问题都无法处理.

玻尔理论的缺陷,在于处理问题没有一个完整的理论体系.例如,一方面把微观粒子(电子、原子等)看作经典力学的质点,用了坐标和轨道的概念,并且还应用牛顿运动定律来计算电子轨道等;另一方面又加上量子条件来限定稳定运动状态的轨道.所以玻尔理论是经典理论加上量子条件的混合物.正如当时布拉格(W.H.Bragg)对这种理论的评论时所说的那样:"好像应当在星期一、三、五引用经典规律,而在星期二、四、六引用量子规律."这一切都反映出早期量子论的局限性.实际上,微观粒子具有比宏观粒子复杂得多的波粒二象性.正是在这一基础上,1926 年薛定谔、海森伯等人建立了新的量子力学,由于量子力学能够反映微观粒子的二象性,所以成为一个完整地描述微观粒子运动规律的力学体系.

例题 13-5

在气体放电管中,用能量为 12.5 eV 的电子通过碰撞使氢原子激发,问受激发的原子向低能级跃迁时,能发射哪些波长的光谱线?

解 设氢原子全部吸收电子的能量后最高能激发到第 n 个能级,此能级的能量为 $-\dfrac{13.6}{n^2}$ eV,所以

$$E_n - E_1 = \left(13.6 - \frac{13.6}{n^2} \right) \text{ eV}$$

把 $E_n - E_1 = 12.5$ eV 代入上式得

$$n^2 = \frac{13.6}{13.6 - 12.5} = 12.36$$

所以

$$n = 3.5$$

因为 n 只能取整数,所以氢原子最高能激发到 $n = 3$ 的能级,当然也能激发到 $n = 2$ 的能级. 于是能产生 3 条谱线

从 $n = 3 \rightarrow n = 1$

$$\frac{1}{\lambda_1} = R\left(\frac{1}{1^2} - \frac{1}{3^2} \right) = \frac{8}{9}R$$

$$\lambda_1 = \frac{9}{8R} = \frac{9}{8 \times 1.096\,776 \times 10^7} \text{ m} = 102.6 \text{ nm}$$

从 $n = 3 \rightarrow n = 2$

$$\frac{1}{\lambda_2} = R\left(\frac{1}{2^2} - \frac{1}{3^2} \right) = \frac{5}{36}R$$

$$\lambda_2 = \frac{36}{5R} = \frac{36}{5 \times 1.096\,776 \times 10^7} \text{ m} = 656.5 \text{ nm}$$

从 $n = 2 \rightarrow n = 1$

$$\frac{1}{\lambda_3} = R\left(\frac{1}{1^2} - \frac{1}{2^2} \right) = \frac{3}{4}R$$

$$\lambda_3 = \frac{4}{3R} = \frac{4}{3 \times 1.096\,776 \times 10^7} \text{ m} = 121.6 \text{ nm}$$

例题 13-6

计算氢原子中的电子从量子数 n 的状态跃迁到量子数 $k = n-1$ 的状态时所发射的谱线的频率.试证明当 n 很大时,这个频率等于电子在量子数 n 的圆轨道上绕转的频率.

解 由式(13-23)得

$$\nu_{n-1,n} = \frac{me^4}{8\varepsilon_0^2 h^3}\left[\frac{1}{(n-1)^2} - \frac{1}{n^2} \right] = \frac{me^4}{8\varepsilon_0^2 h^3} \frac{2n-1}{n^2(n-1)^2}$$

当 n 很大时

$$\nu_{n-1,n} \approx \frac{me^4}{8\varepsilon_0^2 h^3} \frac{2}{n^3} = \frac{me^4}{4\varepsilon_0^2 h^3 n^3}$$

另一方面,可求得电子在半径 r_n 的圆轨道上的绕转频率为

$$\nu = \frac{v_n}{2\pi r_n} = \frac{mv_n r_n}{2\pi m r_n^2} = \frac{n\dfrac{h}{2\pi}}{2\pi m r_n^2} = \frac{nh}{4\pi^2 m r_n^2}$$

再把式(13-21)中的 r_n 代入求得

$$\nu = \frac{nh}{4\pi^2 m} \left(\frac{\pi me^2}{n^2 \varepsilon_0 h^2} \right)^2 = \frac{me^4}{4\varepsilon_0^2 h^3 n^3}$$

可见 ν 的值和在 n 很大时 $\nu_{n-1,n}$ 的值相同.在量子数很大的情况下,量子理论得到与经典理论一致的结果,这是一个普遍原则.称为对应原理(correspondence principle).本题就是对应原理的一个例证.

复习思考题>>>

13-4-1　(1)氢原子光谱中,同一谱系的各相邻谱线的间隔是否相等?(2)试根据氢原子的能级公式说明当量子数 n 增大时能级的变化情况以及能级间的间距变化情况.

13-4-2　由氢原子理论可知,当氢原子处于 $n=4$ 的激发态时,可发射几种波长的光?

13-4-3　如图所示,被激发的氢原子跃迁到低能级时,可发射波长为 λ_1、λ_2、λ_3 的辐射.问三个波长之间的关系如何?

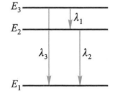

思考题 13-4-3 图

§13-5　德布罗意波　微观粒子的波粒二象性>>

一、德布罗意波

在波动光学中,我们研究了光的干涉、衍射等现象,这些现象证实了光的波动性.在讨论热辐射、光电效应和康普顿效应等现象中,普朗克和爱因斯坦关于光的微粒性理论又取得了极大的成功.这样,为了解释光的全部现象,我们不得不承认光的本性具有"波粒二象性".正是表式 $\varepsilon = h\nu$ 和 $p = \dfrac{h}{\lambda}$ 把标志波动性质的 ν 和 λ 和标志微粒性的 E 和 p,通过普朗克常量 h 定量地联系起

来了.

1924 年法国年轻的博士研究生德布罗意(L.V.de Broglie)在光的波粒二象性的启发下,从自然界的对称性出发,提出了与光的波粒二象性完全对称的设想,即实物粒子(如电子、质子等)也具有波粒二象性的假设.他认为,"整个世纪以来(指 19 世纪),在光学中,比起波动的研究方法来,如果说是过于忽视了粒子的研究方法的话,那么在实物的理论中,是否发生了相反的错误呢?是不是我们把粒子的图像想得太多,而过分地忽略了波的图像呢?"他还注意到几何光学与经典力学的相似性,根据类比的方法,提出了实物粒子也具有波动性的假设.

德布罗意认为,质量为 m 的粒子、以速度 v 匀速运动时,具有能量 E 和动量 p;从波动性方面来看,它具有波长 λ 和频率 ν,而这些量之间的关系也和光波的波长、频率与光子的能量、动量之间的关系一样,应遵从下述公式

$$E = mc^2 = h\nu \tag{13-24}$$

$$p = mv = \frac{h}{\lambda} \tag{13-25}$$

所以对具有静止质量 m_0 的实物粒子来说,若粒子以速度 v 运动,则该粒子所表现的平面单色波的波长是

$$\lambda = \frac{h}{p} = \frac{h}{mv} = \frac{h}{m_0 v} \sqrt{1 - \frac{v^2}{c^2}} \tag{13-26}$$

式(13-26)称为德布罗意公式.人们通常把这种显示物质波动性的波称为德布罗意波(de Broglie wave).薛定谔在诠释波的物理意义时,把这种波称为物质波(matter wave).如果 $v \ll c$,那么

$$\lambda = \frac{h}{m_0 v} \tag{13-27}$$

德布罗意的物质波概念成功地解释了玻尔氢原子假设中令人困惑的轨道量子化条件.他认为电子的物质波绕圆轨道传播时,只有满足驻波的条件,物质波才能在圆轨道上持续地传播,这才是稳定的轨道(图 13-17).设 r 为电子稳定轨道的半径,则有

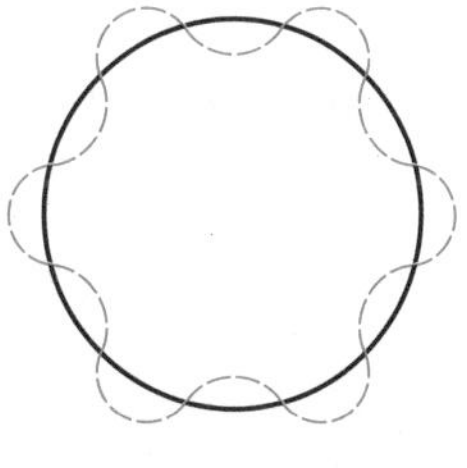

图 13-17 电子驻波

$$2\pi r = n\lambda, \quad n = 1, 2, 3, \cdots$$

将物质波波长 $\lambda = \dfrac{h}{mv}$ 代入,即得

$$mvr = n\frac{h}{2\pi}, \quad n = 1, 2, 3, \cdots$$

这正是玻尔假设中有关电子轨道角动量量子化的条件.

德布罗意的导师朗之万(P.Laugevin)把德布罗意的论文寄给爱因斯坦,爱因斯坦称赞德布罗意的论文"揭开了自然界巨大帷幕的一角","看来疯狂,可真是站得住脚呢".由于德布罗意提出电子的波动性,荣获 1929 年诺贝尔物理学奖.

例题 13-7

试计算电子经电势差 $U = 150$ V 和 $U = 10\ 000$ V 加速后的德布罗意波长.

解   电子经电势差 U 加速后的动能和速率分别为

$$\frac{1}{2}m_0 v^2 = eU$$

$$v = \sqrt{\frac{2eU}{m_0}}$$

m_0 为电子的静止质量(由于加速电势差较低,没有考虑相对论效应),将上式代入德布罗意关系式(13-32)得电子的德布罗意波长

$$\lambda = \frac{h}{m_0 v} = \frac{h}{\sqrt{2m_0 e}} \frac{1}{\sqrt{U}}$$

将 h, m_0, e 的数值代入,得

$$\boxed{\lambda = \sqrt{\frac{150}{U}} \times 10^{-10} = \frac{1.225}{\sqrt{U}}(\text{SI 单位})} \tag{13-28}$$

将 $U_1 = 150$ V 和 $U_2 = 10\ 000$ V 代入可得

$$\lambda_1 = 0.1 \text{ nm}, \quad \lambda_2 = 0.012\ 3 \text{ nm}.$$

在这样的加速电势差下,电子的德布罗意波长与 X 射线的波长相接近.

例题 13-8

一质量 $m = 0.05$ kg 的子弹,以速率 $v = 300$ m/s 运动着,其德布罗意波长是多少?

解   由德布罗意公式得

$$\lambda = \frac{h}{mv} = \frac{6.63 \times 10^{-34} \text{ J} \cdot \text{s}}{0.05 \text{ kg} \times 300 \text{ m} \cdot \text{s}^{-1}} = 4.4 \times 10^{-35} \text{ m}$$

由此可见,对于一般的宏观物体,其物质波波长是非常非常小的,很难显示波动性.

例题 13-9

试估算热中子的德布罗意波长(中子的质量 $m_n = 1.67 \times 10^{-27}$ kg).

解 热中子是指在室温下($T = 300$ K)与周围处于热平衡的中子,它的平均动能为

$$\bar{\varepsilon} = \frac{3}{2}kT = \frac{3}{2} \times 1.38 \times 10^{-23} \text{ J/K} \times 300 \text{ K} = 6.21 \times 10^{-21} \text{ J} \approx 0.038 \text{ eV}$$

它的方均根速率为

$$v = \sqrt{\frac{2\bar{\varepsilon}}{m_n}} = \sqrt{\frac{2 \times 6.21 \times 10^{-21}}{1.67 \times 10^{-27}}} \text{ m/s} \approx 2\,700 \text{ m/s}$$

相应的德布罗意波长为

$$\lambda = \frac{h}{m_n v} = \frac{6.63 \times 10^{-34}}{1.67 \times 10^{-27} \times 2\,700} \text{ m} = 0.15 \text{ nm}$$

这一波长与 X 射线的波长同数量级,与晶体的晶面距离也有相同的数量级,所以也可产生中子衍射.

二、戴维孙-革末实验

德布罗意提出物质波的概念以后,很快就在实验上得到证实.1927 年,戴维孙(C. J. Davisson)和革末(L. H. Germer)进行了电子衍射实验,实验装置如图 13-18 所示.电子枪发射的电子束,经电势差 U 加速垂直投射到镍单晶的水平面上(经研磨加工而成的平面).电子束在晶面上散射后进入电子探测器,其电流由电流计测出.实验发现,当加速电压为 54 V 时,沿 $\varphi = 50°$ 的散射方向探测到电子束的强度出现一个明显的极大,如图 13-19 所示.如用 X 射线对晶体

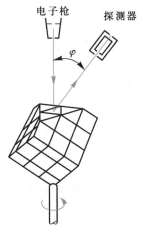

图 13-18 电子衍射实验

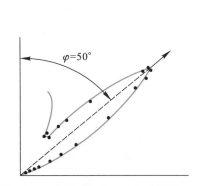

图 13-19 戴维孙-革末的实验结果

的衍射方法来计算波长,与用德布罗意波长公式计算的结果符合得很好,证实了电子的波动性.

电子束不仅在单晶体上反射时产生衍射现象,1928 年 G.P.汤姆孙(G.P. Thomson)用快速电子穿过晶体薄片后在屏上也显示出有规律的条纹,这种图样和 X 射线通过晶体粉末后所产生的衍射条纹极其类似.说明了电子也和 X 射线一样,在通过晶体薄片后有衍射现象(图 13-20),并且,证实了电子衍射时的波长也符合德布罗意公式.戴维孙和汤姆孙发现电子在晶体中的衍射现象,同获 1937 年诺贝尔物理学奖.

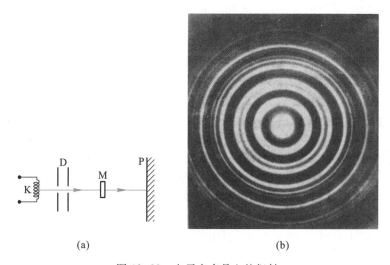

(a)   (b)

图 13-20 　电子在多晶上的衍射

1960 年,约恩孙(C.Jönsson)直接做了电子双缝干涉实验.他在铜膜上刻出相距 $d \approx 1$ μm,宽 $b \approx 0.3$ μm 的双缝,将波长 $\lambda \approx 0.05 \times 10^{-10}$ m 的电子束垂直入射到双缝上,从屏上摄得了类似光的杨氏双缝干涉图样的照片.

电子的波动性获得了实验证实以后,在其他的一些实验中也观察到中性粒子,如原子、分子、中子和 α 粒子等微观粒子也具有波动性,德布罗意公式也同样正确.由此可见,一切微观粒子都具有波动性,德布罗意波的存在已是确实无疑的了.德布罗意公式已成为揭示微观粒子的波粒二象性的统一性的基本公式.

微观粒子的波动性,不仅使我们对物质世界的认识向前迈进了一步,并且得到广泛应用.例如,由于电子的波长可以与 X 射线的波长相当,因而电子显微镜的分辨本领比光学显微镜要大得多,可以达到 0.1 μm,第一台电子显微镜是由德国鲁斯卡(E.Ruska)研究成功的,他对电子光学的基础工作作出贡献,荣获 1986 年诺贝尔物理学奖.此外,电子衍射技术广泛地用于固体表面性质的研究,而电子衍射技术则可用来探测分子或晶体结构.

例题 13-10

电子在铝箔上散射时,第一级最大($k=1$)的偏转角 θ 为 $2°$,铝的晶格常量 a 为 $4.05×10^{-10}$ m,求电子速度.

解 参看图 13-21,第一级最大的条件是

$$a\sin\theta = k\lambda, \quad k=1$$

按德布罗意公式 $\lambda = \dfrac{h}{mv}$,若 m 按静质量计算,得

$$v = \frac{h}{m_0\lambda} = \frac{h}{m_0 a\sin\theta}$$

$$= \frac{6.63×10^{-34}}{9.11×10^{-31}×4.05×10^{-10}\sin2°}\text{m/s}$$

$$= 5.14×10^7 \text{ m/s}$$

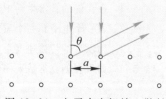

图 13-21 电子束在铝箔上散射

三、微观粒子的波粒二象性

如前所述,从 20 世纪 20 年代开始,人们认识到微观粒子(光子、电子、质子、中子等)不仅具有粒子性,而且还具有波动性,即所谓波粒二象性(wave particle dualism).但是微观粒子在某些条件下表现出粒子性,在另一些条件下表现出波动性,而两种性质虽属于同一客体中,却不能同时表现出来.这犹如图 13-22 所示人物图像,她像少女,又像老妇,但这种图像不会同时出现在你的视觉中.不仅如此,"波动"和"粒子"都是经典物理学中从宏观世界得到的概念,我们很容易直观地了解它们.然而,对于微观粒子具有波粒二象性,就显得如此怪诞和神秘,让人一下子很难理解.在历史上曾有各种各样的说法,例如,"粒子是由波组成的",或者"波是粒子在空间分布形成的"等等,造成长期的混乱,我们不去详述.但是可以断言,微观粒子不同于经典意义上的粒子,也不同经典意义上的波,如果不超越经典观念的范畴,就很难理解微观粒子的行为.如何解释微观粒子的波动性和粒子性的关系问题,就是要解释物质波的波函数的物理意义.这个问题困惑了人们很长时期,直到玻恩(M.Born)提出物质波波函数的统计诠

图 13-22 少女? 老妇?

释,才得到较为满意的答复.微观粒子的波粒二象性是人们辩证地认识自然现象的一个范例.这将在§13-7进一步讨论.

复习思考题》》》

13-5-1　在我们的日常生活中,为什么觉察不到粒子的波动性和电磁辐射的粒子性?

13-5-2　若一个电子和一个质子具有相同的动能,哪个粒子的德布罗意波长较长?

13-5-3　物质波的传播速度是否就是粒子的运动速度?

13-5-4　如果普朗克常数 $h \to 0$,对波粒二象性会有什么影响?

§13-6　不确定性原理》》》

不确定性原理又称不确定关系,是德国物理学家海森伯(W.Heisenberg)在1927年首先提出的,它反映了微观粒子运动的基本特征,是物理学中又一条重要原理.

在经典力学中,运动物体在任何时刻都有完全确定的位置、动量、能量和角动量等.与此不同,微观粒子具有明显的波性.微观粒子在某位置上仅以一定的概率出现.这就是说,粒子的位置是不确定的.粒子的位置虽不确定,但基本上出现在某区域,例如出现在 $x \to x+\Delta x$(一维情形)或 $x \to x+\Delta x, y \to y+\Delta y, z \to z+\Delta z$(三维情形)范围内,我们称 Δx、Δy、Δz 为粒子位置坐标的不确定量(uncertain region of coordinates).

粒子的动量也是如此.如果物质波是单色平面波,则对应粒子的动量是单一的值,所以是确定的.但一般的物质波都不是单色波,即使是自由粒子的物质波,也不是单色波,而是由包括一定波长范围 $\Delta \lambda$ 的许多单色波组成,波长有一定的范围,这就使粒子的动量变得不确定了.由 $p = \dfrac{h}{\lambda}$ 可算出动量的可能范围 Δp,这 Δp 也就是动量的不确定量(uncertain region of momentum).

不仅如此,微观粒子的其他力学量如能量、角动量等一般也都是不确定的.

海森伯提出微观粒子在坐标与动量两者不确定量之间的关系满足

$$\Delta x \Delta p_x \geqslant \frac{\hbar}{2}, \quad \Delta y \Delta p_y \geqslant \frac{\hbar}{2}, \quad \Delta z \Delta p_z \geqslant \frac{\hbar}{2} \tag{13-29}$$

式(13-29)称为海森伯坐标和动量的不确定关系(uncertainity relation of coordinate and momentum),它的物理意义是,微观粒子不可能同时具有确定的坐标和相应的动量.粒子坐标的不确定量 Δx 越小,动量的不确定量 Δp_x 就越大,反之亦然.不确定关系使微观粒子的运动失去了"轨道"概念.不确定关系在通常用作数量级估算时,有时也写成 $\Delta x \Delta p_x \geqslant \hbar$ 或 $\Delta x \Delta p_x \geqslant h$ 等形式.

　　这一规律直接来源于微观粒子的波粒二象性,可以借助电子单缝衍射实验结果来说明.设有一束电子,以速度 v 沿 Oy 轴射向 AB 屏上的狭缝,缝宽为 d,在屏幕 CD 上得到衍射图样(图 13-23).显然这是电子波动性的表现.如果只考虑到达单缝衍射中央明区的电子,设 θ_1 为中央明纹旁第一级暗纹的衍射角,则近似有

$$\sin \theta_1 = \frac{\lambda}{d}$$

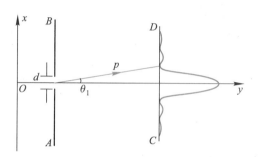

图 13-23　从电子的单缝衍射说明不确定关系

式中 λ 为电子的德布罗意波长,$\lambda = \dfrac{h}{p}$.

　　如果电子用坐标 x 和动量 p 来描述.在电子通过狭缝时,对一个电子来说,不能确定它是从缝中哪一点通过的,因此电子的坐标在 x 方向上的不确定量为 $\Delta x = d$.与此同时,由于衍射的缘故,电子速度的方向有了改变,因此动量 p 在 Ox 轴方向上的分量 p_x 将具有不同的量值,如果只考虑电子出现在衍射明区之中,则

$$0 \leqslant p_x \leqslant p \sin \theta_1$$

因此,动量 p_x 具有不确定量为

$$\Delta p_x = p \sin \theta_1 = \frac{h}{\lambda} \cdot \frac{\lambda}{d} = \frac{h}{d} = \frac{h}{\Delta x}$$

于是得

$$\Delta x \Delta p_x = h$$

如果考虑其他高次衍射条纹的出现,则 Δp_x 还要大些,$\Delta p_x \geqslant p\sin\theta_1$,因而,一般的

$$\Delta x \Delta p_x \geqslant h$$

以上只是借助一个特例作粗略估算,严格地推导所得的关系为式(13-29).

不确定关系是微观粒子的固有属性,是波粒二象性及其统计关系的必然结果,并非测量仪器对粒子的干扰,也不是仪器有误差的缘故.但是常有人将不确定关系解释为"要将粒子坐标测量得愈准确,则它的动量就愈不准确",或者说成"测量坐标的误差愈小,测量动量的误差就愈大"等.应该指出,这样的表述是不确当的.在历史上曾把式(13-29)称为测不准关系,而"测不准"一词会使人作出理解上的偏颇.

不确定关系不仅存在于坐标和动量之间,也存在于能量和时间之间.如果微观粒子处于某一状态的时间为 Δt,则其能量必有一个不确定量 ΔE,由量子力学可推出二者之间的关系为

$$\Delta E \Delta t \geqslant \frac{\hbar}{2} \tag{13-30}$$

式(13-30)称为能量和时间的不确定关系(uncertainty relation of energy and time).利用这个关系式我们可以解释原子各激发态的能级宽度 ΔE 和它在该激发态的平均寿命 Δt 之间的关系.原子在激发态的典型的平均寿命 $\Delta t \approx 10^{-8}$ s.由上式可知,原子激发态的能级的能量值一定有不确定量 $\Delta E \geqslant \dfrac{\hbar}{2\Delta t} \approx 10^{-8}$ eV,这就是激发态的能级宽度.显然除基态外,原子的激发态平均寿命愈长,能级宽度愈小.原子由激发态跃迁到基态的光谱线也有一定宽度.

应用不确定关系可以作为微观粒子波动性的判据,参看下面的例题.

海森伯是量子力学的主要创立人之一,由于他在不确定关系方面的重大贡献,荣获 1932 年诺贝尔物理学奖.

例题 13-11

设子弹的质量为 0.01 kg,枪口的直径为 0.5 cm,试求子弹射出枪口时横向速度的不确定量.

解 枪口直径可以当作子弹射出枪口时位置的不确定量 Δx,由于 $\Delta p_x = m\Delta v_x$,由不确定关系式得子弹射出枪口时横向速度的不确定量

$$\Delta v_x \geqslant \frac{\hbar}{2m\Delta x} = \frac{1.05\times10^{-34}}{2\times0.01\times0.5\times10^{-2}}\,\text{m/s} = 1.05\times10^{-30}\ \text{m/s}$$

和子弹飞行速度几百米每秒相比,这速度的不确定量是微不足道的,所以子弹的运动速度是确定的.

例题 13-12

电视显像管中电子的加速电压为 10 kV,电子枪的枪口直径设为 0.01 cm,试求电子射出电子枪后的横向速度的不确定量.

解　电子横向位置的不确定量 $\Delta x = 0.01$ cm,由不确定关系式得

$$\Delta v_x \geqslant \frac{\hbar}{2m\Delta x} = \frac{1.05 \times 10^{-34}}{2 \times 9.11 \times 10^{-31} \times 0.01 \times 10^{-2}} \text{m/s} = 0.58 \text{ m/s}$$

电子经过 10 kV 的电压加速后速度约为 6×10^7 m/s,由于 $\Delta v_x \ll v$,所以电子运动速度相对来看仍是相当确定的,波动性不起什么实际影响.电子运动的问题仍可用经典力学处理.

例题 13-13

试求原子中电子速度的不确定量.取原子的线度约 10^{-10} m.

解　原子中电子的位置不确定量 $\Delta r \approx 10^{-10}$ m,由不确定关系得

$$\Delta v \geqslant \frac{\hbar}{2m\Delta r} = \frac{1.05 \times 10^{-34}}{2 \times 9.11 \times 10^{-31} \times 10^{-10}} \text{m/s} = 5.8 \times 10^5 \text{ m/s}$$

由玻尔理论可估算出氢原子中电子的轨道运动速度约为 10^6 m/s.可见速度的不确定量与速度大小的数量级基本相同.因此原子中电子在任一时刻没有完全确定的位置和速度,也没有确定的轨道,不能看成经典粒子,波动性十分显著,电子的运动必须用电子在各处的概率分布来描述.

例题 13-14

实验测定原子核线度的数量级为 10^{-14} m.试应用不确定关系估算电子如被束缚在原子核中时的动能.从而判断原子核由质子和电子组成是否可能.

解　取电子在原子核中位置的不确定量 $\Delta r \approx 10^{-14}$ m,由不确定关系得

$$\Delta p \geqslant \frac{\hbar}{2\Delta r} = \frac{1.05 \times 10^{-34}}{2 \times 10^{-14}} \text{kg·m/s} = 0.53 \times 10^{-20} \text{ kg·m/s}$$

由于动量的数值不可能小于它的不确定量,故电子的动量

$$p \geqslant 0.53 \times 10^{-20} \text{ kg·m/s}$$

考虑到电子在此动量下有极高的速度,需要应用相对论的能量动量公式

$$E^2 = p^2 c^2 + m_0^2 c^4$$

故

$$E = \sqrt{p^2 c^2 + m_0^2 c^4} \approx 1.6 \times 10^{-12} \text{ J}$$

电子在原子核中的动能

$$E_k = E - m_0 c^2 \approx 1.6 \times 10^{-12} \text{ J} = 10 \text{ MeV}$$

实际上 β 衰变从原子核中放射出来的电子的能量只有 1 MeV, 远小于 10 MeV. 因此认为原子核由质子和电子组成是不合理的.

复习思考题 》》》

13-6-1　为什么说不确定性原理指出了经典力学的适用范围?

13-6-2　为什么说不确定性原理与实验技术或仪器的精度无关?

13-6-3　有人从不确定关系得出"微观粒子的运动状态是无法确定的"的结论, 你认为对吗? 为什么?

13-6-4　根据不确定关系, 一个分子在 0 K 时能完全静止吗?

§13-7　波函数及其统计诠释 》》

上节告诉我们: 要确定一个宏观物体的运动状态, 可以同时指出它在某一时刻的位置和速度(或动量). 牛顿运动方程($F = ma$)就是描述宏观物体运动的普遍方程. 但对微观粒子而言, 由于其具有波粒二象性, 所以它和宏观物体的运动具有质的差别. 那么微观粒子的运动状态是如何描述的呢? 微观粒子的运动方程又是怎样的呢? 薛定谔首先用物质波波函数来描写微观粒子的运动状态, 然后建立反映微观粒子运动的基本方程——薛定谔方程.

一、物质波波函数及其统计诠释

前面曾指出具有能量 E 和动量 p 的自由运动的一个微观粒子, 必然同时表现波动性. 因此, 我们不能像经典物理那样, 确定这个自由粒子在某一时刻的位置, 而需要用波函数描述它的状态. 自由粒子的能量 E 和动量 p 都是常量, 所以自由粒子的物质波的频率和波长也都不变. 我们知道, 频率为 ν、波长为 λ、沿 Ox 轴方向传播的平面波可以用下式表示:

$$y(x, t) = y_0 \cos 2\pi \left(\nu t - \frac{x}{\lambda} \right)$$

或用复数形式表示

$$y(x,t) = y_0 e^{-i2\pi\left(\nu t - \frac{x}{\lambda}\right)}$$

而只取其实数部分.如将关系式 $E = h\nu$ 和 $p = \dfrac{h}{\lambda}$ 代入上式,我们便得到自由粒子平面波的波函数,或者说,描写自由粒子波动性的平面物质波的波函数为

$$\boxed{\Psi(x,t) = \Psi_0 e^{-i\frac{2\pi}{h}(Et - px)}} \qquad (13\text{-}31)$$

为了和一般波动区别开来,在式中用 Ψ 代表 y.式(13-31)便是描述能量为 E、动量为 p 沿 x 方向运动的自由粒子的物质波的波函数.

现在,我们用光波与物质波对比的方法来阐明波函数的物理意义.从波动的观点来看,光的衍射图样亮处光强大,暗处光强小.而光强与光振动的振幅平方成正比,所以图样亮处光振动的振幅平方大,暗处的光振动的振幅平方小.但从微粒的观点来看,光强大的地方表示单位时间内到达该处的光子数多,光强小的地方,则表示单位时间内到达该处的光子数少.这换用统计的语言,就相当于光子到达亮处的概率要远大于光子到达暗处的概率.因为这两种看法是等效的,所以结论是,光子在某处附近出现的概率与该处的光强成正比,也就是与该处光振动的振幅的平方成正比.

电子的衍射图样和光的衍射图样相类似,对电子及其他微观粒子来说,在微粒性与波动性之间,也应有类似的结论.即物质波的强度也应与波函数的平方成正比,物质波强度较大的地方,也就是粒子分布较多的地方.粒子在空间某处分布数目的多少,与单个粒子在该处出现的概率成正比.因此,得到类似的结论:在某一时刻,在空间某一地点,粒子出现的概率正比于该时刻、该地点的波函数的平方.这是玻恩(M.Born)提出的波函数的统计解释.因此,德布罗意波(或物质波)既不同于机械波,也不同于电磁波,而是一种体现微观粒子波动性的概率波(probability wave).所以波函数又称概率幅由波函数的统计解释可以看出,对微观粒子讨论运动的轨道是没有意义的,因为反映出来的只是微观粒子运动的统计规律,这与宏观物体的运动有着本质的差别.下面,我们用电子双缝干涉实验来具体说明概率波的含义.

在电子双缝干涉实验中,如果入射电子流的强度大,即单位时间内有很多电子通过双缝,则底片上出现一般的干涉图样.然而,如果入射电子流强度很小,电子几乎是一个一个地通过双缝,这时底片上就会出现一个一个的点,显示出电子的粒子性,它们是随机分布的,但总是落在干涉条纹所在的位置上,随着时间的延长,电子数目逐渐增多,它们在底片上的分布就逐渐形成了干涉图样,显示出了电子的波动性.由此可见,电子在底片上各处出现的概率具有一定的分布.图13-24给出了电子逐个地通过双缝干涉实验装置后在不同的"曝光"时间下记

录到的电子干涉图样.

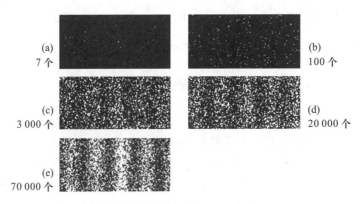

图 13-24   电子双缝干涉图像

[电子束大约 1 000 个/s 通过双缝,曝光时间(a) 0.01 s;(b) 0.1 s;(c) 3 s;(d) 20 s;(e) 70 s]

在一般情况下,物质波的波函数是复数,而概率却必须是正实数,所以,在某一时刻空间某一地点粒子出现的概率正比于波函数与其共轭复数的乘积,即 $|\Psi|^2 = \Psi\Psi^*$.在空间某点(x,y,z)附近找到粒子的概率与这区域的大小有关,在一个很小的区域 $x\rightarrow x+dx, y\rightarrow y+dy, z\rightarrow z+dz$ 范围内,Ψ 可以认为不变,粒子在该区域内出现的概率将正比于体积元 $dV=dxdydz$ 的大小,而为

$$|\Psi|^2 dV = \Psi\Psi^* dV \tag{13-32}$$

式中 $|\Psi|^2 = \Psi\Psi^*$ 表示在某一时刻在某点处单位体积内粒子出现的概率,称为概率密度(probability density).一定时刻在空间给定的体积元 dV 内出现粒子的概率应有一定的量值,不可能既是这个量值又为那个量值,因此波函数 Ψ 必须是单值函数.又因为整个空间内出现粒子的总概率等于 1,所以将式(13-32)对整个空间积分后,应有

$$\int_V |\Psi|^2 dV = 1 \tag{13-33}$$

上式称为归一化条件(normalizing condition).

综上所述,在量子力学中,用来描写微观粒子状态的波函数是时间和空间的单值函数.空间某点波函数的模的平方表示粒子在该点附近出现的概率.根据对波函数的统计诠释,必须要求波函数是单值、有限、连续(包括其一阶导数连续)而且是归一化的函数.

波函数的统计诠释是玻恩在 1929 年提出来的,为此,他荣获 1954 年诺贝尔物理学奖.

*二、量子态叠加原理

如前所述,在量子力学中用波函数(概率幅)表征微观粒子的运动状态.知道了波函数 $\Psi(r)$,就可以得到粒子在空间任一点 r 处的概率密度 $|\Psi(r)|^2$.量子力学还指出,一旦 $\Psi(r)$ 给定,粒子的所有力学量的概率密度也就确定了.因此可以说波函数 $\Psi(r)$ 描写了粒子的量子 (状)态(quantum state);所以波函数又称量子态函数(quantum state function).

量子态叠加原理(principle of superposition of quantum states)是量子力学的一个基本原理. 为了理解量子态叠加原理的深刻意义,让我们先分析一下电子双缝衍射实验.当大量电子通过 双缝后,形成如同光学双缝衍射的图样[图 13-25(d)].如果先后只开一条缝而另一条缝闭合, 其结果将怎样呢? 只开一条缝,则形成单缝衍射图样,其特征是几乎只有强度较大较宽的中央 明纹.如果先开缝 1 同时关闭缝 2,其分布如图 13-25 中的曲线(a),设概率分布为 P_1.如果先 开缝 2 同时关闭缝 1,其分布如图 13-25 中的曲线(b),设概率分布为 P_2.同时打开两缝,按经典统 计理论,电子在屏上的概率分布应为两单缝情况下的概率分布的叠加,如图中(c)所示,即

$$P_{12} = P_1 + P_2$$

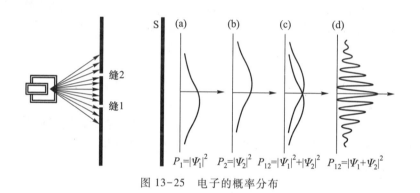

图 13-25 电子的概率分布

用波函数来表示有

$$P_{12} = |\Psi_1|^2 + |\Psi_2|^2$$

这与实验的结果截然不同.由于微观粒子不同于经典粒子,在两缝同时打开时,电子的去向有 两种可能,或是缝 1 或是缝 2,它们可以任意通过其中的一条缝,这时就不是概率的相互叠加. 而是用波函数(概率幅)的叠加,则有

$$\Psi_{12} = \Psi_1 + \Psi_2$$

这样,相应的概率分布为

$$
\begin{aligned}
P_{12} = |\Psi_{12}|^2 &= |\Psi_1 + \Psi_2|^2 = (\Psi_1 + \Psi_2)(\Psi_1^* + \Psi_2^*) \\
&= \Psi_1\Psi_1^* + \Psi_2\Psi_2^* + \Psi_1^*\Psi_2 + \Psi_1\Psi_2^* \\
&= |\Psi_1|^2 + |\Psi_2|^2 + \Psi_1^*\Psi_2 + \Psi_1\Psi_2^*
\end{aligned}
$$

这里最后的两项是 Ψ_1 和 Ψ_2 的交叉项,正是两者叠加的干涉项.

由上面的分析可知,在量子力学中量子态的叠加应是波函数 Ψ(概率幅)的叠加,而不是概率 $|\Psi|^2$ 的叠加.

量子态叠加原理可表述如下:如果 $\Psi_1,\Psi_2,\cdots,\Psi_n$ 都是体系的可能状态,那么,它们的线性叠加态 Ψ 也是这个体系的可能状态,即

$$\Psi = C_1\Psi_1 + C_2\Psi_2 + \cdots + C_n\Psi_n = \sum_i C_i\Psi_i \tag{13-34}$$

式中 $C_1,C_2,\cdots,C_n$ 为复数的系数.

量子力学中的量子态叠加原理,用经典的观念是无法理解的. 1935 年,薛定谔为了对量子力学的诠释质疑,提出了一个佯谬.设想在一个小房间关了一只猫,有一瓶毒气和一个放射性原子(图 13-26).当放射性原子衰变时,发出的射线触发传动装置,把药瓶打破,于是毒气释放出来,把猫毒死.那么,不打开门来看,这猫是死是活? 日常的经验告诉我们,在没有打开门前,猫的死活已经确定,只不过我们不知道而已.但量子力学认为,由于放射性原子衰变是随机的,在没有打开门前,我们只能说猫的死活概率各半,就是猫处在死与活的叠加态上.现在人们把这种叠加态戏称为"薛定谔猫态".打开门那一刻,猫的死活突然由量子叠加态变成宏观的确定状态.

图 13-26   薛定谔猫

实验已经证明,微观世界存在量子态及其叠加原理,而薛定谔猫的假想实验把微观世界发生的事件(如放射性原子)和宏观世界发生的事件(如猫的死与活)联系起来,以此说明在宏观世界不存在量子态.目前人们尚不知道量子与经典世界的边界在哪里,寻求这个边界的研究将大大地促进物理学、化学、生物学等学科向微观世界深入发展.

三、量子计算机

量子计算机是当前量子力学应用的又一前沿热点,它有望把电子信息时代推向量子力学新时代.

我们知道,传统的电子计算机是用由 0 和 1(每一位称为"比特")组成的数串来传播、处理和储存信息的,而在物理上是通过一些器件的不同状态来代表 0 和 1 的,例如开关的开与关,晶体管的导通与截止,铁磁质的正反磁化等.这些器件被微型化集成在芯片上,制成各种功能电路.但是,随着电子技术的快速发展,电路的集成密度越来越高,在相邻线路逼近原子尺度时,电子不再被束缚,传统计算机的芯片功能遭到破坏.因此说传统计算机芯片的集成度受到量子力学效应的制约.由此在原子和亚原子尺度构建新的信息处理系统就应运而生了.

所谓量子计算机就是利用量子力学原理来处理信息系统.微观粒子的不同量子态(如电子的两个自旋态、光子的两个偏振态或原子的两个超精细能级等)也可以代表 0 和 1,我们称为量子比特(quantumbit)或称量子位(qubit),量子位

与经典比特最大区别在于除了 0 和 1 外还可以有它们的线性叠加态.例如两个量子比特就是 00、01、10、11，4 个量子态，三个量子比特有 8 个量子态，以此类推.这样，n 个量子比特的量子计算机同时可以处理 2^n 个量子态，而传统的计算机每一刻只能处理 2^n 中的一个态.因此，量子计算机处理数据的速度要比传统的计算快 2^n 倍.例如要计算 60 位的大数的因子分解，现在世界上最快的计算机每秒作 10^{11} 次运算，如果整天不停地运算，约需 3×10^{11} 年，是宇宙年龄的 20 倍！然而量子计算机可望在约 10^{-8} s 内完成.

量子计算机强大的计算功能引人入胜，虽然当前还有很多理论和实际问题需要探索和解决，值得一提的是阿罗仕（S.Haroche）和怀因兰特（D.J.Wieland）两个实验组分别成功地俘获和操控了单个光子和单个离子，并探测了它的叠加态，也就是得到了一个量子比特.为量子计算机的实验创造了条件.他们两人同获 2012 年诺贝尔物理学奖.

§13-8　薛定谔方程》》

1. 自由粒子的薛定谔方程

薛定谔（E. Schrödinger）方程是量子力学中最基本的方程，它的地位与经典力学中的牛顿运动方程、电磁场中的麦克斯韦方程相当，它是不能由其他基本原理推导出来的.薛定谔方程的正确性只能靠实践来检验.下面介绍的是建立薛定谔方程的主要思路，并不是方程的理论推导.

自由粒子的运动，可用平面波函数式（13-31）描述.一个沿着 Ox 轴运动，具有确定的动量 $p = mv_x$ 和能量 $E = E_k = \dfrac{1}{2}mv_x^2 = \dfrac{p^2}{2m}$ 的粒子，它的平面波函数是

$$\Psi(x,t) = \Psi_0 e^{-\frac{i}{\hbar}(Et-px)} \tag{13-35}$$

将此波函数对 x 取二阶偏导数，得

$$\frac{\partial^2 \Psi}{\partial x^2} = -\frac{p^2}{\hbar^2}\Psi$$

对 t 取一阶偏导数，得

$$\frac{\partial \Psi}{\partial t} = -\frac{i}{\hbar}E\Psi$$

利用上述两式，并考虑限于低速的情形，利用自由粒子的动量和动能的非相对论关系 $E_k = p^2/2m$，最后得

$$-\frac{\hbar^2}{2m}\frac{\partial^2\Psi}{\partial x^2}=\mathrm{i}\hbar\frac{\partial\Psi}{\partial t} \qquad (13-36)$$

这就是一维运动自由粒子的波函数所遵循的规律,称为一维运动自由粒子含时的薛定谔方程.

2. 在势场中粒子的薛定谔方程

如果粒子不是自由的而是在势场中运动,波函数所适合的方程可用类似方法建立起来.考虑到粒子的总能量 E 应是势能 $U(x,t)$ 和动能 E_k 之和,即

$$E=\frac{p^2}{2m}+U(x,t)$$

则

$$\frac{\partial\Psi}{\partial t}=-\frac{\mathrm{i}}{\hbar}\left[\frac{p^2}{2m}+U(x,t)\right]\Psi$$

于是得

$$-\frac{\hbar^2}{2m}\frac{\partial^2\Psi}{\partial x^2}+U(x,t)\,\Psi=\mathrm{i}\hbar\frac{\partial\Psi}{\partial t} \qquad (13-37)$$

这就是在势场中一维运动粒子的含时薛定谔方程.不难看出,自由粒子波函数所遵循的方程式(13-36)只是当 $U(x)=0$ 时的特殊情况.如果粒子在三维空间中运动,则上式可推广为

$$-\frac{\hbar^2}{2m}\left(\frac{\partial^2\Psi}{\partial x^2}+\frac{\partial^2\Psi}{\partial y^2}+\frac{\partial^2\Psi}{\partial z^2}\right)+U(x,y,z,t)\,\Psi=\mathrm{i}\hbar\frac{\partial\Psi}{\partial t} \qquad (13-38\mathrm{a})$$

如果采用拉普拉斯算符 $\nabla^2\equiv\dfrac{\partial^2}{\partial x^2}+\dfrac{\partial^2}{\partial y^2}+\dfrac{\partial^2}{\partial z^2}$,上式也可写为

$$-\frac{\hbar^2}{2m}\nabla^2\Psi+U(x,y,z,t)\,\Psi=\mathrm{i}\hbar\frac{\partial\Psi}{\partial t} \qquad (13-38\mathrm{b})$$

这是一般的薛定谔方程.一般来说,只要知道粒子的质量和它在势场中的势能函数 U 的具体形式,就可以写出其薛定谔方程,它是一个二阶偏微分方程.再根据给定的初始条件和边界条件求解,就可以得出描述粒子运动状态的波函数,其绝对值平方就给出粒子在不同时刻不同位置处出现的概率密度.如上所述,为了使波函数 Ψ 是合理的,还必须要求 Ψ 是单值、有限、连续而且归一化的函数.这就是量子力学中处理微观粒子运动问题的一般方法.

3. 定态薛定谔方程

当势能 U 不显含时间而只是坐标的函数时,可用分离变量法把波函数 $\Psi(x,y,z,t)$ 写成空间坐标函数 $\psi(x,y,z)$ 和时间函数 $f(t)$ 的乘积

$$\boxed{\Psi(x,y,z,t)=\psi(x,y,z)f(t)} \qquad (13-39)$$

将式(13-39)代入式(13-38b)中,并适当整理,可得

$$\left[-\frac{\hbar^2}{2m}\nabla^2\psi(x,y,z)+U(x,y,z)\psi(x,y,z)\right]\frac{1}{\psi(x,y,z)}=i\hbar\frac{df(t)}{dt}\frac{1}{f(t)}$$

因为上式的左边只是坐标 (x,y,z) 的函数,而右边只是时间 t 的函数,两者是相互独立的,所以只有两边都等于同一个常数时,等式才成立.以 E 表示这个常数,则有

$$i\hbar\frac{df(t)}{dt}\frac{1}{f(t)}=E \qquad (13-40)$$

$$\frac{1}{\psi(x,y,z)}\left[-\frac{\hbar^2}{2m}\nabla^2\psi(x,y,z)+U(x,y,z)\psi(x,y,z)\right]=E \qquad (13-41)$$

式(13-40)积分后可得

$$f(t)=e^{-\frac{i}{\hbar}Et}$$

由于指数只能是量纲为 1 的量,可见 E 必定具有能量的量纲.这样式(13-41)可以写成

$$-\frac{\hbar^2}{2m}\nabla^2\psi+U\psi=E\psi \qquad (13-42a)$$

或

$$\nabla^2\psi+\frac{2m}{\hbar^2}(E-U)\psi=0 \qquad (13-42b)$$

这就是定态薛定谔方程.由于波函数 Ψ 含有 t 的因子是 $e^{-\frac{i}{\hbar}Et}$,所以概率密度

$$|\Psi|^2=\Psi\Psi^*=|\psi|^2e^{-\frac{i}{\hbar}Et}\cdot e^{+\frac{i}{\hbar}Et}=|\psi|^2$$

与时间无关.由于这个性质,这样的态称为定态(stationary state).

薛定谔在德布罗意的思想基础上创立了量子力学,荣获 1933 年诺贝尔物理学奖.

复习思考题 >>>

13-8-1 物质波与机械波、电磁波有何异同之处?

13-8-2　波函数的物理意义是什么？它必须满足哪些条件？

13-8-3　物质波是什么波？什么是概率密度？概率密度和波函数有什么关系？

13-8-4　什么是定态薛定谔方程？定态的意义是什么？

13-8-5　怎样理解微观粒子的波粒二象性？

§13-9　一维定态薛定谔方程的应用》》

　　从本节开始，我们将定态薛定谔方程应用到几个具体问题上，通过这些例子的求解，可以对量子力学的应用有一个初步的理解.

一、一维无限深势阱

　　若粒子在保守力场的作用下被限制在一定范围内运动，例如，电子在金属中的运动.由于电子要逸出金属需克服正电荷的吸引，因此电子在金属外的电势能高于金属内的电势能，其一维的势能图如图 13-27(a) 所示那样，其形状与陷阱相似，故称为势阱(potential well).质子在原子核中的势能曲线也是势阱[图 13-27(b)].为了使计算简化，提出一个理想的势阱模型——无限深势阱.

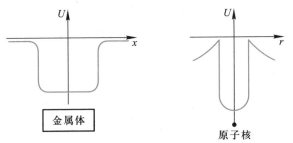

(a)电子在金属中的势能曲线　　(b)质子在原子核中的势能曲线

图 13-27

设一维无限深势阱的势能分布如下：

$$U(x)=\begin{cases}0, & 0<x<a & （阱内）\\ \infty, & x\leqslant 0, x\geqslant a & （阱外）\end{cases}$$

其势能曲线如图 13-28 所示.

　　按照经典理论，处于无限深势阱中的粒子，其能量可取任意的有限值，粒子在宽度为 a 的势阱内各处的概率是相等的.但从量子力学来看，其情况又当如何呢？下面我们应用薛定谔方程来讨论处于一维无限深势阱中粒子的运动.

由于势能不显含时间，需由定态薛定谔方程求解 $\psi(x)$，考虑到势能是分段的，列方程求解也需分阱外、阱内两个区间进行.

在阱外，设波函数为 ψ_e，定态薛定谔方程为

$$-\frac{\hbar}{2m}\frac{d^2\psi_e}{dx^2}+(E-U)\psi_e=0$$

由于 $U\to\infty$，唯有 $\psi_e=0$，否则方程给不出任何有意义的解. $\psi_e=0$ 说明粒子不可能在这些区域，这是和经典概念相符的.

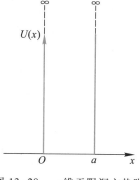

图 13-28　一维无限深方势阱

在阱内，设波函数为 ψ_i，定态薛定谔方程为

$$-\frac{\hbar^2}{2m}\frac{d^2\psi_i}{dx^2}=E\psi_i$$

令

$$k^2=\frac{2mE}{\hbar^2}$$

于是方程可改写为

$$\frac{d^2\psi_i}{dx^2}+k^2\psi_i=0$$

其解为

$$\psi_i(x)=C\sin(kx+\delta)$$

式中 C 和 δ 是两待定常数. 因为在阱壁上波函数必须单值、连续，利用边界条件

$$\psi_i(0)=\psi_e(0)=0$$
$$\psi_i(a)=\psi_e(a)=0$$

得

$$\psi_i(0)=C\sin\delta=0，\quad \delta=0$$
$$\psi_i(a)=C\sin ka=0，\quad ka=n\pi，\quad n=1,2,3,\cdots$$

对波函数归一化，有

$$\int_0^a\left|\Psi(x,t)\right|^2 dx=\int_0^a\left|\psi(x)\right|^2 dx=\int_0^a\left[C\sin\frac{n\pi x}{a}\right]^2 dx=1$$

求得

$$C=\sqrt{\frac{2}{a}}$$

于是得定态波函数

$$\begin{cases} \psi_e(x) = 0 \\ \psi_i(x) = \sqrt{\dfrac{2}{a}} \sin \dfrac{n\pi}{a} x, \quad n = 1, 2, 3, \cdots \end{cases} \qquad (13-43)$$

最后得波函数

$$\begin{cases} \Psi_e(x,t) = 0 \\ \Psi_i(x,t) = \sqrt{\dfrac{2}{a}} \sin \dfrac{n\pi}{a} x e^{-\frac{i}{\hbar}Et} \end{cases} \qquad (13-44)$$

我们将一维无限深势阱中粒子运动的特征总结如下:

(1) 粒子的能量不能连续地取任意值,只能取分立值.因为 $k^2 = \dfrac{2mE}{\hbar^2}$,而 $k = \dfrac{n\pi}{a}$.所以

$$\boxed{E = \frac{\hbar^2 k^2}{2m} = \frac{n^2 \pi^2 \hbar^2}{2ma^2} = E_n} \qquad n = 1, 2, 3, \cdots \qquad (13-45)$$

这就是说能量是量子化的.整数 n 称为粒子能量的量子数.可见,能量量子化在量子力学中是很自然地得出的结果,并不求助于人为的假设.粒子的能级如图 13-29 所示.

(2) 粒子的最小能量不等于零.因为 $n = 0$, $\Psi_i(x,t) = 0$,说明不存在这种状态.所以 n 最小取 1,粒子的最小能量

$$E_1 = \frac{\pi^2 \hbar^2}{2ma^2} \qquad (13-46)$$

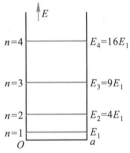

图 13-29 势阱中的能级

粒子的最小能量状态称为基态,最小能量称为基态能.上式表明,a 愈小,E_1 就愈大,粒子运动愈剧烈.按照经典理论,粒子的能量是连续分布的,其能量可以为零.但若能量为零,则动量必须为零,于是动量的不确定度 Δp 就不存在,根据不确定关系,这只有 $\Delta x \to \infty$ 才有可能.实际上,粒子处于势阱中,它的 Δx 为势阱的宽度 a 所限制,从而导致最小能量的出现.这种最小能量有时称为零点能.所以,零点能的存在与不确定关系是协调一致的.许多实验证实了微观领域中能量量子化的分布规律,并证实了零点能的存在.

（3）势阱中粒子出现的概率随位置而变化.图 13-30 给出了势阱中粒子的波函数 $\psi(x)$ 和粒子的概率密度 $|\psi(x)|^2$ 的分布曲线.从图中可以看出,粒子出现的概率是不均匀的.当 $n=1$ 时,在 $x=\dfrac{a}{2}$ 处粒子出现的概率最大;当 $n=2$ 时,在 $x=\dfrac{a}{4}$ 和 $\dfrac{3a}{4}$ 处概率最大;等等.概率密度的峰值个数和量子数 n 相等,这又和经典概念是很不同的.若是经典粒子,因为在势阱内不受力,粒子在两阱壁间作匀速直线运动,所以粒子出现的概率处处一样;对于微观粒子,只有当 $n\rightarrow\infty$ 时,粒子出现的概率才是均匀的.

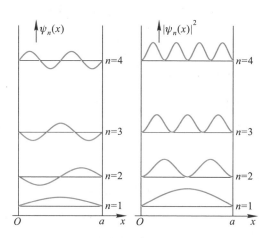

图 13-30　势阱中的波函数和概率密度

（4）粒子的物质波在阱中形成驻波.图 13-30 还表明,束缚在无限深势阱中的粒子的定态波函数具有驻波的形式,可以认为势阱内波函数是由反射波和入射波叠加而成的驻波.在阱壁处（$x=0,x=a$）对不同能量的粒子对应的波均为波节,粒子出现的概率为零.

1993 年,克罗米（M.F.Crommie）等人用扫描隧道显微镜技术,把蒸发到铜表面上的 48 个铁原子排列成半径为 7.13 nm 的圆环形"量子围栏"（quantum corral）,如图 13-31 所示.这个结构就如同一势阱,在围栏内势能 $U_i=0$,在围栏外势能 $U_e=\infty$.于是,围栏内的电子波传播到围栏处被铁原子挡回去,从而在围栏内形成同心的驻波.

图 13-31　量子围栏形成的驻波

例题 13-15

设想一电子在无限深势阱中运动,如果势阱宽度分别为 1.0×10^{-2} m 和 1.0×10^{-10} m.试讨论这两种情况下相邻能级的能量差.

解　根据势阱中的能量公式

$$E = \frac{\pi^2 \hbar^2}{2ma^2} n^2 = \frac{h^2}{8ma^2} n^2$$

得到两相邻能级的能量差为

$$\Delta E = E_{n+1} - E_n = (2n+1) \frac{h^2}{8ma^2}$$

可见两相邻能级间的距离随着量子数的增加而增加,而且与粒子的质量 m 和势阱的宽度 a 有关.

当 $a = 1.0 \times 10^{-2}$ m 时

$$E = 6.04 \times 10^{-34} \times n^2 \text{ J} = 3.77 \times 10^{-15} \times n^2 \text{ eV}$$

$$\Delta E = (2n+1) \times 3.77 \times 10^{-15} \text{ eV}$$

在这种情况下,相邻能级之间的距离是非常小的,我们可以把电子的能量看成是连续的.

当 $a = 1.0 \times 10^{-10}$ m 时

$$E = 37.7 \times n^2 \text{ eV}$$

$$\Delta E = (2n+1) \times 37.7 \text{ eV}$$

在这种情况下,相邻能级之间的距离是非常大的,这时电子能量的量子化就明显地表现出来.

由此可知,电子在小到原子尺度范围内运动时,能量的量子化特别显著.在普通尺度范围内运动时,能量的量子化就不显著,此时可以把粒子的能量看成是连续变化的.

当 $n \gg 1$ 时,能级的相对间隔近似为

$$\frac{\Delta E_n}{E_n} \simeq \frac{2n \dfrac{h^2}{8ma^2}}{n^2 \dfrac{h^2}{8ma^2}} = \frac{2}{n}$$

可见能级相对间隔 $\dfrac{\Delta E_n}{E_n}$ 随着 n 的增加成反比地减小.当 $n \to \infty$ 时,ΔE_n 较之 E_n 要小得多.这时,能量的量子化效应就不显著了,可认为能量是连续的,经典图样和量子图样趋于一致.所以,经典物理可以看成是量子物理中量子数 $n \to \infty$ 时的极限情况.

例题 13-16

试求在一维无限深势阱中粒子概率密度的最大值的位置.

解 一维无限深势阱中粒子的概率密度为

$$|\psi_n(x)|^2 = \frac{2}{a}\sin^2\frac{n\pi}{a}x, \quad n = 1,2,3,\cdots$$

将上式对 x 求导一次,并令它等于零

$$\frac{\mathrm{d}|\psi_n(x)|^2}{\mathrm{d}x} = \frac{4n\pi}{a^2}\sin\frac{n\pi}{a}x\cos\frac{n\pi}{a}x = 0$$

因为在阱内,即 $0<x<a$,$\sin\frac{n\pi}{a}x\neq 0$,只有

$$\cos\frac{n\pi}{a}x = 0$$

于是

$$\frac{n\pi}{a}x = (2N+1)\frac{\pi}{2}, \quad N = 0,1,2,\cdots,n-1$$

由此解得最大值的位置为

$$x = (2N+1)\frac{a}{2n}$$

例如: $n=1,N=0,$ 　　最大值位置 $x = \frac{1}{2}a$

$n=2,N=0,1,$ 　　最大值位置 $x = \frac{1}{4}a, \frac{3}{4}a$

$n=3,N=0,1,2,$ 　　最大值位置 $x = \frac{1}{6}a, \frac{3}{6}a, \frac{5}{6}a.$

可见,概率密度最大值的数目和量子数 n 相等.

相邻两个最大值间的距离 $\Delta x = \frac{1}{n}a$.如果阱宽 a 不变,当 $n\to\infty$ 时,$x\to 0$.这时最大值连成一片,峰状结构消失,概率分布成为均匀,与经典理论的结论趋于一致.

二、一维势垒　隧道效应

若有一粒子在图 13-32 中所示的力场中沿 x 方向运动,其势能分布如下:

$$U(x) = \begin{cases} U_0, & 0<x<a \\ 0, & x<0, x>a \end{cases}$$

这种势能分布称为**势垒**(potential barrier).

对于从区域 I 沿 x 方向运动的粒子,如果粒子能量 $E<U_0$ 时,从经典理论来看,由于粒子动能必须为正值,故不可能进入区域 II,将被全部弹回来.但从量子

力学来分析,粒子仍可以穿过区域Ⅱ而进入区域
Ⅲ.大量事实证明,量子力学的结论是正确的,下面
作简单说明.

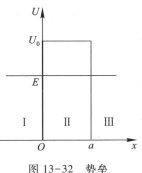

设粒子的质量为 m,以一定的能量 E 由区域Ⅰ
向区域Ⅱ运动,因势能 $U(x)$ 不显含时间,所以也是
个定态问题.

在区域Ⅰ、Ⅱ和Ⅲ的薛定谔方程分别为

$$-\frac{\hbar^2}{2m}\frac{d^2\psi_1}{dx^2}=E\psi_1$$

$$-\frac{\hbar^2}{2m}\frac{d^2\psi_2}{dx^2}+U_0\psi_2=E\psi_2$$

$$-\frac{\hbar^2}{2m}\frac{d^2\psi_3}{dx^2}=E\psi_3$$

图 13-32　势垒

解这三个方程,得到各区域中满足波函数各项条件的解.结果表明,在区域Ⅱ、Ⅲ
中,波函数都不等于零.这说明,原来在区域Ⅰ的粒子有一部分将穿透势垒而到
达区域Ⅲ,图 13-33 表示粒子在三个区域中波函数的情况.

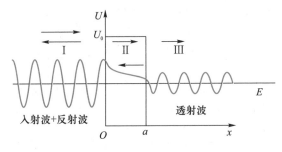

图 13-33　隧道效应

在粒子总能量低于势垒壁高($E<U_0$)的情况下,粒子有一定的概率穿透势
垒.粒子能穿透比其动能更高的势垒的现象,称为隧道效应(tunnel effect).通常
用贯穿系数表示粒子贯穿势垒的概率,它定义为在 $x=a$ 处透射波的"强度"(模
的平方)与入射波"强度"之比,即

$$T=\frac{|\psi_3(a)|^2}{A^2}=Ce^{-\frac{2}{\hbar}\sqrt{2m(U_0-E)}\,a} \qquad (13-47)$$

式中 C 为常量,它的数量级接近于 1.由此式可见,粒子的贯穿系数与势垒的宽
度和高度有关.粒子的质量越小势垒越窄、粒子的能量与势垒高度相差越小,则穿

透概率越大.当势垒加宽(a变大)或变高(U_0变大)时,势垒贯穿系数变小.当势垒很宽和能量差很大的情况下,穿透势垒的概率几乎等于零,在这种情况下,由量子力学得出的结论与从经典力学得出的结论相符合,这是对应原理的又一表现.

微观粒子穿透势垒的现象已被许多实验所证实.例如:原子核的 α 衰变、电子的场致发射、超导体中的隧道结等,都是隧道效应的结果.利用隧道效应已制成隧道二极管[由日本物理学家江琦玲於奈(Leo Esaki)等发现半导体中的隧道效应,美国科学家贾埃沃(I.Giaever)发现超导体中的隧道效应、英国物理学家约瑟夫森(B. D. Josephson)预言了约瑟夫森效应而分享了 1973 年诺贝尔物理学奖].利用隧道效应还研制成功扫描隧穿显微镜(简称 STM, scanning tunneling microscope 的缩写),它是研究材料表面结构的重要工具.

1982 年,宾尼希(G. Binnig)和罗雷尔(M.Rohrer)等人利用电子的隧道效应研制成功扫描隧穿显微镜.我们知道,金属的表面处存在着势垒,阻止内部的电子向外逸出,但由于隧道效应,电子仍有一定的概率穿过势垒到达金属的外表面,并形成一层电子云.电子云的密度随着与表面距离的增大呈指数形式衰减,衰减长度约为 1 nm.因此,只要将原子线度的极细的探针和被研究样品的表面作为两个电极,当样品与针尖的距离非常接近时,它们的表面电子云就可能重叠(图 13-34).若在样品和探针之间加微小电压 V_b,电子就会穿过两个电极之间的势垒,流向另一个电极,形成隧道电流.这种隧道电流 I 的

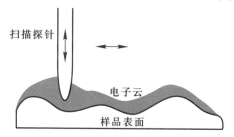

图 13-34 扫描隧穿显微镜原理图

大小是电子波函数重叠程度的量度,与针尖和样品表面之间的距离 s 以及样品表面平均势垒高度 h 有关,由式(13-55)可得其关系式为

$$I \propto V_b \mathrm{e}^{-A\sqrt{h}\,s}$$

其中 A 是常量.隧道电流对针尖与表面间的距离极其敏感,当间距在原子尺寸范围内改变一个原子距离时,隧道电流可以有上千倍的变化.如果设法控制隧道电流保持恒定,并控制针尖在样品上的扫描,则探针在垂直于样品方向上的高低变化,就反映出样品表面的起伏情况.利用 STM 可直接绘出表面的三维图像.目前横向分辨率已达到 0.1 nm,纵向分辨率达到 0.01 nm,而电子显微镜的分辨率为 0.3~0.5 nm.扫描隧穿显微镜的出现,使人类第一次能够实时地观察单个原子在物质表面上的排列状态以及表面电子行为有关性质.在表面科学、材料科学和生命科学等领域的研究中有着重大的意义.由于这一重大的发现,1986 年诺贝尔物理学奖一半授予宾尼希和罗雷尔,另一半授予电子显微镜的发明者鲁斯卡.图

13-35(a)是利用 STM 获得的硅晶片表面原子排列的情况,图 13-35(b)是中国科学院利用 STM 微加工刻蚀的世界上最小的(纳米量级)中国地图.

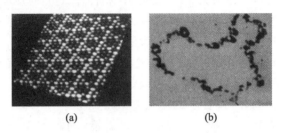

(a)　　　　　　　　　　　　(b)

图 13-35　STM 得到的图像

例题 13-17

一个能量为 30 eV 的电子,入射在势能为 40 eV 的方势垒上,如果势垒宽度为 (a) 1.0 nm;(b) 0.1 nm,该电子的贯穿概率各是多少?

解　对给定的势垒高度和电子能量的差值

$$U_0 - E = 40 \text{ eV} - 30 \text{ eV} = 10 \text{ eV} = 1.6 \times 10^{-18} \text{J}$$

按贯穿系数式(13-47)得

(a) $a = 1.0 \text{ nm} = 1.0 \times 10^{-9} \text{m}$

$$T = \exp\left[-\frac{2}{\hbar}\sqrt{2m(U_0-E)}\,a\right] = \exp\left(-\frac{2 \times \sqrt{2 \times 9.1 \times 10^{-31} \times 1.6 \times 10^{-18}}}{1.054 \times 10^{-34}} \times 1.0 \times 10^{-9}\right) = 1.3 \times 10^{-14}$$

(b) $a = 0.1 \text{ nm} = 1.0 \times 10^{-10} \text{m}$

$$T = \exp\left(-\frac{2 \times \sqrt{2 \times 9.1 \times 10^{-31} \times 1.6 \times 10^{-18}}}{1.054 \times 10^{-34}} \times 1.0 \times 10^{-10}\right) = 0.041$$

这个结果表明,势垒宽度减小 1 个数量级,贯穿概率大大地提高了 12 个数量级,达到了可观的 4%.

*三、谐振子

在量子力学中,谐振子是一个十分重要的物理模型,许多受到微小扰动的体系,都可以近似地看成是谐振子系统,如分子的振动、晶格振动、原子核表面振动等.

如果在一维空间中运动的粒子的势能为

$$U = \frac{1}{2}kx^2 = \frac{1}{2}m\omega^2 x^2$$

其中 $\omega = \sqrt{\dfrac{k}{m}}$ 是一常量,则这种体系称为线性谐振子或一维谐振子.式中 x 是振子离开平衡

位置的位移.此时定态薛定谔方程可表示为

$$\frac{d^2\psi}{dx^2}+\frac{2m}{\hbar^2}\left(E-\frac{1}{2}m\omega^2x^2\right)\psi=0$$

由于其解相当复杂,此处从略,在这里仅指出,根据数学推证,只有当式中的能量 E 满足

$$E_n=\left(n+\frac{1}{2}\right)\hbar\omega \qquad n=0,1,2,\cdots \qquad (13-48)$$

时,相应的波函数才满足单值、连续和有限等条件.n 称为量子数.由此可见,从量子力学的观点来看,线性谐振子的能量,并不像经典力学中那样可以取任意的、连续变化的数值,它只能是一些分立的、不连续的量值,就是说能量是量子化的.其能级是均匀分布的,两相邻能级间的间隔均为 $\hbar\omega$,如图 13-36 所示.

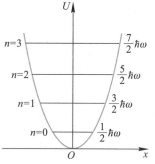

图 13-36 一维谐振子的能级

应该指出,普朗克在推导黑体辐射公式时,假定频率为 ν 的谐振子只能处于能量为 $nh\nu$($n=1,2,\cdots$)的状态.而从量子力学得到谐振子的最小能量并不为零,而是 $\frac{1}{2}\hbar\omega=\frac{1}{2}h\nu$,这也是我们已经提到的零点能.这个和早期量子理论不同的结论,实际上是微观粒子波动性的本质表现.零点能的存在已为光的散射实验所证实.

复习思考题 》》》

13-9-1 试总结应用薛定谔方程处理微观粒子运动状态的一般方法.

13-9-2 量子力学给出的势阱中的粒子在各处的概率和经典结论有何不同? 关于粒子可能具有的能量二者给出的结论有何不同?

13-9-3 什么叫做隧道效应? 它的大小和哪些物理量有关? 经典理论能否解释这一现象?

13-9-4 量子力学给出的一维谐振子的可能能量和普朗克当初提出的假设有何不同? 什么叫零点能? 经典物理的"零点能"是多少?

§13-10 量子力学中的氢原子问题 》》

一、氢原子的薛定谔方程

在氢原子中,电子的势能函数为

$$U = -\frac{e^2}{4\pi\varepsilon_0 r}$$

式中 r 为电子距离核的距离,由于核的质量很大,为简便起见,假设原子核是静止的.将 U 代入薛定谔方程得

$$\frac{\partial^2\psi}{\partial x^2} + \frac{\partial^2\psi}{\partial y^2} + \frac{\partial^2\psi}{\partial z^2} + \frac{2m}{\hbar^2}\left(E + \frac{e^2}{4\pi\varepsilon_0 r}\right)\psi = 0 \qquad (13-49)$$

考虑到势能是 r 的函数,为了方便起见,采用球极坐标 (r,θ,φ) 代替直角坐标 (x,y,z),因 $x = r\sin\theta\cos\varphi$,$y = r\sin\theta\sin\varphi$,$z = r\cos\theta$,所以上式化成

$$\frac{1}{r^2}\frac{\partial}{\partial r}\left(r^2\frac{\partial\psi}{\partial r}\right) + \frac{1}{r^2\sin\theta}\frac{\partial}{\partial\theta}\left(\sin\theta\frac{\partial\psi}{\partial\theta}\right) + \frac{1}{r^2\sin^2\theta}\frac{\partial^2\psi}{\partial\varphi^2} + \frac{2m}{\hbar^2}\left(E + \frac{e^2}{4\pi\varepsilon_0 r}\right)\psi = 0$$

$$(13-50)$$

在一般情况下,波函数应为 r、θ、φ 的函数,即 $\psi = \psi(r,\theta,\varphi)$.解方程时,通常采用分离变量法,即有

$$\psi(r,\theta,\varphi) = R(r)\Theta(\theta)\Phi(\varphi)$$

由于求解过程和 ψ 的具体形式比较复杂,下面只介绍几个重要结论.

1. 能量量子化

在氢原子的总能量 $E>0$ 时,薛定谔方程对 E 的一切值都有解,即 E 可以连续地取所有大于零的值.但当 $E<0$ 时,即电子处于束缚态的情况,方程只对某些分立值才有解,这说明氢原子的能量满足量子化条件

$$E_n = -\frac{me^4}{32\pi^2\varepsilon_0^2\hbar^2}\frac{1}{n^2} = -\frac{me^4}{8\varepsilon_0^2 h^2}\frac{1}{n^2} \qquad (13-51)$$

式中 $n = 1,2,3,\cdots$,称为主量子数(principal quantum number).这同玻尔所得到的氢原子能级公式是一致的,但玻尔是人为地加上量子化的假设,量子力学则是求解薛定谔方程中自然地得出量子化结果的.

2. "轨道"角动量量子化

电子绕核运动的角动量必须满足量子化条件

$$L = \sqrt{l(l+1)}\frac{h}{2\pi} \qquad (13-52)$$

式中 $l = 0,1,2,\cdots(n-1)$,称为角量子数(angular quantum number).可见量子力学的结果与玻尔理论不同,虽然两者都说明角动量的大小是量子化的,但按量子力学的结果,角动量的最小值为零,而玻尔理论的最小值为 $\frac{h}{2\pi}$.实验证明,量子力

学的结果是正确的.

3. "轨道"角动量空间量子化

电子绕核运动的角动量 L 的方向在空间的取向不能连续地改变,而只能取一些特定的方向,即角动量 L 在外磁场方向的投影必须满足量子化条件

$$L_z = m_l \frac{h}{2\pi} \qquad\qquad (13-53)$$

式中 $m_l = 0, \pm 1, \pm 2, \cdots, \pm l$,称为**磁量子数**(magnetic quantum number).对于一定的角量子数 l, m_l 可取 $(2l+1)$ 个值,这表明角动量在空间的取向只有 $(2l+1)$ 种可能,图 13-37 画出 $l=1$ 和 $l=2$ 的电子轨道角动量空间取向量子化的示意图.

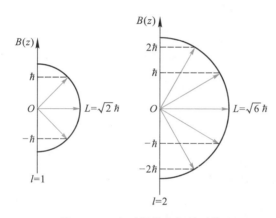

图 13-37　角动量的空间量子化

利用空间量子化的概念,可以很好地解释塞曼效应(Zeeman effect).早在 1896 年塞曼发现,当光源处于外磁场中,它发出的一条谱线将分裂成若干条非常靠近的谱线,这种现象称为**塞曼效应**.原子中绕核运动的电子不仅有角动量,而且有磁矩,由于角动量在空间有 $(2l+1)$ 个取向,所以电子的磁矩在外磁场方向的投影也有 $(2l+1)$ 个不连续值,由于磁矩在磁场中的不同取向,产生不同的附加能量,因此一个能级在磁场中将分裂成为 $(2l+1)$ 个分能级,于是光谱线也随之分裂呈现塞曼效应.塞曼效应从实验上验证了角动量的空间量子化.

塞曼效应可以用来测量天体的磁场,如太阳黑子的磁场等.

二、氢原子中电子的概率分布

在量子力学中,没有轨道的概念,取而代之的是空间概率分布的概念.在氢原子中,求解薛定谔方程得到的电子波函数 $\psi(r, \theta, \varphi)$,对应每一组量子数 (n, l, m_l),有一确定的波函数描述一个确定的状态.

$$\psi_{n,l,m_l}(r,\theta,\varphi) = R_{n,l}(r)\Theta_{l,m_l}(\theta)\Phi_{m_l}(\varphi) \tag{13-54}$$

为了使读者对氢原子复杂的定态波函数有所了解,我们在表 13-2 中列出了它们在低量子数的具体表达式.

表 13-2 　氢原子的定态波函数

(a_0 为玻尔半径)

n	l	m_l	$R_{nl}(r)$	$\Theta_{lm_l}(\theta)\Phi_{m_l}(\varphi)$
1	0	0	$\dfrac{2}{a_0^{3/2}}e^{-r/a_0}$	$\dfrac{1}{\sqrt{4\pi}}$
2	0	0	$\dfrac{1}{\sqrt{2}\,a_0^{3/2}}\left(1-\dfrac{r}{2a_0}\right)e^{-r/2a_0}$	$\dfrac{1}{\sqrt{4\pi}}$
2	1	0	$\dfrac{1}{2\sqrt{6}\,a_0^{3/2}}\dfrac{r}{a_0}e^{-r/2a_0}$	$\sqrt{\dfrac{3}{4\pi}}\cos\theta$
2	1	± 1	$\dfrac{1}{2\sqrt{6}\,a_0^{3/2}}\dfrac{r}{a_0}e^{-r/2a_0}$	$\mp\sqrt{\dfrac{3}{8\pi}}\sin\theta e^{\pm i\varphi}$
3	0	0	$\dfrac{2}{3\sqrt{3}\,a_0^{3/2}}\left[1-\dfrac{2r}{3a_0}+\dfrac{2}{27}\left(\dfrac{r}{a_0}\right)^2\right]e^{-r/3a_0}$	$\dfrac{1}{\sqrt{4\pi}}$
3	1	0	$\dfrac{8}{27\sqrt{6}\,a^{3/2}}\dfrac{r}{a_0}\left(1-\dfrac{r}{6a_0}\right)e^{-r/3a_0}$	$\sqrt{\dfrac{3}{4\pi}}\cos\theta$
3	1	± 1	$\dfrac{8}{27\sqrt{6}\,a_0^{3/2}}\dfrac{r}{a_0}\left(1-\dfrac{r}{6a_0}\right)e^{-r/3a_0}$	$\mp\sqrt{\dfrac{3}{8\pi}}\sin\theta e^{\pm i\varphi}$
3	2	0	$\dfrac{4}{81\sqrt{30}\,a_0^{3/2}}\left(\dfrac{r}{a_0}\right)^2 e^{-r/3a_0}$	$\sqrt{\dfrac{5}{16\pi}}(3\cos^2\theta-1)$
3	2	± 1	$\dfrac{4}{81\sqrt{30}\,a_0^{3/2}}\left(\dfrac{r}{a_0}\right)^2 e^{-r/3a_0}$	$\mp\sqrt{\dfrac{15}{8\pi}}\cos\theta\sin\theta e^{\pm i\varphi}$
3	2	± 2	$\dfrac{4}{81\sqrt{30}\,a_0^{3/2}}\left(\dfrac{r}{a_0}\right)^2 e^{-r/3a_0}$	$\sqrt{\dfrac{15}{32\pi}}\sin^2\theta e^{\pm 2i\varphi}$

电子出现在原子核周围的概率密度为

$$|\psi(r,\theta,\varphi)|^2 = |R(r)\Theta(\theta)\Phi(\varphi)|^2$$

在空间体积元 $dV = r^2\sin\theta dr d\theta d\varphi$ 内,电子出现的概率为

$$|\psi|^2 dV = |R|^2|\Theta|^2|\Phi|^2 r^2\sin\theta dr d\theta d\varphi$$

它表示电子出现在距核为 r、方位在 θ、φ 的体积元 dV 中的概率.考虑到氢原子的势能是球对称的,所以我们主要讨论径向概率密度.上式中 $|R|^2 r^2 dr$ 表示电子在半径为 r 和 $r+dr$ 薄球壳内的概率,它与坐标 θ 与 φ 无关,因此 $r^2|R|^2$ 称为径向概率密

度,用 $\rho(r)$ 表示.图 13-38 表示几个量子态的径向概率密度分布.由图可见,当氢原子处于基态时 $(n=1,l=0)$,电子出现在玻尔半径 a_0 附近的概率最大,这与玻尔理论是一致的.对于 $n=2$ 的状态, $l=0$ 态(2 s)有两个峰值,而 $l=1$ 态(2 p)的峰值在 $4a_0$ 处,恰好位于玻尔的第二圆形轨道半径处等等.

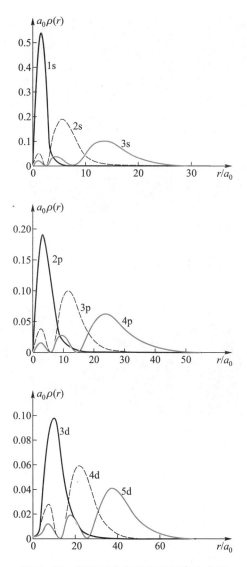

图 13-38　氢原子中电子径向概率分布图

玻尔理论认为电子具有确定的轨道.量子力学得出电子出现在某处的概率,不能断言电子在某处出现.为了形象地表示电子的空间分布规律,通常将概率大

的区域用亮度浓影、将概率小的区域用亮度淡影表示出来,称为电子云图(elec-
tron cloud).图13-39就是氢原子的几个定态下的电子云图.必须指出,所谓电子
云,并不表示电子真的像一团云雾罩那样弥漫在原子核周围,而只是电子概率分
布的一种形象化描述而已.

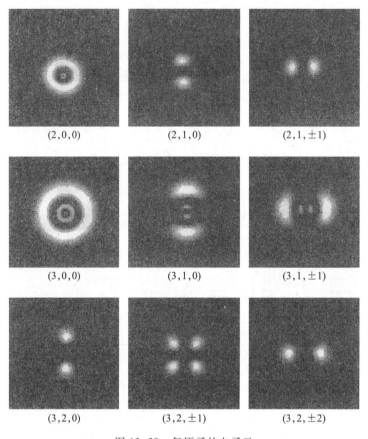

$(2,0,0)$ $(2,1,0)$ $(2,1,\pm1)$

$(3,0,0)$ $(3,1,0)$ $(3,1,\pm1)$

$(3,2,0)$ $(3,2,\pm1)$ $(3,2,\pm2)$

图13-39   氢原子的电子云

§13-11   电子的自旋   原子的电子壳层结构》

一、施特恩-格拉赫实验

1921年,施特恩(O.Stern)和格拉赫(W.Gerlach)为验证电子角动量的空间
量子化进行了实验.他们的实验思想是:如果原子磁矩在空间的取向是连续的,

那么原子束经过不均匀磁场发生偏转,将在照相底板上得到连成一片的原子沉积;如果原子磁矩在空间取向是分立的,那么原子束经过不均匀偏转后,在底板上得到分立的原子沉积.实验装置如图 13-40(a)所示.K 为原子射线源,加热使其发射原子,通过隔板 B 的狭缝后,形成很细的一束原子射线.进入很强的不均匀磁场区域后,打在照相底板 P 上.整个装置放在真空容器中.施特恩和格拉赫最初的实验是用银原子做的,后又用氢原子做类似的实验.实验发现,在不加磁场时,底板 P 上沉积一条正对狭缝的痕迹.加上磁场后呈现上下对称的两条沉积,如图 13-40(b)所示,说明原子束经过不均匀磁场后分为两束,这一现象证实了原子具有磁矩且磁矩在外磁场中只有两种取向,即空间取向是量子化的.

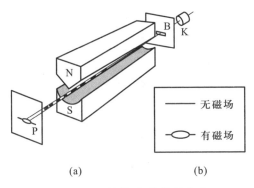

图 13-40　施特恩-格拉赫实验

尽管施特恩-格拉赫实验证实了原子在磁场中的空间量子化.但由于实验给出的氢原子在磁场中只有两个取向的事实,那是空间量子化的理论所不能解释的.按照空间量子化理论,当 l 一定时,m 有 $2l+1$ 个取向,由于 l 是整数,$2l+1$ 就一定是奇数.银(或氢)原子束在磁场中应有奇数个取向,照相底板上原子的沉积应为奇数条,而不可能只有两条.

二、电子的自旋

为了说明上述施特恩-格拉赫实验的结果.1925 年,两位荷兰学者乌伦贝克(G.E.Uhlenbeck)和古兹密特(S.A.Goudsmit)提出了电子自旋的假说.他们认为电子除轨道运动外,还存在着一种固有的自旋运动,具有自旋角动量 S 以及相应的自旋磁矩 μ_s.电子的自旋磁矩与自旋角动量成正比,而方向相反.上述实验表明:自旋磁矩在外磁场中也是空间量子化的,在磁场方向上的分量 μ_{sz} 只能有两个量值;同时表明自旋角动量也是空间量子化的,在磁场方向分量 S_z 也只有两个可能的量值.

与电子"轨道"角动量以及角动量在磁场方向上的分量相似,可设电子的自

旋角动量为

$$S = \sqrt{s(s+1)}\,\frac{h}{2\pi} \tag{13-55a}$$

而在外磁场方向上的分量为

$$S_z = m_s \frac{h}{2\pi} \tag{13-56a}$$

式中 s 称为自旋量子数(spin quantum number), m_s 称为自旋磁量子数.因 m_s 所能取的量值和 m_l 相似,共有 $2s+1$ 个值,但施特恩-格拉赫实验指出, S_z 只有两个量值,这样,令

$$2s+1=2$$

即得自旋量子数

$$s = \frac{1}{2}$$

从而自旋磁量子数为

$$m_s = \pm\frac{1}{2}$$

与此相应,我们有:

$$S = \sqrt{\frac{3}{4}}\left(\frac{h}{2\pi}\right) \tag{13-55b}$$

$$S_z = \pm\frac{1}{2}\left(\frac{h}{2\pi}\right) \tag{13-56b}$$

上式表示自旋磁矩在外磁场方向上也只有两个分量.

引入电子自旋的概念,使碱金属原子光谱的双线(如钠黄光的 589.0 nm 和 589.6 nm)等现象得到了很好的解释.

三、四个量子数

总结前面的讨论,原子中电子的状态应由下列四个量子数来确定:

(1) 主量子数 n $n=1,2,3,\cdots$.主量子数 n 可以大体上决定原子中电子的能量.

(2) 角量子数或副量子数 l $l=0,1,2,\cdots,(n-1)$.角量子数可以决定电子轨道角动量.一般说来,处于同一主量子数 n 而不同角量子数 l 的状态中的电子,其能量稍有不同.

(3) 磁量子数 m_l $m_l=0,\pm1,\pm2,\cdots,\pm l$.磁量子数可以决定轨道角动量在外磁场方向上的分量.

（4）自旋磁量子数 m_s　$m_s = \pm\dfrac{1}{2}$.自旋磁量子数决定电子自旋角动量在外磁场方向上的分量.

四、原子的电子壳层结构

1916 年,德国物理学家柯塞耳(W.Kossel)对多电子原子的核外电子提出了形象化的壳层分布模型.他认为主量子数 n 不同的电子分布在不同的壳层上,分别标记为

$$n = 1,\quad 2,\quad 3,\quad 4,\quad 5,\quad 6$$
$$\text{字母符号　K,　L,　M,　N,　O,　P}$$

主量子数相同而角量子数不同的电子,分布在不同的支壳层上,分别标记为

$$l = 0,\quad 1,\quad 2,\quad 3,\quad 4,\quad 5$$
$$\text{字母符号　s,　p,　d,　f,　g,　h}$$

一般说来,主量子数 n 越大的壳层,其能级越高,同一壳层中,副量子数 l 越大的支壳层能级越高.由量子数 n、l 确定的支壳层通常表示为 $1s, 2s, 2p, 3s,$ $3p, \cdots$ 前面的数字表示 n 的数值,后面的字母表示 l 的数值.

核外电子在这些壳层和支壳层上的分布,遵从下面两条原理.

1. 泡利不相容原理

原子内电子的状态由四个量子数 n、l、m_l、m_s 来确定,泡利(W.Pauli)指出:在一个原子系统内,不可能有两个或两个以上的电子具有相同的状态,亦即不可能具有相同的四个量子数,这称为泡利不相容原理(Pauli exclusion principle).当 n 给定时,l 的可能值为 $0, 1, \cdots, n-1$ 共 n 个;当 l 给定时,m_l 的可能值为 $-l,$ $-l+1, \cdots, 0, \cdots, l-1, l$,共 $2l+1$ 个;当 n, l, m_l 都给定时,m_s 取 $\dfrac{1}{2}$ 和 $-\dfrac{1}{2}$ 两个可能值.所以,根据泡利不相容原理可以算出,原子中具有相同主量子数 n 的电子数目最多为

$$Z_n = \sum_{l=0}^{n-1} 2(2l+1) = \frac{2 + 2(2n-1)}{2} \times n = 2n^2 \tag{13-57}$$

可见当 $n=1$ 而 $l=0$ 时,K 壳层上可能有两个电子(s 电子),以 $1s^2$ 表示;又当 $n=2$ 而 $l=0$ 时(L 壳层,s 支层),可能有两个电子(s 电子),以 $2s^2$ 表示;再当 $n=2$ 而 $l=1$ 时(L 壳层,p 支层),可能有 6 个电子(p 电子),以 $2p^6$ 表示;所以 L 壳层上最多可能有 8 个电子,其余类推.表 13-3 列出原子内主量子数 n 的壳层上最多可能有的电子数 Z_n 和具有相同 l 的支层上最多可能有的电子数.

表 13-3　原子中壳层和分层的最多可能有的电子数

l	0	1	2	3	4	5	6	Z_n
n	s	p	d	f	g	h	i	
1,K	2	—	—	—	—	—	—	2
2,L	2	6	—	—	—	—	—	8
3,M	2	6	10	—	—	—	—	18
4,N	2	6	10	14	—	—	—	32
5,O	2	6	10	14	18	—	—	50
6,P	2	6	10	14	18	22	—	72
7,Q	2	6	10	14	18	22	26	98

2. 能量最小原理

原子系统处于正常状态时,每个电子趋向占有最低的能级.能级基本上决定于主量子数 n,n 越小,能级也越低.所以离核最近的壳层,一般首先被电子填满.但能级也和角量子数 l 有关.因而在某些情况下,n 较小的壳层尚未填满,而 n 较大的壳层上却开始有电子填入了.这一情况在周期表的第四个周期中就开始表现出来.关于 n 和 l 都不同的状态的能级高低问题,我国科学家徐光宪总结出这样的规律,即对于原子的外层电子而言,能级高低以 $(n+0.7l)$ 值来确定,该值越大,能级就愈高.例如 4s 和 3d 两个状态,4s 的 $(n+0.7l)=4$,3d 的 $(n+0.7l)=4.4$,3d 态的能级比 4s 的高.所以钾的第 19 个电子,不是填在 3d 态,而是填入 4s 态.图13-41给出了电子在壳层和支壳层填充次序的经验规律.表 13-4 列出了周期表中前 25 个元素原子中电子填充的情况.

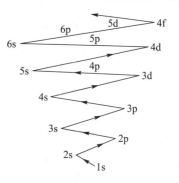

图 13-41　电子在壳层和支壳层填充次序的经验规律

表 13-4　原子中电子壳层填充表

周期	原子序数 元素名称 化学符号	K	L		M			N			
		1s	2s	2p	3s	3p	3d	4s	4p	4d	4f
I	1　氢　H 2　氦　He	1 2									

续表

周期	原子序数 元素名称 化学符号	各电子壳层上的电子数									
		K	L		M			N			
		1s	2s	2p	3s	3p	3d	4s	4p	4d	4f
II	3　锂　Li	2	1								
	4　铍　Be	2	2								
	5　硼　B	2	2	1							
	6　碳　C	2	2	2							
	7　氮　N	2	2	3							
	8　氧　O	2	2	4							
	9　氟　F	2	2	5							
	10　氖　Ne	2	2	6							
III	11　钠　Na	2	2	6	1						
	12　镁　Mg	2	2	6	2						
	13　铝　Al	2	2	6	2	1					
	14　硅　Si	2	2	6	2	2					
	15　磷　P	2	2	6	2	3					
	16　硫　S	2	2	6	2	4					
	17　氯　Cl	2	2	6	2	5					
	18　氩　Ar	2	2	6	2	6					
IV	19　钾　K	2	2	6	2	6		1			
	20　钙　Ca	2	2	6	2	6		2			
	21　钪　Sc	2	2	6	2	6	1	2			
	22　钛　Ti	2	2	6	2	6	2	2			
	23　钒　V	2	2	6	2	6	3	2			
	24　铬　Cr	2	2	6	2	6	5	1			
	25　锰　Mn	2	2	6	2	6	5	2			

复习思考题 》》》

13-11-1　比较一下玻尔氢原子图像和由薛定谔方程的解得出的图像,有哪些相似之处? 有哪些不同之处?

13-11-2　氢原子中电子所处的状态由哪些量子数决定? 如何取值?

13-11-3　如何近似地确定多电子原子的电子组态?

习题 》》》》

13-1　估测星球表面温度的方法之一是:将星球看成黑体,测量它的辐射峰值波长 λ_m,

利用维恩位移定律便可估计其表面温度.如果测得北极星和天狼星的 λ_m 分别为 0.35 μm 和 0.29 μm,试计算它们的表面温度.

13-2　在加热黑体过程中,其单色辐出度的峰值波长是由 0.69 μm 变化到 0.50 μm,求总辐出度改变为原来的多少倍?

13-3　假设太阳表面温度为 5 800 K,太阳半径为 $6.96×10^8$ m.如果认为太阳的辐射是稳定的,求太阳在 1 年内由于辐射,它的质量减小了多少?

* **13-4**　黑体的温度 $T_1 = 6\ 000$ K,问 $\lambda_1 = 0.35$ μm 和 $\lambda_2 = 0.70$ μm 的单色辐出度之比等于多少?当温度上升到 $T_2 = 7\ 000$ K 时,λ_1 的单色辐出度增加到原来的多少倍?

* **13-5**　假定太阳和地球都可以看成黑体,如太阳表面温度 $T_S = 6\ 000$ K,地球表面各处温度相同,试求地球的表面温度(已知太阳的半径 $R_S = 6.96×10^5$ km,太阳到地球的距离 $r = 1.496×10^8$ km).

13-6　有一空腔辐射体,在壁上有一直径为 0.05 mm 的小圆孔,腔内温度为 7 500 K,试求在 500~501 nm 的微小波长范围内单位时间从小孔辐射出来的能量.

13-7　钾的光电效应红限波长为 $\lambda_0 = 0.62$ μm.求

(1) 钾的逸出功;(2) 在波长 $\lambda = 330$ nm 的紫外线照射下,钾的遏止电势差.

13-8　在光电效应实验中,有个学生测得某金属的遏止电势差 U_a 和入射光波长 λ 有下列对应关系:

λ /nm	U_a /V
253.6	2.60
283.0	2.11
303.9	1.81
330.2	1.47
366.3	1.10
435.8	0.57

画出遏止电势差与入射光频率的曲线,并求出

(1) 普朗克常量 h;(2) 该金属的逸出功;(3) 该金属的光电效应红限频率.

13-9　铝的逸出功为 4.2 eV.今用波长为 200 nm 的紫外线照射到铝表面上,发射的光电子的最大初动能为多少?遏止电势差为多大?铝的红限波长是多大?

13-10　能引起人眼视觉的最小光强约为 10^{-12} W/m²,如瞳孔的面积约为 $0.5×10^{-4}$ m²,计算每秒平均有几个光子进入瞳孔到达视网膜上.设光的平均波长为 550 nm.

* **13-11**　100 W 钨丝灯在 1 800 K 温度下工作,假定可视其为黑体,试计算每秒内在 500~500.1 nm 波长间隔内发射的光子数.

13-12　如果一个光子的能量等于一个电子的静止能量,问该光子的频率、波长和动量各是多少?在电磁波谱中属于何种射线?

13-13　试根据相对论力学,应用能量守恒定律和动量守恒定律,讨论光子和自由电子之间的碰撞:

(1) 证明处于静止的自由电子是不能一次完全吸收一个光子的;(2) 证明处于运动的

自由电子也是不能一次完全吸收一个光子的;(3) 说明处于什么状态的电子才能吸收光子而产生光电效应.

13-14 已知 X 射线的光子能量为 0.60 MeV,在康普顿散射后波长改变了 20 %,求反冲电子获得的能量和动量.

13-15 在康普顿散射中,入射 X 射线的波长为 3×10^{-3} nm.反冲电子的速率为 0.6c,求散射光子的波长和散射方向.

13-16 以 $\lambda_1 = 400$ nm 的可见光和 $\lambda_2 = 0.04$ nm 的 X 射线与自由电子碰撞,在 $\theta = \dfrac{\pi}{2}$ 的方向上观察散射光.

(1) 计算两种情况下,波长的相对改变量 $\dfrac{\Delta\lambda}{\lambda}$ 之比和电子获得的动能之比;(2) 欲获得明显的康普顿效应,应如何选取入射光?

13-17 在基态氢原子被外来单色光激发后发出的巴耳末系中,仅观察到三条谱线,试求:(1) 外来光的波长;(2) 这三条谱线的波长.

13-18 在气体放电管中,高速电子撞击原子发光.如高速电子的能量为 12.2 eV,轰击处于基态的氢原子,试求氢原子被激发后所能发射的光谱线波长.

13-19 试计算氢原子各线系的最长的波长 λ_{lm} 和最短的波长 λ_{sm}.

13-20 动能为 20 eV 的电子,与处于基态的氢原子相碰,使氢原子激发.当氢原子回到基态时,辐射出波长为 121.6 nm 的光谱,试求碰撞后电子的速度.

13-21 对于氢原子中处于基态的电子,试求:(1) 电子绕行速率 v 与光速 c 之比值;(2) 电子绕行频率与可见光谱频率的比值.

13-22 一束带电粒子经 206 V 电压加速后,测得其德布罗意波长为 2.0×10^{-3} nm,已知该粒子所带的电荷量与电子电荷量相等,求这粒子的质量.

13-23 设电子与光子的波长均为 0.50 nm.试求两者的动量之比以及动能之比.

13-24 若一个电子的动能等于它的静能,试求该电子的速率和德布罗意波长.

13-25 设一电子被电势差 U 加速后打在靶上,若电子的动能全部转为一个光子的能量,求当这光子相应的光波波长为 500 nm(可见光)、0.1 nm(X 射线)和 0.000 1 nm(γ 射线)时,加速电子的电势差各是多少?

13-26 在戴维孙-革末实验中,已知某简立方晶体的晶格常量 $a = 0.3$ nm,电子经 100 V 电压加速后,垂直投射于晶体表面.求各散射极大值与电子束间的夹角.

13-27 把热中子窄束射到晶体上,由布拉格衍射图样可以求得热中子的能量.若晶体的晶面间距为 0.18 nm,第一级加强时掠射角为 30°,试求这些热中子的能量.

13-28 设粒子在沿 x 轴运动时,速率的不确定量为 $\Delta v = 1$ cm/s,试估算下列情况下坐标的不确定量 Δx:(1) 电子;(2) 质量为 10^{-13} kg 的布朗粒子,(3) 质量为 10^{-4} kg 的小弹丸.

13-29 作一维运动的电子,其动量不确定量是 $\Delta p_x = 10^{-25}$ kg·m/s,能将这个电子约束在内的最小容器的大概尺寸是多少?

13-30 氦氖激光器所发出的红光波长为 $\lambda = 632.8$ nm,谱线宽度 $\Delta\lambda = 10^{-9}$ nm.试求该光子沿运动方向的坐标不确定量(即波列长度).

13-31 如果钠原子所发出的黄色谱线($\lambda = 589 \text{ nm}$)的自然宽度为$\frac{\Delta \nu}{\nu} = 1.6 \times 10^{-8}$,计算钠原子相应该波长状态的平均寿命.

13-32 利用不确定关系估算氢原子基态的结合能和第一玻尔半径(提示:写出总能量的表达式,然后利用不确定关系分析使能量为最小的条件).

13-33 如果某球形病毒的直径为 5 nm,密度为 1.2 g/cm^3.试估算病毒的最小速率.

13-34 试计算在宽度为 0.1 nm 的无限深势阱中 $n = 1, 2, 10, 100, 101$ 各能态电子的能量.如果势阱宽为 1.0 cm 又如何?

13-35 一维无限深势阱中粒子的定态波函数为 $\psi_n = \sqrt{\frac{2}{a}} \sin \frac{n\pi x}{a}$.试求:(1) 粒子处于基态时;(2) 粒子处于 $n = 2$ 的状态时,在 $x = 0$ 到 $x = \frac{a}{3}$ 之间找到粒子的概率.

13-36 一维运动的粒子处于如下波函数所描述的状态:

$$\psi(x) = \begin{cases} Ax \ e^{-\lambda x} & (x \geqslant 0) \\ 0 & (x < 0) \end{cases}$$

式中 $\lambda > 0$ (1) 求波函数 $\psi(x)$ 的归一化常数 A;(2) 求粒子的概率分布函数;(3) 在何处发现粒子的概率最大?

13-37 一维无限深势阱中的粒子的波函数,在边界处为零,这种定态物质波相当于两端固定的弦中的驻波,因而势阱宽度 a 必须等于德布罗意半波长的整数倍.试利用这一条件导出能量量子化公式

$$E_n = \frac{h^2}{8ma^2} n^2$$

13-38 一个质子在一维无限深势阱中,阱宽 $a = 10^{-14}$ m.(1) 质子的零点能量有多大?(2) 由 $n = 2$ 态跃迁到 $n = 1$ 态时,质子放出多大能量的光子?

* **13-39** 能量为 30 eV 的电子入射在高为 40 eV 的方势垒,如果势垒的宽度为(1) 1.0 nm;(2) 0.1 nm,求电子穿透该势垒的概率各为多少? 比较(1)(2)的结果能得出什么启示.

* **13-40** 如果将玻尔理论应用到太阳-地球的两粒子系统.假定地球在万有引力作用下绕太阳作半径为 $r = 1.5 \times 10^{11}$ m 的圆轨道运动.由于这个系统的引力势能函数与氢原子的电势能函数有相似的数学形式,因此太阳-地球系统的玻尔理论的解与氢原子也有相同的数学形式.(1) 写出太阳-地球系统的能量量子化关系式;(2) 求地球在目前轨道上运动的轨道量子数;(3) 从上面的计算结果你能得出关于经典物理与量子物理有什么关系(地球的质量 $m_e \approx 6 \times 10^{24}$ kg,太阳的质量 $m_s \approx 2 \times 10^{30}$ kg).

* **13-41** 设线性谐振子处在基态与第一激发态的波函数为

$$\psi_0 = \sqrt[4]{\frac{\alpha^2}{\pi}} e^{-\frac{\alpha^2 x^2}{2}}$$

$$\psi_1 = \sqrt{\frac{2\alpha^3}{\pi^{1/2}}} x e^{-\frac{\alpha^2 x^2}{2}}$$

其中 $\alpha = \sqrt[4]{\dfrac{4\pi^2 mk}{h^2}}$ ，k 为劲度系数.求在这两状态时概率最大的位置.

13-42　假设氢原子处于 $n=3, l=1$ 的激发态,其轨道角动量在空间有哪些可能取向? 计算各可能取向的角动量与 z 轴之间的夹角.

13-43　试说明钾原子中电子的排列方式,并和钠元素的化学性质进行比较.

13-44　氢原子在 $n=2, l=1$ 能态的径向概率分布可写成 $P(r) = A\,\dfrac{r}{a_0} e^{-r/2a_0}$,其中 A 是 θ 的函数,而与 r 无关,试证明 $r = 2a_0$ 处概率有极大值.

13-45　氢原子的径向波函数及概率密度函数如下表所示,a_0 是玻尔半径.试编写一计算机程序,在平面上描绘出氢原子 $1s, 2s$ 和 $3s$ 态的电子概率分布图(即电子云).

电子状态	径向波函数 $R_{nl}(r)$	径向概率密度 $\lvert R_{nl}(r) \rvert^2 r^2$
$1s$ $(n=1, l=0)$	$\dfrac{2}{a_0^{3/2}} e^{-\frac{r}{a_0}}$	$\dfrac{4r^2}{a_0^3} e^{-\frac{2r}{a_0}}$
$2s$ $(n=2, l=0)$	$\dfrac{1}{2\sqrt{2}\,a_0^{3/2}}\left(2-\dfrac{r}{a_0}\right) e^{-\frac{r}{2a_0}}$	$\dfrac{r^2}{8a_0^3}\left(2-\dfrac{r}{a_0}\right)^2 e^{-\frac{r}{a_0}}$
$3s$ $(n=3, l=0)$	$\dfrac{2}{81\sqrt{3}\,a_0^{3/2}}\left(27-\dfrac{18r}{a_0}+\dfrac{2r^2}{a_0^2}\right) e^{-\frac{r}{3a_0}}$	$\dfrac{4r^2}{19\,683a_0^3}\left(27-\dfrac{18r}{a_0}+\dfrac{2r^2}{a_0^2}\right)^2 e^{-\frac{2r}{3a_0}}$

*第十四章
激光和固体的量子理论简介

▶

如果一个人掌握了他的学科的基础理论,并学会了独立思考与工作,他必定会找到自己的路,而且比起那些主要以获得细节知识为其训练内容的人来说,他一定会更好地适应进步和变化.

——A.爱因斯坦

　　自从 20 世纪初量子力学建立以来,人们对客观世界的认识从宏观深入到微观领域,使物理学理论发生一次大飞跃,同时也大大推动了新技术的发明,促进了生产力的发展.

　　从 1927 年开始,量子力学用于固体物理领域,从而促进了对固体材料、半导体、激光、超导……的研究.近年来高温超导材料的研制取得了一系列突破性的进展,预示着将有一场新的科学技术革命.

　　本章主要介绍激光的机理.用固体的能带理论讨论半导体的导电机理,并简单地介绍超导体的有关知识.

§14-1　激光》》

　　自 1960 年第一台可见光激光器问世以来,激光已广泛地应用于科学技术和日常生活中,例如计算机的光驱、激光唱机以及五彩缤纷的激光束等.激光的英文名为"laser",是"light amplification by stimulated emission of radiation"第一个字母缩写而成.意思是基于受激发射放大原理而产生的一种相干光辐射.因此,了解激光原理,必须理解受激发射(或称受激辐射)和光放大这方面的概念.

一、受激吸收、自发辐射和受激辐射

　　按照原子的量子理论,光和原子的相互作用可能引起受激吸收、自发辐射和受激辐射三种跃迁过程.

　　原来处于低能态 E_1 的原子,受到频率为 ν 的光照射时,若满足 $h\nu = E_2 - E_1$,原子就有可能吸收光子向高能态 E_2 跃迁,这种过程称为受激吸收(stimulated absorption),或称原子的光激发,其示意图如图 14-1(a).自从激光出现后,实验上还发现了多光子吸收过程,就是在强激光作用下,一个原子在满足了一定条件时能接连吸收多个光子从低能态跃迁到高能态.

　　处于高能态的原子是不稳定的.在没有外界的作用下,激发态原子会自发地向低能态跃迁,并发射出一个光子,光子的能量为 $h\nu = E_2 - E_1$,这称为自发辐射(spontaneous radiation),如图 14-1(b)所示.普通光源的发光就属于自发辐射.由于发光物质中各个原子自发地、独立地进行辐射,因而各个光子的相位、偏振态和传播方向之间没有确定的关系.对大量发光原子来说,即使在同样的两能级 E_1、E_2 之间跃迁,所发出的同频率的光,也是不相干的.

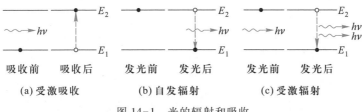

(a)受激吸收　　　(b)自发辐射　　　(c)受激辐射

图 14-1　光的辐射和吸收

　　处于高能态的原子,如果在自发辐射以前,受到能量为 $h\nu = E_2 - E_1$ 的外来光子的诱发作用,就有可能从高能态 E_2 跃迁到 E_1,同时发射一个与外来光子频率、相位、偏振态和传播方向都相同的光子,这一过程称为受激辐射(stimulated radiation).图 14-1(c)是受激辐射的示意图.在受激辐射中,一个入射光子作用的结果会得到两个状态全同的光子,如果这两个光子再引起其他原子产生受激辐射,这样继续下去,就能得到大量的特征相同的光子,这就实现了光放大.可见,在连续诱发的受激辐射中,各原子发出的光是互相有联系的.它们的频率、相位、偏振态和传播方向都相同,因此这样的受激辐射的光是相干光.

二、产生激光的基本条件

1. 粒子数反转

激光是通过受激辐射来实现放大的光.在光和原子系统相互作用时,总是同时存在着受激吸收、自发辐射和受激辐射三种跃迁过程.从光的放大作用来说,受激吸收和受激辐射是互相矛盾的.吸收过程使光子数减少,而辐射过程则使光子数增加.因此,光通过物质时光子数是增加还是减少,取决于哪个过程占优势,这又决定于处于高、低能态的原子数.统计物理指出,在通常的热平衡状态下,工作物质中的原子在各能级上的分布服从玻耳兹曼分布定律,即在温度为 T 时,原子处于能级 E_i 的数目 N_i 为

$$N_i \propto e^{-E_i/kT}$$

式中 k 为玻耳兹曼常量.因此处于 E_1 和 E_2 的原子数 N_1 和 N_2 之比为

$$\frac{N_2}{N_1} = e^{-(E_2-E_1)/kT}$$

对室温 $T = 300$ K,设 $E_2 - E_1 = 1$ eV,得 $\frac{N_2}{N_1} \approx 10^{-40}$,这说明在正常状态下,处于高能态的原子数远远小于处于低能态的原子数,这种分布为正常分布.在正常分布下,当光通过物质时,受激吸收过程较之受激辐射过程占优势,不可能实现光放大.要使受激辐射胜过受激吸收而占优势,必须使处在高能态的原子数大于低能态的原子数,这种分布与正常分布相反,称为粒子数布居反转分布,简称粒子数反转(population inversion).实现粒子数反转是产生激光的必要条件.

要实现粒子数反转,首先要有能实现粒子数反转分布的物质,称为激活介质(active medium)(或称工作介质),这种物质必须具有适当的能级结构.其次必须从外界输入能量,使激活介质有尽可能多的原子吸收能量后跃迁到高能态.这一能量供应过程称为"激励",又称"抽运"或"光泵".激励的方法一般有光激励、气体放电激励、化学激励、核能激励等.

我们知道,处于激发态的原子是不稳定的,平均寿命约为 10^{-8} s.激活介质中存在着比一般激发态稳定得多的能级,其平均寿命可达到 $10^{-3} \sim 1$ s 的数量级.这种受激态常称为亚稳态(metastable state).具有亚稳态的物质就有可能实现粒子数反转,从而实现光放大.

2. 光学谐振腔

工作物质激活后能产生光放大,为得到激光提供了必要条件,但是还不可能得到方向性和单色性很好的激光.这是因为处于激发态的原子,可以通过自发辐射和受激辐射两种过程回到基态.在实现了粒子数反转分布的工作物质内,初始诱发工作物质原子发生受激辐射的

光子来源于自发辐射,而原子的自发辐射是随机的,因而在这样的光子激励下发生的受激辐射也是随机的,所辐射的光的相位、偏振态、频率和传播方向都是互不相关,也是随机的,如图 14-2 所示.

如何将其他方向和频率的光子抑制住,而使某一方向和频率的光子享有最优越的条件进行放大,采用光学谐振腔就能实现这一目标.

最常用的光学谐振腔是在工作物质两端放置镀膜成一对互相平行的反射镜,其中一个是全反射镜(反射率为 100%),另一个是部分反射镜,如图 14-3 所示.在工作物质中,形成粒子数反转的原子,受外来光子的诱发产生受激辐射的光子,凡偏离谐振腔轴线方向运动的光子或直接逸出腔外,或经几次来回反射最终逸出腔外,只有沿轴线方向的光子,在腔内来回反射,产生连锁式的光放大,在一定的条件下,从部分反射镜射出很强的光束,这就是输出的激光,输出的光仅有 1~2%.

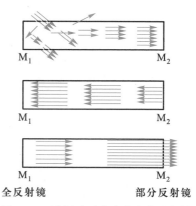

图 14-2 无谐振腔时受
激辐射的方向是随机的

图 14-3 谐振腔对光束方向的选择性

必须指出,工作介质加上谐振腔后,还不一定能出激光.因为在谐振腔中除了产生光的放大作用(或称为增益)外,还存在由于工作物质对光的吸收和散射以及反射镜的吸收和透射等所造成的各种损耗,只有当光在谐振腔内来回一次所得到的增益大于损耗时,才能形成激光.

三、激光器

激光器的基本结构包括三个组成部分,如图 14-4 所示.

(1) 工作物质 有合适的能级结构能实现粒子数反转的介质(激活介质).

(2) 光学共振腔 使激光有良好的方向性和单色性.

(3) 激励能源 使原子激发,维持粒子数反转.

激光器按工作物质来分,可分为气体、液体、固体、半导体和自由电子激光器;按光的输出方式则可分为连续输出和脉冲输出激光器;各种激光器输出波

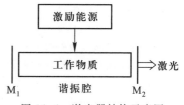

图 14-4 激光器结构示意图

段范围可从远红外($25\sim1\,000\ \mu m$)一直到 X 射线($0.001\sim5\ nm$).下面以实验室中常用的氦氖激光器为例进行讨论.

氦氖激光器是第一个连续工作的气体激光器.其激光管的结构如图 14-5 所示.一毛细管内充以一定比例的 He 和 Ne 气体,总压强仅为 $2\times10^2\ Pa\sim3\times10^2\ Pa$.加上高电压后使气体放电,电子与 He 原子碰撞,He 原子又和 Ne 原子碰撞,使 Ne 原子发光,在两反射镜组成的光学谐振腔中来回反射后射出激光.实质上所发的激光是 Ne 原子发出的红光.

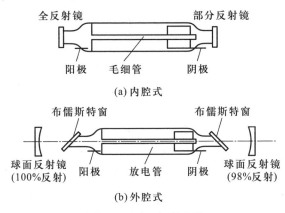

（a）内腔式

（b）外腔式

图 14-5   氦-氖激光器

图 14-6 表示 He、Ne 两原子的能级简图.He 原子的能级中除基态外,还有两个能量较高的亚稳态能级 1′和 2′.Ne 原子有两个亚稳态能级 1、2,和 He 原子的亚稳态能级能量非常接近,Ne 原子还有两个寿命较长的能级 3 和 4.当激光管加上高电压后,产生气体放电.放电时,在电场中受到加速的电子与 He 原子碰撞,使 He 原子激发到 1′和 2′两个亚稳态上.然后,处于亚稳态的 He 原子又和处于基态的 Ne 原子碰撞,并将能量转移到 Ne 原子,使其激发到 1 和 2 两个能级.由于 He 原子的密度高于 Ne 原子,通过碰撞使 Ne 原子较多地处于 1 和 2 能级,从而对 3 和 4 能级形成了粒子数的反转分布.在适当频率的光子照射下,就会产生波长为 632.8 nm 和 1.15 μm(近红外)、3.39 μm(红外)的激光.

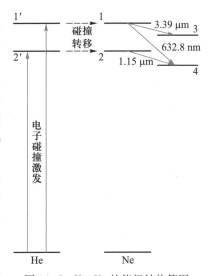

图 14-6   He-Ne 的能级结构简图

氦氖激光器是连续输出式激光器,但输出功率不大,25 cm 长的激光管输出功率约为 1 mW,50 cm 长的激光管输出功率也只有 3~10 mW.其优点在于单色性较好.另外还具有结构简单、使用方便、成本低等优点.

表 14-1 简要地列出一些常用激光器的主要特性.

表 14-1　一些常用激光器的特性

名称	类型	工作物质	典型波长	峰值功率	性能
氦氖	气体	He,Ne	632.8 nm	1~10 mW	连续小功率
氩离子	气体	Ar	488.0 nm,514.5 nm	10 W	连续
二氧化碳	气体	CO_2	10.6 μm	200~10 MW	连续、脉冲、大功率
半导体	半导体	GaAs 等	840 nm	10 mW	可调谐、小功率
红宝石	固体	掺 Cr^{3+} 红宝石	694.3 nm	100 MW	脉冲、大功率
YAG	固体	掺 Nd^{3+} 钇铝石榴石	1.064 μm	50 W	连续
钕玻璃	固体	掺 Nd^{3+} 玻璃	1.059 μm	10 TW	大功率
染料	染料	RhcG 等染料液体	600 nm	10 kW	连续可调谐

四、激光的特性及其应用

激光之所以在短期内获得如此重大的发展,是和它的特殊性能分不开的.其主要特征如下:

1. 方向性好

激光束的发散角很小,比普通探照灯窄 100 多万倍.若将激光射向几千米外,光束直径仅扩展几厘米,而普通探照灯扩展达几十米.激光的方向性好主要是由受激辐射的光放大机理和光学谐振腔的方向限制作用所决定.激光的这种方向性好的特性,可用于定位、导向、测距等.例如,用激光测定月地距离(约 $3.8×10^5$ km),其中误差仅为几十厘米,其测量精密达到 9 位有效数字.

2. 单色性好

从普通光源得到的单色光的谱线宽度约为 10^{-2} nm,单色性最好的氪灯(^{86}Kr)的谱线宽度为 $4.7×10^{-3}$ nm,而氦氖激光器发射的 632.8 nm 激光的谱线宽度只有 10^{-9} nm.若采取多种技术措施,还可以进一步提高激光的单色性.利用激光单色性好的特性.可作为计量工作的标准光源.例如,用单色、稳频激光器作为光频计时标准,它在一年时间内的计时误差不超过 1 μs.大大超过了目前采用的微波频段原子钟的计时精度.

3. 高亮度和高强度

光源的亮度是指光源单位发光表面在单位时间内沿给定方向上单位立体角内发射的能量.普通光源的亮度相当低,例如,太阳表面的亮度约为 10^3 W/(cm^2·sr)数量级,而目前大功率激光器的输出亮度可高达 10^{10}~10^{17} W/(cm^2·sr)的数量级.激光光源亮度高,首先是因为它的方向性好,发射的能量被限制在很小的立体角中;其次还可以通过调 Q 等技术措施压缩激光脉冲持续时间,进一步提高其亮度.由于激光光源使能量在空间和时间上高度集中,因此能在直径极小的区域内(10^{-3} mm)产生几百万度的高温.从一个功率约 1 kW 的 CO_2 激光器发出的激光经聚光以后,在几秒钟内就可将 5 cm 厚的钢板烧穿.利用激光高亮度的特性,可用于打孔、切割、焊接、表面氧化、区域熔化等工业加工,也可制成激光手术刀作外科手术.在军事上可用激光作为武器,目前还正在研究利用激光实现受控核聚变.

4. 相干性好

由于激光器发射的激光是通过受激辐射发光的,它是相干光,所以激光具有很好的相干性.利用激光光源进行有关的光学实验具有独特的优点.

由于激光具有上述一系列的特点,从而突破了以往所有普通光源的种种局限性,引起了现代各种光学应用技术的革命性进展.不仅如此,还极大地促进现代物理学、化学、天文学、宇宙学、生物学和医学等一系列基础科学的进展.非线性光学(强光光学)就是激光技术对现代物理学发展促进而建立的一门新兴的光学分支学科.现在,利用激光产生超高温、超高压、超高速、超高场强、超高密度、超高真空等极端物理条件,从而便于人们去发现一些新问题、新现象,并对一些已有的重大理论结论进行新的实验和论证.

五、激光冷却

我们知道,原子、分子的热运动十分剧烈,室温时,分子的速率约为 10^3 m/s,即使降温到 3 K,仍以 10^2 m/s 的速率运动.对这样高速运动的粒子难以进行仔细观察和测量.要想实现操纵、控制孤立原子,首先必须使它降速"冷却下来".但在降温时一般原子会凝结成液体或固体,其结构和性能将发生显著的变化.为了使原子、分子的运动速度降至极低,又能保持相对独立,经过近 20 年的努力,采用激光及其他综合技术,上述目标已基本实现,目前可将中性原子冷却到 20 nK,囚禁在空间小区域达几十分钟之久.激光冷却和囚禁原子的研究开辟了新的原子、分子物理和光学物理的研究领域,并形成所谓"超冷原子".

激光冷却的基本原理如下:设原子沿某方向以速度 v 作一维运动,激光束迎面照射原子,发生共振吸收.原子吸收光子后,以自发辐射的方式发射光子回到基态.接着再吸收、再辐射.每次吸收一个迎面而来的光子,原子都会获得与其运动方向相反的动量,即原子损失动量而减速,美籍华裔物理学家朱棣文和菲利普斯(W.D. Phillips)与科恩·唐努吉(C.N. Cohen-Tannoadji)因他们在激光冷却技术与囚禁气体原子技术研究中所作出的突出贡献,共同获得了 1997 年度诺贝尔物理学奖.

复习思考题 >>>

14-1-1   比较受激辐射和自发辐射的特点.

14-1-2   实现粒子数反转要求具备什么条件?

14-1-3   如果在激光的工作物质中,只有基态和另一个激发态,能否实现粒子数反转?

14-1-4   谐振腔在激光的形成过程中起什么作用?

§14-2   固体的能带结构 >>

固体可以分为晶体和非晶体两大类,晶体具有规则的高度对称的几何外形;晶体有一些物理性质(如弹性模量、硬度、热膨胀系数、热导率、电阻率、磁化率、折射率等)是各向异性的;晶体还具有一定的熔点.从微观结构看,单晶体的分子、原子或离子呈现有规则的在空间做周期性的排列,形成空间点阵(也简称晶格).晶体的性质与这种内在的周期性有着重要关系.晶体的许多性质无法用经典理论解释,必须用量子理论才能说明.目前对于晶体有较成熟的理论.本节所说的固体是指晶体.

一、电子共有化

为简单计,讨论只有一个价电子的原子,如钠原子这样的原子可看成由一个电子和一个正离子组成,电子在离子电场中运动.单个原子的势能曲线如图14-7(a)所示.若价电子的能量为E,按经典理论,这电子只能在图示的a和b之间运动.当两个原子靠得很近时,每个价电子将同时受到两个离子电场的作用,这时电子的势能曲线如图14-7(b)中的实线所示.根据量子力学,对于能量为E、在ab区域内的电子有一定概率穿透势垒bc进入cd区域.当大量原子作有规则排列而形成晶体时,晶体内电子势能曲线如图14-7(c)所示的周期性势场(实际的晶体是三维晶体,势场也具有三维周期性).对于能量为E_1(较低的能量)在ab区域内的电子来说,由于E_1小,穿透势垒的概率十分微小,基本上仍可看成束缚在各自离子周围,这就是原子的内层电子的情形.对于具有能量较大(例如E_2)的电子,由于势垒宽度小,电子穿透势垒的概率较大,因而可在晶格中运动而不被特定的离子所束缚.对于具有更高能量E_3的电子,由于它的能量越过了势垒高度,完全可以在晶体中自由运动,不再受特定离子的束缚,这就是原子的外层价电子的情形.这样,在晶体内便出现了一批属于整个晶体离子所共有的电子.这种由于晶体中原子的周期性排列而使价电子不再为单个原子所有而为整个晶体所共有的现象,称为电子共有化.

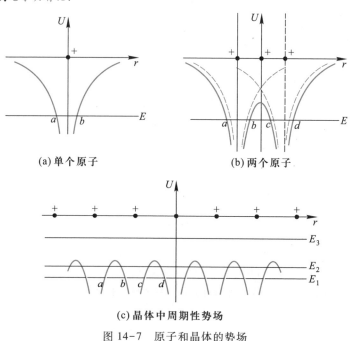

(a)单个原子　　　　　　　　(b)两个原子

(c)晶体中周期性势场

图14-7　原子和晶体的势场

二、能带的形成

量子力学证明,晶体中电子共有化的结果,使原先每个原子中具有相同能量的电子能级,因各原子的相互影响而分裂成为一系列和原来能级很接近的新能级,这些新能级基本上连成一片,而形成能带.下面简单地定性解释能带形成的原因.

例如两个氢原子,相距很远且各自孤立时,它们的核外电子处于基态(1s态),具有相同能量的能级.当两个原子相互靠近形成一个氢分子,由于电子的共有化,氢分子的能量 E 与原子间距 r 的关系如图 14-8 所示.在平衡位置 r_0 处,这时两氢原子已构成稳定的氢分子,对应于 r_0 有两个能量值,即氢分子中的两个 1s 态电子具有两个能级.这种情况一般叫做能级分裂(splitting of degenerate energy level),类似地,当 N 个原子形成晶体时,它们的外层电子被共有化,使原来处于相同能级上的电子不再具有相同的能量,而处于 N 个互相靠得很近的新能级上.或者说,原来一个能级分裂成 N 个很接近的新能级.由于晶体中原子数目 N 非常大,所形成

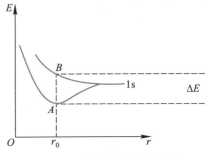

图 14-8　氢原子的能级分裂

的 N 个新能级中相邻两能级间的能量差很小,其数量级为 10^{-22} eV,几乎可以看成是连续的.因此, N 个新能级具有一定的能量范围,通常称它为能带(energy band).能带的宽度与组成晶体的原子数 N 无关,主要决定于晶体中相邻原子间的距离,距离减小时能带变宽.图 14-9 表示晶体中 1s 态和 2s 态电子的能级分裂.

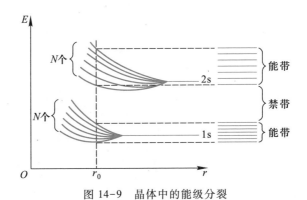

图 14-9　晶体中的能级分裂

对于一定的晶体,由不同壳层的电子能级分裂所形成的能级宽度各不相同,内层电子共有化程度不显著,能带很窄;而外层电子共有化程度显著,能带较宽.图 14-10 表示原子能级 1s、2s、2p、3s 分裂成相应能带的情况.通常采用与原子能级相同的符号来表示能带,如 1s 带、2s 带、2p 带等.

三、满带、导带和禁带

如上所述,能带中的能级数决定于组成晶体的原子数 N,每个能带中能容纳的电子数可
以由泡利不相容原理确定.例如 1s、2s 等 s 能带最多只能
容纳 $2N$ 个电子,这是因为每个原子的 s 能级可容纳 2 个
电子.同理可知,2p、3p 等 p 能带可容纳 $6N$ 个电子,d 能带
可容纳 $10N$ 个电子等.

晶体中的电子在能带中各个能级的填充方式,如同原
子中的电子那样,仍然服从泡利不相容原理和能量最小原
理,由能量较低的能级依次到达较高的能级,每个能级可
以填入自旋相反的两个电子.如果一个能带中的各个能级
都被电子填满,这样的能带称为满带(filled band).当晶体
加上外电场时,满带中的电子不能起导电作用,这是因为
所有能级都已被电子填满,在外电场作用下,电子除了在
不同能级间交换外,总体上并不能改变电子在能带中的分
布.满带中任一电子由原来占有的能级向这一能带中任一
能级转移时,因受泡利不相容原理的限制,必有电子沿相
反方向转换,与之相抵,不产生定向电流,因此满带中的电子不能起导电作用.

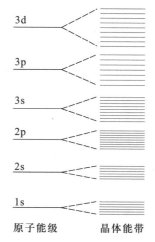

3d

3p

3s

2p

2s

1s

原子能级　　晶体能带

图 14-10　原子能级和晶体能带

由价电子能级分裂后形成的能带称为价带(valence band).如果晶体的价带中的能级没
有全部被电子填满,在外电场的作用下,电子可以进入能带中未被填充的高能级,因而形成电
流.这样的能带又称为导带(conduction band).有些晶体的价带也填满了电子,这样的能带是
满带而不是导带.

还有一种能带,其中所有的能级都没有被电子填入,这样的能带称为空带(empty band).
与各原子的激发态能级相对应的能带,在未被激发的正常情况下就是空带.如果由于某种原
因(如热激发或光激发等),价带中仍有些电子被激发而进入空带,则在外电场作用下,这种
电子可以在该空带内向较高的能级跃迁,一般地没有反向电子的转移与之相消,也可形成电
流,表现出一定的导电性,因此空带也是导带,如图 14-11 所示.

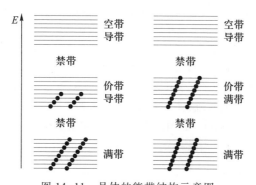

图 14-11　晶体的能带结构示意图

在两个相邻能带之间,可以有一个不存在电子稳定能态的能量区域,这个区域就称为禁带(forbidden band).禁带的宽度对晶体的导电性起着相当重要的作用,有的晶体两个相邻能带互相重叠,这时禁带消失.

四、导体、半导体和绝缘体

凡是电阻率为 10^{-8} Ω·m 以下的物体,称为导体(conductor);电阻率为 10^8 Ω·m 以上的物体,称为绝缘体(insulator),而半导体的电阻率则介乎导体与绝缘体之间.硅、硒、碲、锗、硼等元素以及硒、碲、硫的化合物,各种金属氧化物和其他许多无机物质都是半导体(semiconductor).

从能带结构来看,半导体和绝缘体都具有充满电子的满带和隔离导带与满带的禁带.但半导体的禁带较窄,禁带宽度 ΔE_g 约 $0.1 \sim 1.5$ eV,绝缘体的禁带较宽,禁带宽度 ΔE_g 约 $3 \sim 6$ eV.由此可见,从能带结构上看,半导体与绝缘体在本质上是没有什么差别的(图 14-12).由于电子的热运动,会使一些电子从满带越过禁带,激发到导带里去,因为导带中的能级在被热激发电子占据之前是空着的,所以电子进入导带后,在外电场的作用下,就可向导带中较高能级跃迁而形成电流,即半导体具有导电性.绝缘体的禁带一般很宽,所以在一般温度下,从满带热激发到导带的电子数是微不足道的,这样,它的对外表现便是电阻率很大.半导体的禁带较窄,所以在一般温度下,热激发到导带去的电子数也较多,电阻率因而较小.

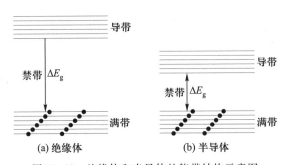

图 14-12   绝缘体和半导体的能带结构示意图

金属导体的能带结构有三种形式.(1) 价带只有部分能级被电子填入,在外电场的作用下,电子很容易从能带中的低能级跃迁到较高能级,从而形成电流.如图 14-13(a)所示,例如金属锂(Li)等.(2) 有些金属的价带已被电子填满,但此满带与另一相邻的空带相连或部分重叠,实际上形成了一个没有填满的宽能带.如图 14-13(b)所示,例如,镁(Mg)、铍(Be)、锌(Zn)等二价金属,在外电场的作用下,电子也很容易跃迁到较高能级,显示出很强的导电能力,所以这些金属是良导体.(3) 有些金属的价带本来未被电子填满,而这个价带又与它相邻的空带重叠,如图 14-13(c)所示.例如 Ne、K、Cu、Ag、Al 等金属,它们也具有很好的导电性.

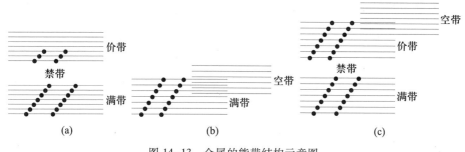

图 14-13　金属的能带结构示意图

14-2-1 比较孤立原子中电子与晶体中电子的能量特征.

14-2-2 何谓电子的共有化?

14-2-3 什么是能带、禁带、导带、价带、满带?

14-2-4 导体、半导体和绝缘体的能带结构有何不同?

14-2-5 为什么在外电场作用下,绝缘体中不会有电流?

§14-3　半导体》》

一、本征半导体

从能带理论知道,半导体的满带和空带之间存在着禁带,但禁带宽度比绝缘体小得多,约为 1~1.5 eV,对于这样小的禁带宽度,用不大的能量激发(如热激发、光激发或电激发),就可以把电子从满带跃迁到空带中去,在外电场的作用下,进入空带的电子可以在空带中跃迁到较高的能级,形成电流.这种电流是由电子引起的,称为电子导电.与此同时,在电子从满带跃迁到空带时,在满带中出现空位,通常称为空穴(hole).在外电场的作用下,满带中的其他电子可填补这些空穴,并留下新的空穴,因而引起空穴的不断转移,效果上就像一些带正电的粒子在外电场作用下沿着电子相反方向转移,这种由于满带中存在空穴所产生的导电性能称为空穴导电.

对于没有杂质和缺陷的半导体,它的导电机制是电子和空穴的混合导电,这种导电性能称为本征导电(intrinsic conduction),参与导电的电子和空穴称为本征载流子(intrinsic carrier),这种没有杂质和缺陷的纯净半导体称为本征半导体(intrinsic semiconductor).在本征半导体中,参与导电的电子和空穴的数目是相等的,总电流是电子流和空穴流的总和.由于禁带的存在,跃迁到空带的电子数目是有限的,即载流子的浓度很小,因此本征半导体的导电性能是较差的,一般没有多少利用价值.

二、杂质半导体

在纯净的半导体晶体中用扩散等方法掺入微量其他元素的原子,将会显著地改变半导体的导电性能,例如在 99.99% 纯的锗(Ge)中掺入百万分之一砷(As)后,其导电率将增加数万倍,所掺入的原子,对半导体基体来说称为杂质,掺有杂质的半导体称为杂质半导体.杂质半导体可分为两类,一类以电子导电为主,称为 n 型(电子型)半导体(n-type semiconductor);另一类以空穴导电为主,称为 p 型(空穴型)半导体(p-type semiconductor).

1. n 型半导体

常用的本征半导体如硅(Si)或锗(Ge)都是四价元素,如果在硅中掺入五价元素如磷(P)、砷(As)或锑(Sb)等原子后,它们将在晶体中替代硅原子,除了 4 个电子与近邻形成共价键外,还多出一个电子在杂质离子的周围,这种提供电子的杂质,称为施主(donor)杂质.量子力学的计算表明,这个杂质能级是在禁带中,且靠近导带.在能图中可在导带底下画一不连续的线段来表示它,如图 14-14 所示,能量差 ΔE_i 远小于禁带宽度.因在硅内,砷原子只是极少数,它们被硅晶体点阵分隔开,所以在图中采用不相连续,但又同一水平的线段表示这个杂质能级,每个短线代表一个杂质原子的能级.杂质价电子在杂质能级上时,并不参与导电.但是,在受到激发时,由于这能级接近导带底,杂质价电子极易向导带跃迁,向导带供给自由电子,所以这种杂质能级又称为施主能级.即使掺入很少的杂质,也可使半导体导带中自由电子的浓度比同温度下纯净半导体导带中的自由电子浓度大很多倍,这就大大增强了半导体的导电性能.

2. p 型半导体

如果在硅中掺入三价元素如硼(B)、镓(Ga)、铝(Al)或铟(In)等原子后,它们将在晶体中代替硅原子形成共价键时,还缺少一个电子,这相当于提供一个空穴,这个空穴吸附在带负电的杂质离子周围.这种接受电子的杂质,称为受主(acceptor)杂质.

这种杂质能级在禁带中,离满带顶极近[图 14-14(b)],满带中的电子只要接受很小一份能量,就可跃入这个杂质能级,使满带中产生空穴.由于这种杂质能级是接受电子的,所以称为受主能级.这种掺杂也使半导体满带中空穴浓度较纯净半导体空穴浓度增加了很多倍,从而使半导体导电性能增强.

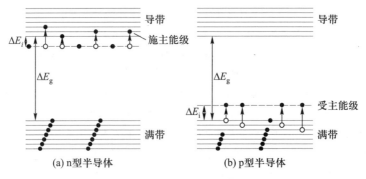

(a) n 型半导体   (b) p 型半导体

图 14-14　n 型半导体

三、pn 结

在半导体内,由于掺杂不同,部分区域是 n 型,另一部分区域是 p 型,它们交界处的结构称为 pn 结(pn junction).由于电子和空穴的密度在两类半导体中并不相同,即 p 区中空穴多而电子少,n 区中电子多而空穴少,因此 n 区中的电子将向 p 区中扩散,p 区中的空穴将向 n 区中扩散,如图 14-15(a)所示.结果在交界处形成正负电荷的积累.在 p 区的一边是负电,而在 n 区的一边是正电.这些电荷在交界处形成一电偶层[图 14-15(b)],厚度约为 10^{-7} m.显然,在 pn 结出现由 n 区指向 p 区的电场,将遏止电子和空穴的继续扩散,最后达到动平衡状态.此时,在 pn 结处,n 区相对于 p 区有电势差 U_0,pn 结处的电势是由 p 区向 n 区递增的,如图 14-15(c)所示.

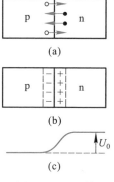

(a)

(b)

(c)

图 14-15 pn 结

从半导体的能带结构来看,pn 结的形成将使其附近的能带形状变化.这是因为 pn 结中存在电势差 U_0,使电子的静电势能改变了 $-eU_0$,于是 p 区导带中电子的能量将比 n 区导带中电子能量高,其差值为 $|eU_0|$,这就导致 pn 结附近的能带发生了弯曲,如图 14-16 所示(为了简明起见,图中只画出满带的顶部及导带的底部).

能带的弯曲对 n 区的电子和 p 区的空穴都形成一个势垒,它阻碍着 n 区的电子进入 p 区,同时也阻碍着 p 区的空穴进入 n 区,通常把这一势垒区称为阻挡层(depletion region, transition region).

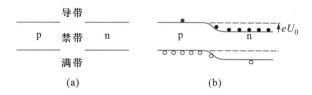

图 14-16 p 型和 n 型半导体接触前后的能带情况

由于 pn 结中阻挡层的存在,把电压加到 pn 结两端时,阻挡层处的电势差将发生改变.如把正极接到 p 端,负极接到 n 端[一般称为正向连接,如图 14-17(a)所示],外电场方向与 pn 结中的电场方向相反,致使结中电场减弱.势垒高度降低,能量差为 $e(U_0-U)$,U 为外加电压,或者说阻挡层减薄,于是 n 区中的电子和 p 区中的空穴易于通过阻挡层,将继续向对方扩散,形成由 p 区流向 n 区的正向宏观电流.外加电压增加,电流也随之增大.反过来,如果把正极接到 n 端,负极接到 p 端[一般称为反向连接,如图 14-17(b)所示],外电场方向与 pn 结中的电场方向相同.这时结中电场增强,势垒升高,能量差值变成 $e(U_0+U)$,或者说阻挡层增厚.于是 n 区中的电子和 p 区的空穴更难通过阻挡层.但是 p 区中的少量电子和 n 区的少量空穴在结区电场的作用下却有可能通过阻挡层,分别向对方流动,形成了由 n 区向 p 区的反向电流.

综合两者结果,pn 结的伏安特性曲线如图 14-18 所示.它反映了 pn 结的单向导电性.pn

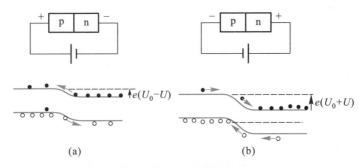

(a)   (b)

图 14-17 pn 结整流效应

结是现代各种电子器件的基本结构,如半导体二极管,三极管及各种光电元件都有一个或两个 pn 结组成.以现在广为应用的发光二极管(Light Emitting Diode,简称 LED)为例,其结构如图 14-19(a)所示,它一端是 p 型半导体,另一端是 n 型半导体,它们相接处形成一个 pn 结.加上正向偏压之后,电子就会被推向 p 区,在 p 区里电子跟空穴复合,并以光子的形式发出能量,电子和空穴之间的能量(带隙)越大,产生的光子的能量就越高,发光的颜色(光的波长)由形成 pn 结材料的禁带宽度决定.LED 发光二极管具有工作电压低,耗电量少,寿命长,重量轻,体积小,成本低等诸多优点,目前大

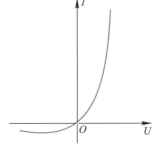

图 14-18 pn 结的伏安特性曲线

量用于各种显示器件和低速率的光纤通信光源,是当前和未来极具发展前途的新型光源.商品发光二极管就是在镓中大量掺入砷、磷而制成的[图 14-19(b)]

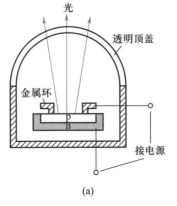

(a)

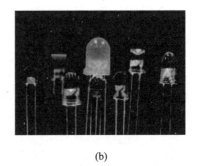

(b)

图 14-19 发光二极管

复习思考题>>>

14-3-1 本征半导体、n 型半导体和 p 型半导体中的载流子各是什么？它们的能带结构有何区别？

14-3-2 在半导体 Si 中分别用 Sb、As、Al、In 掺杂,各得什么类型的半导体？如在半导体 Ge 中用 Sb、As、Al、In 分别掺杂,又得什么类型的半导体？

14-3-3 适当掺杂和加热都能使半导体的电导率增加,这两种处理本质上有无不同？

14-3-4 p 型半导体和 n 型半导体接触后形成 pn 结,n 型区的电子能否无阻地向 p 型区扩散？

14-3-5 怎样用能带理论解释晶体二极管的整流作用？

§14-4 超 导 体>>>

一、超导电现象

1908 年,荷兰物理学家昂内斯(H.Kamerlingh Onnes)成功地液化了氦,从而得到一个新的低温区(4.2 K 以下),他在这低温区内测量各种纯金属的电阻.1911 年他发现,当温度降到 4.2 K 附近时,汞样品的电阻突然降到零,如图 14-20 所示.不但纯汞,而且加入杂质后,甚至汞和锡的合金也具有这种性质,他把这种性质称为超导电性(superconductivity).具有超导电性的材料称为超导体(superconductor).超导体电阻降为零的温度称为转变温度(transition temperature)或临界温度(critical temperature),通常用 T_c 表示,当 $T > T_c$ 时,超导材料与正常的金属一样,具有一定的电阻值,这时超导材料处于正常态;而当 $T < T_c$ 时,超导材料处于零电阻状态,称为超导态.昂内斯实现了氦的液化并发现了超导态,于 1913 年获得了诺贝尔物理学奖.

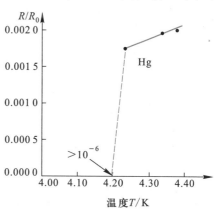

图 14-20 低温下汞的电阻温度关系

昂内斯的发现,开辟了研究和应用超导电性的新领域.从那时起,人们已发现在正常压强下有近 30 种元素、约 8 000 种合金和化合物具有超导电性.表 14-2 列举一些超导材料和它们的临界温度.在金属元素中,Nb 的临界温度最高($T_c = 9.26$ K).1973 年发现 Nb_3Ge 化合物的临界温度 $T_c = 23.2$ K 之后,直到 1985 年一直保持着最高临界温度的记录.然而在 1986 年却发生了突破.IBM 苏黎世实验室发现临界温度达 35 K 的 Ba-La-Cu-O 系列超导材料.于是在世界范围内,立即掀起了一股探索高温超导材料的热潮.在此后的短短几个月中,又研制成 Y-Ba-Cu-O 系列的高温超导材料,进一步把超导临界温度提高到 90 K 以上.我国科学家在高温超导发展中作出了卓越的成绩.1987 年 2 月 24 日中国科学院物理研究所宣布赵忠贤等物理学家已制成临界温度为 92.8 K 的高温超导材料.表 14-2 给出了一些高温超导体的临界温度.这些不同系列的高温超导体都是一些陶瓷类氧化物.

表 14-2   一些超导材料的临界温度

材料	T_c/K	材料	T_c/K
Cd	0.515	$YBa_2Cu_3O_7$	90
Al	1.174	$TlBa_2CaCu_2O_7$	103
In	3.614	$Bi_2Sr_2Ca_2Cu_3O_{10}$	110
Pb	7.201	$Tl_2Ba_2CaCu_2O_8$	112
Nb	9.26	$TlBa_2Ca_2Cu_2O_9$	120
Nb-Zr	10.8-11	$Tl_2Ba_2Ca_2Cu_3O_{10}$	125
V_3Ga	16.8	$HgBa_2Ca_2Cu_4O_{1+x}$	133
Nb_3Ge	23.2	$HgBa_2Ca_2Cu_3O_{8+x}$	164

二、超导体的主要特性

1. 零电阻

零电阻是超导体的一个重要特性.超导体处于超导态时电阻完全消失.若用它组成闭合回路,一旦在回路中有电流,则回路中没有电能的消耗,不需要任何电源补充能量,电流可以持续存在下去,形成所谓持续电流(persistent current).柯林斯(J.Collins)曾将一铅环放在垂直于环面的磁场中,将其冷却到超导的转变温度以下,然后撤去磁场,这时在环中产生感应电流.他观察电流的衰减情况,结果在长达两年半时间内也未观测到电流有丝毫的衰减.所以,超导体是具有理想导电性的导体.

2. 临界磁场与临界电流

1913 年,昂内斯曾企图用超导铅线绕制超导磁体.但他发现,当超导铅线中的电流超过某一临界值时,铅线就转变为正常态.1914 年,他从实验中发现,材料的超导态可以被外加磁场破坏而转入正常态.这种破坏超导态所需的最小磁场强度称为临界磁场(critical magnetic field),以 H_c 表示.临界磁场与材料的种类和超导态所处的温度有关.一般说来,临界磁场与温度有如下关系

$$H_c(T) = H_c(0)\left[1 - \left(\frac{T}{T_c}\right)^2\right] \quad (T < T_c) \quad (14-1)$$

如图 14-21 所示.$H_c(0)$ 表示 $T = 0$ K 时的临界磁场.不

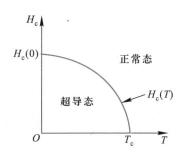

图 14-21   临界磁场与温度的关系

同材料的 $H_c(0)$ 不同,如表 14-3 所示.

临界磁场的存在,限制了超导体中能够通过的电流.当通过超导体导线的电流超过一定数值 I_c 后,超导态便被破坏,I_c 称为超导体临界电流(critical current).这是因为当超导体通上电流以后,这电流也将产生磁场.当该电流在超导体表面所产生的磁场强度等于 H_c 时,电流自身产生的磁场破坏了超导态,临界电流与温度的关系如下:

表 14-3 一些超导材料的 $H_c(0)$

材 料	$H_c(0)/(A \cdot m^{-1})$
Ir	1 500
Ga	4 700
Tl	13 600
In	23 300
Pb	64 000
Nb	155 000
NbTi*	5.8×10^6
NbN*	11.1×10^6
Nb_3Sn*	19.5×10^6

*临界磁场是指 $H_c(0)$

$$I_c(T) = I_c(0) \left[1 - \left(\frac{T}{T_c} \right)^2 \right] \tag{14-2}$$

式中 $I_c(0)$ 表示 $T = 0$ K 时超导体的临界电流.

综上所述,可以得出超导态的三个临界条件:临界温度、临界磁场和临界电流,它们之间密切相关.

3. 迈斯纳效应——完全抗磁性

零电阻是超导体的一个基本特性,但超导体的完全抗磁性更为基本.因此,人们在探索新的超导体时,为判断发生的是否正常态向超导态转变,必须综合这两种测量结果,才能予以确定.

如果将一超导体样品放入磁场中,由于穿过样品的磁通量发生了变化,所以在样品表面产生电流,如图 14-22(a)所示,这电流将在样品内部产生磁场,完全抵消掉内部的外磁场,使超导体内部的磁场为零.根据公式 $H = \dfrac{B}{\mu_0} - M$ 和 $M = \chi_m H$,由于超导体内 $B = 0$,故 $\chi_m = -1$.所以超导体具有完全抗磁性.

1933 年,迈斯纳(W.F.Meissner)和奥森菲尔德(R.Ochsenfeld)进一步实验发现,如果把临界温度以上的超导体样品放入磁场中,由于这时样品不是处于超导态,故其中有磁场存在,当维持磁场不变而降低样品温度使其处于超导态时,其内部也没有磁场了.如图 14-22(b)所示.这是因为在转变过程中,在超导体表面上也产生电流,这电流在其内部的磁场完全抵消了原来的磁场,使超导体内磁感应强度为零.

总结上面的实验结果,得到结论是:在使样品转变为超导态的过程中,无论先降温后加磁

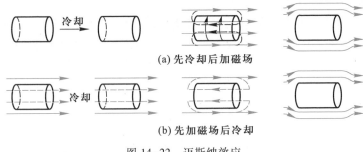

(a) 先冷却后加磁场

(b) 先加磁场后冷却

图 14-22　迈斯纳效应

场,还是先加磁场后降温,超导体内部的磁感应强度总是为零.这一现象称为迈斯纳效应(Meissner effect).

　　超导体的完全抗磁性可以用实验演示.将一个涂有超导材料的小球放在铅直的外磁场中[图 14-23(a)],由于它的磁化方向与外磁场方向相反,它将受到一个向上的斥力,这斥力与重力平衡时,小球被悬浮在空中.当重力发生微小变化时,小球就会上下移动.若把小球位置上下变化的情况精确地记录下来,就可以精确地测定重力的微小变化.由此可以造成极灵敏的超导重力仪.图 14-23(b)是磁悬浮的实物图.

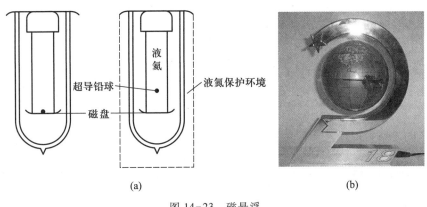

液氮

超导铅球

液氮保护环境

磁盘

(a)

(b)

图 14-23　磁悬浮

4. 同位素效应

　　为了探讨超导转变温度与物质成分的关系,对许多同位素进行试验.结果表明,同位素的质量数愈大,转变温度愈低.例如 ^{199}Hg 的 $T_c = 4.18$ K, ^{203}Hg 的 $T_c = 4.146$ K.1950 年雷诺(C.A. Reynolds)和麦克斯威(E.Maxwell)等分别得到如下规律

$$T_c \propto M^{-1/2}$$

这称为同位素效应(isotope effect).我们知道,同一元素的不同同位素,所不同的地方在于原子核的质量,原子核的质量反映了晶格的性质,而临界温度 T_c 反映了电子性质,同位素效应把晶格与电子联系起来了.所以同位素效应对于超导微观理论的建立具有很好的启发作用.

三、BCS 理论

自从 1911 年发现超导电现象以来,人们一直在探寻超导电性的微观理论.直到 1957 年才由巴丁(J.Bardeen)、库珀(L.V.Cooper)和施里弗(J.R.Schrieffer)提出一个超导电性的量子理论,简称 BCS 理论,比较满意地解释超导电性的微观机理,他们三人共获 1972 年诺贝尔物理学奖.在 BCS 理论中,最重要的思想是库珀提出的电子对概念.

当电子在晶格间运动时,它以库仑引力吸引邻近的晶格离子,使离子稍稍靠拢过来,并形成一个正电荷相对集中的小区域.由于这些离子偏离平衡位置而产生振动,以波的形式在点阵中传播,这种波称为格波(lattice wave),按量子力学理论,格波也是量子化的,其量子称为声子(phonon),形成格波的过程相当于电子发射出一个声子.这传播着的正电荷区又可以吸引另一个运动着的电子,将动量和能量传递给这个电子,这又相当于电子吸引了声子.上述的全过程是

$$电子 A \Longleftrightarrow 声子 \Longleftrightarrow 电子 B$$

净效应是两电子交换了一个声子.通过这种声子交换使两个电子间产生了间接的吸引作用.BCS 理论证明,对于电子与晶格相互作用强的材料,在一定的低温条件下,交换声子的两个电子可以来缚在一起形成一个电子对,称为库珀对.研究表明,组成库珀对的两个电子的平均距离约为 10^{-6} m,而晶体的晶格间距约为 10^{-10} m,即库珀对在晶体要伸展到几千个原子的范围.库珀对作为整体与晶格作用的,而且这些电子对会不断发生旧对的解体和新对的形成.进一步研究还表明,库珀对中两个电子自旋相反,动量的大小相等而方向相反.

根据 BCS 库珀电子对(Cooper pair)的概念,可以说明超导体的基本特性.当温度 $T<T_c$ 时,超导体内存在大量的库珀对.在外电场作用下,所有这些库珀对都获得相同的动量,朝同一方向运动,不会受到晶格的任何阻碍,形成几乎没有电阻的超导电流.当温度 $T>T_c$ 时,热运动使库珀对分散为正常电子,电子间的吸引力不复存在,超导体就失去超导电性而转变为正常态.如果在处于超导态的超导材料加上磁场,所有库珀对将受到磁场的作用,当磁场强度达到临界强度 H_c 时,磁能密度等于库珀对的结合能密度,所有库珀对都获得能量而被拆散,这材料将从超导态过渡到正常态.

BCS 理论能够解释大量的超导现象和实验事实,是一个比较成功的理论.理论的成就,促进了实际应用的发展.1957 年以来,超导材料和超导器件的迅速发展,显示其优越的性能.但对于高温超导体,由于"同位素效应"呈现反常,所以 BCS 理论不能对高温超导现象给以满意的解释.

四、超导电性的应用

从 20 世纪 60 年代起,在能源、运输、医疗、信息和基础科学等各个领域已开展了超导应用的研究.利用超导体零电阻的性质和能在比较大的空间产生强磁场的性质发展了超导强磁技术;利用超导约瑟夫森效应发展了超导弱磁材料.下面仅举几个方面的应用.例如,在电力工业中用超导电缆可实现无损耗输电,超导电机可突破常规发电机的极限容量,提高效率.用超导线圈储能可改善电网稳定性和调制峰值负载.用超导线圈制成的超导磁体不仅体积小、

重量轻,而且损耗小,它所需励磁功率小,为受控核聚变、高能加速器、磁流体发电、磁悬浮列车、核磁共振成像装置等提供大范围的强磁场.用超导约瑟夫森结制成的各种超导电子器件对磁场的电磁辐射提高了灵敏度,可比常规器件高几千倍以上.在科学实验、计量、军事侦察、地质勘探的生物医学方面都有显著应用效果.超导电子计算机功耗小,超导芯片响应速度快,其运算速度比硅半导体制成的计算机快很多.

总之,超导电性的应用范围十分广泛.尽管还有些基础工作尚需研究,还有些工艺技术有待解决,但有着诱人的前景.

复习思考题 >>>

14-4-1　超导体有哪些主要特征?

14-4-2　何谓磁通量子?它能解释什么现象?

14-4-3　BCS 理论是怎样解释超导电现象的?

§14-5　团簇和纳米材料 >>

一、团簇　足球烯

团簇(cluster)是由几个到几百个原子、分子或离子所组成的相对稳定的集体,其空间尺度为 0.1～10 nm.它比无机分子大,比小块固体小,它的结构和性质既不同于单个原子分子,也不同于固体或液体,它是介于微观和宏观之间的一种形态.研究尺度介于原子分子与固体液体之间物态的新兴学科称为**介观物理**(mesoscopic physics).团簇和纳米材料同属介观物理研究的对象.

视频:碳 60

1981 年爱基特(O.Echt)等人用惰性元素 Xe 产生中性团簇 Xe_n(下标 n 表示组成团簇的原子或离子数目),通过质谱分析,发现在 $n = 13, 19, 25, 55,$ $71, 87, 147$ 等处强度有明显的峰值,表明具有这些数目的团簇最稳定,出现的频率最高,人们把相对稳定的团簇中所包含的原子个数称为**幻数**(magic number).下面是一些团簇幻数的例子:

$$Na:8, 20, 40, 58, 92, \cdots$$

$$C:20, 24, 28, 32, 36, 50, 60, 70, \cdots$$

$$NaCl:5, 9, 14, 16, 18, 23, \cdots$$

在团簇结构中,最引人感兴趣的是碳-60(C_{60}).1985 年 9 月,美国化学家斯莫利(R.Smally)、克劳特(H.Kroto)等人用大功率激光轰击石墨靶表面,把轰击出来的碳原子送入真空室,使其在室内膨胀,原子迅速冷却集结成新的碳分子.经分析,它是一个由 60 个碳原子构成的空心大分子 C_{60}.

图 14-24 给出了 C_{60} 的示意图.C_{60} 分子是由 12 个正五边形和 20 个正六边形组成的 32 面

体(又称截顶 20 面体),60 个碳原子分布在其顶点,原子之间由键相连,外形酷似足球,故称为足球烯,又称布基球(Buckyball)或富勒体(Fullerene).[1]

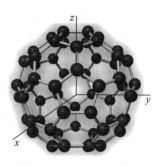

图 14-24 C_{60} 的示意图

固态 C_{60} 是一种类似 Ga-As 的半导体,在某些方面又类似于非晶态,因此 C_{60} 固体成为继 Si、Ge 和 Ga、As 之后的又一种新型半导体材料.在固态 C_{60} 中掺入碱金属(K、Rb 或 Cs),它将转变成超导体.1991 年 4 月,美国贝尔实验室在 C_{60} 中掺入少量钾原子,其起始转变温度为 18 K;1991 年 7 月,日本 NEC 电子公司宣布掺铯、掺铷的 C_{60} 分子在 33 K 呈现零电阻现象;1991 年 11 月,北京大学研制小组首次在 C_{60} 中掺锡,观察到超导电性,起始转变温度为 37 K.目前对掺杂的 C_{60} 超导电性的机制还不清楚.然而,在短短 3 个月里,C_{60} 超导体的临界温度提高了近一倍,这使科学家看到了 C_{60} 这类分子作为超导体的巨大潜力.有科学家预言,如能制成 C_{540},即使 C_{60} 分子内的碳原子数目增加 8 倍,它将可能成为室温超导体.由于碳很容易被加工成细纤维,所以碳系超导体的加工性能比陶瓷系超导体要好得多,这也是科学家对 C_{60} 寄予厚望的重要原因.

C_{60} 分子除了作超导材料外,由于它具有稳定的球结构,还可用作超级耐高温(~700 ℃)的润滑剂以及微型马达的小型滚珠轴承.将锂原子、氟原子置于布基球"笼"内以免氧化而制出高效的电化学电池.如果在布基球"笼"内放入治疗癌症的放射性元素,引入患者体内能准确对付癌细胞而杀灭之.因此 C_{60} 的研究具有良好的发展前景.

二、纳米材料

纳米材料是指尺度在 1~100 nm 的微粒或由这些微粒加工成块状或薄膜的固体材料.纳米材料有纳米金属、金属化合物、陶瓷以及非晶态材料等.纳米微粒内包含的原子数仅有 $10^2 \sim 10^4$ 个,其中有 50 % 左右为表面或界面原子.微粒尺寸越小,表面原子所占的比例越大,因而其表面活性很高.像金属纳米微粒在空气中会燃烧,无机纳米微粒会吸附气体并与之发生反应.这就是它的表面效应(surface effect).当微粒的尺寸小于可见光波长时,对光的反射率将低于 1 %,于是材料失去原有的光泽而呈现黑色,又如磁性微粒会丧失磁性,纳米陶瓷材料可具有良好的韧性等.这些表现都是由于构成固体的微粒小到一定程度时产生的效应,故称为小尺寸效应(small size effect).当微粒的尺寸小于几十纳米时,固体的能带结构随着微粒尺寸的变小逐渐变窄,又逐渐还原成分立的能级,并且能级的间距也随着微粒的减小而增大.当材料的温度较低时,原子分子的热运动能量以及电场能或磁场能比平均能级间距还小时,就会呈现一系列与宏观物体截然不同的反常特性.例如,在低温条件下,原来导电的金属变成了绝缘体,比热容出现反常变化,光谱线将向短波方向移动等.这些现象称为量子效应(quantum effect).

---

① 著名建筑设计师布基明斯特·富勒(Buckminster Fuller)为 1967 年加拿大蒙特利尔展览会设计了圆顶建筑,这个圆顶设计成由一些六边形和五边形组件拼接构成,因 C_{60} 分子酷似这样的穹顶,所以人们用他的姓名来命名这种分子.

纳米材料在微电子器件、磁记录和传感器方面已被广泛地应用.在机械工程方面正在研制微型机械.另外,在生物医药方面,正在研制纳米"机器人",使其能直接进入人体中疏通脑血栓,清除血脂沉积物,研制纳米"导弹",直接杀死癌细胞或吞噬病毒.总之,纳米材料被人们誉为"21世纪内最有前途的材料",具有十分广泛的应用前景.

三、碳纳米管和石墨烯

1991年,日本科学家饭岛(S.Iijima)发现一种针状结构的碳管.碳针的直径大约在 1 nm 到 30 nm 之间,长度可达 1 μm.这些碳针是由一些柱状的碳管套构而成的,每根碳针大约包含碳管在2~50层,两层之间的距离约为 0.34 mm.这种碳针,人们称为碳纳米管(carbon nanotube).研究表明,碳纳米管的强度比其他可类比的纤维高 2 个数量级,单层碳纳米管能承受 50~200 GPa 的压强.实验还表明,在碳纳米管内填充其他物质后,可以将它看成是极细的导线,将为超精细电子线路的制造开辟了道路.在碳纳米管内填充不同的物质后,我们可以期待得到不同的物理性质和化学性质的一维纳米材料.

石墨烯(Graphene)是一种单原子结构的碳纳米平面薄膜,厚度只有 0.335 nm,比纸还要薄 100 万倍.2004 年物理学家海姆(A.K.Geim)和诺沃肖洛夫(K.S.Novoslov)利用巧妙方法将石墨分离成石墨烯,两人共获 2010 年诺贝尔物理学奖.他们用普通胶带粘住石墨薄片的两侧,撕开胶带,石墨薄片被撕成两片,不断重复这一过程,最后得到单层碳原子构成的石墨烯.石墨烯目前是世上最薄却最坚硬的纳米材料,它几乎是全透明的,导热系数和常温下的电子迁移率都高于碳纳米管,而电阻率却比铜或银更低.它是世界上为数不多的同时具备透明、导电和柔性三大属性的材料.因此,石墨烯的巨大潜力将引发人们无限的遐想.

复习思考题 >>>>

14-5-1　什么叫"团簇"?

14-5-2　C_{60}有怎样的结构?

14-5-3　何谓纳米材料?纳米微粒有哪些特殊的性质?

习题 >>>>

14-1　已知 Ne 原子的某一激发态和基态的能量差 $E_2 - E_1 = 16.7$ eV,试计算 $T = 300$ K 时在热平衡条件下,处于两能级上的原子数的比.

14-2　CO_2 激光器发出的激光波长是 10.6 μm.

(1) 和此波长相应的 CO_2 能级差是多少?

(2) 如果此激光器工作时其中 CO_2 分子在高能级上的分子数比低能级上的分子数多 1%,则和此粒子数反转对应的热力学温度是多少?

14-3　现今激光器可以产生一个光脉冲的延续时间只有 10 fs(1 fs = 10^{-15} s),这样的一个脉冲中有几个波长?(设光的波长为 500 nm.)

14-4　已知 He-Ne 激光器的输出功率为 4 mW,输出端反射镜的透射率为 1 %,毛细管直径为 1 mm,求腔内能量密度.

14-5　在室温下 n 型锗的霍耳系数 $R_H = 100$ cm^3/C,求载流子数密度.

14-6　硅晶体的禁带宽度为 1.2 eV,适量掺入磷后,施主能级和硅的导带底的能级差为 $\Delta E_D = 0.045$ eV.试计算此掺杂半导体能级吸收光子的最大波长.

14-7　已知 CdS 和 PbS 的禁带宽度分别为 2.43 eV 和 0.3 eV,试计算它们在光照射下导电时波长的限度,并由此说明为什么 CdS 可用在可见光到 X 射线的短波方面,而 PbS 却可有效地用在红外方面.

14-8　制造半导体元件的纯净锗必须掺入少量杂质原子,设均匀掺杂的比例为 10^{-9},若将锗的结构看作为立方点阵,晶格常量设为 0.5 nm,试估计杂质原子之间的距离.

14-9　已知 $T \rightarrow 0$ K 时纯硅能吸收的辐射的最长波长是 1.09 μm,求硅的禁带宽度,以 eV 为单位.

14-10　Ga-As-P 半导体发光二极管的禁带宽度为 1.9 eV,它能发出的光的最大波长是多少?

*第十五章

原子核物理和粒子物理简介

▶

人类总得不断地总结经验,有所发现,有所发明,有所创造,有所前进.停止的论点,悲观的论点,无所作为和骄傲自满的论点,都是错误的.

——周恩来

在原子世界中,淹没在电子云中的原子核是一个具有质量和电荷的核心.现在已经弄清楚,半径仅为原子半径万分之一的原子核,集中着99％以上的原子质量和全部正电荷.核理论和核技术的蓬勃发展,使人类社会推进到原子能时代.今天,又深入到粒子的世界.第一个微观粒子——电子是在1897年发现的.以后又陆续发现了质子、中子、各种介子和各种超子.现在微观粒子已多到四百余种.研究微观粒子内部结构及其相互作用、相互转化规律的科学称为高能物理,现又称为粒子物理.人们通过大量的科学实验对微观粒子的性质和行为积累了许多知识,相信不要很久,就会有重大的突破.那时人类社会又必将跃入一个更先进的科学技术时代之中.

§15-1 原子核的基本性质》

一、原子核的电荷和质量

我们知道,各种元素的原子核都是由一定数量的质子和中子组成.质子即是氢核,用 p 或 $_1^1$H 表示,带电荷+e,质量 $m_p = 1.672\ 6 \times 10^{-27}$ kg;中子用 n 表示,不带电,质量 $m_n = 1.674\ 9 \times 10^{-27}$ kg.质子和中子统称为核子(nucleon)原子核带有正电荷,原子序数为 Z 的元素,其原子核的带电量为+Ze,Z 称为这元素原子核的电荷数(charge number),也就是核内的质子数.

原子的质量应包括原子核的质量和核外各电子的质量.但因核外电子质量几乎可以忽略不计,所以原子核的质量同原子的质量相差极小.在原子核物理中通常使用的单位叫做"原子质量单位".按现在的规定,取碳的最丰富的同位素 $_6^{12}$C 原子处于基态的静止质量的 1/12 为"原子质量单位(atomic mass unit)",以 u 表示.根据1960年和1961年国际会议规定

$$1\ u = 1.660\ 540\ 2 \times 10^{-27}\ kg = 931.5\ MeV/c^2 \tag{15-1}$$

2010年修正为

$$1\ u = 1.660\ 538\ 921 \times 10^{-27}\ kg$$

表15-1中列出了几种同位素的原子质量.

表 15-1 几种同位素的原子质量

同位素	原子质量/u	同位素	原子质量/u
$_1^1$H	1.007 825	$_5^{10}$B	10.129 39
$_1^2$H	2.014 102	$_5^{11}$B	11.009 305
$_1^3$H	3.016 050	$_6^{12}$C	12.000 00
$_2^3$He	3.016 030	$_6^{13}$C	13.003 354
$_2^4$He	4.002 603	$_7^{14}$N	14.003 074
$_3^6$Li	6.015 126	$_7^{15}$N	15.000 108
$_3^7$Li	7.016 005	$_8^{16}$O	15.994 915
$_4^9$Be	9.012 186	$_8^{17}$O	16.999 133

同位素	原子质量/u	同位素	原子质量/u
$^{19}_{9}\mathrm{F}$	18.998 405	$^{120}_{50}\mathrm{Sn}$	119.902 198
$^{23}_{11}\mathrm{Na}$	22.989 773	$^{184}_{74}\mathrm{W}$	183.951 025
$^{63}_{29}\mathrm{Cu}$	62.929 594	$^{238}_{92}\mathrm{U}$	238.048 61

由表 15-1 可见,原子的质量以"原子质量单位"计算时都接近于一整数,这整数称为原子核的质量数(mass number),以 A 表示.它等于原子核中所包含的核子总数,所以又称核子数.这样,核内的中子数 $N=A-Z$.

电荷数 Z 和质量数 A 是标志原子核特征的两个重要物理量,常用 $^{A}_{Z}\mathrm{X}$(或 $^{A}\mathrm{X}$)来标记某原子核,其中 X 代表与 Z 相应的化学元素符号. Z 和 A 都确定的原子核所对应的原子称为某种核素(nuclide), Z 相同而 A 不相同的几种核素称为该元素的同位素(isotope).例如氢有三种同位素,即 $^{1}_{1}\mathrm{H}$、 $^{2}_{1}\mathrm{H}$(或 $^{2}_{1}\mathrm{D}$,氘)和 $^{3}_{1}\mathrm{H}$(或 $^{3}_{1}\mathrm{T}$,氚),分别称为氢核、氘核(又称重氢)和氚核.

二、原子核的大小

原子核的大小可以用实验来测定,卢瑟福用 α 粒子的散射实验估算出原子核的半径小于 10^{-15} m,以后在实验中发现,核的体积总是正比于质量数 A.假若原子核可看作球形,设其半径为 R,则 $R^3 \propto A$,可写成

$$R = R_0 A^{1/3} \tag{15-2}$$

R_0 为比例系数,实验测得 $R_0 \approx 1.2$ fm(1 fm $= 10^{-15}$ m).这个关系式表明各种原子核的密度几乎是相同的,所以原子核有些像液滴,其中容有的"分子"(此处为核子)增多,液滴就按比例增大,维持密度不变,因此可以把原子核看成由核物质组成的液滴.

根据式(15-2)可以算得 $^{12}_{6}\mathrm{C}$、 $^{16}_{8}\mathrm{O}$、 $^{107}_{47}\mathrm{Ag}$ 和 $^{238}_{92}\mathrm{U}$ 核的半径分别为

$$^{12}_{6}\mathrm{C}:R \approx 1.2 \times 12^{1/3} = 2.7 \text{ fm}$$

$$^{16}_{8}\mathrm{O}:R \approx 1.2 \times 16^{1/3} = 3.0 \text{ fm}$$

$$^{107}_{47}\mathrm{Ag}:R \approx 1.2 \times 107^{1/3} = 5.7 \text{ fm}$$

$$^{238}_{92}\mathrm{U}:R \approx 1.2 \times 238^{1/3} = 7.4 \text{ fm}$$

以上我们假定原子核是球形的,但实验表明,有的核的形状是椭球形或梨形.事实上,由于粒子的波动性,原子核不可能有清晰的表面.

按 $R=R_0A^{1/3}$ 公式可知原子核的体积和质量数 A 成正比,各种原子核的核物质密度

$$\rho = \frac{m}{V} = \frac{m}{\frac{4}{3}\pi R^3} = \frac{1.67 \times 10^{-27} A}{\frac{4}{3} \times \pi \times (1.2 \times 10^{-15})^3 A} = 2.3 \times 10^{17} \text{ kg/m}^3$$

这个数值是极其巨大的,约比水的密度大 10^{14} 倍,这意味着原子核的核物质紧密地挤在一起.一个乒乓球大小的核物质,其质量约为 2×10^{12} kg,约为 20 亿吨.这与宇宙中的"中子星"密度相当.

计算结果还表明,核物质的平均密度 ρ 与原子核的质量数 A 无关,对各种原子核都接近

于一个常数,这是推测核内各核子间相互作用性质的重要依据.

三、核子和核的自旋与磁矩

与原子中的电子具有"轨道"角动量和自旋角动量相似,原子核内各核子也具有"轨道"角动量和自旋角动量.原子核的总角动量等于所有核子的轨道角动量和自旋角动量的矢量总和.习惯上把核的总角动量称为核的自旋角动量,简称核自旋(nuclear spin).实验结果指出:偶偶核(质子数 Z 和中子数 N 都是偶数)的自旋量子数都是零,如 $_2^4\text{He}$, $_6^{12}\text{C}$, $_{92}^{238}\text{U}$ 等.奇奇核(Z, N 都是奇数)的自旋量子数都是整数,如 $_{17}^{34}\text{Cl}$ 的是 0, $_5^{10}\text{B}$ 的是 3, $_{13}^{26}\text{Al}$ 的是 5 等.奇偶核(Z, N 中一个是奇数,一个是偶数)的自旋量子数都是半整数,如 $_9^{15}\text{N}$ 的是 1/2, $_{11}^{29}\text{Na}$ 的是 3/2, $_{12}^{25}\text{Mg}$ 的是 5/2 等.

质子具有角动量,又带有电荷,就必定有磁矩,中子虽然不带电,没有"轨道"磁矩,但实验测得中子也具有自旋磁矩.实验测得质子和中子的磁矩

$$\left.\begin{array}{l}\mu_p = 2.792\ 847\ \mu_N \\ \mu_n = -1.953\ 044\ \mu_N\end{array}\right\} \tag{15-3}$$

式中 μ_N 称为核磁子(nuclear magneton).它与玻尔磁子 $\left(\mu_B = \dfrac{e\hbar}{2m_e}\right)$ 的关系为

$$\mu_N = \frac{e\hbar}{2m_p} = \frac{1}{1\ 836.5}\mu_B \tag{15-4}$$

中子具有自旋磁矩这个事实说明,中子作为一个整体虽然不带电,但其内部却存在电荷分布,并且自旋磁矩的方向与自旋角动量的方向相反,与电子的情形相似.表 15-2 列出了一些核的自旋和磁矩的实验值.

表 15-2 原子核的自旋和磁矩

核	自旋(量子数)	磁矩/μ_N	核	自旋(量子数)	磁矩/μ_N
^1H	1/2	2.792 84	^{12}C	0	0
^2H	1	0.857 44	^{13}C	1/2	0.702 41
^3H	1/2	2.978 96	^{14}N	1	0.403
^3He	1/2	-2.127 62	^{16}O	0	0
^4He	0	0	^{23}Na	3/2	2.215
^6Li	1	-0.821 34	^{39}K	3/2	1.136
^7Li	3/2	3.256 42	^{235}U	7/2	-0.35
			^{238}U	0	0

四、核磁共振

我们知道原子的磁矩(即核外电子的自旋磁矩和轨道磁矩)很小,而核的磁矩只有原子磁矩的千分之一左右.如何才能测定原子核的磁矩呢?下面我们介绍由拉比(I. I. Rabi)首

创的核磁共振法.

　　假设取纯水作为样品,因为水分子中的电子的磁矩相互抵消,而且氧原子核的磁矩为 0, 所以水分子的磁矩仅由氢核(质子)的磁矩所提供.假如我们将一小瓶水置于外磁场 $\boldsymbol{B}$(大小约 1 T)中,由于角动量的空间量子化,质子的磁矩 μ_p 在外场 $\boldsymbol{B}$ 中有平行与反平行两个取向.磁矩平行于磁场的态为低能态,反平行于磁场的态为高能态,其能量差为 $2\mu_p B$,如图 15-1 所示.当热平衡时,处于低能态上的质子数稍多于高能态上的质子数.这时,如果有高频电磁波(100 MHz 数量级)加于水的样品,当其频率 ν 满足

$$h\nu = 2\mu_p B$$

即

$$\nu = \frac{2\mu_p B}{h} \tag{15-5}$$

时,质子将吸收电磁波的能量,在两能态之间发生共振跃迁.这种在外磁场中原子核吸收特定频率电磁波的现象,称为核磁共振(nuclear magnetic resonance,缩写为 NMR).

　　实验中,保持外磁场 B 不变,而连续改变入射电磁波的频率;也可以用一定频率的电磁波照射而调节磁场的强弱.核磁共振时,样品吸收电磁波的能量,被接收器记录在以频率为横坐标的记录纸上,成为核磁共振频谱,或用示波器显示出具有极值的电压吸收曲线,由频率计读出共振频率,就能算出 μ_p.

　　核磁共振已应用于很多方面,特别是在化学中用在研究分子的结构.由于氢核的核磁共振信号最强,所以对于含有氢核的不同样品,所得到的核磁共振谱线有所不同,图 15-2 所示的是乙醇(C_2H_5OH)的一条吸收谱线,图中出现 CH_3、CH_2 和 OH 三组吸收峰线.

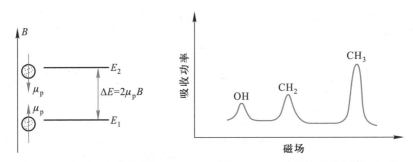

图 15-1　氢核在外磁场中的能级　　　　图 15-2　乙醇的核磁共振谱

　　由于磁场,包括交变电磁场可以穿入人体,而人体内大部分是水,这些水以及富含氢的分子的分布可因种种疾病而发生变化,所以可以利用氢核的核磁共振来进行医疗诊断.核磁共振成像(magnetic resonance image,MRI)就是一种医疗技术,它的优点是:射频电磁波对人体无害,可以获得内脏器官的功能状态、生理状态以及病变状态的情况,图 15-3 显示清晰的人的头部核磁共振像.

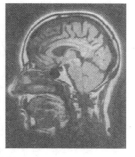

图 15-3 核磁共振图

2003 年,保罗·劳特伯尔(P.C. Lauterbur)和彼德·曼斯菲尔(S.P. Mansfeild)因为他们在核磁共振成像技术方面的贡献获得了诺贝尔生理学或医学奖.

五、核力和介子

我们知道质子与质子之间有着很大的斥力,中子又不带电,不可能是电性力使质子和中子聚集成原子核,也不可能是万有引力,因为它比电磁力还小 10^{39} 倍,那么,是一种什么力能够使质子与质子,质子与中子,中子与中子紧紧地束缚在一起呢?经研究发现,这是一种强相互作用力,称为核力(nuclear force).

实验说明核力具有下列重要的性质:

(1)核力比电磁力强 100 多倍,是强相互作用力.

(2)核力是短程力.只有当核子之间的距离小于几个 fm(约 2 fm)时,核力才显示出来.

(3)核力具有"饱和"的性质,就是说,一个核子只能和它紧邻的核子有核力的相互作用,而不能同核内的所有核子都有相互作用.

(4)核力与核子的带电状况无关.许多实验表明,无论中子和中子之间,还是质子和质子,或质子和中子之间,核力的大小和特性都大致相同.

关于核力的本质,理论指出:核力是一种交换力(exchange force).我们知道,带电粒子间的相互电磁作用是通过电磁场(即通过光子的交换)来实现的.1935 年汤川秀树(H. Yukawa)提出了核力的介子理论,认为核子之间的相互作用是交换某种粒子形成的,这种粒子称为介子(meson).后来这种介子被发现了.其质量为电子的 270 倍,现在我们称之为 π 介子.一个核子放出一个 π 介子,然后被另一个核子所吸收,所以核力是一种交换力.π 介子可有三种荷电状态,即 π⁺(带正电)、π⁰(中性)、π⁻(带负电),因此,核子交换 π 介子可以有下列几种形式:

中子与中子之间和质子与质子之间交换的是 π⁰ 介子.在这种过程中,质子(或中子)放出 π⁰ 介子,同时为另一质子(或中子)所吸收,每一核子的电荷不变.图 15-4 是这种相互作用过程的示意图.在质子与中子之间交换的是 π± 介子.图 15-5 是这种相互作用过程的示意图.在图 15-5(a)所示的过程中,质子放出一个 π⁺ 介子为中子所吸收,同时质子转化为中子,中子转化为质子;在图(b)所示的过程中,中子放出一个 π⁻ 介子为质子所吸收,这时中子转化为质子,质子转化为中子.这种交换 π± 的过程,使质子和中子发生相互转化.

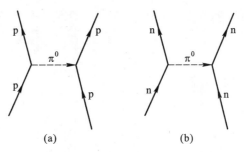

图 15-4   质子与质子间和中子与中子间的相互作用

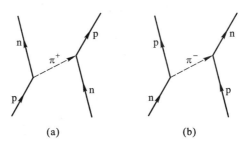

图 15-5   质子与中子间的相互作用

应该指出,核力的介子理论,虽然可以定性解释某些核现象,但对有些实验事实,例如质子-质子和质子-中子的高能碰撞问题,这理论便无能为力,所以,核力问题仍是一个有待解决的课题.

复习思考题>>>

15-1-1   在几种元素的同位素 $^{12}_6C$、$^{13}_6C$、$^{14}_6C$、$^{14}_7N$、$^{15}_7N$、$^{16}_8O$ 和 $^{17}_8O$ 中,哪些同位素的核包含有相同的(1) 质子数,(2) 中子数,(3) 核子数?哪些同位素有相同的核外电子数?

15-1-2   中子的电荷数为零,却具有磁矩,你认为应该作何解释?

15-1-3   核力有哪些主要性质?

15-1-4   说明核磁共振的基本原理.

§15-2   原子核的结合能   裂变和聚变>>

一、原子核的结合能

原子核既然是由核子组成的,它的质量就应等于全部核子质量之和,原子核 ^A_ZX 的质量应

为

$$Zm_p+(A-Z)m_n$$

但实验测定的原子核质量 m_X 总是小于上式所给出的量值,这一差额

$$\Delta m = Zm_p+(A-Z)m_n-m_X \tag{15-6a}$$

称为原子核质量亏损(nuclear mass defect). 相对论指出,当系统有质量改变时一定也有相应的能量改变,关系为 $\Delta E=(\Delta m)c^2$. 显然有

$$\Delta E=\left[Zm_p+(A-Z)m_n-m_X\right]c^2 \tag{15-7a}$$

由此可知,质子和中子组成核的过程中必有大量的能量放出,这能量称为原子核的结合能(nuclear binding energy),常用 E_B 来表示. 反之,要使原子核再分解为单个的质子和中子就必须给予和结合能等值的能量. 例如氘的结合能为 2.23 MeV. 实验证实,当 γ 射线光子具有的能量达到 2.23 MeV 时,就能将氘核分解为自由的中子和自由的质子. 图 15-6 形象地说明了这一过程.

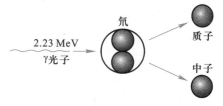

图 15-6 氘核分解为质子和中子

Δm 和 E_B 两式通常用原子的质量来表示:

$$\Delta m=Zm_{H原子}+(A-Z)m_n-m_{X原子} \tag{15-6b}$$

$$E_B=(\Delta m)c^2=\left[Zm_{H原子}+(A-Z)m_n-m_{X原子}\right]c^2 \tag{15-7b}$$

式中 $m_{H原子}$ 表示 $_1^1H$ 原子的质量,$m_{X原子}$ 表示 $_Z^AX$ 原子的质量,$_1^1H$ 原子比质子多一个电子,$_Z^AX$ 原子比 $_Z^AX$ 原子核多 Z 个电子,所以式(15-7b)和式(15-7a)是一致的.

由于原子核的结合能非常大,所以一般原子核是非常稳定的系统. 然而,不同的原子核,其稳定程度是不一样的. 这可用每个核子的平均结合能来说明,称为比结合能(specific binding energy),即

$$\varepsilon=\frac{E_B}{A}=\frac{\Delta mc^2}{A} \tag{15-8}$$

核子的比结合能愈大,原子核就愈稳定.

表 15-3 中列出了某些原子核的结合能及比结合能的数值. 而图 15-7 中画出了比结合能对核子数(质量数 A)的曲线图.

表 15-3 原子核的结合能

核	结合能 E_B/MeV	核子的比结合能 ε/MeV	核	结合能 E_B/MeV	核子的比结合能 ε/MeV
$_1^2D$	2.23	1.11	$_3^6Li$	31.98	5.33
$_1^3H$	8.47	2.83	$_3^7Li$	39.23	5.60
$_2^3He$	7.72	2.57	$_4^9Be$	58.0	6.45
$_2^4He$	28.3	7.07	$_5^{10}B$	64.73	6.47

续表

核	结合能 E_B/MeV	核子的比结合能 ε/MeV	核	结合能 E_B/MeV	核子的比结合能 ε/MeV
$^{11}_{5}B$	76.19	6.93	$^{20}_{10}Ne$	160.60	8.03
$^{12}_{6}C$	92.2	7.68	$^{23}_{11}Na$	186.49	8.11
$^{13}_{6}C$	93.09	7.47	$^{24}_{12}Mg$	198.21	8.26
$^{14}_{7}N$	104.63	7.47	$^{56}_{26}Fe$	492.20	8.79
$^{15}_{7}N$	115.47	7.70	$^{63}_{29}Cu$	552	8.75
$^{16}_{8}O$	127.5	7.97	$^{120}_{50}Sn$	1 020	8.50
$^{19}_{9}F$	147.75	7.78	$^{238}_{92}U$	1 803	7.58

由表 15-3 和图 15-7 可知,只有最轻核和最重核的比结合能较小,轻核的比结合能出现了周期性的涨落,在 $^{4}_{2}He$,$^{8}_{4}Be$,$^{12}_{6}C$,$^{16}_{8}O$ 处达到一些极大值. 对于大多数中等质量的核,比结合能近似地相等,都在 8 MeV 左右,这就告诉我们,中等质量的核最为稳定.

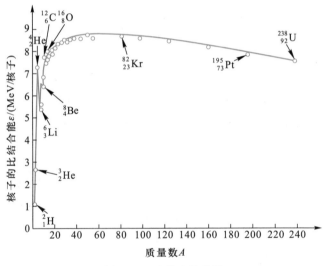

图 15-7　比结合能曲线

要利用核能,当然最好是把自由状态的质子和中子结合起来组成中等质量的核,这样放出结合能最多. 但是,自由中子不易得到,而自由状态的中子是放射性的,半衰期较短,所以用质子和中子直接组成中等核是不现实的,可取的方法只有使重核裂变或使轻核聚变.

以铀核 $^{238}_{92}U$ 分成两个中等的核为例,如将 $^{238}_{92}U$ 核分成 92 个质子和 146 个中子,需要 7.5×238 = 1 785 MeV 的能量,而组成中等核时,可放出 8.6×238 = 2 047 MeV 的结合能,所以 $^{238}_{92}U$ 分裂成两个中等核时,可以净放出 2 047−1 785 = 262 MeV 的结合能. 又例如两个氘核 $^{2}_{1}H$ 聚合为一个氦核 $^{4}_{2}He$ 的情况,将 2 个氘核分解为 2 个质子和 2 个中子,需要能量 1.11×4 = 4.44 MeV,而聚合成一个氦核时,可放出结合能 7.07×4 = 28.28 MeV,所以从两个氘核聚合成一个氦核时,可以放出 28.28-4.44=23.84 MeV 的结合能. 这些数据表明裂变和聚变是两种可取的利用原子核结合能的方法.

二、重核的裂变

在 1936—1939 年间,哈恩(O. Hahn)、迈特纳(L. Meitner)和斯特拉斯曼(F. Strassmann)用慢中子(能量在 1 eV 以下)轰击铀核时,发现铀核$^{235}_{92}U$ 分裂为两个质量相近的中等质量的核,同时放出 1 至 3 个快速中子. 这种反应称为裂变(fission). 裂变后的产物,称为裂变碎片.

$^{235}_{92}U$ 核裂变后形成的"碎片对"有许多种,不同质量数碎片的产额曲线如图 15-8 所示. $^{235}_{92}U$ 裂变后的碎片,质量数从 72 到 158 可有 34 种元素及 200 多种原子核. 概率最大的碎片对在质量数 95 和 135 附近,而质量数近乎相等的碎片对(117、118)发生的概率取极小值.

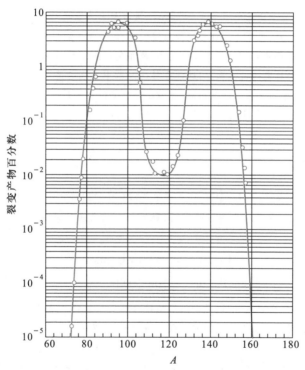

图 15-8 $^{235}_{92}U$ 裂变的产物分布曲线

裂变时形成的核,具有过多的中子,所以是不稳定的,通过一系列的 β 衰变,放射性核将转变为正常的稳定核. 例如

$$(1) \qquad {}^{1}_{0}n + {}^{235}_{92}U \longrightarrow {}^{140}_{54}Xe + {}^{94}_{38}Sr + 2{}^{1}_{0}n$$

$$^{140}_{54}Xe \xrightarrow[16\ s]{\beta^-} {}^{140}_{55}Cs \xrightarrow[66\ s]{\beta^-} {}^{140}_{56}Ba \xrightarrow[12.8\ d]{\beta^-} {}^{140}_{57}La \xrightarrow[40.0\ h]{\beta^-} {}^{140}_{58}Ce$$

$$^{94}_{38}Sr \xrightarrow{\beta^-} {}^{94}_{39}Y \xrightarrow{\beta^-} {}^{94}_{40}Zr$$

（2）
$$^1_0 n + ^{235}_{92}U \longrightarrow ^{236}_{92}U^* \longrightarrow ^{144}Ba + ^{89}Kr + 3^1_0 n$$

$$^{144}Ba \xrightarrow{\beta^-} ^{144}La \xrightarrow{\beta^-} ^{144}Ce \xrightarrow{\beta^-} ^{144}Pr \xrightarrow{\beta^-} ^{144}Nd$$

$$^{89}Kr \xrightarrow{\beta^-} ^{89}Rb \xrightarrow{\beta^-} ^{89}Sr \xrightarrow{\beta^-} ^{89}Y$$

除铀核$^{235}_{92}U$能够发生裂变外,其他比锡重的元素如钍（Th）、镤（Pa）等也都能产生裂变.1939年苏联物理学家彼得沙克（K. A. Петржак）和弗辽洛夫（Г. Н. Флёров）还发现$^{235}_{92}U$的天然分裂,但概率很小.1946年我国物理学家钱三强、何泽慧夫妇发现铀核还有三分裂和四分裂的现象,并且放出的能量也更多,但其概率却比两分裂小得多.

铀核$^{235}_{92}U$裂变时放出巨大的能量,根据计算和实验测得,每一个核分裂时大约放出200 MeV的能量,能量的主要部分是裂变碎片的动能,辐射能约占能量的10%,这些能量最后绝大部分转变为热能.

在铀核裂变过程中能放出多于2个中子,如果分裂时发出的中子全部被别的铀核吸收,又引起新的裂变,这样,裂变的数目将按指数规律增大,结果形成发散的链式反应（chain reaction）,这就是在原子弹中发生的情况.但是,如果在受控条件下,每次裂变平均只有一个中子引起新的裂变,维持稳定的链式反应,这就是核反应堆中发生的情况,在动力反应堆中,核反应释放出来的能量被转化为电能或热能,作为能源核电站就是利用反应堆将核能转化为热能而发电的,我国大陆已有秦山和大亚湾两座核电站,功率分别为300 MW和2×900 MW.在研究用的反应堆中,用中子来进行各种实验或生产同位素.

三、轻核的聚变

在轻原子核中,如^4_2He、^9_4Be、$^{12}_6C$、$^{16}_8O$等原子核的核子平均结合能比一般轻原子核大得多,所以当轻原子核结合成上述几种原子核时,也可以放出大量的能量,这种核转变称为聚变（fusion）.例如:

$$^2_1H + ^2_1H \longrightarrow ^3_2He + ^1_0n + 3.2 \text{ MeV}$$

$$^2_1H + ^3_2He \longrightarrow ^4_2He + ^1_1H + 18.3 \text{ MeV}$$

由于原子核之间的库仑推斥作用,两个核互相接近而产生聚变反应时,必须具有一定的动能来克服库仑势垒,而势垒随着原子序数的增加而增大,所以仅对于具有低原子序数的核,才能发生核聚变.

根据经典电磁理论估算,两个原子序数Z_1和Z_2的核相结合时的电势能为

$$E_p \sim 2.4 \times 10^{-14} Z_1 Z_2 \text{ J} = 0.15 Z_1 Z_2 \text{ MeV}$$

与这个能量对应的温度约为10^9 K,因此,要使大量的轻原子核发生聚变反应,就得把反应物质加热到极高温度,这种通过加热而引起的聚变反应称为热核反应（thermonuclear reaction）.聚变反应是太阳和其他星球能量的来源.氢弹是未加控制的热核反应.要实现可控热核聚变,需要满足3个条件:

（1）足够高的温度,使氘核离化成等离子体,能克服库仑势垒;（2）足够高的等离子体密度,以保证足够高的碰撞频率;（3）足够长的约束时间,以保证核聚变反应能有效地进行.

利用氘核来实现聚变反应被认为是人类解决能源问题的最终方向,这不仅是聚变反应获得的能量比重核裂变反应要大,而且在海水中含有丰富的氘核原料,可谓是取之不尽用之不竭,还有,聚变反应不会产生污染环境的核废料.但基于上述三个实现可控热核反应的苛刻条件,目前以及今后很长一段时间在技术上还难以实现.尽管如此,各国科学家仍在通力合作,为实现可控热核反应而不懈努力.

复习思考题 >>>

15-2-1 为何重核裂变和轻核聚变会释放能量? 假如使中等质量的核分别发生分裂和聚变,是否会释放能量? 为什么?

§15-3　原子核的放射性衰变 >>

在人们发现的 2 000 多种同位素中,绝大多数(约 1 600 多种)都是不稳定的,它们会自发地蜕变为另一种同位素,同时放出各种射线.这样的现象称为放射性衰变(radioactive decay).

1896 年贝可勒尔(H. Bacquerel)首先发现了铀的放射性现象,随后于 1898 年居里夫妇(P. & M. Curie)又发现了放射性元素钋和镭,这是人类认识核物理的开始.1934 年约里奥·居里夫妇(F. & I. Joliot-Curie)发现人工放射性,为人工制备放射性元素以及放射性的应用开辟了广阔的途径.

1903 年贝可勒尔和居里夫妇俩分享了诺贝尔物理学奖,居里夫人还获得 1911 年诺贝尔化学奖,成为第一个获得两个诺贝尔奖的人.1939 年约里奥·居里夫妇为人工放射性的发现而获得诺贝尔化学奖,弥补了他们因未能发现中子而错过的诺贝尔物理学奖.

原子核放射性衰变模式主要是 α 衰变、β 衰变和 γ 衰变.

一、放射性衰变定律

原子核衰变是原子核自发产生的变化,任何一个放射性原子核,原子核的衰变服从一定的统计规律.

设在 $t \rightarrow t+dt$ 时间内发生核衰变的原子核数为 dN,它与当时存在的原子核数 N 成正比,也与时间 dt 成正比,于是

$$-dN = \lambda N dt \tag{15-9}$$

λ 是比例常量,负号表示原子核的数目在减少.设 $t=0$ 时原子核的数目为 N_0,将上式积分后可得

$$N = N_0 e^{-\lambda t} \tag{15-10}$$

这就是放射性衰变定律,如图 15-9 所示.把(15-9)式改写一下:

$$\lambda = \frac{-\mathrm{d}N/\mathrm{d}t}{N}$$

式中分子代表单位时间内发生衰变的原子核数,分母代表当时的原子核总数. 因此,λ 就代表一个原子核在单位时间发生衰变的概率,称为衰变常量(decay constant).

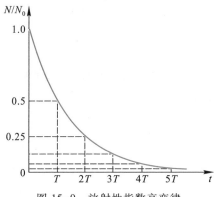

图 15-9   放射性指数衰变律

放射性同位素衰变其原有核数的一半所需的时间,称为半衰期(half life period),用 $T_{1/2}$ 表示. 即当 $t = T_{1/2}$ 时,$N = \dfrac{N_0}{2}$,于是由式(15-10)可得

$$\frac{N_0}{2} = N_0 \mathrm{e}^{-\lambda T_{1/2}}$$

$$\boxed{T_{1/2} = \frac{\ln 2}{\lambda} = \frac{0.693}{\lambda}} \tag{15-11}$$

$T_{1/2}$ 和 λ 一样,是放射性同位素的特征常数,表征原子核衰变的快慢,它与外界因素(如温度、压强、电磁场等)无关. 只决定于放射性同位素本身的性质. 表 15-4 列出了几种核的半衰期.

表 15-4   几种放射性同位素的半衰期

同位素	衰 变	半衰期	同位素	衰 变	半衰期
^{3}H	β	12.4 a	^{60}Co	β	5.27 a
^{14}C	β	5 568 a	^{142}Ce	α	5×10^{15} a
^{32}P	β	14.3 d	^{212}Po	α	3×10^{-7} s
^{42}K	β	12.4 h	^{235}U	α	7.13×10^8 a
Ca	β	164 d	^{238}U	α	4.51×10^9 a

对于某种放射性同位素,其中有些原子核早衰变,有些晚衰变,寿命不一样,所以常用平均寿命 τ (mean life time) 来表征衰变的快慢,它指的是核在衰变前存在的时间的平均值. 若

在 $t \to t+dt$ 时间内衰变了 dN 个核,则其中每个核的寿命为 t,于是利用求统计平均值的算法可得

$$\tau = \frac{\int_0^{N_0} t(-dN)}{N_0}$$

利用式(15-10)代入得

$$\tau = \frac{\int_0^{\infty} \lambda N t dt}{N_0} = \frac{\int_0^{\infty} \lambda N_0 e^{-\lambda t} t dt}{N_0} = \frac{1}{\lambda}$$

$$= \frac{T_{1/2}}{\ln 2} = 1.44 T_{1/2} \tag{15-12}$$

上式说明,半衰期长的放射性同位素,它的原子核平均寿命也长.

二、放射性强度

我们常把放射性物质在单位时间内发生衰变的原子核数 $-\dfrac{dN}{dt}$ 定义为该物质的放射性强度. 又称为放射性活度(radioactivity),用 A 来表示,显然

$$A = -\frac{dN}{dt} = \lambda N_0 e^{-\lambda t} = A_0 e^{-\lambda t} \tag{15-13}$$

它也服从指数规律. 决定放射性强弱的量,不是 λ,也不是 N,而是 $A = \lambda N$,是 λ 和 N 的乘积. 例如天然钾中仅有 0.012% 是放射性的 ^{40}K,几乎普遍存在于我们周围的玻璃窗、玻璃杯,甚至我们戴的眼镜中,就是说,^{40}K 的原子核数 N 不算少. 但是,它的半衰期为 1.3×10^9 a,相应的 λ 十分微小,即它的衰变概率非常小,它的放射性强度就很弱. 它的存在对我们健康并无不利影响.

放射性强度的单位是 Ci(居里),为纪念居里夫妇而得名. 当某一物质每秒有 3.7×10^{10} 次核衰变时,其放射性强度为 1 Ci,即

$$1 \text{ Ci} = 3.7 \times 10^{10} \text{ s}^{-1}$$

常用的较小单位有 mCi(毫居里)和 μCi(微居里). 很容易算出,1 g ^{226}Ra 的放射性强度就近似为 1 Ci;实际上,1 Ci 的早期定义就是 1 g ^{226}Ra 在 1 s 内的放射性核衰变数.

放射性强度的另一种单位为 Bq(贝可勒尔),就是单位时间内衰变 1 个核,因此

$$1 \text{ Ci} = 3.7 \times 10^{10} \text{ Bq}$$

表 15-5 列举了一些辐射源的放射性强度.

表 15-5 一些辐射源的放射性强度

辐射源	辐射形式	放射性强度/Ci
20万吨级原子弹的裂变产物	α,β	6×10^{11}
核反应堆	α,β	$\sim 10^{10}$

续表

辐射源	辐射形式	放射性强度/Ci
工业用的 ^{60}Co	β	$\sim 10^6$
医疗用的 ^{60}Co	β	$\sim 10^3$
医疗用的 ^{131}I	β	$\sim 10^{-1}$
一只夜光表上涂的荧光物	β	$\sim 10^{-6}$
一个人体内的天然 ^{40}K	β	$\sim 10^{-7}$

　　顺便指出,放射性强度与放射性对物质产生的效应既有联系,又有区别.居里、贝克勒尔是放射性强度的单位,是由放射性物质本身决定的;而报刊上见到的伦琴、拉德则是放射性物质产生的射线对其他物质的效应大小的单位,它不仅取决于放射性物质本身的强弱,还决定于放出射线的特性,以及接受射线的材料的性质.

　　1 R(伦琴)=使 1 kg 空气中产生 2.58×10^{-4} C 的电荷量的辐射量

　　1 rad(拉德)= 1 kg 受照射物质吸收 10^{-2} J 的辐射能量

　　1 Gr(戈瑞)= 1 kg 受照射物质吸收 1 J 的辐射能量

　　人体一次吸收 5 Gr 的放射性将引起 50 % 的死亡率,而人体对电磁辐射的比吸收率(SAR)是 4 W/kg;照射 2 s 则可吸收 8 J/kg 的辐射能.大于 5 Gr,但不会有什么危险.可见在相同能量下,不同辐射的生物效应是不同的.为此,又定义了"西弗"(Sv)的单位来比较不同类辐射的杀伤力.它等于吸收剂量(Gy)乘上辐射权重因数.对 X 射线、γ 射线的辐射,辐射权重因数都是 1;而对人体破坏力极强的 α 射线,辐射权重因数可高达 20.这就是说,人体同样吸收 1 Gy 的 α 射线,其杀伤力远远高于吸收 1 Gy 的 X 辐射.

三、α 衰变

　　α 衰变是原子核自发放射出 α 粒子,即氦核 $^4_2$He,例如 $^{226}_{88}$Ra(镭)核的 α 衰变过程如下:

$$^{226}_{88}\text{Ra} \longrightarrow ^{222}_{86}\text{Rn} + ^4_2\text{He}$$

$^{222}_{86}$Rn(氡)核也具有 α 放射性.

$$^{222}_{86}\text{Rn} \longrightarrow ^{218}_{84}\text{Po} + ^4_2\text{He}$$

α 衰变使母核失去 2 个与电子电荷量相等的正电荷,因此衰变后原子序数减少 2,而子核在周期表上的位置将向前移 2 位,质量数应减少 4,α 衰变一般表示为

$$^A_Z\text{X} \longrightarrow ^{A-4}_{Z-2}\text{Y} + \alpha \tag{15-14}$$

　　α 衰变产生的 α 粒子来自原子核,在核内,α 粒子受到核力吸引(负势能),但在核外,α 粒子将受到库仑力的排斥.这样,在核表面就形成一个势垒,如图 15-10 所示.根据计算,例如 $^{212}_{84}$Po 的势垒高度 ≈ 26 MeV,而 ^{212}Po 衰变时释放的 α 粒子动能为 8.78 MeV,远低于势垒.按经典观点,α 粒子不能跑出原子核,但按量子力学的势垒穿透理论,它有一定的概率逸出.由此计算得到的 α 衰变平均寿命与 α 粒子动能的依赖关系,与实验给出的关系完全一致.这是量子力学用于核内的首次成功的尝试.

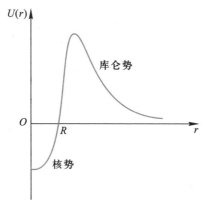

图 15-10　α 粒子受到的势垒

四、β 衰变

β 衰变是核电荷改变而核子数不变的核衰变. 它主要包括 β⁻ 衰变、β⁺ 衰变和电子俘获.

β⁻ 衰变是原子核放出高速电子,实验指出,原子核在 β⁻ 衰变过程中所放出电子的能量并不等于衰变前后原子核的能量差,而是从零到一个最大值有一定的分布,如图 15-11 所示. 只有最大值的能量才恰好与衰变能量差相当. 1930 年泡利为了解决这个问题,他指出:"只有假定在 β 衰变过程中,伴随每一个电子有一个中性粒子(称之为中微子)一起被发射出来,使中微子和电子的能量之和为常量,才能解决连续 β 谱". 由于中微子既不带电,质量又近乎为零,在实验中就极难测量,直到 1956 年才首次在实验中找到. 1934 年费米提出 β⁻ 衰变理论,认为在原子核的 β⁻ 衰变过程中,是核内的中子转变为质子(留在核内)同时放出一个电子和一个中微子. 后经进一步分析,确认与电子相对应的是反中微子 $\bar{\nu}_e$,即

$$_{0}^{1}\mathrm{n} \longrightarrow {}_{1}^{1}\mathrm{p} + {}_{-1}^{0}\mathrm{e} + \bar{\nu}_e$$

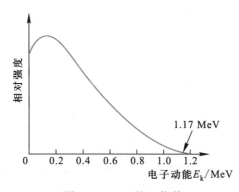

图 15-11　Bi 的 β 能谱

β⁻衰变可一般表示为

$$\,_{Z}^{A}X \longrightarrow \,_{Z+1}^{A}Y + \,_{-1}^{0}e + \overline{\nu}_e \qquad (15-15)$$

β⁺衰变是原子核放出正电子,同时伴随有中微子 ν_e,一般表示为

$$\,_{Z}^{A}X \longrightarrow \,_{Z-1}^{A}Y + \,_{+1}^{0}e + \nu_e \qquad (15-16)$$

实际上在原子核内,质子也有一定的概率转变为中子(留在核内)同时放出一个正电子和一个中微子:

$$\,_{1}^{1}p \longrightarrow \,_{1}^{1}n + \,_{+1}^{0}e + \nu_e$$

与 β 衰变相反的过程是电子俘获(electron capture),即原子核俘获了与它最接近的内层电子,使核内的一个质子转变为中子,同时放出一个中微子.电子俘获一般表示为

$$\,_{Z}^{A}X + \,_{-1}^{0}e \longrightarrow \,_{Z-1}^{A}Y + \nu_e \qquad (15-17)$$

由于 K 层电子最靠近原子核,所以 K 电子俘获最易发生.

五、γ衰变

当原子核发生 α、β 衰变时,往往衰变到子核的激发态.处于激发态的原子核是不稳定的,它要向低激发态或基态跃迁,同时放出 γ 光子.例如,医学上治疗肿瘤最常用的放射源 ^{60}Co,它的衰变如图 15-12 所示. ^{60}Co 以 β⁻ 衰变到 ^{60}Ni 的 2.50 MeV 激发态(半衰期为 5.27 a). ^{60}Ni 的激发态的寿命极短,它放出能量分别为 1.17 MeV 和 1.33 MeV 两种 γ 射线而跃迁到基态.

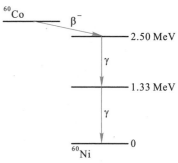

图 15-12 ^{60}Co 的 γ 衰变图

六、放射性同位素的应用

放射性同位素在工业、农业、医学卫生、科学研究等各方面都有着广泛的应用,其应用大致可归纳为三个方面:

(1) 示踪原子的应用   例如,工业上用放射性同位素来检测机器部件的磨损情况;农业上研究作物对化肥的吸收情况;医学上可用作疾病诊断等.

(2) 射线的应用   例如利用 γ 射线对金属进行无损探伤,利用射线辐射育种,γ 射线还可用来治疗恶性肿瘤和消毒医疗器械.

(3) 放射衰变规律的应用   主要用于考古学和古生物学的研究. ^{14}C 的半衰期是 5 730 年,这种放射性同位素是大气受到宇宙射线的轰击所产生的.并在大气的 CO_2 中占有一定的比例.植物吸收空气中的二氧化碳(其中包含 ^{14}C 和 ^{12}C),动物又以植物为食物,所以动植物体内 ^{14}C 和 ^{12}C 的比例与大气中的是一样的.当生物死亡后,与大气的交换停止了,生物体内的 ^{14}C 因衰变而减少.从而生物遗骸中 ^{14}C 与 ^{12}C 的比例下降,下降率与 ^{14}C 的半衰期有关.这样,由生物遗骸中 ^{14}C 和 ^{12}C 比例的测定,就可以确定该遗骸的年代.但因大气中 ^{14}C 的浓

度随着时间的流逝会有所变化,以及由于年代太久样品的放射性强度很弱,测量会有较大的误差.^{14}C 鉴年法由利比(W. F. Libby)首先提出,他于 1960 年获得诺贝尔化学奖.

§15-4　粒子物理简介 》》

一、粒子的发现概况

　　1897 年,汤姆孙(J. J. Thomson)在研究阴极射线时,发现了电子,这是发现的第一个粒子.1905 年,爱因斯坦研究光电效应时提出的光子是第二个粒子.1919 年卢瑟福(E. Rutherford)用 α 粒子轰击氮原子核,使它变成氧原子核,同时放出一个氢原子核,它也是原子核的组成部分,称它为质子.1932 年查德威克在研究铍的射线时发现了中子.在 20 世纪 30 年代,人们认为电子、光子、质子和中子四种粒子是构成物质的基本单元,并称之为"基本粒子".之后,新的粒子不断出现,而且研究表明"基本粒子"并不基本,其内部还包含构成的粒子,所以把"基本粒子"改称为粒子.

　　1930 年狄拉克预言电子有它的反粒子(antiparticle),称为正电子(positron).正电子与电子有相同的质量、自旋、寿命等,但所带的电荷量与电子等值异号,即带正电.两年后,安德孙(C. D. Anderson)在宇宙射线的研究中找到了正电子,证实了狄拉克的预言,这是发现的第一个反粒子.之后,又发现了 μ 子、π 介子、K 介子等.20 世纪 50 年代初至 60 年代初,陆续发现了反质子、反中子、中微子(静止质量几乎为零的中性粒子)等.还有,我国物理学家王淦昌领导的实验组于 1960 年发现了反西格玛负超子($\overline{\Sigma^-}$),它是 Σ^- 超子的反粒子.超子是指静止质量超过质子、中子静止质量的某些粒子.至今,已被发现并且确认的粒子有 400 多种,还有300 多种已发现而未被确认.粒子的种类很多,需要对它们进行分类研究.

二、粒子的分类

　　根据粒子的性质和参与相互作用的情况,可以有不同的分类方法.目前粒子物理主要按照参与的相互作用进行分类,分为轻子、强子(介子和重子)和媒介子(规范玻色子).表 15-6列出了粒子的分类和它的性质.

表 15-6　粒子分类和性质表

类别	粒子名称	符号	质量/ (MeV/c^2)	电荷 /e	自旋 /$\hbar$	平均寿命/s	主要衰变方式	反粒子
规 范 玻 色 子	光子	γ	0	0	1	稳定		
	W 粒子	$W^\pm$	80.22×10^3	±1	1	$>0.95\times10^{-25}$	$W^+ \longrightarrow e^+ + \nu$	$W^\mp$
	Z^0 粒子	Z^0	91.73×10^3	0	1	$>0.77\times10^{-25}$	$W^- \longrightarrow e^- + \overline{\nu}_e$	
	胶子	G	0	0	1	?	?	
	引力子	g	0	0	2	?	?	

续表

类别		粒子名称	符号	质量/ (MeV/c^2)	电荷 /e	自旋 /ℏ	平均寿命/s	主要衰变方式	反粒子
轻子		电子	e^-	0.510 990 6	-1	1/2	$>1.9\times10^{23}$ a,稳定		e^+
		μ 子	μ^-	105.658 389	-1	1/2	$2.197\,03\times10^{-6}$	$\mu^-\longrightarrow e^-+\bar\nu_e+\nu_\mu$	μ^+
		τ 子	τ^-	1 776.9	-1	1/2	0.305×10^{-12}	$\tau^-\longrightarrow \mu^-+\bar\nu_\mu+\nu_\tau$	τ^+
		电中微子	ν_e	$<7.3\ eV/c^2$	0	1/2	稳定		$\bar\nu_e$
		μ 中微子	ν_μ	<0.27	0	1/2	稳定		$\bar\nu_\mu$
		τ 中微子	ν_τ	<30	0	1/2	稳定		$\bar\nu_\tau$
强子	介子	π 介子	$\pi^\pm$	139.567 9	±1	0	$2.603\,0\times10^{-8}$	$\pi^+\longrightarrow \mu^++\nu_\mu$	$\pi^\mp$
			π^0	134.974 3	0	0	8.4×10^{-17}	$\pi^0\longrightarrow \gamma+\gamma$	π^0
		K 介子	K^+	493.646	+1	0	$1.237\,1\times10^{-8}$	$K^+\longrightarrow \mu^++\nu_\mu$	K^-
			K^0	497.671	0	0	$0.892\,2\times10^{-10}$	$K_S^0\longrightarrow \pi^++\pi^-$	$\overline{K}^0$
							5.17×10^{-8}	$K_L^0\longrightarrow \pi^++e^-+\nu$	
		η 介子	η^0	548.8	0	0	5.2×10^{-8}	$\eta^0=2\nu+3\pi$	
			η^1	958	0	0	7.7×10^{-19}	$\eta^1=\eta+\pi^++\pi^-$	
			J/Ψ	3 097±1	0	1	$>10^{-21}$		
			Υ	9 458±6	0	1	3.1×10^{-19}		
	重子	核子 质子	p	938.272 31	+1	1/2	$>10^{31}$ a,稳定		$\bar p$
		中子	n	939.565 63	0	1/2	889.1	$n\longrightarrow p+e^-+\bar\nu_e$	$\bar n$
		Λ 超子	Λ^0	1 115.63	0	1/2	2.632×10^{-10}	$\Lambda^0\longrightarrow p+\pi^-$	$\overline{\Lambda}^0$
		Σ 超子	Σ^+	1 189.37	+1	1/2	0.799×10^{-10}	$\Sigma^+\longrightarrow p+\pi^0$	
			Σ^0	1 192.55	0	1/2	7.4×10^{-20}	$\Sigma^0\longrightarrow \Lambda^0+\nu$	
			Σ^-	1 197.43	-1	1/2	1.479×10^{-10}	$\Sigma^-\longrightarrow n+\pi^-$	
		Ξ 超子	Ξ^0	1 314.9	0	1/2	2.90×10^{-10}	$\Xi^0\longrightarrow \Lambda^0+\pi^0$	$\overline{\Xi}^0$
			Ξ^-	1 291.32	-1	1/2	1.639×10^{-10}	$\Xi^-\longrightarrow \Lambda^0+\pi^-$	$\overline{\Xi}^-$
		Ω 超子	Ω^-	1 672.43	-1	3/2	0.822×10^{-10}	$\Omega^-\longrightarrow \Lambda^0+K^-$	Ω^+
		Λ 超子	Λ_c^+	2 284.9	+1	1/2	1.91×10^{-13}	$\Lambda_c^+\longrightarrow \Sigma^++\pi^++\pi^-$	Λ_c^-

（1）规范玻色子（gauge boson）　又称媒介子或场量子（field quanta），是传递相互作用的粒子.有以下四种.① 光子是传递电磁相互作用的粒子.② 中间玻色子是传递弱相互作用的粒子,有带电的（$W^\pm$）和中性的（Z^0）三种.③ 胶子是理论预言的传递强相互作用的粒子.有 8 种.胶子的存在有间接的实验证据.④ 引力子是理论预言传递引力作用的媒介子,它还是理论上的概念.

（2）轻子（hepton）　不参与强相互作用的粒子称为轻子.轻子的自旋量子数都是 1/2,属费米子,它们参与弱相互作用,带电的还参与电磁相互作用.轻子有六种分为三代,即

$$\begin{pmatrix} e \\ \nu_e \end{pmatrix} \qquad \begin{pmatrix} \mu \\ \nu_\mu \end{pmatrix} \qquad \begin{pmatrix} \tau \\ \nu_\tau \end{pmatrix}$$

第二代轻子 μ 的质量比第一代电子 e 大 200 多倍,第三代轻子 τ 的质量比第二代大十几倍,比第一代大 3 000 多倍.μ 子和 τ 子除质量比电子大外,其他性质几乎完全相同,故两者俗称重电子和超重电子.中微子不带电,人们一直认为其静止质量为零,但最近测量的结果

$m_{v_e} < 7.3 \text{ eV}/c^2$,看来中微子的质量是非常小的,至今尚未发现轻子具有内部结构.

（3）强子（hadron）　参与强相互作用的粒子称为强子.强子也参与弱相互作用.带电的或中性带磁矩的强子还参与电磁相互作用.根据粒子的自旋,强子又分为介子（meson）和重子（baryon）两类.

介子的自旋量子数为 0,所以介子是玻色子.重子的静止质量都大于质子质量,自旋量子数除 Ω 超子为 3/2 外,其他都是 1/2,重子是费米子.

在已发现的几百种粒子中,重子占绝大多数.其中质子和反质子是稳定粒子,其余强子在自由状态下都要衰变.中子在自由状态是不稳定的.但在原子核内却能稳定地存在着.

三、粒子的相互作用

粒子的产生和转变是通过粒子间的相互作用进行的.表 15-7 列出了自然界中物质之间的四种相互作用,以资比较.

表 15-7　四种相互作用比较

名　　称	引力作用	弱相互作用	电磁相互作用	强相互作用
作用力程	∞	$<10^{-17}$ m	∞	$10^{-15} \sim 10^{-16}$ m
举例	天体之间	β 衰变	原子结合	核力
相对强度	10^{-39}	10^{-15}	1/137	1
媒介粒子	引力子?	中间玻色子（$W^\pm, Z^0$）	光子（γ）	介子（π）
被作用粒子	一切物体	强子、轻子	强子、e、μ、γ	强子
特征时间/s		$>10^{-10}$	$10^{-20} \sim 10^{-16}$	$<10^{-23}$

从上表可以看出,万有引力相互作用远小于其他三种相互作用,因此在粒子物理中通常不予考虑.在粒子物理中,不仅带电粒子之间交换光子实现电磁相互作用,而且一切有光子参与的粒子相互作用过程,也都存在电磁相互作用.强相互作用是一种短程力,只有当强子间的距离小于 10^{-15} m 时,强子间才存在显著的强相互作用.弱相互作用是在原子核的 β 衰变过程中发现的.它还普遍地存在有中微子参与各种过程中,弱相互作用可以使一种强子转变为另一种强子,也可以使介子转变为轻子或使一种轻子转变为另一种轻子.

四、守恒定律

在粒子的相互作用和转化过程中,也必须遵守一些守恒定律.如能量、动量、角动量和电荷守恒定律.此外,在粒子物理中还有一些新的守恒定律,如重子数、轻子数、同位旋、奇异数、宇称等守恒定律.下面作简单介绍.

1. 重子数守恒

每个粒子都有一个称为重子数的量子数,用 B 表示.对所有的重子（包括核子和超子等）,$B=+1$;对所有的反重子,$B=-1$;对所有的介子和轻子 $B=0$.对所有粒子反应过程,反应前后系统的重子数守恒,这称为重子数守恒定律.

2. 轻子数守恒

类似于重子数,每个轻子有一个轻子数的量子数.轻子数分为两类:对于电子 e^- 和电子中微子 ν_e 的轻子数 $L_e=+1$,它的反粒子 e^+ 和 $\bar{\nu}_e$,$L_e=-1$;对于 μ^- 和 ν_μ,$L_\mu=+1$,它的反粒子 μ^+ 和 $\bar{\nu}_\mu$,$L_\mu=-1$.对于 τ 子的中微子 ν_τ 是否会有第三种轻子数守恒,尚待进一步证实.对所有粒子的反应过程,反应前后的轻子数代数和分别守恒,这就是轻子数守恒定律.

3. 同位旋守恒

中子和质子除了电荷状态不同外,两者可认为是同一种粒子(核子),因此,核子有一个新的量子数——同位旋(isotropic spin),用 I 表示,$I=\dfrac{1}{2}$.质子和中子同位旋在空间的分量分别为 $I=+\dfrac{1}{2}$ 和 $-\dfrac{1}{2}$.

对奇异数及宇称等,在粒子反应过程中并不是普遍守恒的,见表 15-8,这里就不再做进一步讨论了.

表 15-8　基本相互作用和守恒定律

守恒量 相互作用	能量	动量	角动量	电荷	轻子数	重子数	同位旋	同位旋分量	奇异数	宇称
强相互作用	+	+	+	+	+	+	+	+	+	+
弱相互作用	+	+	+	+	+	+	−	−	−	−
电磁相互作用	+	+	+	+	+	+	−	+	+	+

五、强子的夸克模型

研究粒子的课题,从根本上说有两个方面,一是粒子的本身结构,另一是粒子间的相互作用、运动和变化的规律,到目前为止,已发现并被确认的粒子已逾 400 余种,这些粒子是否还有内部结构?

实验证明,对于轻子迄今还未发现有任何结构,但对强子,情况却大不相同.1932 年,斯特恩测得质子的磁矩为 $2.79\mu_p$,后来又测得中子的磁矩为 $-1.91\mu_p$,它们的数值都远离狄拉克理论的预言;不带电的中子也居然有磁矩,这使人猜想它们有内部结构.1956 年,霍夫斯塔特(R. Hofstadter)用高速电子轰击质子时,发现质子的电荷有个分布,电荷半径约为 0.7 fm.后来又发现中子虽然呈中性,但内部却有正电及负电,电荷分布半径为 0.8 fm.另外还发现在核子内部存在好多个散射中心,还发现存在一些具有很大自旋角动量的粒子等.这一切都暗示粒子是有内部结构的,于是从 20 世纪 50 年代中期开始,许多科学家纷纷提出关于基本粒子内部结构的各种模型.1964 年盖尔曼(M. Gell-Mann)等人提出强子由夸克(quark)组成的模型.几乎同时,我国物理学家也提出类似的层子模型(这是根据物质有无限可分的层次的思想来定名的).夸克模型(或层子模型)认为,所有强子是由夸克组成,存在着三种夸克,称为上夸克、下夸克和奇夸克,分别以符号 u(up)、d(down)、s(strange) 表示,形象地称之为三种"味道". 相应地有三种反夸克,以 $\bar{u}$、$\bar{d}$、$\bar{s}$ 表示. 夸克具有分数电荷,下夸克和奇夸克的电荷为元电荷 e 的 $-1/3$,上夸克的电荷为元电荷 e 的 $2/3$,自旋都是 $\frac{1}{2}$,属费米子. 参见表 15-9. 所有重子均由三个夸克组成,所有介子均由一个夸克和一个反夸克构成. 例如质子 p 是由(uud)构成,中子 n 是由(udd)构成,π^+ 介子是由(u$\bar{d}$)构成,π^- 介子是由($\bar{u}$d)构成,π^0 介子是由($\bar{u}$u 或 $\bar{d}$d)构成. 表 15-10 列出了介子和重子构成的夸克谱. 夸克是借非常强的相互作用束缚在一起的.

表 15-9　六种夸克特性表

夸克种类	自旋/$\hbar$	电荷/e	质量/(MeV/c^2)
u(上)	1/2	2/3	5
d(下)	1/2	$-1/3$	9
s(奇)	1/2	$-1/3$	1.75×10^2
c(粲)	1/2	2/3	1.25×10^3
b(底)	1/2	$-1/3$	4.50×10^3
tα(顶)	1/2	2/3	$3 \times 10^4 \sim 5 \times 10^4$

表 15-10　一些强子的夸克谱

介　子	重　子
$\pi^+ = (u\bar{d})_{\uparrow\downarrow}$	$p = (uud)_{\uparrow\uparrow\downarrow}$
$\pi^0 = \frac{1}{\sqrt{2}}(u\bar{u} - d\bar{d})_{\uparrow\downarrow}$	$n = (udd)_{\uparrow\uparrow\downarrow}$
$\pi^- = (d\bar{u})_{\uparrow\downarrow}$	$\Sigma^+ = (uus)_{\uparrow\uparrow\downarrow}$
$K^+ = (u\bar{s})_{\uparrow\downarrow}$	$\Sigma^0 = \frac{1}{\sqrt{2}}(uds + sdu)_{\uparrow\uparrow\downarrow}$
$K^- = (s\bar{u})_{\uparrow\downarrow}$	$\Sigma^- = (dds)_{\uparrow\uparrow\downarrow}$
$K^0 = (d\bar{s})_{\uparrow\downarrow}$	$\Xi^0 = (uss)_{\uparrow\uparrow\downarrow}$
$\bar{K}^0 = (s\bar{d})_{\uparrow\downarrow}$	$\Xi^- = (dss)_{\uparrow\uparrow\downarrow}$
$\eta = \frac{1}{\sqrt{6}}(u\bar{u} + d\bar{d} - 2s\bar{s})_{\uparrow\downarrow}$	$\Lambda^0 = \frac{1}{\sqrt{2}}(sdu - sud)_{\uparrow\uparrow\downarrow}$

注:表中每个强子夸克谱括号外的小箭头表示夸克自旋之间相互关系.

1974 年丁肇中和里希特(B. Richter) 独立地发现了一个新颖粒子,他们分别称它为 J 粒子和 Ψ 粒子,现在统称 J/Ψ 粒子,它的质量为 3 100 MeV/c^2,约为质子的 3.3 倍,自旋为 1,而寿命为 10^{-20} s,比通常的共振态粒子的寿命长约 10^4 倍. 从自旋来说应属于玻色子,从质量来说应属于超子,所以从性质上说,它应是一个"新"的粒子. 这个粒子无法由原来的三种夸克组合而成,必须引入第四种夸克——粲夸克(c)(charm).J/Ψ 粒子是由 1 个粲夸克和 1 个反粲克组成,即 J/Ψ=(c$\bar{c}$).后来又在实验上发现了 D 介子,Λ$_c$ 超子等粒子,为粲夸克的存在提供了进一步的证据.为此,丁肇中和里克特共同获得 1976 年诺贝尔物理学奖.1977 年莱德曼(L. M. Lederman)等又发现了 Υ 粒子,为了说明它的性质和结构,又引入了第 5 种夸克——底夸克(b),Υ 粒子是由(b,$\bar{b}$)构成.因为夸克都是费米子(自旋 1/2),它们结合成一个系统时应遵守泡利不相容原理,例如质子中有两个 u 夸克,这两个 u 夸克就不允许处于同一状态,又如中子中有两个 d 夸克,Ω$^-$ 中有三个 s 夸克,也是不允许处于同一状态的.为了说明这个问题,从而提出每个夸克还应有一个新的量子数,形象地用"颜色"来表示,就规定每种夸克都有红、绿、蓝三色,各用 R、G、B 来标记.例如 Ω$^-$ 就可用一个红 s 夸克、一个绿 s 夸克和一个蓝 s 夸克组成,虽然这三个 s 夸克的自旋取向和其他特性都相同,但因其色不同,所以不违背泡利不相容原理.所谓夸克的色只是借用来代表夸克的一种内禀性质,不同作者用不同的颜色来代表,有以红、蓝、黄,也有以红、蓝、白标记的.此外,由于已证实有三种轻子(e,μ,τ)和与之相应的三种中微子(ν_e,ν_μ,ν_τ),这六种粒子分成三代

$$\begin{pmatrix} \nu_e \\ e \end{pmatrix}, \begin{pmatrix} \nu_\mu \\ \mu \end{pmatrix}, \begin{pmatrix} \nu_\tau \\ \tau \end{pmatrix}$$

从强子与轻子的对称性来考虑,组成强子的夸克似乎还应增加第 6 种夸克,一般称为顶夸克,以 t(top)来标记,这种夸克已于 1995 年为实验证实.六种夸克也分成三代

文档:粲夸克的发现

$$\begin{pmatrix} u \\ d \end{pmatrix}, \begin{pmatrix} s \\ c \end{pmatrix}, \begin{pmatrix} t \\ b \end{pmatrix}$$

这六种夸克被物理学风趣地称为是具有六种"味道"(flavor)的夸克,这样夸克就有 6 种"味",每味有 3 种"色",共有 18 种夸克,连同它们的反夸克,总数就有 36 种.轻子和夸克是否就是组成物质世界的基本的单元,尚待于进一步证实.

夸克通过非常强的相互作用结合成强子,有人设想这种相互作用是否也有一种粒子交换来实现,因而提出称为胶子(gluon)的粒子.1978 年丁肇中领导的实验小组在德国汉堡电子同步加速器中心,观察到所谓"三喷注"现象,为胶子的存在提供了一个实验证据.实验能观测到强子的夸克结构,却观测不到自由夸克,人们把这一事实称为"夸克禁闭".

六、粒子物理的标准模型与相互作用

1960 年以来,物理学家综合了粒子世界的基本组成单元和运动规律,形成了粒子物理的标准模型,把已发现的和预言的 62 种基本粒子分成两大类:一类是构成基本物质的费米子,包括夸子和轻子共 48 种;另一类是规范玻色子,包括光子、胶子、W$^\pm$ 和 Z^0 粒子共 13 种,是传递相互作用的粒子.标准模型还把自然界中的基本力归纳为四种相互作用:引力相互作用、电磁相互作用、弱相互作用和强相互作用.

四种相互作用之间的联系,一直是物理学家关切的问题.爱因斯坦创立广义相对论后,曾企图把万有引力和电磁力统一起来,但没有成功.直到 1961 年以后,温伯格(S. Weinberg)

和萨拉姆(A. Salam)在格拉肖(S. L. Glashow)的基础上,独立地提出弱电统一理论,并预言弱相互作用是通过交换 $W^{\pm}$ 和 Z^0 三种中间玻色子来实现的.1983 年欧洲核子研究中心(CERN)实验证实了这些粒子.为此格拉肖等三人同获 1979 年诺贝尔物理学奖,鲁比亚(C. Rubbia)和范德米尔(S. Vander Meer)也荣获 1984 年诺贝尔物理学奖.

按照电弱统一理论,在能量非常高的情况下,电磁相互作用和弱相互作用具有很高的对称性,但在能量较低的情况下,对称性自发破缺了,统一的电弱相互作用分解成性质极不相同的两种相互作用.为了解决这个问题,1964 年恩格勒(F.Englert)和希格斯(Peter. W. Higgs)等分别提出假定,认为宇宙中充满了一种特殊物质,这种物质后来被命名为希格斯场,也就是希格斯玻色子(Higgs Boson),外号"上帝粒子".希格斯场引起电弱相互作用的对称性自发破缺,并将质量赋予所有的粒子,所以它是物质质量之源.很久以来,希格斯玻色子一直未被发现,直到 2012 年 7 月 4 日和 2013 年 3 月 14 日欧洲核子研究中心两次宣布发现了希格斯玻色子.这样,标准模型所预言的 62 种基本粒子终于全部找到了,画上完美的句号.为此,恩格勒和希格斯荣获 2013 年诺贝尔物理学奖.

电弱统一理论的成功,促进大统一理论的探索研究.大统一理论(grand unification theory, GUT)是把强相互作用和电、弱相互作用统一起来的理论.20 世纪 70 年代以来,国际上提出了许多大统一的理论方案,迄今为止,尚没有得到一个实验判定性的检验.

§15-5 宇宙学简介》》

宇宙学研究的是宇宙的物理状况和变化过程,也就是研究宇宙的性质、结构、运动和演化.宇宙学的研究是建立在观测事实基础上的.近代宇宙学把天文学及天体物理以及广义相对论、核物理与粒子物理结合在一起.

一、哈勃定律 宇宙膨胀说

早在 1914 年斯里弗(V. M. Slipher)发现星系的谱线有红移现象,即测得的光谱线波长比正常的光谱线向波长长的方向移动,称为宇宙红移.1929 年哈勃(E. P. Hubble)进一步研究了一些已知距离的星系的光谱红移现象,他认为宇宙红移就是熟知的光学多普勒红移.根据多普勒效应,运动的光源所发的光的频率与静止光源的频率 ν_0 之差为

$$\Delta\nu \approx \frac{v}{c}\nu_0$$

这说明这些星系都是在远离地球而去.他还发现谱线的红移量与它们离开我们的距离成正比,亦即星系离去的速度 v(退行速度)与距离 d 成正比;

$$v = H_0 d \tag{15-18}$$

这就是著名的哈勃定律,其中 H_0 称为哈勃常量.由于这个"常量"实际上是时间的常量,下标 0 表示当前的值.由于星系距离的测准非常困难,H_0 的测定一直是天文观测的重要课题,

1994 年从哈勃望远镜观测所推断的 H_0 数值为（80 ± 17）km/（s·Mpc）①，1995 年为（69 ± 8）km/（s·Mpc），一般取

$$H_0 = 50h_0 \text{ km/（s·Mpc）}, \qquad 1\leqslant h_0 \leqslant 2 \qquad (15\text{-}19)$$

哈勃定律是在地球上观测星系得到的结论，但这决不意味着地球处于宇宙的特殊中心位置．根据宇宙学原理，无论在哪一个星球上观测，情况都是一样的．

哈勃定律指出，宇宙不是静态的，而是处于膨胀之中，且膨胀的速度正比于距离．宇宙膨胀的观念与爱因斯坦引力场方程得到的运动的解完全一致，是广义相对论的一个自然结果，遗憾的是在红移现象发现之前，爱因斯坦却用修改自己的引力方程以满足静态要求，这是他"一生中最大的错事"．

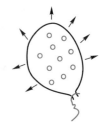

为了对宇宙膨胀进行直观的理解，我们设想在一个气球表面画上若干点（图 15-13），然后将气球吹得更大，你会发现气球上任何两点之间的距离都成比例地增大．从任何一点量起，其他各点都离自己远去，且越远的点离去得更快．如把三维空间比拟作二维球面，哈勃定律正说明宇宙正在膨胀着．

图 15-13　二维曲面的膨胀

二、大爆炸宇宙模型

哈勃定律所揭示的膨胀宇宙图像还有更深刻的含义．膨胀使得宇宙空间体积变大，密度变小，温度降低．设想时间倒流，则时间越早，宇宙的密度就越大，温度就越高．在极限情况下，宇宙过去一定有一个密度和温度均为无穷大的状态，它相当于时空的一个"奇点"．而宇宙诞生于"奇点"的爆炸．早在 1948 年伽莫夫（G. Gamow）与他的合作者就提出了大爆炸宇宙模型（"Big Bang" cosmological model），认为宇宙起源于一次大爆炸，大爆炸之后产生了各种物质粒子和辐射．伽莫夫还预言了应当观测到大爆炸的遗迹．即均匀各向同性的宇宙背景辐射，他并且估算出这个背景辐射的温度现在应当大约为 10 K．伽莫夫的大爆炸宇宙学说当时并没有引起人们的重视．因为这一学说与传统的宇宙观相去甚远．直到 1965 年彭齐亚斯（A. A. Penzias）和威耳孙（R. W. Wilson）发现了温度为 2.7 K 的宇宙微波背景辐射后，大爆炸宇宙模型才最终被人们所接受，并成为现今的标准宇宙模型．

视频：大爆炸

文档：宇宙射线的发现

三、宇宙的演化

根据粒子物理研究进展，目前盛行的热大爆炸描绘的宇宙演化过程如表 15-11 所示．按照粒子形成来分，宇宙的演化过程可分为普朗克时代、大统一时代、强子时代、轻子时代、核合成时代以及复合时代．

---

① Mpc（兆秒差距）是天文学长度单位，1 Mpc = 3.262×10^6 l. y.（光年）= 2.900×10^{16} m．

表 15-11　宇宙演化时间表

宇宙时间	温度/K	能量/eV	时　代	物理过程
0	∞	∞	奇点	大爆炸
10^{-44} s	10^{32}	10^{28}	普朗克时代	粒子产生出现时间和空间
10^{-36} s	10^{28}	10^{24}	大统一时代	夸克、粒子和各种场量子产生、宇宙中物质的起源
10^{-6} s	10^{13}	10^{9}	强子时代	大量强子产生过程
10^{-2} s	10^{11}	10^{7}	粒子时代	轻子产生过程
1 s	10^{10}	10^{6}		中微子脱耦
5 s	5×10^{9}	5×10^{5}	辐射时代	$e^{+}e^{-}$ 湮没
3 min	10^{9}	10^{5}	核合成时代	^{4}He 等生成
4×10^{5} a	4×10^{3}	0.4	复合时代	中性原子生成,光子脱耦,星系形成
10^{10} a	2.7	3×10^{-4}	现在	人类进行科学实验

1. 普朗克时代

在 $t=0$ 时刻,宇宙从高温、高密度的奇点状态演化出来,这是由经典物理得到的概念. 按照量子力学的不确定关系,原则上不可能完全精确地确定时间,其精度的限制是

$$t_{\mathrm{p}}=\left(\frac{\hbar G}{c^{5}}\right)^{1/2}=5.39\times10^{-44}\ \mathrm{s} \tag{15-20}$$

这称为普朗克时间,式中 $\hbar$ 为普朗克常量,G 为引力常量,c 为光速. 与此相应的时代,称为普朗克时代. 这个时代的问题涉及引力场的量子化,但至今尚不甚清楚. 空间尺度的精确确定也有一个限制,这个限制就是光在普朗克时间 t_{p} 内所走过的距离,称为普朗克长度,即

$$l_{\mathrm{p}}=ct_{\mathrm{p}}=\left(\frac{\hbar G}{c^{3}}\right)^{1/2}=1.62\times10^{-35}\ \mathrm{m} \tag{15-21}$$

与普朗克时间 t_{p} 相应的能量不确定度为

$$\frac{\hbar}{t_{\mathrm{p}}}=\left(\frac{\hbar c^{5}}{G}\right)^{1/2}=1.221\times10^{-9}\ \mathrm{GeV}$$

称为普朗克能量,与其相应的质量特征量称为普朗克质量.

$$m_{\mathrm{p}}=\frac{\hbar}{t_{\mathrm{p}}c^{2}}=\left(\frac{\hbar c}{G}\right)^{1/2}=2.17\times10^{-8}\ \mathrm{kg} \tag{15-22}$$

2. 大统一时代

到约 10^{-36} s 时,宇宙经历了大统一时代,产生出重子略多于反重子,造成重子的不对称性,成为今天物质世界的基础.

3. 强子时代

宇宙演化到 10^{-6} s 温度约为 5×10^{13} K 时,相应的能量约为 5 GeV,这时质子和中子以及它们的反粒子大量产生. 由于大部分强子,包括介子、超子和共振态粒子,它们的质量都在 5 GeV 以下,因此这时代各种强子和它们的反粒子都大量存在. 在温度高于这个范围时,宇

宙中可能是以夸克和反夸克的形式存在的.

4. 轻子时代

宇宙演化到 10^{-2} s,温度约为 10^{11} K,相应的能量约为 10 MeV,在这个温度范围的粒子大多是轻子:光子、中微子及其反粒子、电子和正电子.

随着宇宙的膨胀,在温度降到 10^{10} K 后,尽管中微子大量存在,却不再参与碰撞和热耦合,保持自由运动,这个现象称为中微子脱耦. 当温度达 $5×10^9$ K 时,正、负电子将大量湮灭而转化为光子,所剩下的少量电子的数目与质子相同,保持宇宙整体的电中性.

5. 核合成时代

当温度降到约 10^9 K 时,中子与质子碰撞就大量生成氘核. 氘核相撞又生成氦核 ^{4}He. 由于中子进入 ^{4}He 核内就不再衰变,从而为物质世界保持了大量中子. 在生成 ^{4}He 核的同时,也生成 ^{3}H 和 ^{3}He、^{7}Li、^{7}Be 等轻核. 总之,大约有四分之一的宇宙物质聚合成了氦,这个过程用完了所有可利用的中子,余下没有聚合的质子,就成氢原子核. 因此,这一理论预言宇宙应当大约由 75 % 的氢和 25 % 的氦组成,与天文测量结果相符. 又一次提供了支持宇宙大爆炸理论的令人信服的证据.

6. 复合时代

在温度降到约 4 000 K 时,电子和质子开始复合成中性的氢原子,电子与氦核复合成氦原子,宇宙物质变成中性的原子气体. 这时光子脱离热平衡而变成自由光子,成为 4 000 K 的黑体辐射. 随着宇宙膨胀,温度降低,4 000 K 的黑体辐射降到了现在的 2.7 K 的黑体辐射.

大约在 150 亿年之前,宇宙中大量的氢和氦在引力作用下,在高速运动中碰撞,在数千开的温度下,凝聚成了星系和类星体. 约在 100 亿年时,即距今 50 亿年左右,形成了今天的银河系、太阳和行星. 距今约 20 亿年时,出现了生命,人类的出现距今约 200~300 万年.

在宇宙演化过程中,温度从约 10^{10} K 降到约 10^9 K 时,发生以下核合成反应:

$$^1\text{H}+\text{n} \longrightarrow {}^2\text{H}+\gamma \qquad\qquad {}^2\text{H}+\text{p} \longrightarrow {}^3\text{He}+\gamma$$

$$^2\text{H}+{}^2\text{H} \longrightarrow {}^3\text{H}+\text{p} \qquad\qquad {}^3\text{H}+{}^2\text{H} \longrightarrow {}^4\text{He}+\text{n}$$

$$^3\text{He}+\text{n} \longrightarrow {}^3\text{H}+\text{p} \qquad\qquad {}^3\text{He}+{}^2\text{H} \longrightarrow {}^4\text{He}+\text{p}$$

$$^3\text{H}+{}^4\text{He} \longrightarrow {}^7\text{Li}+\gamma \qquad\qquad {}^4\text{He}+{}^2\text{H} \longrightarrow {}^6\text{Li}+\gamma$$

这些反应依次产生质量更大的核. 但这个链到 ^{7}Li 就停止了,原因是没有质量数为 8 的稳定核素,当时的温度已低到不能使轻核克服彼此间的库仑势垒而形成更重的核. 1952 年萨耳彼德(E. E. Salpeter)指出富氦的星体内核发生的反应 $2{}^4_2\text{He} \longrightarrow {}^8_4\text{Be}$,${}^4_2\text{He}+{}^8_4\text{Be} \longrightarrow {}^{12}_6\text{C}$,${}^{12}_6\text{C}+{}^4_2\text{He} \longrightarrow {}^{16}_8\text{O}$ 等可以将合成延续到 ${}^{56}_{26}\text{Fe}$. 更重的核要在超新星爆发中所具有的特殊环境(冲击波形成的巨大压力和温度)中形成.

四、大爆炸宇宙模型的成功和困难

大爆炸宇宙模型是以广义相对论为理论基础,并获得观测事实的强有力支持,主要的实验是① 星系谱线红移;② 宇宙背景辐射;③ 原始核合成中的氦丰度. 这个理论对于从原始火球后 10^{-35} 秒直到 150 亿年后的现在宇宙演化给予了一个可靠并经过检验的描述,并且解释了大量的观测事实. 这一理论的巨大成功,是 20 世纪科学研究的重大成就之一.

大爆炸宇宙模型也有些问题和困难,如视界(horizon)问题、平坦问题、光滑困惑、磁单极密度问题和暗物质暗能量问题等.都是当今宇宙学的重大研究课题.

值得强调的是,物理学的两大前沿——粒子物理和宇宙学,近年来以始料未及的方式汇合在一起.人们发现,将物理世界之最大与最小的这两方面的知识汇集在一起,才能得到更为完满的结果.

五、宇宙的未来

按照大爆炸模型,宇宙在膨胀,星球在演变并最终走向死亡阶段——白矮星、中子星或黑洞.一个重要的问题是,宇宙是否一直膨胀下去?这个问题又引申出宇宙到底是开放的(无限的),抑或是闭合的(有限的)? 有三种可能性:宇宙将继续膨胀,不会终止,但由于万有引力的作用,膨胀的速度有所变慢,这样的宇宙将是开放的和无限的;如果膨胀的速度减慢到零,宇宙仍将是开放的和无限的;如果万有引力的作用足够强大,使得膨胀最终停止下来并使宇宙开始收缩,那么宇宙就是闭合和有限的.在第三种情况下,300亿至400亿年之后,宇宙将膨胀至现在的两倍,然后宇宙开始收缩,所有物质又将坍缩,在大爆炸之后1000亿年回到开始的那一点(big crunch).

我们究竟生活在一个开放的宇宙还是闭合的宇宙,这与宇宙的平均质量密度有关.据估算,存在一个宇宙的临界密度,大约是 $\rho_c \approx 10^{-26}$ kg/m^3,这相当于整个宇宙的质量密度为每立方米仅有几个核子.如果宇宙的实际密度小于临界密度,$\rho < \rho_c$,宇宙将继续膨胀下去,是一个开放的宇宙;如果宇宙的平均质量密度等于临界密度,$\rho = \rho_c$,那么宇宙将如同上述第二种可能;如果宇宙的平均质量密度 $\rho > \rho_c$,那么就如同上述第三种可能所述,在引力的作用下宇宙最终停止膨胀并开始收缩回到大爆炸的初态.

为了测量宇宙的实际密度,人们作了不懈的努力.得到的初步结果是,宇宙中可见物质(如人类本身以及我们周围看到的所有由分子、原子构成的东西)质量的密度比临界密度小1到2个数量级,这就意味着宇宙是一个开放的宇宙.但是,有证据证明,宇宙中存在一种看不见的物质,称为暗物质(missing mass 或 dark matter),如果算上暗物质,那么宇宙的密度就几乎等于临界密度.

暗物质存在的一个证据是,我们观察到星系中距其中心远处的天体的旋转速度很大,而不是按牛顿引力定律计算,距离中心越远,速度越小.这就说明当中有看不见的暗物质,它们虽然不发光,但存在引力作用.

科学家曾对暗物质的存在提出了多种假设,但直到目前还没有得到充分的证明.有科学家指出,暗物质可能就是曾经认为静止质量为零的各类中微子,而实际上中微子的静止质量不为零.由于宇宙中有大量的中微子,哪怕中微子的质量仅几个电子伏也可能使得宇宙的质量密度提高到接近临界密度.

由此可见,宇宙的未来取决于暗物质的存在及其数量.多年来,诺贝尔奖得主丁肇中教授领导的实验团队,进行了大量卓有成效的工作,试图揭开暗物质粒子存在之谜.上海交通大学季向东教授领衔的团队和清华大学团队在四川锦屏山深约2.4 km的地下实验室探测暗物质,也取得了显著的成果.总之,寻找暗物质成了宇宙研究中最具挑战性的课题,是阐明宇宙未来走向的关键所在.

习题 》》》

15-1 $^3_1$H 原子的质量是 3.016 05 u, $^3_2$He 原子质量是 3.016 03 u,试计算（1）这两个原子的核的质量（以 u 计）；（2）结合能（以 MeV 计）（要达到足够准确度以便相互作比较）.

15-2 $^{208}_{82}$Pb 核的比结合能近似为 8 MeV/核子.

（1）铅的这一同位素的总结合能是多少？（2）总结合能相当于多少个核子的静质量？（3）总结合能相当于多少个电子的静质量？

15-3 质子的电荷密度分布如习题 15-3 图所示,它的平均密度约为 1 fm³ 一个量子电荷单位（e/fm³）.试计算：

（1）以 C/m³ 表示这一电荷密度；（2）离质子中心 1 fm 远处,电势为多少伏特？

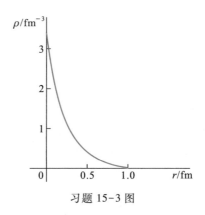

习题 15-3 图

15-4 核 $^5_3$Li 的寿命约为 10^{-21} s.

（1）应用不确定关系估计这个核的总能量的不确定度；（2）这个不确定度对测量核质量的精度（10^{-30} kg）会产生什么影响？

15-5 （1） $^6_2$He 核的质量是 6.017 79 u, $^6_3$Li 核的质量是 6.013 48 u,试分别计算两核的结合能和比结合能.

（2）在 $^6_2$He $\longrightarrow$ $^6_3$Li+e^-+$\bar{\nu}_e$ 衰变中,如果 $^6_3$Li 近似不动,则电子和反中微子所得的总能量是多少？

15-6 试计算在下列热核反应中

$$^2_1H+^2_1H \longrightarrow ^3He+n+3.27 \text{ MeV}$$

燃烧 1 g 核燃料时所产生的能量（焦耳）.

15-7 放射性 $^{226}_{86}$Ra 的半衰期为 1.6×10^3 a,如果某样品在时刻 t 含有 3.0×10^{16} 个核,求该时刻核素的放射性强度是多少？

15-8 一放射样品含 $^{11}_6$C 3.50 µg,半衰期为 20.4 min.（1）求最初的核数量；（2）样品最初及 8 h 后的放射性强度各是多少？（3）8 h 后放射性核还有多少？

15-9　利用^{14}C的放射性可以测定古生物遗骸的年代．如测得古墓骸骨中^{14}C的含量是现代人的3/5，^{14}C的半衰期为5 690 a，求此墓的年代．

15-10　类星体是离地球非常遥远而又十分明亮的天体．利用多普勒效应测量它发出的光谱位移，可以测出它的运动速度．今测得某一类星体从地球的退行速度为0.55c.（1）问这类星体离地球多远？（2）假定这类星体从大爆炸以来就以0.55c的速度运动，试估算一下宇宙的年龄．

附录
MATLAB 计算程序

附录 1： 例题 10-6 计算程序

```
%多个倍频谐振动的合成
clear
A=10;f=10;                        %设定振幅和基频率(f 为文中的 ν),单位分别是 cm
                                    和 Hz
i=input('请输入谐振动项数');      %输入谐振动项数
x(2,1:512)=0;x(3,1:512)=0;       %如 i=1 或 2,依情况将第 1、2 项谐振动设定为零
for k=1:i;
    n=2*k-1;                      %将项数 i 转换为谐频数 n
    for j=1:512
    t=(j-1)/1 000;                %设定计算时间步长
    x(k,j)=(1/n)*A*sin(2*pi*n*f*t);
                                   %计算各谐频振动(k 为谐振动项数,j 为时间点数)
    end
end
t=0:0.001:0.511;                 %设定时间坐标
subplot(2,2,1)                   %画出前两个谐频振动及其合成振动曲线图
plot(t,x(1,:),'k',t,x(2,:),'k:',t,x(1,:)+x(2,:),'b',[0,250],[0,0],'k');
axis([0 0.25-12 12])
xlabel('t(s)');ylabel('x(cm)');
subplot(2,2,2)                   %画出前三个谐频振动及其合成振动曲线图
plot(t,x(1,:),'k',t,x(2,:),'k:',t,x(3,:),'k:',t,x(1,:)+x(2,:)+x(3,:),'b',
    [0,250],[0,0],'k')
axis([0 0.25-12 12])
xlabel('t(s)');ylabel('x'(cm)');
subplot(2,2,3)                   %画出前 i 项谐振动的合成振动曲线
plot(t,sum(x,1),'b',[0,250],[0,0],'k')
axis([0 0.25-12 12])
xlabel('t(s)');ylabel('x(cm)');
```

附录 2： 混沌的计算程序

```
%单摆的混沌分析
clear
global delda wo wd f;            %定义全局变量
delda=0.25;                      %设定阻尼项系数 delda(方程中的 2δ)
wo=1;                            %设定系统频率 wo(方程中的 ω₀)
wd=0.666 7;                      %设定周期性外力的频率 wd(方程中的 ωd)
```

```
f=input('输入周期性外力的振幅大小');
                                %输入周期性外力的振幅大小
tspan=[0 600];                  %设定积分时间
y0=[0 0.2 0]';                  %初时条件:t=0 时,θ=0rad,(dθ/dt)=0.2rad/s
%[t,y]=ode23('xxdb',tspan,y0);  %求解名为"xxdb"的线性微分方程
[t,y]=ode23('fcdo',tspan,y0);   %求解名为"fcdo"的非线性微分方程
subplot(2,1,1)
plot(t,y(:,1),'k');             %舍去最初的一段时间后描绘出单摆的振动曲线
axis([500 600-3.2 2.5])
%axis([0 600-40 40])
xlabel('时间');ylabel('角位移');
y0=[0.001 0.2 0]';              %对初时条件稍作变动,t=0,θ=0.001rad,(dθ/dt)=0.2rad/s
%[t,y]=ode23('xxdb',tspan,y0);  %重解线性微分方程
[t,y]=ode23('fcdo',tspan,y0);   %重解非线性微分方程
hold on                         %在同一图上描绘出初时条件稍作变动后的振动曲线

plot(t,y(:,1),'b')
%非线性单摆的微分方程
function yp=fcdo(t,y)
global delda wo wd f;           %定义全局变量
yp=[y(2)-2*delda*y(2)-wo*sin(y(1))+f*cos(y(3))wd]';
                                %写入非线性单摆的微分方程
%线性单摆的微分方程
function yp=xxdb(t,y)
global delda wo wd f;           %定义全局变量
yp=[y(2)-2*delda*y(2)-wo*y(1)+f*cos(y(3))wd]';
                                %写入线性单摆的微分方程
```

附录 3: 衍射光栅光强的计算程序

```
%光栅衍射
clear
d=4e-5;lamda=5e-7;              %设定光栅常数 d=a+b,波长λ,
N=input('请输入缝数 N=');       %输入光栅缝数 N
thida=-0.014*pi:0.00001:0.014*pi; %设定衍射角 θ 的范围及计算步长,
beda=pi*d*sin(thida)/lamda;     %将衍射角 θ 换算成 β
I=(sin(N*beda)./sin(beda)).^2;  %计算相对光强
plot(sin(thida),I,'b')          %画出 N 缝光栅衍射相对光强的分布图
xlabel('sin(sita)');ylabel('I/Io');
```

习题答案

第十章

10-1 （1）25.12 rad/s, 0.25 s, 0.05 m, $\dfrac{\pi}{3}$, 1.26 m/s, 31.6 m/s²；（2）$\dfrac{25}{3}\pi$, $\dfrac{49}{3}\pi$, $\dfrac{241}{3}\pi$；

（3）略

10-2 （1）$\pm\pi$, $x=A\cos\left(\dfrac{2\pi}{T}\pm\pi\right)$；（2）$\dfrac{3\pi}{2}$ 或 $-\dfrac{\pi}{2}$, $x=A\cos\left(\dfrac{2\pi}{T}+\dfrac{3\pi}{2}\right)$ 或 $x=$

$A\cos\left(\dfrac{2\pi}{T}-\dfrac{\pi}{2}\right)$；（3）$\dfrac{\pi}{3}$, $x=A\cos\left(\dfrac{2\pi}{T}+\dfrac{\pi}{3}\right)$；（4）$\dfrac{7\pi}{4}$ 或 $-\dfrac{\pi}{4}$, $x=A\cos\left(\dfrac{2\pi}{T}+\dfrac{7\pi}{4}\right)$ 或 $x=$

$A\cos\left(\dfrac{2\pi}{T}-\dfrac{\pi}{4}\right)$

10-3 （1）$x=0.10\cos\left(\dfrac{5}{6}\pi t-\dfrac{\pi}{3}\right)$ （SI 单位）；（2）0；（3）0.4 s

10-4 （1）0.17 m；（2）-4.19×10^{-3} N, 方向指向平衡位置；（3）$\dfrac{2}{3}$ s ≈ 0.667 s；

（4）-0.326 m/s, 5.31×10^{-4} J, 1.78×10^{-4} J, 7.09×10^{4} J

10-5 （1）6.64 N, 12.96 N；（2）0.062 m

10-6 2.21×10^{5} N

10-7 $y=\dfrac{mg}{k}\sqrt{1+\dfrac{2kh}{(m'+m)g}}\cos\left[\sqrt{\dfrac{k}{m'+m}}\,t+\left(\arctan\sqrt{\dfrac{2kh}{(m'+m)g}}+\pi\right)\right]$

10-8 （1）$T_0=2\pi\sqrt{\dfrac{m'}{k}}$, $T_1=2\pi\sqrt{\dfrac{m'+m}{k}}>T_0$, $A_1=A_0$, $E_1=E_0$；（2）$T_2=\sqrt{\dfrac{m'+m}{k}}=$

T_1, $A_2=\sqrt{\dfrac{m'}{m'+m}}A_0<A_1$, $E_2=\dfrac{m'}{m+m'}E_0<E_1$

10-9 （1）$\pm\dfrac{\sqrt{2}}{2}A=\pm0.14$ m；（2）0.39 s, 1.18 s, 1.96 s, 2.75 s

10-10 略, $T=2\pi\sqrt{\dfrac{d}{\mu g}}$, 略

10-11 $T_1=2\pi\sqrt{\dfrac{r^2+2l^2}{2gl}}$, $T_2=2\pi\sqrt{\dfrac{l}{g}}$

10-12 周期相同, $T=2\pi\sqrt{\dfrac{2R}{g}}$

10-13 略

10-14 （2）$T=2\pi\sqrt{\dfrac{m+J/R^2}{k}}$；（3）$x=\dfrac{mg}{k}\cos\left(\sqrt{\dfrac{k}{m+J/R^2}}t+\pi\right)$

10-15 2 mm

10-16 0.353 N

10-17 21 s

10-18 108 km/h

10-19 633 pF→158 pF

10-20　（1）0.014 A；（2）$\pm 9.90\times 10^{-7}$ C；（3）7.85×10^{-5} s

10-21　（1）4.5×10^{-4} J；（2）$\pm 4.24\times 10^{-5}$ C

10-22　$x=0.01\cos\left(2t+\dfrac{\pi}{6}\right)$ m

10-23　（1）$2k\pi-\dfrac{5}{6}\pi$，0.7 m；（2）$\dfrac{\pi}{6}$，0.1 m

10-24　$x=0.2\cos\left(10t+\dfrac{\pi}{2}\right)$ m

10-25　47.9 s^{-1}，52.1 s^{-1}，1.5 s

10-26　256.4 Hz 或 255.6 Hz

10-27　（1）$A\omega\cos\omega t+2B\omega\cos 2\omega t$，$-A\omega^2\sin\omega t-4B\omega^2\sin 2\omega t$；（2）不是

10-28　（1）$\dfrac{x^2}{(0.06)^2}+\dfrac{y^2}{(0.03)^2}=1$，（2）$0.11\sqrt{x^2+y^2}$ N

10-29　$x=0.1\cos(100\pi t+\pi)$，$y=0.1\cos(50\pi t+\pi)$

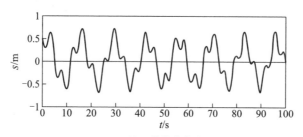

(a) m_1 的位移曲线

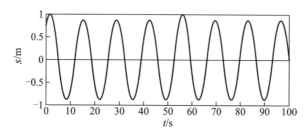

(b) m_2 的位移曲线

习题 10-30 解图

参考程序：

```
%两弹簧振子串联的振动分析
clear
global k1 k2 m1 m2;                    %全局变量
k1=0.5;k2=0.5;m1=0.5;m2=1;            %两振子参数
v10=0.1;x10=0.5;v20=0.4;x20=0.4;      %初始条件
```

```
y0 = [x10 v10 x20 v20]';
tmax = 100;                              %积分时间范围
tspan = [0 tmax];
[t,y] = ode23('lstc',tspan,y0);         %解微分方程
subplot(2,1,1)
plot(y(:,1))                            %画出第一个振子的位移曲线
xlabel('时间(s)');ylabel('位移(m)');
subplot(2,1,2)
plot(y(:,3))                            %画出第二个振子的位移曲线
xlabel('时间(s)');ylabel('位移(m)');
function vx = lstc(t,y)
global k1 k2 m1 m2;
x1 = y(1);v1 = y(2);x2 = y(3);v2 = y(4);   %y(1),y(2),y(3),y(4)分别为两振子的位
                                            移和速度
vx = [v1-k1*x1/m1+k2*(x2-x1)/m1 v2 k2*(x1-x2)/m2]';
                                            %写入运动方程
```

第十一章

11-1　（1）1.40；（2）8.33×10^{10} N/m^2；（3）$7.50 \times 10^{14} \sim 3.95 \times 10^{14}$ Hz

11-2　（1）0.05 m,5 Hz,0.5 m,2.5 m/s；（2）1.57 m/s,49.3 m/s^2；（3）9.2π,0.92 s

11-3　（1）0.02 m,0.3 m,100 Hz,30 m/s；（2）$-\dfrac{2}{3}\pi$

11-4　$y = 0.1\cos\left(20\pi t - \dfrac{25\pi}{3}x - \dfrac{2}{3}\pi\right)$ m

11-5　（1）$y_0 = 10\cos\left(\pi t + \dfrac{\pi}{3}\right)$ cm,　$y_P = 10\cos\left(\pi t - \dfrac{5\pi}{6}\right)$ cm

　　　（2）$y = 10\cos\left(\pi t - \dfrac{\pi}{20}x + \dfrac{\pi}{3}\right)$ cm

11-6　（1）$y = 3\cos 4\pi\left(t + \dfrac{x}{20}\right)$ m；（2）$y = 3\cos\left[4\pi\left(t + \dfrac{x'}{20}\right) - \pi\right]$ m

11-7　（1）$y = 0.04\cos\left(0.4\pi t - 5\pi x + \dfrac{\pi}{2}\right)$ m

11-8　（1）$y_p = 0.2\cos\left(2\pi t - \dfrac{\pi}{2}\right)$ m；（2）$y = 0.2\cos\left(2\pi t - \dfrac{10\pi}{3}x + \dfrac{\pi}{2}\right)$ m

11-9　（1）$y_0 = 10\cos(\pi t - \pi)$ cm；（2）$y = 10\cos\left(\pi t + \dfrac{\pi}{20}x - \pi\right)$ cm

　　　（3）$y_Q = 10\cos\left(\pi t + \dfrac{\pi}{6}\right)$ cm

11-10　（1）3.0×10^{-5} J/m^3,6.0×10^{-5} J/m^3；（2）4.62×10^{-7} J

11-11 $6.37 \times 10^{-6} \ \text{J/m}^3, 2.165 \times 10^{-3} \ \text{W/m}^3$

11-12 $34.5 \ \text{km}$

11-13 $0.38 \ \text{mm}$

11-14 10^4

11-15 （1）$26 \ \text{dB}$；（2）$100 \ \text{m}$

11-16 （1）$4.0 \times 10^{-5} \ \text{W/m}^2$；（2）$1.72 \times 10^{-7} \ \text{m}$；（3）$0.924 \ \text{N/m}^2$

11-17 （1）58.3；（2）2.9×10^{-4}；（3）$35.4 \ \text{dB}$

11-18 $Hy = 2.39\cos\left(2\pi\nu t + \dfrac{\pi}{6}\right) \ \text{A/m}, Eax = 900\cos\left[2\pi\nu\left(t - \dfrac{a}{c}\right) + \dfrac{\pi}{6}\right] \ \text{V/m},$

$Hay = 2.39\cos\left[2\pi\nu\left(t - \dfrac{a}{c}\right) + \dfrac{\pi}{6}\right] \ \text{A/m}, Ea'x = 900\cos\left[2\pi\nu\left(t + \dfrac{a}{c}\right) + \dfrac{\pi}{6}\right] \ \text{V/m},$

$Ha'y = 2.39\cos\left[2\pi\nu\left(t + \dfrac{a}{c}\right) + \dfrac{\pi}{6}\right] \ \text{A/m}$

11-19 $3.96 \times 10^{26} \ \text{W}, 9.3 \times 10^{-6} \ \text{Pa}$

11-20 $1.55 \times 10^3 \ \text{V/m}, 5.17 \times 10^{-6} \ \text{T}$

11-21 $2.65 \times 10^{-2} \ \text{A/m}, 2.65 \times 10^3 \ \text{W}$

11-22 略，$E_R\cos(\omega t + \phi \pm \pi), E_T\cos(\omega t + \phi)$

11-23 $0; 4I_0$

11-24 距 A 点 $1, 3, 5, \cdots, 29 \ \text{m}$ 处；在 AB 连线外的任一点振动加强

11-25 $\lambda = 2\left[\sqrt{4(H+h)^2 + d^2} - \sqrt{4H^2 + d^2}\right]$

11-26 $y = A\cos\omega t$

11-27 （1）$5\ 015 \ \text{Hz}$；（2）$2:1$

11-28 （1）$y = 0.12\cos 0.01\pi x\cos 4\pi t$

    （2）波节：$x = 50(2k+1) \ \text{m}$ $(k = 0, \pm 1, \pm 2, \cdots)$,

        波腹：$x = 100k \ \text{m}$ $(k = 0, \pm 1, \pm 2, \cdots)$

11-29 $y = 0.1\cos\left[2\pi(10t - x) + \dfrac{\pi}{2}\right]$ （SI），$y = 0.1\cos\left[2\pi(10t + x) - \dfrac{\pi}{2}\right]$ （SI）

11-30 （1）$y_入 = 0.04\cos\left[100\pi\left(t - \dfrac{x}{100}\right) + \dfrac{5}{6}\pi\right]$，$y_反 = 0.04\cos\left[100\pi\left(t + \dfrac{x}{100}\right) + \dfrac{11}{6}\pi\right]$

    （2）波节：$x = 0, 1, 2, \cdots, 10 \ \text{m}$，波腹：$x = 0.5, 1.5, \cdots, 9.5 \ \text{m}$

11-31 （1）$50 \ \text{Hz}$

    （2）$y_1 = 0.005\cos(314t - 3.14x), y_2 = 0.005\cos(314t + 3.14x)$

11-32 （1）$y_入 = A\cos\left[2\pi\left(\nu t - \dfrac{x}{\lambda}\right) + \dfrac{\pi}{2}\right]$，$y_反 = A\cos\left[2\pi\left(\nu t + \dfrac{x}{\lambda}\right) + \dfrac{\pi}{2}\right]$

    （2）$y = 2A\cos\dfrac{2\pi x}{\lambda}\cos\left(2\pi\nu t + \dfrac{\pi}{2}\right)$

    （3）波腹：$x = 0, \dfrac{\lambda}{2}, \lambda, \dfrac{3\lambda}{2}, 2\lambda, \dfrac{5\lambda}{2}$，波节：$x = \dfrac{\lambda}{4}, \dfrac{3\lambda}{4}, \dfrac{5\lambda}{4}, \dfrac{7\lambda}{4}, \dfrac{9\lambda}{4}, \dfrac{11\lambda}{4}$

    （4）$y = \sqrt{3}A\sin 2\pi\nu t$

11-33　（1）74 Hz；（2）563.5 Hz

11-34　126

11-35　41 kHz

11-36　（1）0.28 m；（2）1 421 Hz；（3）331 m/s；（4）0.187 m

11-37　（1）0.25 m/s；（2）3 398 Hz

11-38　6 m/s

第十二章

12-1　略

12-2　0.9 m，平面镜的底端距离地面 0.85 m

12-3　$\theta = \arcsin \dfrac{\sqrt{n_1^2 - n_2^2}}{n_0}$

12-4　10 cm

12-5　30 cm，放大正立的虚像

12-6　19.6 cm，正立缩小的虚像

12-7　光源后 120 cm 或 40 cm 处

12-8　在透镜上表面顶点的下方 28.62 cm 处

12-9　545 nm，$d \leqslant 0.27$ mm

12-10　（1）0.6 mm，0.54 mm；（2）$6k \times 10^{-2}$ mm；（3）600 nm 的第 9 级起开始重合

12-11　6.64×10^{-3} mm

12-12　$\theta = \dfrac{\lambda}{4h}$

12-13　干涉图样向下移动了距离 $\dfrac{bD}{D'}$

12-14　673 nm

12-15　480 nm，600 nm，400 nm

12-16　674 nm，404 nm

12-17　105.8 nm

12-18　红光：81.3 nm，绿光：65 nm

12-19　8″

12-20　1.69 μm

12-21　590 nm，钠光灯

12-22　（2）$\sqrt{2Rd - \left(k - \dfrac{1}{2}\right)\lambda R}$；（3）8 条；（4）向两侧移动，同时中心处的光强由暗逐渐转明，9 条

12-23　（1）2.95×10^{-2} mm；（3）G_2 的 d 端低于 c 端

12-24　（1）明暗相间、内疏外密的同心圆条纹，级次为内高外低，5 个明条纹和 5 个暗条纹，边缘为明纹，中心点偏明；（2）边缘亮纹向外扩展，中心点明、暗交替变化，周围条纹向

内收缩,条纹间隔变大,可呈现的条纹数不断减少,直至膜厚均匀敷设,条纹消失

（2）中心处已减小,明暗交替. 由 $1.2\ \mu m \rightarrow 1.125\ \mu m$（暗）$\rightarrow 1.0\ \mu m$（明）$\rightarrow 0.875\ \mu m$（暗）$\rightarrow \cdots$

12-25　0.6 nm

12-26　1.000 29

12-27　5.46 mm,2.73 mm

12-28　$\theta_k = \arcsin\left(\sin\alpha \pm k\dfrac{\lambda}{a} \right)$,$k = \pm1,\pm2,\cdots$

12-29　428.6 nm

12-30　$k_1 = 3$,$k_2 = 2$;λ_1 的第 7 级暗纹与 λ_2 的第 4 级暗纹可重合

12-31　略

12-32　垂直入射:$k = 0$　　±1　　　±2　　　±3　　　±4　　±5

　　　　　　　$\theta = 0°$　$\pm10°11'$　$\pm20°42'$　$\pm32°2'$　±45　$\pm62°8'$

　　　斜入射:

$k = 0$　　-1　　　-2　　　-3　　　-4　　　　-5　　　　-6　　　-7　　　-8　　　1　　　2

$\theta = 30°$　$18°51'$　$8°25'$　$1°45'$　$-11°57'$　$-22°35'$　$-34°7'$　$-47°32'$　$-66°7'$　$42.36'$　$58°36'$

12-33　3 级

12-34　（1）6×10^{-4} cm;（2）1.5×10^{-4} cm;（3）15 条

12-35　1 000 条,$0.17°$,不变

12-36　800 nm,1 600 nm,6 000 条

12-37　690 nm,460 nm

12-38　8.94 km

12-39　13.9 cm

12-40　1 m

12-41　281 m

12-42　（1）2.96×10^5 m;（2）296 m

12-43　$k = 1$,$\lambda_1 = 0.416$ nm,$\lambda_2 = 0.395$ nm;$k = 2$,$\lambda_1 = 0.208$ nm,$\lambda_2 = 0.197$ nm

12-44　0.130 nm,0.097 nm

12-45　参考程序:

```
%单缝衍射对多缝干涉的调制
clear
clf
a = 0.8e-5;d = 4e-5;lamda = 5e-7;          %缝宽,缝间距,波长
N = input('请输入缝数 N=');                 %输入缝数
theta = -0.015 * pi:0.000 01:0.015 * pi;    %衍射角度变化范围
phi = 2 * pi * d * sin(theta)/lamda;        %将衍射角转化为相位角
u = pi * a * sin(theta)/lamda;
I0 = (sinc(u)).^2;                          %计算单缝相对光强
Id = (sin(N * phi/2)./sin(phi/2)).^2;       %计算多缝相对光强
```

I = I0. * Id;   %单缝衍射对多缝干涉调制后的光强

subplot(2,2,1)

plot(sin(theta),I0,'b')   %画出单缝衍射相对光强的分布

xlabel('sin(theta)');ylabel('单缝衍射相对光强');

subplot(2,2,2)

plot(sin(theta),Id,'k')   %画出 N 缝光栅相对光强的分布

xlabel('sin(theta)');ylabel('多缝干涉相对光强');

subplot(2,1,2)

plot(sin(theta),N * N * I0,':b',sin(theta),I,'k')

                                            %画出单缝衍射对多缝干涉调制后的光强分

                                            布图

xlabel('sin(theta)');ylabel('光栅衍射的相对光强;');

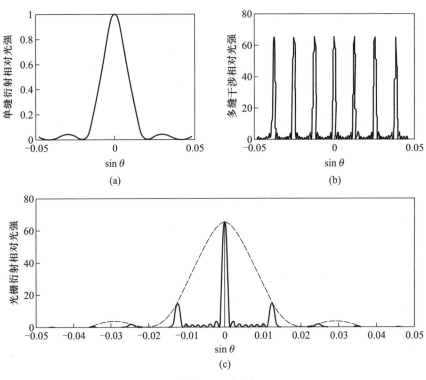

习题 12-45 解图

12-46   2.25 I_1

12-47   (1) 0.375;(2) 0.304

12-48   2:5

12-49   48°26′;41°34′

12-50　1. 60

12-51　11°30′

12-52　12°32′

12-53　（1）1. 57；（3）$d_{\mathrm{H}} = 60. 9$ nm，$d_{\mathrm{L}} = 221$ nm

12-54　48°10′

12-55　19°45′

12-56　0. 012 mm

12-57　1. 2 μm

第十三章

13-1　8. 28×10³ K，9. 99×10³ K

13-2　3. 63

13-3　1. 37×10¹⁷ kg

13-4　1. 001 3，2. 67

13-5　290 K

13-6　5. 16×10⁻⁴ J/s

13-7　（1）2. 01 eV；（2）1. 76 V

13-8　（1）6. 61×10⁻³⁴ J·s；（2）2. 28 eV；（3）542 nm，5. 53×10¹⁴ Hz

13-9　（1）2. 0 eV；（2）2. 0 V；（3）296 nm

13-10　138

13-11　5. 62×10¹³

13-12　1. 24×10²⁰ Hz，2. 42×10⁻³ nm，2. 73×10⁻²² kg·m/s，γ 射线

13-13　略

13-14　0. 10 MeV，1. 79×10⁻²² kg·m/s

13-15　4. 34×10⁻³ nm，63°21′

13-16　（1）10⁻⁴，1. 06×10⁻⁸

13-17　（1）95. 0 nm；（2）656. 3 nm，486. 2 nm，434. 1 nm

13-18　102. 6 nm，121. 6 nm，656. 6 nm

　　13-19　最长的波长分别是 121. 6 nm，656. 6 nm，1 876 nm，4 053 nm；最短的波长分别是 91. 2 nm，364. 8 nm，820. 8 nm，1 459 nm

13-20　1. 85×10⁶ m/s

13-21　$\sim \dfrac{1}{137}$，10

13-22　1. 67×10⁻²⁷ kg

13-23　1，2. 43×10⁻³

13-24　0. 866c，0. 001 4 nm

13-25　2. 48 V，1. 24×10⁴ V，1. 24×10⁷ V

13-26　24. 1°，54. 8°

13-27 2.54×10^{-2} eV

13-28   （1）5.8×10^{-3} m；（2）5.3×10^{-20} m；（3）5.3×10^{-29} m

13-29 5.28×10^{-10} m

13-30   31.9 km

13-31 9.77×10^{-9} s

13-32   略

13-33   0.134 mm/s

13-34   37.7 eV，150.8 eV，3.77×10^{3} eV，3.77×10^{5} eV，3.85×10^{5} eV 0.377×10^{-14} eV，1.51×10^{-14} eV 37.7×10^{-14} eV，3.77×10^{-11} eV，3.85×10^{-11} eV

13-35   0.196，0.40

13-36   （1）$2\lambda^{3/2}$；（2）$w(x) = \begin{cases} 4\lambda^{3}x^{2}e^{-2\lambda x} & (x \geq 0) \\ 0 & (x < 0) \end{cases}$；（3）$\dfrac{1}{\lambda}$

13-37   略

13-38 3.29×10^{-13} J，9.87×10^{-13} J

13-39   （1）7.52×10^{-15}；（2）0.039

13-40   （1）$E_{n} = -\dfrac{Gm_{s}m}{2a_{0}}\left(\dfrac{1}{n^{2}}\right)$；（2）$2.6 \times 10^{74}$

13-41 $0, \pm \dfrac{1}{a}$

13-42 $\dfrac{\pi}{4}, \dfrac{\pi}{2}, \dfrac{3\pi}{4}$

13-43   钾 $1s^{2}, 2s^{2}, 2p^{6}, 3s^{2}, 3p^{6}, 4s^{1}$；

        钠 $1s^{2}, 2s^{2}, 2p^{6}, 3s^{1}$

13-44   略

13-45   参考程序：

```
%氢原子的电子概率分布图
clear
for i = 1:400;
    k = (i-l)/25;                      %k = r/ao,ao 是玻尔半径
    %p(i) = round(500 * 4 * k. * k. * exp(-2 * k));
                                       %1 s 氢原子径向概率密度函数
    %p(i) = round(500 * k * k * (2-k)^2 * exp(-k)/8);
                                       %2 s 氢原子径向概率密度函数
    P(i) = round(500 * 4 * k * k * (27-18 * k+2 * k * k)^2 * exp(-2 * k/3)/19683);
                                       %3 s 氢原子径向概率密度函数
    theta = (2 * pi * rand(p(i),1))';  %电子随机的角位置
    r = k * ones(p(i),1)';             %电子可能的径向位置
    x = r. * cos(theta);               %将电子的位置换算为直角坐标(x)
    y = r. * sin(theta);               %将电子的位置换算为直角坐标(y)
```

plot(x(1,:) ,y(1,:) ,'b. ')　　　　　　%逐点描出氢原子的电子概率分布图

第十四章

14-1　$1/e^{645}$

14-2　(1) 0.117 eV,(2) -1.37×10^5 K

14-3　6

14-4　3.4×10^{-3} J/m³

14-5　6.25×10^{16}个/cm³

14-6　27.6 μm

14-7　510 nm,4 140 nm

14-8　5×10^{-7} m

14-9　1.14 eV

14-10　654 nm

第十五章

15-1　(1) 3.015 50 u,3.014 93 u;(2) 8.495 9 MeV,7.732 8 MeV

15-2　(1) 1 664 MeV;(2) 约1.8 个核子;(3) 约3.25×10^4 个

15-3　(1) 1.60×10^{26} C/m³;(2) 1.44×10^6 V

15-4　(1) 0.329 MeV;(2) 5.859×10^{-31} kg

15-5　(1) 29.29 MeV,4.88 MeV/核子,32.0 MeV,5.33 MeV/核子;(2) 2.71 MeV

15-6　7.82×10^{10} J

15-7　4.1×10^5 Bq(或 11 μCi)

15-8　(1) 1.92×10^{17};(2) 1.08×10^{14} Bq,8.96×10^6 Bq;(3) 1.58×10^{10}

15-9　约 4 200 年前

15-10　(1) 9.7×10^9 l. y. ;(2) 1.8×10^{10} a